河南董寨国家级自然保护区
科学考察集

朱家贵　主　编
李建强　沐先运　雷维蟠　祝文平　溪　波　陈　卓　郑　佳　副主编

中国林業出版社

图书在版编目(CIP)数据

河南董寨国家级自然保护区科学考察集 / 朱家贵主编. --北京：中国林业出版社，2022.6

ISBN 978-7-5219-1729-1

Ⅰ.①河… Ⅱ.①朱… Ⅲ.①自然保护区-科学考察-考察报告-信阳 Ⅳ.①S759.992.613

中国版本图书馆 CIP 数据核字(2022)第 103400 号

中国林业出版社·自然保护分社(国家公园分社)

策划编辑：肖 静

责任编辑：袁丽莉 肖 静

电话：(010)83143577

出版发行 中国林业出版社(100009 北京市西城区刘海胡同 7 号)
http：//www.forestry.gov.cn/lycb.html

印　　刷 北京中科印刷有限公司

版　　次 2022 年 6 月第 1 版

印　　次 2022 年 6 月第 1 次印刷

开　　本 787mm×1092mm 1/16

印　　张 23

彩　　页 24

字　　数 500 千字

定　　价 90.00 元

《河南董寨国家级自然保护区科学考察集》
编辑委员会

目 录

第1章　总论

1.1　保护区地理位置

河南董寨国家级自然保护区(以下简称保护区)地处淮河上游，豫鄂两省交界的大别山北麓。保护区距信阳市39km，行政区划隶属于河南省信阳市罗山县，介于东经114°18′~114°30′、北纬31°28′~32°09′之间。2001年6月，河南董寨国家级自然保护区经国务院批准成立，总面积4.68万公顷。

1.2　自然地理环境概况

保护区地层隶属秦岭地层区，桐柏大别地层分区。区内地层简单，属于华北与华南地层的过渡类型。大地构造位于秦岭纬向构造带东段南支。区内构造以断裂为主，褶皱为次。鸡公山混合花岗岩和灵山复式花岗岩为保护区内主要的岩层类型。区内矿产种类丰富，以银矿、钼矿和铜矿为代表。保护区属桐柏大别主体山系，地势总的特征是南部和西部较高，北部和东部较低，由南向北从中低山系渐变为低山丘陵区。保护区内水系位于豫鄂两省交界处，大部分面积为淮河流域。区内地表水多来源于降水，降水则以降雨为主。因本区位于湿润区向半干燥区过渡地段，为大陆性季风气候，受冬、夏季风交替影响，降水复杂多变，已形成旱涝交替的气候类型。区内森林植被保护良好，水土流失较少，土层深厚，含水能力强，地下水资源丰富。保护区多年平均降水总量1.28亿m^3，水源条件优越，处在秦岭—淮河一线的南部，为北亚热带的边缘。气候温暖湿润，四季分明，冬天严寒，夏天酷暑，雨热同季，降水、光照充足，为典型的过渡性气候。由于区内丰富的光热水资源，北亚热带树种和暖温带树种在此和睦共处，共同构成了结构复杂的森林类型，境内地貌的差异也造就了多样的小气候。这些都为动物觅食、栖息、繁衍创造了得天独厚的自然生存环境。区内自然地理环境和野生动物群落相辅相成，形成了良性循环的平衡生态系统。

1.3　自然资源概况

1.3.1 植物资源概况

保护区四季分明，生境多样性高，以山地森林为主，辅以农田草甸、溪流浅涧，呈现北亚热带的植被特征。保护区林间植被类型繁多，高大乔木鳞次栉比，灌木繁盛。拥有针叶林、阔叶林、针阔混交林、灌丛、草丛、草甸等在内的8个植被型，植被分属16个植被亚型115个群系。其中，裸子植物21种，马尾松、黄山松、杉木和柳杉在本区有大面积分布。落叶阔叶林主要由栎属、槭属、朴属、枫香树属、化香属和枫杨属等植物组成，落叶阔叶林的垂直分带不明显。林中混生丰富的常绿乔灌木，常绿和落叶阔叶林多分布在低海拔山坡处。保护区共有维管植物172科797属1903种。国家级保护植物16种，占国家级重点保护植物的近5%。其中，银杏、水杉、红豆杉和南方红豆杉为国家一级重点保护野生植物，国家二级重点保护野生植物33种，列入《中国生物多样性红色名录》受胁物种61种。保护区内生物多样性丰富，是研究全球气候变化对南北物种过渡带影响的关键区域。应重点对栓皮栎与枫香树、马尾松与青冈等重要建群树种结合森林群落样地进行保护与监测，开展种质资源调查和国家重点保护野生植物的保护与监测，制定科学的单种属物种的保护规划。

1.3.2 陆生脊椎动物资源概况

保护区哺乳类分布有7目17科31属39种。分布型属东洋界华东区。保护区珍稀动物16种。其中，国家一级重点保护野生动物2种，为金钱豹和小灵猫；国家二级重点保护野生动物6种，分别是豹猫、黄喉貂、狼、貉、赤狐和水獭。区内兽类数量多，但种类少，物种多样性不够丰富，啮齿目鼠科小型兽类种类多(啮齿目16种，食肉目12种)，无兽类特有种。

鸟类是保护区主要保护的野生动物类群，通过多年来保护、环志与考察工作的开展，目前保护区内共记录到鸟类334种，分属19目65科187属，相较第一次科学考察增加了101种。其中，国家一级重点保护野生鸟类11种，二级63种。列入《世界自然保护联盟濒危物种红色名录》的有21种，其中，极危(CR)3种，濒危(EN)3种，易危(VU)10种，近危(NT)5种。列入《濒危野生动植物种国际贸易公约》附录Ⅰ(CITES)4种，附录Ⅱ50种。鸟类群落多样性和丰富度良好。鸟类留居类型丰富，其中，北迁繁殖性夏候鸟68种，南迁越冬性冬候鸟107种，留鸟104种，过境鸟类106种。

保护区建立之初是以保护以白冠长尾雉为代表的山区森林珍稀鸟类为主。自2007年，保护区管理局成立了专业的朱鹮繁育团队，编制了系统、科学的繁育技术规程，成功进行引种朱鹮的繁育、笼养和野化工作，并发表了多篇学术论文。多年来，保护区也吸引了多所高校及科研机构开展研究工作，长尾山雀、发冠卷尾和赤腹鹰的行为生态学研究成果丰硕，在中外核心期刊发表了多篇科研文章。保护区丰富的鸟类资源也吸引了大批观鸟和鸟类摄影爱好者前来观光游览。

保护区爬行类动物隶属于2目9科29属36种，占全国爬行类种数的7.79%，河南省的72%；动物区系组成既具有东洋界的特征又带有较明显的过渡性。爬行动物分布以南中国型、东洋型、季风型为优势种。乌龟和黄缘闭壳龟被列为国家二级重点保护野生物种和IUCN濒危物种，中华鳖、王锦蛇、黑眉锦蛇为《中国脊椎动物红色名录》濒危物种。保护区现有两栖动物隶属于2目8科14属17种(含外来种)，其中，东方蝾螈、中华蟾蜍、黑斑侧褶蛙、湖北侧褶蛙、泽陆蛙为区内优势种。两栖动物分布(牛蛙除外)以南中国型占优势，区内生态环境复杂多样，为5种生态型的两栖动物提供了适宜的栖息地。其中，大鲵、虎纹蛙和叶氏肛刺蛙被列为国家二级重点保护野生动物。

1.3.3 昆虫资源

保护区昆虫资源丰富，记录到24目233科1187属1741种。鳞翅目、鞘翅目、双翅目、膜翅目和半翅目占据区内昆虫总种数的88.29%。总体上，保护区昆虫区系呈现出既有古北种，也有东洋种，广布种类过半，东洋种多于古北种的特点。董寨保护区的保护昆虫种类为6种。其中，国家二级重点保护野生动物为拉布甲和金裳凤蝶2种，列入《有重要生态科学、社会价值的陆生野生动物名录》的保护动物为5种，包括怪螳、绿步甲、伊步甲、冰清绢蝶和东方蜜蜂。

1.4 社会经济概况

保护区内涉及6个乡镇55个行政村，总人口数约为161280人。大部分为汉族，有少量回族。地理位置优越。保护区周边有107国道、312国道、京广高铁、宁西铁路，已经形成了国道、省道、高速公路、铁路纵横交错的路网体系，对外交通便捷。保护区管理局与各保护站、点之间均有林区公路相通。保护区周边无线通信网络发达，移动通信信号已大部分覆盖，无线通信为主要联系方式，宽带网络有待完善。区内供水、供电均基本可以满足日常需求。保护区周边社区的教育文化基础设施比较落后，农民文化生活贫乏，群众文化教育程度普遍偏低，师资仍相对薄弱。社区已初步建立了农村医疗卫生体系，但医疗条件和医疗水平亟待提高。近年来，国家陆续出台了许多扶持“三农”的优惠政策，如国家种粮补贴、种植养殖业扶持、新型农村合作医疗和农村养老保险、义务教育“两免一补”、精准扶贫、公益林生态补偿等惠农政策，农村经济面貌有了较大改善。保护区内农民在保护区的帮扶下，能发挥自身优势，积极开展多种经营活动，提高经济收入。保护区所在的罗山县2020年末实现全年生产总值234亿元，农民人均纯收入14827元。当地经济主要以林业、农业为主，运输业、服务业、建筑业也占有较大比重，板栗、茶叶是当地农民的主要经济来源。

1.5 保护区范围及功能概况

保护区位于信阳市罗山县境内，分布范围涉及罗山县的青山镇、朱堂乡、灵山镇、彭新镇、铁铺镇、山店乡等6个乡镇55个行政村，其中，核心区涉及19个行政村，缓冲区涉及34个行政村，实验区涉及43个行政村。保护区多年来保护和培育丰富的森林资源，有序发展国有制林场。保护区坚持“资源是根本、保护是基础、科技是支撑”的管理方针，不断加强生物多样性和野生动植物保护的科学研究；多年来组织和参与国际国内教学科研单位开展的生态观测、引种驯化、资源利用等方面的科学研究，推广应用全国林业重大科技成果，提供公益事业和科学考察服务。同时，保护区多年来持续开展白冠长尾雉和朱鹮的保育与野化工作、春秋迁徙鸟类环志工作。近年来，保护区还建立了科普馆，组织开展森林科普旅游和保护自然资源的宣传教育工作，以提高社会公众对生态保护的自觉性和参与意识。此外，保护区历史悠久，山清水秀，茂林修竹，鸟语花香，群山连绵。生态旅游资源多样，拥有千年古刹灵山寺、红色革命苏区的纪念地何家冲，是集自然景观和人文景观于一体的游览胜地。保护区以白冠长尾雉和朱鹮等珍稀鸟类为特色，成为全国鸟类爱好者向往的地方。

第2章　自然地理环境

2.1　地质概况

2.1.1　地层

董寨保护区地层隶属秦岭地层区，桐柏大别地层分区。区内地层属于华北与华南地层的过渡类型。地层简单，具有一老一新的地质特征。新地层是新生界第四系、中生界白垩纪；老地层是中元界信阳群、下元古界苏家河群、太古界大别群。

2.1.1.1　新生界第四系

区内第四系广泛分布于山间盆地、山前洼地、沟谷河流两侧，沉积类型复杂。岩性是黄色黏土、亚黏土、亚砂土夹沙层；灰绿色沙砾石层、灰绿色黏土及砾石层。成层性较好，层理近于水平，具冲击-湖积物特征。第四系厚度不大，一般2～50m，局部可达百余米。

2.1.1.2　中生界白垩纪

中生界白垩纪地层在区内出露于信阳以东罗山县的青山镇，龟山-梅山断裂以北地区，呈西窄东宽楔形分布。白垩系陈棚组厚1620m，分上下两层。主要岩性为：上部灰紫色、灰色安山玢岩、英安斑岩，流纹岩，粗面岩夹凝灰岩；下部肉红色、紫红色凝灰质砂砾岩，凝灰岩，中酸性角砾凝灰岩。凝灰质砂岩、家灰黑色碳质凝灰岩、层凝灰岩。在横向分布上，西部多为熔岩，东部以火山碎屑沉积为主。河南省区测队采集同位素样品，经湖北省地质科学研究所(今湖北地质科学研究院前身)采用钾氩法测定全岩同位素年龄值96.5百万年、99.4百万年。故此，将陈棚组时代归属白垩纪早白垩世。

2.1.1.3　中元古界信阳群

中元古界信阳群分布于龟山-梅山断裂以南，呈北西向狭长带状展布。本群与上覆上元古界商城群、下元古界苏家河群均为断层接触。根据岩性组合、沉积旋回、微古植物，本群分为二组四段。龟山组岩性组合复杂，岩相变化比较大。上段：上部为浅灰色黑云石英片岩、白云石英片岩夹绿色角闪片岩、黑云二长变粒岩及少量大理岩透镜体；下部为浅灰白色含砾白云斜长片麻岩；厚度810m。下段：上部为浅灰白云石英片岩夹少量斜长角闪片岩、片麻岩、白云变粒岩；中部为黑云石英片岩，浅色含十字、蓝晶石榴白云片岩，绢云石英片岩；下部为浅灰色黑云石英片岩性为浅灰色，绢云石英片岩夹斜长角闪岩，薄层石英岩；厚度3190m。南湾组分上下两段。上段主要岩性为浅灰色、浅土黄色绿帘黑云石英片岩，二云石英片岩；下段岩性为浅灰色黑云石英片岩、白云石英片岩；厚度5860m。地层厚度在走向上有所变化，西厚东薄。区域变质为绿片岩相-角闪岩相。原岩为泥硅质、泥砂质、泥钙质碎屑沉积建造，属海滨浅海相。

信阳群的时代归属，在地层层序上，信阳群覆于苏家河群之上，其下界清楚，其上为二部坪群，上界可以确定；在龟山组含石榴二云石英片岩中获得锆石的U-Th-Pb年龄为1410百万年；在信阳群中发现前震旦纪微古植物组合拳，与同位素年龄基本一致。

综上所述，信阳群形成于14亿年以前，时代归属于中元古代。

2.1.1.4 下元古界苏家河群

分布区内西北部，桐柏商城断裂以南，呈北西西—南东东向带状展布。地层局部遭受强烈破坏，呈断块或残留体分布于燕山晚期花岗岩内。该群由上而下分为浒湾组和定远组。浒湾组岩性组合复杂，岩相变化较大。上部为白云斜长片麻岩、绿泥白云石英片岩、绢云绿泥石英片岩、绿帘斜长角闪片岩，局部夹较多眼球状混合岩和浅粒岩；下部为白云斜长片麻岩、白云石英片岩、石墨白云石英片岩、大理岩、眼球条痕状混合岩、斜长角闪片岩，以普遍含石墨为特征。该组为一套具轻度混合岩化的中级区域变质岩系。其原岩为泥砂质-泥钙质碎屑沉积建造，属滨海相。岩性在走向上变化大、不稳定。定远组岩性变化大，上部为绿泥白云石英片岩、变酸性凝灰岩加玄武岩、酸性凝灰角砾岩。该组为一套中级区域变质的碎屑岩及火山岩系，属滨海火山喷发沉积相。

苏家河群时代归属，在地层层序上，苏家河群不整合太古界大别群之上，其下界清楚。在河南境内未见直接上覆地层。从区域对比看与苏家河群相当的卢镇关群和佛子岭群(信阳群东延部分)为平行不整合接触。由此分析，中元古界信阳群与苏家河群也应为平行不整合或不整合关系。苏家河群的上界也基本可以确定。其上覆信阳群锆石U-Th-Pb年龄为1410百万年。从地层变质程度看，该群属角闪岩相，具多期变质作用特征。与秦岭地层区中元古界相比，其变质程度深得多。

由上所述，苏家河群形成于19亿年以前，其时代应归属于早元古代。

2.1.1.5 太古界大别群

分布于区内南部。在地理位置上，大别群主要出露在豫、鄂、皖3省交界的大别山区。其主体在鄂、皖两省境内。大别群是本区最古老的地层。主要岩性为一套巨厚的均质混合岩、二云二长混合片麻岩、黑云二长混合片麻岩、斜长角山片麻岩及少量浅粒岩、大理岩、角闪岩。厚度大于3700m。

大别群岩石变质达角闪岩相，局部为麻粒岩相。岩石普遍遭受强烈的混合岩化作用。地层中常有大理岩及残留斜层理的条带状浅粒岩夹层分布。原岩为泥砂质、泥钙质及中基性火山岩。关于大别群时代归属，从以下3个方面进行讨论。

(1)地层接触关系

在桐柏-大别背斜的北翼，大别群被下元古界苏家河群不整合覆盖；南翼被下元古界宿松群和七角山组不整合覆盖。该群褶皱复杂，岩石变质较深，与上覆下元古界地层明显不同。

(2)沉积建造及组合

大别群下部为中基性、酸性火山-沉积建造组合，上部为正常沉积建造组合，并普遍有基性-超基性及中基性岩体产出。因此，在总的建造序列上大别群与华北地台区的登封群及太华群基本一致。

(3)同位素年龄

据湖北区测队在大别群中获得5个锆石样品的4组表面年龄值，1952百万~2424百万年。在韦瑟里尔谐和图式中交点年龄为2900百万年。据此推测，大别群形成在2500百万年。

综上所述，大别群时代为太古代。

2.1.2 岩层

2.1.2.1 鸡公山混合花岗岩

鸡公山混合花岗岩分布于区内南部，似纺锤状近东西向展布，呈岩基产出。混合岩总面积576km^2。

(1)混合岩产状与接触关系

鸡公山混合岩产于太古界大别群与下元古界苏家河群不整合面附近，南侧与太古界大别群卡房组、新县组地层呈明显侵入接触。围岩是浅灰色白云二长片麻岩、黑云斜长片麻岩、浅粒岩、透镜状大理岩榴闪岩。由于混合岩与围岩的化学物理性质不同、地质背景不同，在接触带附近广泛发育着2km厚的混合花岗岩。混合花岗岩北侧被灵山复式岩体中的李家寨岩体侵入，在柳林岩体内屡见鸡公山混合花岗岩呈俘虏体分布其中。

(2)岩石类型与岩性特征

鸡公山混合花岗岩岩石类型变化幅度较大，岩石的岩性从边缘至混合岩内部，由闪长岩渐变为花岗岩闪长岩。主要岩性为闪长花岗岩，似斑状中粒黑云母花岗岩，其次为闪长岩、黑云角闪石石英二长岩、花岗闪长岩。颜色呈灰白色、浅肉红色，风化后呈灰黄色、灰褐色、灰白色。岩石的结构为交代结构、花岗变晶结构。构造为似片麻状构造、条痕状构造、条带状构造、条纹状构造、块状构造。混合岩斑晶以钾长石、斜长石为主，局部见黑云母、角闪石斑晶。斑晶含量一般为5%~10%，局部达30%。

(3)岩石化学

据大量的岩石硅酸盐全分析统计，鸡公山混合花岗岩主要造岩氧化物平均百分含量：SiO_2 62.28%、Al_2O_3 15.56%、Fe_2O_3 2.04%、FeO 3.37%、MnO_2 0.10%、MgO 2.83%、CaO 3.42%、Na_2O 4.15%、K_2O 3.70%、P_2O_5 0.35%、TiO_2 0.80%。

岩石化学三氏图表明，鸡公山混合花岗岩具有明显独立分区，酸度较低，暗色组分含量较高，钠大于钾，岩石化学类型属正常系列。

2.1.2.2 灵山复式花岗岩基

灵山复式花岗岩基分布区内中部。产于桐柏-商城断层以南，太古界大别群与下元古界苏家河群不整合面以北。灵山复式花岗岩体是4次侵入活动的产物。它包括第1次侵入的柳林岩体；第2次侵入的李家寨岩体；第3次侵入的香炉寺、刺儿垱、明月山、黄山寺、白云寺等岩体；第4次侵入的母山岩体、肖畈岩体。灵山岩体与区域地层走向一致，呈北西西或近东西向产出，总面积1240km^2。现对母山岩体、香炉寺等岩体的地质特征说明如下。

(1)母山岩体

属于燕山晚期第4次侵入活动的产物，出露面积约2km^2。

(2)岩体地质

母山岩体产于桐柏-商城断裂以北，呈似梨状小岩株产出，长轴近南北向。围岩是中元古界信阳群龟山组的斜长角闪片岩、白云石英片岩、黑云变粒岩。沿接触带具角岩化、矽卡岩化。岩体内可划分边缘过渡相和内相。边缘过渡相岩性为花岗斑岩。内相岩性为肉红色斑状花岗岩。岩体岩性稳定，具花岗斑状结构或显微文象结构、块状构造或斑杂状构造。

(3)造岩矿物与副矿物

统计大量的岩石薄片结果，母山岩体的造岩矿物、副矿物特征分述如下。

花岗斑岩的斑晶约占30%。斑晶以钾长石、斜长石、石英为主，黑云母、白云母为次。基质约占70%，由斜长石、钾长石、石英、白云母、绢云母、绿泥石等组成。

钾长石：呈半自形板状、蛇形粒状，条纹构造较清晰，可见格子双晶。

斜长石：以更长石为主，An=13，环带构造较清晰。

钾长石、斜长石的次生变化以钠交代为主，其次绢云母化、硅化、高岭土化、钾交代等。

石英：呈蛇形粒状、乳滴状、港湾状。

黑云母：呈片状，具多色性，深绿色、淡黄色。

白云母：呈片状、鳞片状，分布与长石晶体的边缘或解理裂隙内，部分与黑云母呈渐变过渡关系。

副矿物以磁铁矿、硝石、磷灰石、锆石、褐帘石组合为主。

(4)微量元素

大量光谱半定量样品分析结果统计表明，母山岩体岩石微量元素的平均含量为：铬、钼、铜、铅、锌、钴、锶高于或略高于一般花岗岩克拉克值。其中，钼高达6倍以上，铜、铅高达2倍以上。钒、锆、锰低于一般花岗岩克拉克值。镍、铍、镓、钡、钇、铌元素无显示。

(5)岩石化学

据大量的岩石硅酸盐全分析统计，母山岩体主要造岩氧化物平均百分含量：SiO_2 74.95%、TiO_2 0.17%、Al_2O_3 12.80%、Fe_2O_3 0.84%、FeO 1.25%、MnO_2 0.04%、MgO 0.53%、CaO_2 0.78%、K_2O_5 0.06%、P_2O_5 0.06%。

岩石化学三氏参数平均值：石英35.8%、钾长石32.6%、斜长石19.9%、黑云母3.6%、角闪石0.25%。钾长石与斜长石总量比62%，钙长石与斜长石比8.6%。钾钠原子数差18，钾钠原子数和198，暗色矿物总量5.1%，镁原子数13。

母山岩体等岩石化学三氏图解表明：

①岩石化学向量投影点，基本上与柳林岩体、李家寨岩体、刺儿垱岩体等岩石化学分区吻合，但是均偏于左侧。母山岩体化学类型总体上属于铝过饱和系列。

②据向量投影点分布范围，反映岩石酸度最高，暗色组分也具增高显示。

③纵轴上部向量投影点矢量方向反映钾大于钠。

④纵轴下部向量投影点的矢量方向反映岩石除含黑云母外，还含较多白云母。

2.1.2.3 香炉寺等岩体

属于燕山晚期第三次侵入活动的产物，由香炉寺岩体、明月山岩体、黄山寺岩体、白云寺岩体、刺儿垱岩体组成。刺儿垱岩体由河南省区测队命名，其他岩体由原核工业部三○八队命名，出露面积总计 49km^2。现仅对香炉寺岩体的地质特征说明如下。

(1)岩体地质

香炉寺岩体呈似菱形岩株产出，长轴近北东走向。香炉寺岩体与柳林岩体、李家寨岩体呈明显的侵入接触关系。围岩以李家寨岩体的浅肉红色似斑状细中粒花岗岩为主。岩体内残留柳林岩体俘虏体。岩体岩性简单稳定，以浅肉红色斑状细粒花岗岩为主。花岗结构、斑状结构；块状构造、斑杂状构造。

(2)造岩矿物与副矿物

据大量岩矿鉴定资料，香炉寺岩体造岩矿物分述如下。

钾长石：以交代条纹长石为主，条纹长石、微斜长石为次，呈半月形、蛇形、板状、短板状、粒状。条纹构造较清晰，格子双晶较明显，平均含量 42.2%。次生变化以钠交代为主，钾交代、硅化、绢云母化为次。

斜长石：以更长石为主，An = 21，呈半月形、月形的长板状、板状。环带构造较清晰。平均含量 28.8%，次生变化以钠交代为主，钾交代、硅化、绢云母化、高岭土化为次。

钾长石与总长石比值 59.4%。

石英：呈不规则蛇形粒状，粒度 0.5~2mm，分布均匀，平均含量 26.4%。

黑云母：片状，片度 0.05~0.2mm×0.5~1mm，具多色性，暗绿色、淡黄色。平均含量 2.1%，部分绿泥石化。

白云母：呈鳞片状、片状，多分布于长石、晶体边缘或解理裂隙内，部分与黑云母渐变过渡关系，平均含量 0.2%。

副矿物以磁铁矿、硝石、磷灰石、锆石组合为主。另外可见发状金红石、石榴石、褐帘石。

造岩矿物具两个世代，显示了花岗交代结构、似文象结构。

(3)人工重砂与锆石

据人工重砂鉴定结果统计，香炉寺岩体岩石中，每 10kg 平均含量为：磁铁矿 37.61g、钛铁矿 5.56g、绿帘石 1.71g、锆石 0.98g、硝石 0.31g、金红石 0.17g。

锆石晶形以复四方双锥、复柱状双锥为主，八面体、球面体为次。无色、淡黄色、黄褐色、紫黑色。油脂光泽、金刚光泽或玻璃光泽。透明、半透明或不透明。粒径 0.01~

0.02mm，轴率1~2.1，包体内可见黑色铁质。锆石内放射性元素相对增高，在荧光灯下珠球呈强亮绿色。

(4)微量元素

据大量的光谱半定量样品分析结果统计，香炉寺岩体岩石中微量元素平均值：铬、钼、铍、铜、铅、锌、银、铌、钇、钴元素含量高于一般花岗岩克拉克值。钒、镍、锆、镓、钡、锰、钛元素含量低于一般花岗岩克拉克值。锶元素含量与一般花岗岩克拉克值相等。

(5)岩石化学

据大量香炉寺岩体岩石硅酸盐全分析统计，主要造岩氧化物百分含量平均值分别为：SiO_2 77.16%、TiO_2 0.17%、Al_2O_3 11.81%、Fe_2O_3 0.41%、FeO 1.21%、MnO_2 0.02%、MgO 0.36%、CaO 0.62%、Na_2O 3.62%、K_2O 4.58%、P_2O_5 0.04%。

三氏参数平均值：石英34.7%、钾长石32.3%、斜长石28.4%、黑云母2.2%、角闪岩1.18%。钾长石与总长石比53.2%，钙长石与斜长石比7.2%，钾钠原子数差-17，钾钠原子数和214，暗色矿物总量4，镁原子数9。

香炉寺岩体岩石化学三氏图解表明：

①香炉寺岩体岩石化学向量投影点，基本上在李家寨岩体岩石化学图解分区内，岩石化学类型基本上属于铝过饱和系列。

②向量投影点圈定范围，均超过李家寨岩体图解范围，表明岩石的酸度较李家寨岩体偏高，暗色组分较李家寨岩体偏低。

③纵轴上部向量投影点矢量方向，多数偏右方，岩体总体上钠大于钾。

④纵轴下部向量投影点矢量方向，偏左、偏右、直下方都有，反映岩石含黑云母外，还含有角闪石与白云母。

⑤岩体时代　原核工业部三〇八队在岩体内采集同位素年龄样，北京铀矿地质研究院用钾氩法测定黑云母矿物，同位素年龄为119百万年。香炉寺岩体时代应归属燕山晚期第三次侵入，侵入时代为119百万年左右。

2.1.2.4 李家寨岩体

属于燕山晚期第2次侵入活动的产物，分布于鸡公山混合花岗岩北缘柳林岩体内。与大别群、苏家河群、信阳群、鸡公山混合花岗岩、柳林岩体呈明显侵入接触关系，岩相清楚。主要岩性浅肉红色细粒、细中粒、中粒似斑状花岗岩。岩体岩性稳定。花岗结构、花岗交代结构、似斑状结构、块状构造、斑杂状构造。出露面积203km^2，呈岩基产出。岩体同位素年龄值为132百万年。李家寨岩体时代应归属燕山晚期第2次侵入，形成时间为132百万年左右。

2.1.2.5 柳林岩体

属于燕山晚期第1次侵入活动的产物。分布于大别群与苏家河群不整合面北侧，桐柏-商城断裂以南。与下元古界苏家河群、中元古界信阳群、鸡公山混合花岗岩呈明显侵入接触关系。岩体风化剥蚀较深，基本缺失边缘相。主要岩性为浅肉红色中粒、粗中粒似斑状花岗岩，肉红色中粗粒、粗粒似斑状花岗岩。岩体岩性稳定。似斑状结构、花岗结构、块状构造。出露面积231km^2，呈哑铃状岩基产出。原核工业部三〇八队采集岩体样品放射性同位素年龄值为140百万年。柳林岩体时代归属于燕山晚期第一次侵入。

2.1.2.6 燕山晚期酸性花岗岩浆演化规律

(1)岩体展布及产状特征

区内燕山晚期花岗岩具明显的分带性，岩体的长轴方向呈北西西—南东东展布，具4次侵入活动的特点，严格受地层产状和桐柏-商城断裂控制。

(2)岩性

随侵入时代的变新，岩石的粒度由粗变细。

(3)造岩矿物和副矿物

石英、白云母、钾长石含量递增；斜长石、斜长石牌号、黑云母、角闪石递减。副矿物、副矿物组合、锆石晶形由简单到复杂。锆石中放射性元素含量依次增高。

(4)微量元素

钼元素逐次递增；铜元素在前3次侵入体中含量变化较小，第四次明显增高；铅、锌、银元素依次呈抛物线变化。

(5)岩石化学

SiO_2在前3次侵入体依次递增，第4次侵入体略递减；Al_2O_3、Fe_2O_3、FeO于前3次侵入体依次递减，第4次侵入体略递增。Na_2O、K_2O在第2次到第3次侵入体内有一个钠转折，CaO依次递减。

灵山复式花岗岩基属熔岩浆半原地结晶混染侵入型成因。

2.1.3 地质构造

本地区大地构造位于秦岭纬向构造带东段南支。区内构造以断裂为主，褶皱为次。由于受淮阳山字形构造的影响，区内主体构造在延伸方向上发生偏转，呈北西西向展布。断裂构造具多期性、继承性、复合性等间距性。褶皱构造仅发育在太古界与元古界区域变质岩系地层中。

2.1.3.1 褶皱构造

分布于图幅南部，为桐柏大别复背斜，复背斜翼部发育一束背斜、向斜相间且轴向相互平行的次级褶皱构造，如涂家大湾背斜、李家垄背斜等。

2.1.3.2 断裂构造

区内断裂构造发育，不同规模、不同级别、不同序次、不同构造体系的断裂构造均较发育。现仅对区内主要代表性断层分述如下。

(1)桐柏-商城断层

西起桐柏东至商城，是本区最大的区域性断层。它控制着苏家河群与信阳群的分布。

桐商断层呈280°方向展布，倾向以南南西为主，倾角陡。宽度100~1000m不等。糜棱岩化和白云母片理化带发育，局部充填粗晶石英，南侧往往伴随灰长岩。桐商断层经历了多期构造运动，构造性质具明显压性特征。航磁图上为线性正磁异常，反映了断层挤压带及灰长岩带的带状分布。平行于桐商断层的次级断层较为发育。

(2)龟山-梅山断层

西起龟山，东至梅山，呈290°~300°方向展布，倾角55°~65°。断裂面沿走向和倾向均呈舒缓波状。断裂宽数十米至数百米，在地貌上呈现明显陡阶。断裂两侧形成规模较大的挤压片理化带，构造角砾岩带。断裂构造充填物为糜棱岩、构造角砾岩、构造透镜体、断层泥。构造性质具压—张—压扭特征。

(3)柳河断层

分布于武胜关至李家寨一线，呈北北东向展布。断层倾向270°~300°，倾角40°~80°，厚度5~10m，长度大于22km。断层内充填物主要是粗中晶石英脉与细晶石英脉。构造结构面具锯齿状追踪张的形迹，也具扭性部分特征。它明显地将东西向或近东西向断层切断，扭动方向早期东盘向北扭，晚期向南扭，造成岩体向北错断，脉体向南错开的现象。构造性质属于以张为主的张扭性断层。

(4)涩港断层

分布于涩港至三里城一线，呈北东向展布。断层倾向130°~140°，倾角50°~70°，厚度5~20m，长度大于23km。断层切断区内诸地层与岩体。断层充填物为中粗晶石英脉、硅化碎裂岩、糜棱岩。构造性质为张扭性。派生的次级构造颇为发育。

(5)杨店断层

分布于杨店—倒座一线，呈北西向展布。倾向40°~50°，倾角50°~80°，出露宽度5~100m，长度25km。断层上盘为中元古界信阳群，下盘为燕山晚期侵入体。断层充填物为蚀变碎裂花岗岩、石英斑岩、花岗岩。断层白云母片理化带发育，构造性质以压性为主的压扭性断裂。

2.1.3.3 构造体系归属

依据地质力学构造体系的观点，区内构造体系可划分为：

(1)纬向构造带

区内骨干构造。呈近东西向展布。构造活动具多期性、继承性。构造具典型的压性特征，如桐柏大别褶皱带、桐商断层、龟梅断层。

(2)经向构造带

区内不发育，呈近南北向展布。构造性质以张性为主，如平天畈断层。

(3)伏牛大别弧

区内主干构造，呈北西向展布。构造活动具多期性、继承性。构造具典型的压扭特征，如杨店断层。

(4)华夏系

呈北东向展布。它迁就、利用、改造伏牛大别弧的张扭性配套构造而形成，如涩港断层。

(5)新华夏系

呈北北东向展布。构造性质具张、张扭、压扭特征，是区内最新构造，如柳河断层。

2.1.4 矿产

区内矿产种类丰富。金属矿产有银、钼、铜、铅、锌、磁铁矿、钛铁矿、钇、铌、钽、铀。其中，以皇城山的银矿，母山、肖畈大型钼矿，杜河的铜矿为代表。非金属矿产有珍珠岩、膨润土、沸石、萤石、水晶、钾长石。信阳市上天梯大型沸石、珍珠岩、膨润土矿产闻名全国，质量之优居全国之首。现仅对有代表性的金属、非金属矿产简述如下。

2.1.4.1 皇城山银矿

位于河南省罗山县青山镇。矿床产于桐商、龟梅两大断裂夹持区。围岩是中元古界信阳群龟山组的浅灰色黑云石英片岩、白云石英片岩。矿体近北东向展布，具有强烈的硅化、褐铁矿化、黄铁矿化。随硅化、褐铁矿化、黄铁矿化加强，矿体品位变富。矿体大小不等，长数十米至数百米，平均厚度大于2m。平均品位270g/t，伴生金品位0.76g/t。延伸150~250m，属品位变化不均匀的中型银矿床。

2.1.4.2 母山、肖畈钼矿床

位于河南省罗山县灵山镇。矿床产于桐商断层和大堰沟断层复合部位的花岗斑岩、斑状花岗岩小岩株内外接触带。大矿体长1000m，厚度95~270m，延伸500m；小矿体长十至数百米，厚数米至数十米。矿化均匀，连续性好。矿石为细脉状和侵染状。金属矿物有辉钼矿、黄铁矿、黄铜矿。钼平均品位0.042%~0.045%，伴生铜0.06%，属两个低品位大型钼矿床。

2.1.4.3 珍珠岩矿床

位于河南省信阳市上天梯。珍珠岩、膨润土、沸石、含碱玻璃原料等矿产，产于中生界白垩系陈棚组火山岩中。分布广泛，西起平桥区游河，向东经上天梯、蔡家牌坊、罗山县仙桥，呈东西向带状分布，断续延长180km。信阳市上天梯是此4种矿产的综合产地，珍珠岩储量1.2亿t。质量之优列为全国之首。

2.1.4.4 两口塘萤石矿点

位于河南省罗山县灵山镇。产于灵山复式岩体的内外接触带与东西向或北北东向构造发育复合部位，呈近东西向展布。矿石组合简单，以萤石、石英为主。

2.1.5 地质发展史

区内地壳的发展史，是一部由大洋地壳经过多旋回发展而逐步演化为陆壳的地质发展史。地壳的演化经历了4个阶段：太古界(代)洋壳全面活动及古陆核生成阶段；早元古界(代)洋壳与陆壳并存、陆壳迅速增长阶段；中晚元古界(代)洋壳大大缩小、陆壳分裂再

拼接阶段；古生界(代)陆壳统一，稳定发展阶段；中、新生界(代)陆壳的地块边缘活化阶段。区内地史演化特征简述如下。

2.1.5.1 太古早元古界(代)阶段

3000百万年以前的太古代时期，区内是浩渺的海洋，接受了36000m厚泥、砂、钙及基性-酸性火山岩沉积物。2500百万年前的太古代末期的嵩阳造山运动，使太古界岩系发生强烈的区域变质作用及混合岩化作用，基本形成了桐柏大别古陆核。

本区位于嵩山古陆核与桐柏大别古陆核之间秦岭优地槽南部，呈近东西向展布。早元古代秦岭地槽沉积物，区内以苏家河群变质岩系为代表。沉积环境为滨海-浅海相，典型的优地槽建造特征。1900百万年前早元古代的中条运动，桐柏大别古陆核与下元古界苏家河群拼接，形成了近东西向巨型桐柏大别复背斜。北部北嵩山古陆核拼接，秦岭陆壳与华北陆地壳连成一片。

2.1.5.2 中元古—晚元古界(代)阶段

原始秦岭褶皱带的差异及深大断裂的综合作用，在西峡—南湾产生了断陷地槽，沉积了厚度7100m的信阳群。沉积环境为浅海-滨海相，岩石建造属冒地槽。1400百万年前的中元古代末期，秦岭地区隆起，西峡-南湾断陷地槽中的信阳群发生强烈的褶皱和变质。800百万年前至600百万年前的晋宁运动、少林运动，令本区地壳整体上升，秦岭地槽的大洋地壳最终关闭，形成统一的中朝准地台陆壳。

2.1.5.3 古生界(代)阶段

早古生代是海生物空前繁育，生物发展史上的一次大发展，海侵活动广泛。本区宁静，处于长期隆起的剥蚀区。区内缺失了震旦系、寒武系、奥陶系、志留系、泥盆系。375百万年前的加里东运动，使大别山南部上升，北麓下降，形成了商城—信阳断陷盆地，接受了石炭纪沉积。从此，本区喧闹起来，脊椎动物、两栖动物、裸子植物(包括种子蕨类)飞速地发展起来，出现了史无前例的欣欣向荣的景象。300百万年前的华力西运动，结束了秦岭地槽的多旋回发展，形成了最终的秦岭褶皱系。

2.1.5.4 中生—新生界(代)阶段

(1)中生界(代)时期

195百万年前的印支运动，使我国东部地区结束了自晚古生界(代)以来南海北陆、南低北高的地史，代之为东西差异。本区表现整体上升。137百万年前的白垩纪的燕山运动，大规模的岩浆活动和火山喷发频繁。信阳、罗山一带发生了火山岩浆喷发，火山灰盖满了森林，形成今天青山一带的硅化木；火山熔岩流填满湖泊，形成特大的上天梯珍珠岩矿床。岩浆的4次侵入活动，形成灵山复式花岗岩基。同时，产生一系列的北东向断裂，形成一系列纵向山岭和盆地。

(2)新生界(代)时期

通过燕山运动，本区现代地貌完全形成。喜马拉雅山运动使桐柏大别山系更加抬升。

由于气候的变热、变冷，风化、剥蚀作用更加强烈，使大别山逐渐降低，盆地升高，平原日益扩大，最终雕塑成为南高北低、岗川相间的阶梯状现代地貌。

2.2 地貌

在全国层面，桐柏大别主体山系属第二级地貌台阶。主体山系的北麓和南麓、山脉前缘丘陵地带，属二、三级地貌台阶过渡的中低山系构造侵蚀类型地貌。保护区内地势总的特征是南部和西部较高，北部和东部较低，由南向北从中低山系渐变为低山丘陵区。区内群峰耸立，傲然挺拔。东主峰大鸡笼海拔647m；西主峰鸡公山海拔744.4m；北主峰灵山海拔827.7m；南主峰王坟顶海拔840m。全区相对高差300~500m，沟谷切深一般在100~300m，侵蚀基准面海拔100m。通过对区内不同比例尺的地形图、卫星图像、航空照片的解译与现场调研，综观本区地貌主要有以下特征。

(1)主体山系呈近东西走向展布。区内主体山系基本上分布在豫鄂省界上，呈近东西走向展布。主体山系的走向局部发生偏转，时而北东走向，时而南东走向。但是，主体山系的总体走向呈近东西向，由西向东分布的主要山峰是：鸡公山、王坟顶、朝天山、大鸡笼。它基本上决定了主体山系北麓与南麓两大水系及次级径流空间分布的总体格局。主体山系以南的山脉、河流属长江水系；主体山系以北的山脉、河流属淮河水系。

(2)主干山脉呈北北东向延伸。主体山系以北的地貌特征，表现在主干山脉呈北北东向延伸，这就是区内发育的特有纵向山脉和局部山间谷地。本区主要发育有2列：一列分布在西部，以豫鄂省界上的鸡公山起步，呈北北东向延伸，沿此条纵向山脉的主要山峰有光头山(海拔830.3m)、黄龙寺(海拔579.2m)、灵山(海拔827.7m)、曾家山(海拔391m)、皇城山(海拔305m)；另一列分布在东部，从南主峰王坟顶起步，呈北北东向展布，主要山峰有薄道岭(海拔538.1m)、刺儿垱(海拔404m)、箭杆山(海拔322m)。两列纵向山脉的局部走向有时发生偏转，时而北东走向，时而北西走向。但是，主干山脉的总体走向，基本上呈北北东10°~20°方向延伸。

(3)主干河流呈北北东向发育。区内主体山系北麓隶属淮河水系，受控于主体山系的次级主干山脉展布的制约。本区主干河流同主干山脉延伸一样，均呈北北东向发育延伸。区内自西向东分布的主干河流是：东双河、小黄河、涩港河、九龙河、竹竿河，每条主干河流均不同程度地发育着与之伴生的羽毛状、树枝状长年或季节小溪，它们是把山体雕塑成千姿百态地貌景观的能工巧匠。

(4)独特的豫南灵山地貌景观。灵山地处鸡公山纵向山脉的中段，位于罗山县城西南44km处。南部与湖北大悟县界牌水库毗邻，主峰金顶。因其“每有云气覆顶必雨，验之信然”而得名灵山。山体面积40km^2，坐落在罗山县与浉河区的边界上。北侧和西侧山势陡峻，东侧和南侧有山路直通山顶。峰顶有金顶寺，为道教圣地。东麓有沙石公路直达灵山寺，该寺为豫南佛教名刹。主要地貌景观有：蓑衣岩、老背少、鱼脊峰、九龙瀑布、白马洞、石磴天梯险道、千年银杏树等。周围山区属董寨保护区。山体峭峻幽深，山清水秀，林木葱郁，各种鸟类聚集甚多，鸟语花香，是豫南主要旅游胜地之一。位于灵山北面约1km的老寨山，海拔688m，具有类似鸡公山的山顶盆地，是灵山旅游景观有待开发的远景区段。

2.3　水文

2.3.1　地理位置及河流水系

保护区位于豫鄂两省交界处，大部分面积为淮河流域，流经的河流有麻田河、九龙河、小潢河、子路河，均汇入竹竿河，后注入淮河；只有铁铺乡北安村及九里村两处河流，南入澴水，复汇长江，为长江水系。流经保护区的河流在罗山县境内的基本情况见表2-1。

表 2-1　主要河道长度及流域面积

水系	干流	支流	控制点	河道长度(km)		流域面积(km^2)	
				总长度	境内长度	总面积	境内面积
淮河	竹竿河		竹竿小张坊	142	82	2610	1700
		麻田河	周党麻田河	27	27	134	134
		九龙河	周党龙镇	45	45	298	298
		小潢河	竹竿河口	98	98	796	796
		子路河	子路	25	25	103	103
长江	澴水	两支河					26

2.3.2　地表水情况

2.3.2.1　降水

地表水多来源于降水，降水则以降雨为主。因本区位于湿润区向半干燥区过渡地段，为大陆性季风气候，受冬、夏季风交替影响，降水复杂多变。根据位于保护区的常年雨量站20年的降水量统计，本区多年月平均降水量为82.28mm。年际变率较大，降水量最大的年份是2016年的116.68mm，最小的年份是2001年的38.91mm，相差颇大(表2-2)。这与保护区所处地理位置和气候带密切相关。当保护区冬季在西伯利亚极地大陆气团影响下，干旱而少雨；夏季受北太平洋热带海洋气团和印度洋赤道海洋气团影响，湿润而多雨。夏季冷气团仍在活动，与北上的暖气团相遇时，便会形成锋面和气旋，有连绵大雨及暴雨降落，降雨强度大，易积涝成灾。

两种不同性质的冷暖气团对峙时容易引起大范围的旱灾和涝灾。当暖气团气势强劲，并不断向北推进，长江中下游就会发生旱灾，华北平原则发生涝灾；当冷气团势力未衰，与暖气团相遇于长江中下游上空，就会引起华北平原旱灾，长江中下游发生涝灾。有时长江中下游的“梅雨季节”徘徊时间过长，波及本区，便会造成连绵阴雨天气。总之，本区域气象变化错综复杂，引起降水情况多样，旱涝等极端天气容易发生。

表 2-2　河南董寨国家级自然保护区季度及月平均降水量　　单位：mm

年份	第一季度	第二季度	第三季度	第四季度	月平均
2000	66. 60	464. 10	519. 00	242. 70	107. 70
2001	140. 40	108. 90	32. 79	184. 80	38. 91
2002	114. 60	628. 20	280. 80	122. 10	95. 48
2003	196. 20	564. 60	333. 90	196. 80	107. 63
2004	120. 60	255. 30	415. 50	80. 70	72. 68
2005	75. 00	148. 50	633. 90	59. 10	76. 38
2006	81. 90	206. 40	327. 00	104. 70	60. 00
2007	197. 40	339. 60	480. 90	73. 20	90. 93
2008	126. 00	404. 70	548. 40	69. 00	95. 68
2009	121. 50	356. 10	253. 20	141. 60	72. 70
2010	150. 90	290. 70	512. 70	94. 20	87. 38
2011	74. 40	203. 10	318. 90	149. 70	62. 18
2012	84. 90	172. 80	399. 90	128. 70	65. 53
2013	98. 70	240. 00	498. 00	53. 70	74. 20
2014	107. 10	349. 80	457. 80	111. 60	85. 53
2015	135. 60	419. 40	231. 00	125. 10	75. 93
2016	96. 60	516. 30	392. 10	395. 10	116. 68
2017	110. 40	320. 70	653. 10	224. 40	109. 05
2018	213. 90	348. 30	223. 80	125. 70	75. 98
2019	97. 50	273. 30	169. 80	78. 00	51. 55
2020	230. 70	356. 70	538. 50	143. 10	105. 75
均值	125. 76	331. 79	391. 48	138. 29	82. 28

2. 3. 2. 2　径流量

根据罗山县水利区划标准及多年平均径流深等值线图(1952—1981 年)，本区大部分面积属低山蓄水区，占保护区的 85%；小部分为丘陵蓄提区，占 15%。多年平均径流深的加权平均值 493. 15mm，多年平均径流量 0. 493 亿 m^3，丰水年(p=20%)的径流量 0. 721 亿 m^3，平水年(p=50%)的径流量 0. 456 亿 m^3，偏枯年(p=20%)的径流量 0. 276 亿 m^3，枯水年(p=95%)的径流量则只有 0. 128 亿 m^3，多年平均径流深系数 0. 400。

2. 3. 3　地下水情况

保护区森林植被保护良好，水土流失较小，土层深厚，含水能力强，地下水资源丰富，并有花岗岩与变质岩裂隙潜水层，为大气降水、地表径流转移成地下水提供了运移条件和储存空间，从而使地下水和地表水基本形成一个闭合流域。根据河南省地质局水文地质管理处《河南省浅层地下水资源评价报告》，信阳山区多年平均每平方千米地下水资源模数为5.42m³。按照简单的理论估算可知，核心区汇水面积14.4km²，多年平均地下量78万m³；保护区汇水面积90km²，多年平均地下水量487.8万m³。

2.3.4　水资源利用现状及分析

本区多年平均降水总量1.28亿m³，多年年均径流总量0.493亿m³，多年平均地下水总量0.04878亿m³，与周围地区相比，水资源丰富，水源条件优越。加之森林分布范围广，森林覆盖率高，树种多样，对有毒物质如汞、氰等具备吸附、沉淀的功能，起到了改良水质的作用，减缓了有毒物质的侵害程度，有益于人畜健康，符合饮食用水的标准。

但对水资源的充分利用尚显不足。目前，保护区内仅山店乡有一座小型水力发电设施，利用水面发展渔业规模不大，森林植被破坏时有发生，农药等导致水源污染的情况还很严重，一定程度地存在着水资源的浪费现象；多雨时期的降水白白地流失掉，难以储集；干旱时期却饱尝缺水之苦，水的利用率不高。

因此，合理地保护和利用水资源，应采取以下措施。

(1)保护、经营好现有森林资源，大力营造多树种、多结构林分，充分发挥森林调节气候、涵养水源、改良水质的功能。

(2)积极提高鸟类生存数量，开展生物防治，减少农药、化肥等带来的水资源污染，保证水质，维护生态平衡。

(3)清洁水资源，定时调查监测，开展环境保护。

(4)因地制宜，建立中小型水库，提高防御灾害能力，吸引水禽，扩大保护区鸟类种类和数量，增加保护对象。

(5)选择有利地形，建造小型水力发电工程，改善保护区职工及周围群众的生活条件。

(6)利用现有水面，开展渔业生产，合理经营，发掘潜力，增加效益。

2.4　气象

2.4.1　气候特征

保护区处在秦岭—淮河一线的南部，为北亚热带的边缘。气候温暖湿润，四季分明，冬天严寒，夏天酷暑，雨热同季，降水、光照充足。根据1961—1990年的气象资料统计：年平均气温15.1℃，≥10℃年活动积温4874℃，全年日照时数2116.3h，历年平均无霜期227d，结冰期57d，全年最多风向为北风，频率11%，年平均降水量1208.7mm，干旱指数0.9，但降水时空分布不均匀，变幅较大。

2.4.2　光能

光能是地球和大气最主要的能量来源。植物体内95%以上的有机物质是由光合作用形成的，阳光是绿色植物利用光合作用制造有机物质所必需的能量源泉。光照时间的长短对植物成长有很大的影响，例如产生光周期现象，出现长日照植物和短日照植物。光能还能杀死植物体内的病菌孢子，提高种子发芽率，促进果实成熟。日照时数的长短和太阳辐射量的多少，对地面热量吸收和各种植物的生长发育有着重要意义。

2.4.2.1 太阳辐射

一年中，到达地面单位面积上的太阳辐射总量，被称为太阳辐射年(月、日)总量。它的大小，不仅与太阳高度角、大气透明度有关，还受日照时间长短、海拔高度、云量等因子的影响。据调查统计，保护区年平均太阳总辐射量117.04kcal/cm^2(1cal=4.184J)，春、夏、秋、冬四季所占比例分别为26.6%、34.8%、22.2%、16.4%，夏季最多，冬季最少。月分配量7月份最多，占全年的11.7%；12月份最少，仅占全年的5.4%。因为夏季尤其是7月份，太阳近似直射，太阳高度角几乎等于90°，日照时间长；冬季特别是12月份，太阳高度角小，日照时间短。

保护区全年光合有效辐射量为57.34kcal/cm^2，月份配以7月份居多，为6.72kcal/cm^2，12月份最少，为3.08kcal/cm^2(表2-3)，一般植物生长期间≥0℃和≥10℃的光合有效辐射量为54.26kcal/cm^2、41.56kcal/cm^2，分别占全年有效辐射量的95%、72%(表2-4)，其变化与太阳总辐射的变化相一致。

表2-3 太阳辐射量季节分布表 单位：kcal/cm^2

项目	春季				夏季				秋季				冬季				全年
	3	4	5	合计	6	7	8	合计	9	10	11	合计	12	1	2	合计	
太阳总辐射量	8.74	10.04	12.4	31.18	13.66	13.71	13.31	40.68	9.80	9.58	6.64	26.02	6.29	6.30	6.57	19.16	117.04
太阳有效辐射量	4.28	4.92	6.08	15.28	6.69	6.72	6.52	19.93	4.80	4.69	3.25	12.74	3.08	3.09	3.22	9.39	57.34

表2-4 光合有效辐射量 单位：kcal/cm^2

分 类	太阳总辐射量	占全年%	光合有效辐射量	占全年%
>0℃期间	110.74	95	54.26	95
>10℃期间	84.71	72	41.56	72

保护区处于中纬度地区，山貌以山地为主，地形多样，不同方位和坡度的坡地，其获得的太阳辐射能也不一样，因而形成了不同的坡地小气候。一般在坡度相同的情况下，正午时南坡获得的太阳辐射能最多，东西坡次之，北坡最少。夏季，平坦的斜坡比陡坡获得的太阳辐射能多。冬季，南坡获得的太阳辐射能最多，在一定坡度范围内，坡度越大，获得的太阳辐射能越多；北坡获得的太阳辐射能最少，并随坡度的增加而递减。

2.4.2.2 日照时数与日照百分率

日照时数是指每天从日出到日落，太阳光直接照射到地面的时数。光照时间的持续，对植物的开花、结果有很大影响。当光照不足时，会影响到林木本身的生长和质量，引起林木的天然整枝、林分分化及自然稀疏。

保护区多年平均日照时数2116.3h，日照百分率48%。一年中，以夏季日照时数最多，为667.5h，占全年的31.5%；秋、冬、春季则依次为499.5h、414.9h、534.3h，分别占全年日照时数的23.6%、19.6%、25.3%。日照百分率8月最大，为57%，2、3月份最小，为40%(表2-5)。虽然7月份白昼时间最长，但降水过于集中，并受量的影响，故其日照百分率比8月份低，与6月份接近。

表2-5　各月日照时数及日照百分率　　单位：h

项　目	春季			夏季			秋季			冬季			全年平均
	3	4	5	6	7	8	9	10	11	12	1	2	
日照月份配时数	148.6	177.5	208.2	220.4	222.0	225.1	166.4	177.2	155.7	153.2	136.9	124.8	2116.3
平均日应有日照时数	12.0	13.0	13.7	14.0	13.8	13.2	11.9	11.2	10.4	10.1	1.2	10.7	12.1
日照率(%)	40	46	49	52	51	57	45	50	50	49	43	40	48

2.4.3　气温

保护区年平均气温15.9℃，1月份最低，平均气温-0.5℃，7月份最高，平均气温30.2℃，极端最低气温-18.2℃，极端最高气温40.1℃。年际变化为1.5℃，年平均气温最低是2003年的15.0℃，最高是2007和2013年的16.5℃。稳定通过≥10℃的持续天数225d，活动积温4874℃，80%保证率的积温为4750.5℃。历年平均无霜期227d，霜日42.4d，初霜日在11月7日前后，终霜日在翌年3月24日前后。

2.4.3.1　气温的日变化和月变化

温度的日变化对林木的光合作用、呼吸作用和有机物质的积累都具有重要意义。保护区平均日较差8.9℃，各月变化幅度为7.7~9.8℃。日较差最小值出现在7月，虽然此时正逢盛夏，气温在一年中最高，但夜间很短，地面来不及骤然冷却，仍然具有相当高的温度，以致最低温度不至于太低。日较差最大值出现在4月，在此期间，每天最高气温虽比夏季低，但递增较快，且地面辐射差额变化大，夜间时间仍很长，地面散热强，气温骤然下降，最低值与夏季相比，变化剧烈。

气温的月变化同四季变化一样，受太阳辐射和环流因子的制约。春季，太阳高度角逐渐增大，太阳辐射量随之增加，影响冬季天气和气候的蒙古高压开始衰退，太平洋副热带高压逐步进逼、加强，此时气温回升较快，平均每5~6天增温1℃；夏季则受太平洋副高压影响，气温最高，气候炎热多雨；秋季，蒙古高压不断加强，太平洋副高压开始减弱，气温随之降低；到了冬季，受极地大陆气团影响，天气寒冷、干燥，太阳高度角在全年中最小，太阳辐射量减少，此时气温最低，保护区冬季各月历年平均最低气温在-1.7~0.2℃，年极端最低气温在-18.2~-12.5℃(表2-6)。

表 2-6　各月平均气温、日较差极值表　　单位:℃

项　目	春季			夏季			秋季			冬季			全年
	3	4	5	6	7	8	9	10	11	12	1	2	
月平均气温	11.0	16.7	21.8	25.5	27.1	26.5	22.1	17.2	10.4	4.4	2.3	5.1	15.9
平均最高气温	13.9	20.5	26.0	31.0	31.7	31.4	36.6	21.8	15.2	9.1	6.8	8.4	20.1
平均最低气温	4.6	10.7	16.3	21.0	24.0	23.2	17.8	12.2	6.0	0.2	−1.7	−0.3	11.2
极端最高值	28.3	32.7	36.3	28.0	40.1	39.4	35.9	34.5	30.2	21.4	19.6	24.5	40.1
极端最低值	−6.2	−0.6	6.9	12.8	17.7	15.6	7.9	−1.0	−6.2	−12.5	−18.2	−16.7	−18.2
月平均日较差	9.3	9.8	9.7	9.0	7.7	8.2	8.8	9.6	9.2	8.9	8.5	8.7	8.9

海拔高度对气温也有影响。海拔每上升 100m，气温平均降低 0.5~0.6℃。所以，即使在烈日炎炎的夏季，海拔 650m 左右的中挡(灵山)、稻草湾(鸡笼)平均气温也只有 24℃，凉爽宜人。

2.4.3.2　界限温度和积温

界限温度是反映林木正常生长发育的一种重要气候指标，其起止天数、持续时间在林业上具有重要影响。例如，春季日平均气温稳定通过 0℃的时期，表示土壤解冻、积雪融化；秋季日平均气温降到 0℃以下的时期，表示土壤冻结；春季或秋季日平均气温稳定通过 5℃的时期，则分别表示大多数林木开始生长或停止生长；日平均气温稳定通过 10℃的时期，表示林木活跃生长，等等。

对林木来说，积温可以表示出其在全部生长期内或某一发育期内对热量的需求，树种不同或同一树种在不同的生长发育期内，对积温的要求也不尽相同。

保护区日平均气温稳定通过 0℃、3℃、5℃、15℃、20℃等界限温度的平均持续天数分别为 329d、287d、269d、225d、175d、123d，0℃、3℃、5℃、15℃、20℃以上的平均活动积温分别是 5539.8℃、5386.7℃、5279.6℃、4874.4℃、4167.4℃、3168.4℃(表 2-7)。

表 2-7　日平均气温稳定通过各界限温度的初终期及活动积温　　单位:℃

项　目		>0℃	>3℃	>5℃	>10℃	>15℃	>20℃
初日	80%保证率	22/2	12/3	17/3	12/4	7/5	1/6
	平均	6/2	24/2	6/3	31/3	26/4	21/5
	最早	9/12	3/2	13/2	16/3	10/4	4/5
	最迟	28/2	15/3	22/3	22/4	10/5	2/6
终日	80%保证率	12/12	24/11	9/11	2/11	5/10	15/9
	平均	27/12	7/12	29/11	11/11	17/10	20/9
	最早	7/12	13/11	7/11	26/10	28/9	4/9
	最迟	27/1	23/12	18/12	24/11	31/10	3/10

（续）

项　目		>0℃	>3℃	>5℃	>10℃	>15℃	>20℃
持续天数	80%保证率	306	266	255	216	166	116
	平均	329	287	269	225	175	123
	最长	373	330	303	254	204	146
	最短	299	252	247	200	150	97
积温	80%保证率	5535. 0	5250. 5	5050. 5	4750. 5	4050. 4	/
	平均	5539. 8	5386. 7	5279. 6	4874. 4	4167. 4	3168. 4
	最多	5953. 3	5828. 0	5730. 4	5281. 3	4660. 3	3644. 1
	最少	5313. 1	5029. 7	5022. 3	4455. 9	3728. 7	2516. 0

2. 4. 4　降水

降水是农林业的基本水资源的来源，植物栽培的种类及结构布局无不与降水有关。它是植物生长发育过程中一个极其重要的气象指标，受气流、地形、下垫面、风等因素的影响极大。

保护区多年平均降水量为979. 0mm，以夏季降水量最大，为478. 0mm，占年降水量的48. 8%，春季次之，为223. 4mm，占年降水量的22. 8%，秋、冬季则分别占全年降水量的18. 7%、9. 7%，年平均雨日113天，以春季雨日最多，夏季次之，4月和7月雨日多达12天，最为集中(表2-8)。

表2-8　降水季节分布　　单位：mm、d

项目＼季节	春季 3~5月	夏季 6~8月	秋季 9~11月	冬季 12~2月	合计
降水量	223. 4	478. 0	182. 5	95. 2	979. 0
占年均%	22. 8	48. 8	18. 7	9. 7	100
雨日	33	31	28	21	113

月平均降水量以7月份居多，达247. 5mm，占全年降水量的20. 5%，占夏季降水量的44. 9%；月平均降水量最少的是12月份，为27mm，仅占全年降水量的2. 2%(表2-9)。

表2-9　月平均降水量分布表　　单位：mm、d

项目＼月份	1	2	3	4	5	6	7	8	9	10	11	12
月平均降水量	28. 0	46. 7	72. 7	111. 0	138. 0	150. 2	247. 5	153. 2	111. 3	71. 3	51. 8	27. 0
占全年降水量比例%	2. 3	3. 9	6. 0	9. 2	11. 4	12. 4	20. 5	12. 7	9. 2	5. 9	4. 3	2. 2
月平均雨日	7	8	10	12	11	9	12	10	11	9	8	6

2.4.5 气象灾害

保护区气象灾害有干旱、洪涝、雨凇、冰雹等，其主要情况如下。

2.4.5.1 干旱

植物体内的水分平衡在长期无雨、干燥的情况下受到破坏，使植物枯萎而死亡，形成干旱灾害。干旱对农林业生产有很大的危害性，可使植物的生长过程停止，植株矮小，结果条件恶劣，产量降低。

保护区的干旱现象有出现频繁、持续时间长等特点。平均每 2 年一次，其中尤以伏旱最为严重，破坏性最大。对处于生长发育旺盛时期需要大量水分的农作物、林木极为不利，常能造成水稻的大面积减产。旱灾发生时，其持续天数少则三四十天，多则百余天，降水量极小，对人民群众生活危害大。据县志记载，1949 年前大旱时“天高不雨，赤地千里，颗粒未收，群众生活不堪言状”。1949 年后，随着水利工程大量兴建，抗旱能力日益增强，干旱危害程度不断减轻，但仍为严重的气象灾害之一，造成的经济损失巨大。

2.4.5.2 洪涝

由于长期阴雨或暴雨，雨量过于集中，出现河水泛滥、山洪暴发、土地淹没、作物被淹或冲毁的状况，即为洪涝。

洪涝的发生多与高空低涡、切变、地面冷锋、静止锋、锋面气旋等天气系统有关。保护区位于气象复杂多变区域，属于大陆性季风气候，诱发洪涝的原因较多，主要还是由暴雨成灾、降水强度大而引起。发生洪涝的季节除冬季外，均有不同程度地出现。在 1951—1990 年的 40 年里，发生洪涝的年份就达 25 年之多，其中，春涝具有持续阴雨的特征，夏涝则多因降水强度大、降水过于集中而引起，且危害重。1931 年洪涝发生时，“山洪暴发，各河陡涨，向来不受水灾危害的村庄亦被淹没，水深 8 尺(2.7m)，死伤多。”1949 年后，洪涝发生频率虽与以往近似，但抗灾能力增强，受害程度低，人畜有安全保障。

2.4.5.3 雨凇

雨凇是寒冷季节由于过冷，雨滴降落到低于 0℃ 的地面或物体上，冻结而成的透明冰壳，它的外壳光滑或略有突起。雨凇多发生在地面及树木、电杆等物体的迎风面上，其破坏性很大，往往能折损树木、压断电线、覆盖庄稼。

保护区气候复杂多变，形成雨凇的因素多，是河南省雨凇高发区之一。据观察统计，历年平均雨凇发生 2.8d，多发生在 11 月至翌年 3 月，以 1 月份最多，2 月份次之，最长可持续 10d 之久。

2.4.5.4 冰雹

冰雹天气是一种灾害性天气。冰雹是初夏或盛夏发展旺盛的积雨云中降落下来的一种球形或圆锥形的冰块，通常以霰粒为核心，外有冰层，直径一般 0.5~5cm，罕见的大冰雹直径可达 5cm 以上。

保护区内冰雹多发生在南部海拔较高的山区，如灵山、鸡笼一带，由于对上升气流有明显的机械抬升作用，促进了冰雹的形成。冰雹发生时，虽然降雹时间短促，分布面积小，范围窄，但来势猛，强度大，常伴有大风，给农林业生产带来一定损失。例如，1995年6月11日傍晚，冰雹只在灵山寺至山脚的公路两边降落，历时仅10min，粒大坚硬，人不敢出，顷刻间地面便被砸得坑坑洼洼，雹粒迅速增多，次日虽烈日，仍有许多大粒未融。这次冰雹使部分阔叶树受损。

2.4.6 气候资源分析与评价

保护区为典型的过渡性气候，丰富的光热水资源，为保护区的发展提供了有利条件。适合北亚热带树种和暖温带树种和睦共处，欣欣向荣，针阔混杂，形成多种结构复杂的森林类型，为鸟类觅食、栖息、繁衍创造了得天独厚的自然生存环境，有助于鸟类种类的增加和种群规模的扩大。境内地貌的差异造就了不同的小气候，对种类众多的动植物的保护大有好处。

适宜的光照时间，既满足了长日照植物的需求，又影响了短日照植物的生长发育，有利于保护区多树种、多结构的立体开发，进行多种经营，增加效益。光能充裕，但光能利用率太低，仅为1%，还有很大的潜力。例如，采取合理密植，提高植物群体光能利用率，延长光能利用时间，改善生态环境，增强利用能力，即使光能利用率只提高到3%，据有关资料推算，每公顷林木生物量就会达到29742kg，是光能利用率1%时的3倍。倘以此生产潜力为标准，发展优质丰产高效的树种，科学管理、集约经营，则保护区大面积林地上获得经济效益极为可观。

保护区气象灾害虽多有发生，但随着兴修水利、调整树种等多项预防工程的实施，其危害程度会不断降低，且洪涝多发生在春夏之季，此时正值植物生长发育高峰，极需水分，利大于弊。冰雹虽强度大、危害重，但降雹时间短、分布范围窄、频率发生小，对林木生长构不成大的威胁。但对各种气象灾害仍需提高警惕，加强预测预报，使其危害程度降至最低。

充分利用丰富的气候资源，根据光照、积温、降水等气象指标，在保护区划分一定的经营区域(水平分布和垂直分布)，按照适地适树、因地制宜的原则，选择合适的北亚热带、暖温带树种，多林分、多层次地培育森林，充分发挥森林保持水土、涵养水源、改良水质等多项生态功能，为鸟类创造更美好的生存空间。鸟类又可以在森林保护上大显身手，消灭害虫，提高林木产量和质量，周而复始，保持生态平衡，使保护区踏上一条良性循环的发展道路。

2.5 土壤

土壤和土地是生物赖以生存的必不可少的场所，是农林业最基本的生产资料。土壤是在母质、气候、生物、地貌和时间的综合作用下所形成的，自然土壤的形成尤为典型，在人为活动和环境条件的双重作用下，自然土壤进一步发展为农业土壤。土壤经历了上亿年的漫长时期，孕育着所有生物的生存和演进。

2.5.1 土壤的成因

土壤是独立的历史自然体，在自然保护区独特的五大成土因素综合作用下形成的保护区土壤有其自身特点。5亿年前，当我国其他大部分地区还淹没在海水里的时期，该区地层“淮阳古陆”的隆起部分，距今1亿~2亿年前的燕山地区中生代的造山运动，基本形成了该区的构造骨架，后经喜马拉雅运动的抬升(或沉降)及新构造运动作用，才最后塑造出该区由岩浆侵入地质构造为主的地貌形态，在断裂构造体系控制下，褶皱断片抬升成山，沿断裂发育成谷，山体连绵，沟壑纵横。现代侵蚀作用强烈，物理风化作用为主，崩塌堆积明显，风化壳很厚。母岩经4次侵入活动而形成，岩基为巨厚均质的花岗岩混合岩体。母质主体为花岗岩、片麻岩、砂页岩，其次为浅粒岩、大理岩和角闪岩。在北亚热带湿润季风气候条件下，温度和雨水等对母质和地貌等产生重大影响，岩石的崩解与风化，矿物质和有机质的分解与合成，以及物质的淋失、淀积、迁移和生物循环等反应强烈，决定辖区土壤的发育方向和地理分布，制约土壤的形成过程及管理与利用。在夏季湿热、冬季干寒、春秋凉爽、雨量充沛、雨热同期的优越气候条件下，适宜生物生长、繁殖，加深着自然土壤的发育过程。自从人类有了耕种历史以来，土壤的形成与发展发生了深刻的影响；人类在自然土壤上进行垦殖，参与了土壤的形成过程，使自然土壤又发展成为耕种土壤。耕种土壤是自然成土因素和人为因素综合作用的产物，是人类为了种植所需要的土壤，辖区内的旱作土壤和土壤土属之。

2.5.2 土壤类型

依照《全国第二次土壤普查工作分类暂行方案》规定的标准，保护区土壤分4个土类6个亚类7个土属。详见保护区土壤类型(表2-10)。

表2-10 保护区土壤类型

土类	亚类	土属	面积(hm^2)	占本区土地面积(%)	用途
黄棕壤	黄棕壤	硅铝质黄棕壤性土	7400	74.0	林业用地
	黄棕壤性土	硅铝质黄棕壤性土	300	3.0	林农用地
		沙泥质黄棕壤性土	1000	10	林农用地
石质土	硅铝质石质土	硅铝质石质土	600	6.0	林业用地
粗骨土	硅铝质粗骨土	硅铝质粗骨土	550	5.5	林业用地
水稻土	潴育型水稻土	黄棕壤性潴育型水稻土	100	1.0	农用地
	潜育型水稻土	黄棕壤性潜育型水稻土	50	0.5	农用地

考虑到该保护区土壤的类型、分布和实际利用情况，采取“土属”级分类单元。“土属”是在区域因素的具体影响下，使综合的、总的成土因素产生了区域性的变异，即依据地方性较小的因素而划分。辖区7个土属依成土过程所产生的特定属性的一致性，将土属归纳为四大土类。

(1)黄棕壤土类。它是依据生物气候条件划分的。在北亚热带的气候条件下，由落叶常绿阔叶与针叶混交林的枯枝落叶的覆盖所形成，土体中物质的淋溶作用强烈，钙、镁全被淋洗，锰、铁的移动与累积明显，从而形成了典型的地带性土壤——黄棕壤。

(2)石质土类和粗骨土类。它是在地带性黄棕壤的建谱土壤基础上，轻度发育而成的土壤，为土壤的初级发育阶段，两类土壤的成土母岩基本都是花岗岩，表层都很薄。只是表层下母岩的风化程度不同，粗骨土的母岩风化程度较石质土重，砾石较多。

(3)水稻土。它是水耕熟化的土壤，也是建谱在黄棕壤基础上的人为土壤，通过人为周期性水分的干湿交替管理作用，发育具有特殊的潴育或潜育层段的水田土壤。

2.5.3 土壤分布规律

土壤的地理分布与气候条件、生物群落有密切关系。受地域性的生产条件，母质、地貌、水文和成土时间及人们生产活动等影响，各地段土壤类型及组合有其一定的差异性。该辖区土壤的南北跨度不大，仅逾 20km 长，属一个生物气候带下的单一黄棕壤，但该辖区土壤的垂直分布却表现显著。在山地小气候和地貌条件影响下，其土壤垂直分布结构随海拔的高度及坡向、坡度而有规律地变化。保护区的最高峰王坟顶(海拔 840m)的建谱土壤为黄棕壤(海拔 150~250m)。自建谱土壤以上依次为：黄棕壤(海拔 600~840m)—石质土(海拔 300~600m)—粗骨土(200~300m)—黄棕壤性土(150~200m)—水稻土(100~150m)。处在东段的石质土层段较西段厚，而粗骨土层段又较西段显薄；稍低于王坟顶的灵山主体，其土壤垂直分布与王坟顶的分布相一致，仅在自然土壤的石质土与粗骨土的海拔高度和层段厚度上稍有差异，一般在 50m 左右变更。黄棕壤性土(耕作型旱作土壤)，处于两主体山脚坡度小于 15°的部位，地势低平，水源充沛的山脚洼地、冲及冲塝，为农用地水稻土，一般塝田和冲上段分布潴育型水稻土，在冲下段及具有蓄水能力的库、塘近处为潜育型水稻土。各土壤分布都有着与其相适应的独特空间位置，并呈现出一定的规律性。

依据全国统一的土壤分类的标准，保护区土壤依土属划分类型分别是：硅铝质黄棕壤，硅铝质黄棕壤性土，沙泥质黄棕壤性土，硅铝质石质土，硅铝质粗骨土，黄棕壤性潴育型水稻土，黄棕壤性潜育型水稻土 7 个土属。各个土属性态特征如下。

2.5.3.1 硅铝质黄棕壤土属

该土属是黄棕壤土类、黄棕壤亚类在辖区的一个土属，面积 7400hm^2，占保护区土壤面积的 74%，母质是酸性硅铝质花岗岩风化的残积、坡积物，集中在灵山和鸡笼两大山地的主体，包括白云、荒田等保护区的大部分，由于植被覆盖、枯枝落叶层厚，其有机质含量丰富，母岩为花岗岩，较难风化，物理性黏粒含量高，质地轻壤，代换能力低，在 50cm 以下，多为母岩半风化物，不利于植物根系深扎，山势高，坡度大，侵蚀较严重，应因地制宜，发展用材林和经济林。对坡度缓、土层较厚的位置上，阳坡发展板栗、油桐等树种，阴坡兴茶、种竹；坡度大、土层薄、砾石含量高的山脊和陡坡，应种耐瘠抗寒的马尾松、黄山松及杉木用材林及薪炭林。

2.5.3.2 硅铝质黄棕壤性土土属

该土属是黄棕壤性土亚类的一个土属。分布在鸡笼保护站内遭受侵蚀、堆积明显的沟谷、山脚等位置，面积300hm²，占保护区面积3%，硅铝质花岗岩母质风化物的侵蚀堆积，剖面发育不明显，土层厚，含有不同数量的砾石，处于幼年土壤阶段，表层质地沙壤质，其坡度较大，pH值6.5。宜发展竹、茶、果等经济林。对于海拔较低的山脚、沟谷，且坡度小于15°、流失轻的小片部位作为更型旱作种植，生产麦、豆、花生等粮食作物。

2.5.3.3 沙泥质黄棕壤性土土属

该土属是黄棕壤性土亚类的另一个土属。面积1000hm²，占总土壤面积10%，分布于万店保护站的砂岩、泥质岩类风化的坡洪积和堆积物母质上，表层质地沙壤至轻壤，有机质含量丰富，砾石含量30%左右，在50cm以下为岩石的半风化物，土壤pH值6.0，无石灰反应，因土层深厚，通透性良好，适宜杉、竹、油桐、板栗、茶及果林的发展。对地势低、坡度小(小于15°)，且距村庄较近的位置，宜作为农用地，种植粮食作物。

2.5.3.4 硅铝质石质土土属

硅铝质石质土土属是硅铝质石质土亚类和石质土土类在该辖区的唯一代表类型。面积600hm²，占本辖区土壤总面积的6%，主要分布于没有植被或仅有稀疏植被覆盖的石质山地，土层薄，表层以下为花岗岩基岩，母质为硅铝质花岗岩风化物，砾石含量一般在70%以上，表层质地较松，其有机质含量和物理性含量都高，pH值6.2，无石灰反应。在石隙中常生长着灌木、杂草和藤本植物，林木难以在此生存，没有农用价值。

2.5.3.5 硅铝质粗骨土土属

该土属是硅铝质粗骨土亚类、粗骨土类在该区的主要土属，面积550hm²，占总土壤面积5.5%，分布在海拔250~350m的山地，山体阳坡多于阴坡，与硅铝质石质土土属有相间分布，发育于以花岗岩为主的酸性硅铝质岩类不完全风化的残积坡积物上，其植被覆盖较差，侵蚀严重，土层浅薄，砾石含量高，pH值5.8，无石灰反应。在利用上只能栽植适应性强、耐瘠薄的马尾松和薪炭林，于土层较厚、坡度缓的山坡上，可以抽槽整地，发展茶叶、竹子和油桐等喜酸性的经济林树种。

2.5.3.6 黄棕壤性潴育型水稻土土属

非自然、非地带性潴育型土土属，是发育最为典型的水稻土壤，也是水稻土中较好的水稻土壤，具备水源条件，种稻时间长久。潴育型水稻土属面积100hm²，占总土壤面积1.0%，集中分布于保护区的各个山脚的塝和上冲，有充裕的水源，灌排方便，且距村庄较近，利于耕作。该土属一般具耕作层、犁底层、潴育层和母质层等4个层次。表层灰黄色，中壤，碎块状结构，有大量根系，富含大量铁锈斑纹，无石灰反应；中上层土壤浅黄色，质地重壤，块状结构，根系比表层少，铁锈斑纹明显，有少量铁锰结核；中层土壤质地重壤，棱块状结构，具多量胶膜和铁子，无石灰反应；下层为母质层，颜色黄棕褐色，质地轻黏，棱块状结构，有明显胶膜和大量铁子，亦无石灰反应。

这种类型的水稻土耕层深厚，肥沃度较高，有良好的土壤环境，水、肥、气、热比较协调，既发小苗，又长老苗，是一种高产土壤。

2.5.3.7　黄棕壤性潜育型土土属

潜育型水稻土土属的性态特征基本同潴育型水稻土属类型相似，其差异性在于潜育型水稻土属的淹水时间更长，有的是以田蓄水，或低洼沟谷因泉水溢出而难以排除，库、塘脚下渗水田所淹育的稻田等长期的潜水潴积，土壤呈还原状态，形成青黑色或乌黑色的土层，通体质地黏重，物理性黏粒平均在50%以上，总孔隙度为45%，还原性有毒物质(硫化氢、有机酸)多，生产上因糊泥松软而较容易水耕，耐旱性能强，但水温低，养分转化较慢，土粒分散，不易立苗，还原物质中的有毒物质(亚铁等)的增加，抑制了稻根对磷、钾元素的吸收，微生物活动受阻，土壤中养分的分解减慢，一年一季，不能高产，是有待改良的水稻土土属。其面积 50hm^2，占总土壤面积的 0.5%。

2.5.4　土壤的改良作用

以豫南大别山为主体的保护区是个浅山丘陵区，峰峦叠嶂、沟壑纵横，共有大小山峰50余座，山势险峻，森林茂密，生物资源丰富，风景秀美，景色宜人，气候湿润，雨水调和，适宜多种生物的生存。最高海拔(王坟顶)840m，最低海拔(九龙河上游)95m，坡降1∶10，平均坡度大于30°。由于地势高、坡度大，土表受到较强烈的侵蚀；土层薄、石头多，石质土和粗骨土的面积比较大，一些地方基岩裸露，农用土壤面积少，低产土壤面积比重大，复种指数低；草场面积大，畜牧业发展迟缓。按照国家发展林业的有关方针政策，要加强对现有森林植被资源的保护，封山育林，营造水土保持林。对坡度25°以上的山坡地要退耕还林，没有水土保持工程设施的25°以下的坡地也都要退耕还林、种草。坚持“因地制宜，宜林则林，宜牧则牧，宜农则农”的土壤改良利用原则，本辖区海拔150m以上的全部土壤(硅铝质黄棕壤、石质土、粗骨土)应封山育林，以林诱鸟。在海拔600m以上的山顶、山脊的黄棕壤上，继续培育、发展黄山松、杉、栎混交用材林；200~400m的土壤因地势低、坡度缓而土层较厚，又多在村落附近，应以发展茶叶、板栗、油桐、猕猴桃等经济林为主，搭配种植名贵中药材、木耳、黄花菜等。海拔150~200m多为农用土壤，硅铝质黄棕壤性土和水稻土，宜种植水稻、油菜和旱地小麦、豆类、花生、薯类等。自然土壤上的天然草场资源丰富，草场面积大，利用其发展兔、牛、羊及食草禽鸟等潜力较大。加强水土保持、防止水土流失、严禁乱砍乱伐森林，采取挖鱼鳞坑、修拦水坝等治理工程措施，提高森林覆盖率。对沙性重、质地差、地温低、保水供肥能力差的农用土壤(黄棕壤性土)，要固土增肥，采取以调水为主的改良土壤理化性质的措施，最大限度地提高作物产量和土地利用率。

第3章 植被

3.1 植被概述

保护区地处大别山北坡，位于亚热带北缘，地带性植被为含有常绿成分的落叶阔叶林，在局部水湿条件较好的地段上，还分布有常绿阔叶林。在上一次综合科学考察的基础上，结合本次所有调查结果，参考《中国植被》(吴征镒，1980)与《中国1：100万植被图》(2008)，对植被类型及群系进行了较为系统的分类及修订，最终鉴定、记录了包括针叶林、阔叶林、针阔混交林、灌丛、草丛、草甸等在内的8个植被型，分属16个植被亚型115个群系。这其中，对青柃林进行了修订，确认为小叶青冈林。整体上，保护区以马尾松林、杉木林、栓皮栎等混交林为优势植被类型。

3.2 主要植被类型

Ⅰ 针叶林 Needleleaf Forest

1 亚热带针叶林 Subtropical Needleleaf Forest

1.1 马尾松林(*Pinus massoniana* Forest)
1.2 黄山松林(*Pinus taiwanensis* Forest)
1.3 杉木林(*Cunninghamia lanceolata* Forest)

2 人工针叶林 Artificial coniferous forest

2.1 油松人工林(*Pinus tabuliformis* Forest)
2.2 黑松人工林(*Pinus thunbergii* Forest)
2.3 火炬松人工林(*Pinus teada* Forest)
2.4 湿地松人工林(*Pinus elliottii* Forest)
2.5 柳杉人工林(*Cryptomeria japonica* var. *sinensis* Forest)
2.6 池杉人工林(*Taxodium distichum* var. *imbricatum* Forest)
2.7 落羽杉人工林(*Taxodium distichum* Forest)
2.8 水杉人工林(*Metasequoia glyptostroboides* Forest)

Ⅱ 阔叶林 Broadleaf Forest

1 亚热带阔叶林 Subtropical Broadleaf Forest

1.1 栓皮栎林(*Quercus variabilis* Forest)

1.2 麻栎林(*Quercus acutissima* Forest)
1.3 化香林(*Platycarya strobilaceae* Forest)
1.4 枫香树林(*Liquidambar formosana* Forest)
1.5 枹栎林(*Quercus serrata* Forest)
1.6 黄檀林(*Dalbergia hupeana* Forest)
1.7 枫杨林(*Pterocarpa stenoptera* Forest)

2 亚热带常绿阔叶林 Subtropical Evergreen Broadleaf Forest

2.1 青冈林(*Cyclobalanopsis glauca* Forest)
2.2 小叶青冈林(*Cyclobalanopsis myrsinifolia* Forest)

3 亚热带落叶阔叶林 Subtropical Deciduous Broadleaf Forest

3.1 檫木林(*Sassafras tsumu* Forest)
3.2 华北五角枫林(*Acer truncatum* Forest)
3.3 白栎林(*Quercus fabri* Forest)
3.4 槲栎林(*Quercus aliena* Forest)
3.5 紫弹树林(*Celtis biondii* Forest)
3.6 野樱桃林(*Cerasus scopulorum* Forest)
3.7 钓樟林(*Lindera rubronervia* Forest)
3.8 血皮槭林(*Acer griseum* Forest)
3.9 朴树杂木林(*Celtis sinensis* Forest)
3.10 茶条槭林(*Acer tataricum* subsp. *ginnala* Forest)

4 亚热带常绿、落叶阔叶混交林 Subtropical Mixed Evergreen and Deciduous Broadleaf Forest

4.1 枫香、小叶青冈混交林(*Liquidambar formosana*, *Cyclobalanopsis myrsinifolia* Mixed Forest)
4.2 栓皮栎、青冈混交林(*Quercus variabilis*, *Cyclobalanopsis glauca* Mixed Forest)

5 竹林 Subtropical Bamboo Forest

5.1 桂竹林(*Phyllostachis bambusoides* Forest)
5.2 毛竹林(*Phyllostachis edulis* Forest)
5.3 淡竹林(*Phyllostachis glauca* Forest)
5.4 斑竹林(*Phyllostachis bambusoides* Forest)
5.5 阔叶箬竹林(*Indocalamus latifolia* Forest)

Ⅲ 针阔叶混交林 Mixed Neddleleaf and Broadleaf Forest

1 亚热带针阔混交林 Subtropical Mixed Neddleleaf and Broadleaf Forest

1.1 马尾松栓皮栎混交林(*Pinus massoniana*, *Quercus variabilis* Mixed Forest)

1.2 马尾松枫香树混交林(*Pinus massoniana*, *Liquidambar taiwaniana* Mixed Forest)
1.3 马尾松化香混交林(*Pinus massoniana*, *Platycarya strobilaceae* Mixed Forest)
1.4 黄山松栓皮栎混交林(*Pinus tairwanensis*, *Quercus variabilis Mixed* Forest)
1.5 黄山松槲栎混交林(*Pinus taiwanensis*, *Quercus aliena* Mixed Forest)

Ⅳ 灌丛 Srucb

1 亚热带常绿、落叶灌丛 Subtropical Evergreen Deciduous Scrub

1.1 亚热带落叶灌丛 Subtropical Deciduous Scrub
1.1.1 黄荆灌丛(*Vitex negundo* Scrub)
1.1.2 牡荆灌丛(*Vitex negundo* var. *canabifolia* Scrub)
1.1.3 白鹃梅灌丛(*Exochoda racemose* Scrub)
1.1.4 杜鹃灌丛(*Rhododendron simsii* Scrub)
1.1.5 满山红灌丛(*Rhododendron mariesii* Scrub)
1.1.6 连翘白鹃梅灌丛(*Forsyhia suspensa*, *Exochoda racemose* Scrub)
1.1.7 胡枝子灌丛(*Lespedezea* spp. Scrub)
1.1.8 郁香忍冬灌丛(*Lonicera fragrantissima* Scrub)
1.1.9 野珠兰灌丛(*Stephanadra chinensis* Scrub)
1.1.10 粉枝莓灌丛(*Rubus biflorus* Scrub)
1.1.11 高粱泡灌丛(*Rubus lambertianus* Scrub)
1.1.12 小果蔷薇灌丛(*Rosa cuimosa* Scrub)
1.1.13 绣线菊灌丛(*Spiraea salicifolia* Scrub)
1.1.14 白棠树灌丛(*callicarpa dichotoma* Scrub)
1.1.15 水杨梅灌丛(*Adina rubella* Scrub)
1.1.16 六道木灌丛(*Abelia biflora* Scrub)
1.1.17 野山楂灌丛(*Crataegus cuneate* Scrub)
1.1.18 榛灌丛(*Corylus heterophylla* Scrub)
1.1.19 三裂绣线菊灌丛(*Spiraea triloba* Scrub)
1.1.20 荚蒾灌丛(*Viburnum dilatatum* Scrub)
1.1.21 溲疏灌丛(*Deutzia* spp. Scrub)
1.1.22 杭子梢灌丛(*Campylotropis macrocarpa* Scrub)
1.1.23 湖北栒子灌丛(*Cotoneaster sivestrii* Scrub)
1.1.24 珍珠莲灌丛(*Ficus sarmentosa* var. *henryi* Scrub)
1.1.25 湖北算盘子灌丛(*Glochidion wilsoni* Scrub)
1.1.26 白檀灌丛(*Symplocos panicuiata* Scrub)
1.1.27 山胡椒灌丛(*Lindera glauca* Scrub)
1.1.28 通脱木灌丛(*Tetrapanax papyriferus* Scrub)
1.2 亚热带常绿、半常绿灌丛 Subtropical Evergreen and Semi-Evergreen Scrub

1.2.1　枸骨灌丛(*Illexc cornuta* Scrub)
1.2.2　海桐灌丛(*Pittosporum* spp. Scrub)
1.2.3　柃木灌丛(*Eurya vrevistyla* Scrub)
1.2.4　檵木灌丛(*Loropetalum chinensis* Scrub)

V　草丛 Grass-forb Coummity

1　温带草丛 Temperate Grass-forb Coummity

1.1　荆条、酸枣、黄背草灌草丛(*Vitex negundo*, *Zirugus jujiba*, *Themeda triandra*var. *japonica* Scrub & Grass Coummity)
1.2　黄栌、荆条、白羊草灌草丛(*Cotinus coggyria* var. *pubescens*, *Vitex negundo*, *Bothriochloa ischaemum* Scrub & Grass Coummity)
1.3　算盘子杂类草灌草丛(*Glochidion puberum*, *Artemisia* spp. Scrub & Grass Coummity)
1.4　胡枝子六月雪白茅灌草丛(*Lespedeza* spp., *Scrissoides*, *Imperata cylindrical* var. *major* Grass Coummity)

Ⅵ　草甸 Meadow

1　温带禾草、杂草类草甸 Temperate Grass and Forb Meadow

1.1　狗牙根草甸(*Cynodon dactyon* Meadow)
1.2　结缕草草甸(*Zoysia japonica* Meadow)
1.3　白茅草甸(*Imperata cylindrica* var. *major* Meadow)
1.4　野古草草甸(*Arundinella hirta* Meadow)
1.5　野青茅草甸(*Deyeuxia sylvatica* Meadow)
1.5　白羊草草甸(*Bothriochloa ischaemum* Meadow)
1.6　马唐画眉草草甸(*Digitaria sangunatis*, *Eragrostis pilasa* Meadow)
1.7　斑茅草甸(*Sacharum arundinaceum* Meadow)
1.8　芒草草甸(*Miscanthus sinensis* Meadow)
1.9　狼尾草草甸(*Pennisetum alopecuroides* Meadow)
1.10　知风草草甸(*Eragrostis ferruginea* Meadow)
1.11　黄背草草甸(*Themeda triandra* var. *japonica* Meadow)
1.12　鹅观草早熟禾草甸(*Roegneria kamoji*, *Poa* spp. Meadow)
1.13　蒿类草甸(*Artemisia* spp. Meadow)
1.14　草木樨苜蓿草甸(*Melilotus* spp., *Medicago* spp. Meadow)

2　温带薹草及杂草沼泽化草甸 Temperate Carex and Forb Swamp Meadow

2.1　水苦荬水苏柳叶菜草甸(*Veronica undulata*, *Stachys japonica*, *Epilopium hirsutum* Meadow)
2.2　酸模叶蓼扯根菜水竹叶草甸(*Polygonum lapathifolium*, *Penthorum chinensis*, *Murdannia triquctra* Meadow)

Ⅶ 沼泽 Swamp

1 温带沼泽 Temperate Swamp

1.1 香蒲沼泽(*Typha orientalis* Swamp)
1.2 芦苇沼泽(*Phragmites communis* Swamp)

2 亚热带 Subtropical Swamp

2.1 灯芯草沼泽(*Juncus effusua* Swamp)
2.2 喜旱莲子草沼泽(*Alernanthora philoxeroides* Swamp)

Ⅷ 水生植被 Aquatic Vegetation

1 挺水群落

1.1 慈姑群落(*Sagittaria sgittifolia*)
1.2 泽泻群落(*Alisma orientale*)
1.3 菖蒲群落(*Acorus calamus*)
1.4 菰群落(*Zizania latifolia*)
1.5 莲群落(*Nelumbo nucifera*)
1.6 荸荠群落(*Eleocharis dulcis*)

2 浮水群落

2.1 菱群落(*Trapa natans*)
2.2 芡群落(*Euryale ferax*)
2.3 荇菜群落(*Nymphoides peltatum*)
2.4 凤眼莲群落(*Eichhornia crassipes*)
2.5 满江红槐叶萍群落(*Azolla imericata*, *Salvinia natans*)
2.6 浮萍紫萍群落(*Lemna minor*, *Spirodela polyrrhiza*)
2.7 大漂群落(*Pistia stratiotes*)

3 沉水群落

3.1 狐尾藻群落(*Myriophyllum spiatum*)
3.2 黑藻群落(*Hydrilla verticillata*)
3.3 菹草群落(*Potamgeton crispus*)
3.4 行叶眼子菜群落(*Potamgeton malainus*)
3.5 金鱼藻群落(*Ceratophillam demensum*)

在董寨历次科学考察、罗山县二类清查的基础上，结合本次植被组进行的野外踏查的基础上。依据《中国植被》(吴征镒，1980)与《中国1∶100万植被图》(2008)分类与命名原则，对植物群落及植被进行了系统的分类及划分。经过参阅大量资料，结合遥感卫片、地面调查样地、样点等资料，在董寨国家级自然保护区边界与罗山县二类清查矢量数据等资料基础上，绘制了董寨 1∶17 万比例的主要植被类型图(图 3-1)。在本次植被图绘制中，结合保护区保护类型及其需要，保护区范围内绝大部分的农田、道路、水域、城镇、保护区各管理处与保护点均被绘制在植被图中。

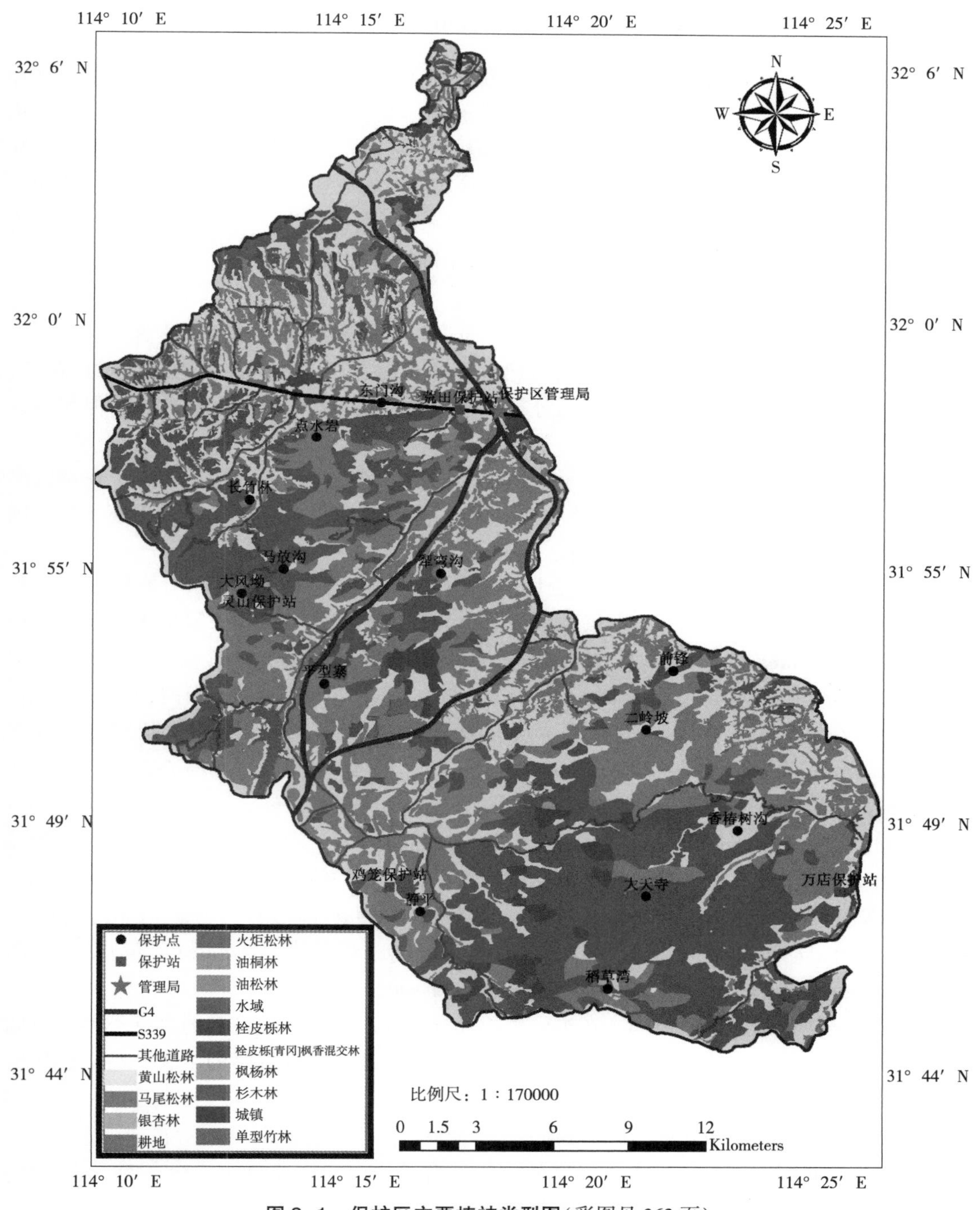

图 3-1　保护区主要植被类型图(彩图见 363 页)

3.3 主要植被类型概述

3.3.1 针叶林 Needleleaf Forest

3.3.1.1 亚热带针叶林 Subtropical Needleleaf Forest

河南董寨国家级自然保护区分布有裸子植物 21 种(包括引种和归化种)。其中，只有马尾松、黄山松、杉木和柳杉在本区有大面积分布，其他针叶树多为零星分布或呈小片状分布。海拔 600m 以下的低山丘陵地区多分布有马尾松林，局部土层深厚、水湿条件较好的地段上有大面积的人工杉木林和柳杉林，河谷地及村宅旁还有人工栽培的落羽杉林和水杉林。部分林区进行了湿地松、火炬松的引种试验，但面积不大。海拔 600m 以上则普遍生长有黄山松林，它是马尾松在垂直海拔高度上的替代种。

1. 马尾松林(*Pinus massoniana* Forest)

马尾松林是我国东南部湿润亚热带地区分布最广、资源量最大的森林群落，也是这一地区典型代表群落。它的分布南至广西百色和雷州半岛北部，北至淮河南岸，东至台湾，西至四川青衣江流域，以长江流域为其分布中心。罗山是马尾松林分布的北界，但在本区生长发育良好。

马尾松是喜光树种，能耐瘠薄、干旱，是荒山丘陵区的优良先锋造林树种。在本区海拔 600m 以下的低山丘陵地有大量分布，浅山区多为中幼林，下限与农作区相连，深山区多为天然林，上限逐渐被黄山松所取代。

马尾松林冠疏散，翠绿色，层次分明。低山丘陵群落低矮、弯曲，山地松林高大整齐。郁闭度 0.4~0.75 不等，乔木层一般高 12~18m，胸径 18~25cm。群落中常伴生有栓皮栎(*Quercus variabilis*)、麻栎(*Q. acutissima*)、枫香树(*Liquidambar formosana*)、黄檀(*Dalbergia hupeana*)、山槐(*Albizzia kalkora*)、化香(*Platyearya strbilaceae*)、青冈(*Quercus glauca*)、板栗(*Castanea mollissima*)等。灌木层一般高 1~2m，盖度 0.2~0.5。优势种有杜鹃(*Rhododendron simsii*)、白鹃梅(*Exochoda racemosa*)、山莓(*Rubus corchorifolius*)、高粱泡(*Rubus lambertianus*)、连翘(*Forsythia suspense*)、胡枝子(*Lespedeza* spp.)、白檀(*Symplocos paniculata*)、绣线菊(*Spiraea* spp.)、荚蒾(*Viburnum* spp.)等。草本层高 20~40cm，一般盖度 0.2~0.5。以禾草、莎草科植物和蕨类植物为主，主要的植物有欧洲蕨(*Pteridium aquilinum*)、求米草(*Oplismenus undulatifolius*)、隐子草(*Kengia hackeli*)、薹草(*Carex* spp.)、野青茅(*Deyeuxia sylvatica*)、黄背草(*Themeda triandra*)、野古草(*Arundinella hirta*)、大油芒(*Spodopogon sibiricus*)、金星蕨(*Parathelypteris nipponica*)等。

马尾松适应性强，能耐瘠薄，在本区生长发育良好，是一个较稳定的群落类型，但低山区应减少人工砍伐、修枝，深山区适当进行间代、整枝，促进群落的生长。马尾松林根据林下优势灌木和优势草本，本区可以划分为 21 个群丛。

2. 黄山松林(*Pinus taiwanensis* Forest)

黄山松是我国东部亚热带中山地区的代表性群落之一。主要分布于台、闽、浙、赣、皖、湘、鄂等省中亚热带山区，在河南仅见于大别山区，故本区是其分布的北界，主要分布于鸡笼保护站、灵山保护站海拔600m以上的山地。

黄山松为喜光树种，适应温凉湿润的山地气候，耐寒、抗风、耐瘠薄。分布地土壤为黄棕壤，有机质较为丰富，pH5.8~6.5。黄山松群落外貌整齐，呈暗绿色，群落层次分明。乔木层以黄山松为主，高12~18m，郁闭度0.5~0.8，树干挺直，粗壮，树皮暗灰色。伴生的树种常见有枹栎(*Quercus serrata*)、黄山栎(*Q. stewardii*)、白栎(*Q. fabri*)、化香(*Platycarya strobilaceae*)、鹅耳枥(*Carpinus turczaninowii*)、槲栎(*Quercus aliena*)等。林下灌木层高1~2m，盖度0.3~0.4，主要有满山红(*Rhododendron mariesii*)、白檀(*Symplocos paniculata*)、绣线菊(*Spireae trilobata*)、山梅花(*Philadelphus incaxnus*)、紫珠(*Cllicarpa cathayama*)、六道木(*Abelia biflora*)、美丽胡枝子(*Lespedeza formosa*)、钓樟(*Lindera rubronervia*)等。林下草本层稀疏，主要有蕨(*Pteridum aquilinum* var. *latiusculum*)、野青茅(*Deyeuxia sylvatica*)、披针苔(*Carex lanceolate*)、珍珠菜(*Lysimachia clethroides*)、求米草(*Oplismernus undulatifolius*)、前胡(*Peuccedanum decurrens*)、大叶苔(*Carex siderosticta*)、野菊(*Dendranthema indicum*)等。

黄山松适应较高海拔山地，生命力强，生长旺盛，林木蓄积量大，材质比马尾松好，又有较强的抗病虫害的能力，是本区海拔600m以上山地的一类稳定的群落类型。根据群落下层的优势灌木和草本，可以分为14个群丛。

3. 杉木林(*Cunninghamia lanceolata* Forest)

杉木林广泛分布于我国东南亚热带地区，它和马尾松林、柏木林组成我国东部亚热带山地的三大常绿针叶林。其分布范围为南至广东信宜、广西玉林，北至大别山、桐柏区。本区是其分布的北界，且多为人工林。

杉木分布于本保护区的各个保护站。生长地多为向阳、湿润、土层深厚的地段，如山地缓坡、山凹谷地等。群落结构整齐，层次分明，成熟林一般高15~20cm。纯人工林乔木层单一，均由杉木构成；半天然林则混生有马尾松(*Pinus massoniana*)、黄连木(*Pistacia chinensis*)、盐肤木(*Rhus chinensis*)、山槐(*Albizzia kalkora*)、化香(*Platycarya strobilaceae*)、枹栎(*Quercus serrata*)、黄檀(*Dalbergia hupeana*)等。灌木层稀疏，多不成层，主要有山莓(*Rubus corchorifolius*)、木莓(*Rubus swinhoei*)、山胡椒(*Lindera glauca*)、绿叶甘橿(*Lindtra fruticosa*)、连翘(*Forsthia suspensa*)、杜鹃(*Rhododendron simsii*)、白檀(*Symplocos paniculata*)、百两金(*Ardisia crispa*)、白背叶(*Mallotus apelta*)等。草本植物一般由莎草科、禾本科植物与蕨类植物组成。常见的有冷水花(*Pilea mongolia*)、白及(*Blelilla striata*)、欧洲蕨(*Pteridium aquilinum*)、日本薹草(*Carex japonica*)、求米草(*Oplismenus undulatifolius*)、长尾复叶耳蕨(*Arachniodes simplicior*)、卷柏(*Selaginella* spp.)、海金沙(*Lygodium japonicum*)、天胡荽(*Hydrocotyle sibthorpioides*)等。

杉木是本区的重要用材树种，生长迅速，材质优良，加强抚育，10年即可成材。本区的人工林面积逐年扩大，已达200hm^2。根据林下优势灌木和草本，本区杉木林可分为10个群丛。

3.3.2 阔叶林 Broadleaf Forest

3.3.2.1 亚热带阔叶林 Subtropical Broadleaf Forest

本区的落叶阔叶林主要由壳斗科的栎属植物，槭树科的槭属，榆科的朴属，金缕梅科的枫香树属，胡桃科的化香属、枫杨属等植物组成，因本区山体不高，落叶阔叶林的垂直分带不明显。林中常混生有较丰富的常绿乔灌木，体现本区北亚热带的植被特征。

1. 栓皮栎林（*Quercus variabilis* Forest）

栓皮栎林在本区分布广泛，是本区落叶阔叶林的主体，分布于各个保护站，下限常与农作区相连，并多与马尾松形成针阔叶混交林，上限常与黄山松形成混交林。各地分布的栓皮栎生长发育良好。成熟的栓皮栎林林相整齐，结构层次分明，郁闭度一般0.4~0.9，林木高10~18m，在100m^2的样地内平均有植物80余种。

乔木层中常伴生有马尾松（*Pinus massoniana*）、化香（*Platycarya strobilaceae*）、茅栗（*Caslanea seguinii*）、山槐（*Albizzia kalkora*）、黄檀（*Dalbergia hupeana*）、麻栎（*Quercus acutissima*）、青冈（*Q. glauca*）、黄连木（*Pistacia chinensis*）、槲栎（*Quercus aliena*）、山樱花（*Prunus serrulata*）等。灌木层1~2层，高1~2m，主要有杜鹃（*Rhododendron simsii*）、白鹃梅（*Exochorda racemosa*）、山胡椒（*Lindera glauca*）、绿叶甘橿（*Lindera frouticosa*）、绿叶胡枝子（*Lespedeza buergeri*）、鼠李（*Rhamnus davurica*）、多腺悬钩子（*Rubus phoenicolasius*）、高丽悬钩子（*R. coreanus*）、山莓（*Rubus corchorifolius*）、小果蔷薇（*Rosa cymosa*）、华东木蓝（*Indigofera fortunei*）、金银忍冬（*Lonicera podocarpa*）、六道木（*Abelia biflora*）等。草本植物主要有黄背草（*Themeda triandra* var. *japonica*）、细叶苔（*Carex capilliformis*）、山萝花（*Melampyrum roseum*）、欧洲蕨（*Pteridium aquilinum*）、三脉紫菀（*Aster ageratoides*）、蕙兰（*Cymbidum faberi*）、珍珠莱（*Lysimachia fortunei*）、求米草（*Oplismenus undulatifolius*）、蒿（*Artemisia* spp.）、贯众（*Cyrtomium fortunei*）、金星蕨（*Parathelypteris glanduligera*）等。层间植物主要有五味子（*Schisandra chinensis*）、南蛇藤（*Celastrus orbiculatus*）、鸡矢藤（*Paederia scandens*）、三叶木通（*Akebia trifoliata*）、中华猕猴桃（*Actinidia chinensis*）等。

栓皮栎能耐干旱、瘠薄，分布最为广泛，在浅山区栓皮栎林屡遭砍伐呈萌生状况，有些林地被改造成板栗林或茶园，面积有逐渐变小的趋势。根据林下优势灌木和草本，本群落可分为7个群丛。

2. 枫香树林（*Liquidambar formosana* Forest）

枫香树是分布于我国长江以南亚热带山地的一种暖性落叶树种，北界与亚热带北界相吻合，本区为枫香树林分布的北界。河南有星散分布或小片状分布，未见大片纯林。保护区的灵山保护站发现有大片枫香树林。群落所在地为洪山南坡沟谷和近谷地。群落外貌整齐，高19m，郁闭度0.6，枫香树最大胸径37cm，平均20cm，树干通直，群落结构层次分明。枫香树在向阳沟谷发育良好，林下更新幼苗较多，群落较为稳定。根据下木优势种不同，分为2个群丛。

3. 枹栎林（*Quercus serrata* Forest）

枹栎林在本区主要分布于海拔500m以上的山地，见于鸡笼保护站的大路沟、小风凹、大风凹、岭南、箭杆山、马鞍山、中垱、王坟顶、蚂蚁岗、犁湾沟和六斗尖。一般分布于山顶或山脊，是栓皮栎在垂直高度上的替代种，但由于罗山各山体都不太高，因而短柄枹常与栓皮栎交错分开布，与栓皮栎在垂直高度上无明显的界限。

枹栎群落整齐，层次清晰分明。乔木层高逾10m，盖度0.5~0.7。乔木层常伴生有马尾松（*Pinus massoniana*）、山合欢（*Albizia kalkora*）、栓皮栎（*Quercus variabilis*）、槲栎

(*Q. aliena*)、红枝柴(*Meliosma oldhamii*)、黄檀(*Dalbergia hupeana*)等。灌木层不甚发达，主要有满山红(*Rhododendron mariesii*)、美丽胡枝子(*Lespedeza formosa*)、山莓(*Rubus corchorifolius*)、白檀(*Symplocos paniculata*)、苏木蓝(*Indigofera cralesii*)、荚蒾(*Viburnum dilatatum*)、省沽油(*Staphylea bumalda*)等。草本植物主要有薹草(*Carex* spp.)、玉竹(*Polygonatum odoratum*)、天门冬(*Asparagus cochinchinensis*)、泽兰(*Eupatorium chinensis*)、三脉紫菀(*Aster ageratides*)、求米草(*Oplismenus undulatifolius*)、珍珠菜(*Lysimachia clethroides*)、白及(*Blettia striata*)等。

短柄枹在本区生长欠佳，树冠低矮，很少见有大树，可能与本区海拔较低有关。其分布仅限于几个较高的山头、岭脊。

4. 黄檀林(*Dalbergia hupeana* Forest)

黄檀林广泛分布于亚热带地区。在本区的白云保护站、荒田保护站、灵山保护站、万店保护站都有分布，但纯林面积不大，常被栓皮栎或马尾松林所分隔。黄檀在本区一般分布在向阳山坡。群落外貌尚整齐，郁闭度0.4左右。乔木层高逾10m，树木胸径一般为8~18cm。现以白云保护站大阴坡的黄檀林为样地，观察其结构。

样地位于海拔350m的西南坡。群落高10m，郁闭度0.6。乔木层伴生的树种有山槐(*Albizia kalkora*)、杉木(*Cunninghamia lanceolata*)、化香(*Platycarya strobilaceae*)。灌木层盖度0.1~0.2，主要由杜鹃(*Rhododendron simsii*)、山莓(*Rubus corchorifolius*)、野花椒(*Zanthorylum simulans*)、山胡椒(*Lindera glauca*)、盐肤木(*Rhus chinensis*)、八角枫(*Alangium chinensis*)、小叶朴(*Celtis bungeana*)、小果蔷薇(*Rosa cymosa*)、绿叶胡枝子(*Lespedeza buergeri*)、杭子梢(*Campylotrpis macrocarpa*)、六月雪(*Serissa serssoides*)等。草本层盖度35%，主要种类有芒(*Miscanthus sinensis*)、日本薹草(*Carex japonica*)、三脉紫菀(*Aster ageratoides*)、中华鳞毛蕨(*Dryopteris chinensis*)、苍术(*Atractylodes lancea*)、沙参(*Adenophora stricta*)、田麻(*Corchoropsis tomentosa*)、白莲蒿(*Artemisia gmelini*)等。

5. 化香林(*Platycarya strobilaceae* Forest)

化香在本区分布广泛，几乎各保护站都有分布。但灵山站、鸡笼站最多。本区的化香纯林较少，多以混交林的形式存在。化香林盖度一般0.4~0.6。群落高10~13m。乔木层除化香外，尚有麻栎(*Quercus acutissima*)、栓皮栎(*Q. variabilis*)、马尾松(*Pinus massoniana*)、小叶朴(*Celtis bungeana*)、黄连木(*Pistacia chinensis*)、流苏树(*Chionanthus retusa*)、山樱花(*Cerasus serrulata*)等。灌木层高一般1.2m，郁闭度0.4，主要灌木有野桐(*Mallotus tenuifolius*)、山莓(*Rubus corchorifolius*)、苏木蓝(*Indigofera carlesii*)、美丽胡枝子(*Lespedeza formosa*)、山梅花(*Philadelphus incaxnus*)、扁担杆(*Grewia biloba*)、山胡椒(*Lindera glauca*)等。草本层盖度约0.5，主要由荩草(*Arthraxon hispidus*)、求米草(*Oplismenus undulatifolius*)、薹草(*Carex* spp.)、凤丫蕨(*Coniogramme japonica*)、贯众(*Cyrtomium fortunei*)、聚花过路黄(*Lysimachia congestiflora*)、黄精(*Polygonatum sibiricum*)等。

3.3.2.2 亚热带常绿阔叶林 Subtropical Evergreen Broadleaf Forest

河南董寨国家级自然保护区位于亚热带北缘，本区的地带性植被为含常绿成分的落叶阔叶林，但在局部条件较好的地段上还分布有常绿阔叶林。本区常绿阔叶林主要由青冈、青栲等常绿树种组成，多沿沟底分布。

1. 青风栎林(*Quercus glauca* Forest)

青冈林分布于我国中亚热带东部，以长江中下游为最典型，是亚热带常绿阔叶林的代表之一，本区已是它分布的北界。本保护区见于灵山保护站的马放沟、万店保护站的白龙池、鸡笼林保护站的后沟、大竹园等地。

群落外貌呈暗绿色，叶有光泽，林冠浑圆稠密。高10~12m，郁闭度0.7~0.8。乔木层常伴生有小叶青冈、大叶冬青(*Ilex latifolia*)、冬青(*I. purpurea*)、红果黄肉楠(*Actinodaphne cupularis*)、山楠(*Phoebe chinensis*)、黑亮楠(*Lindera megaphpylla*)等常绿树种，落叶树种有茶条槭(*Acer ginnala*)、血皮槭(*A. griseum*)、黄檀(*Dalbergia hupeana*)、栓皮栎(*Quercus variabilis*)、青檀(*Pteroceltis tatarinowii*)、小叶朴(*Celtis bungeana*)、紫弹树(*C. biondii*)、枳椇(*Hovenia dulcis*)等。灌木层主要由棱叶海桐(*Pttiosporum trigonocarpum*)、崖花海桐(*P. sahnianum*)、杜鹃(*Rhododendron simsii*)、柃木(*Eurya brivistyla*)、乌饭树(*Vaccinium bracteatum*)、白檀(*Symplocos paniculata*)等。草本层稀疏，主要有薹草(*Carex* spp.)、凤尾蕨(*Pteris vittata*)、贯众(*Cyrtomium fortunei*)、冷水花(*Pilea* spp.)。

2. 小叶青冈林(*Cyclobalanopsis myrisinafolia* Forest)

小叶青冈广泛分布于长江以南各省份，北至大别山区，也是我国常绿阔叶林的主要组成树种。河南的大别山、伏牛山南坡有零星分布，但为数极少，未见纯林。1994年，在河南董寨国家级自然保护区灵山保护站的大路沟见有大面积条块状分布。群落位于灵山保护站洪山南坡，邻近沟底，海拔300m。群落南北延伸，长约200余米。群落外貌呈绿色，高低不平。乔木层高12~15m，胸径15~25cm，树皮黑褐色。叶有光泽。乔木层覆盖度0.5~0.7。常伴生有枫香树(*Liquidambar formosana*)、黄连木(*Pistacia chinensis*)、化香(*Platycarya strobilaceae*)、五角枫(*Acer mono*)、朴树(*Celtis sinensis*)、大果榉(*Zelkova sinica*)、马尾松(*Pinus massoniana*)、栓皮栎(*Quercus variabilis*)、青冈(*Cyclobalanopsis*)、栾树(*Koelreuteria paniculata*)等。灌木层高1~2m，主要由胡颓子(*Elaeagnus pungens*)、大花卫矛(*Euonymus grandiflorus*)、山胡椒(*Lindera glauca*)、棱叶海桐(*Pittosporum trigonocarpum*)、狭叶海桐(*P. neriifolium*)、小叶女贞(*Ligustrum quihoui*)、流苏(*Chionanthus retusa*)、郁香野茉莉(*Styrax odoraissima*)、竹叶椒(*Zanthoxylum planispinum*)、异叶天仙果(*Ficus heteromorpha*)等。草本植物有薹草(*Carex* spp.)、黄精(*Polygonatum zanlanscianense*)、悬铃木叶苎麻(*Boehmeria platanifolia*)、贯众(*Cyrtomium fortunei*)、沼泽蕨(*Thelypteris palustris*)、凤尾草(*Pteris mltifida*)、疏网凤丫蕨(*Comiogramme wiloni*)等。层间植物丰富，主要有千金藤(*Stephania japonica*)、三叶木通(*Akebia trifoliata*)、络石(*Trachelopermum lasminoides*)、爬山虎(*Parthenoissus tricuspidata*)、珍珠莲(*Ficus sarmentosa* var. *henryi*)等。

3.3.2.3 亚热带常绿、落叶阔叶混交林 Subtropical Evergreen and Deciduous Broadleaf Mix Forest

河南董寨国家级自然保护区分布的常绿、落叶阔叶林有两个群系。它们多分布在海拔较低的沟谷四周的山坡上。

1. 枫香树青栲混交林(*Liquidambar formosana*, *Quercus myrisinafolia* Forest)

本群系主要见于灵山保护站的大路沟、白马沟等地，山店保护站的部分地区也有分布。群系分布的海拔高度一般在280~380m，群落沿沟谷呈条状分布。

本群系外貌呈深绿色，层次略有起伏，郁闭度0.7左右。乔木层高12~15m，枫香树略高，青栲略低。伴生的树种尚有化香(*Platycarya strobilaceae*)、马尾松(*Pinus massoniana*)、栓皮栎(*Quercus variabilis*)、黄连木(*Pistacia chinensis*)、大果榉(*Zelkova sinica*)、黄果朴(*Celtis labilis*)、黄檀(*Dulbergia hupeana*)、马鞍树(*Mackia huphensis*)、山槐(*Albizia kalkora*)等。灌木层高度约0.4m，主要由枫香树、化香的幼树所组成，常见的种类有山胡椒(*Lidera glauca*)、棱叶海桐(*Pittosporum truncatum*)、短柱柃木(*Eurya brivistyla*)、木姜子(*Litsea pungens*)、竹叶楠(*Phoebe faberi*)、润楠(*Machilus microcarpa*)、小叶女贞(*Ligustrum quihoui*)、白檀(*Symplocos paniculata*)、冻绿(*Rhamnus utilis*)等。草本层稀疏，主要有求米草(*Oplismenus undulatifolius*)、薹草(*Carex japonica*)、蕙兰(*Cymidum faberi*)、湖北黄精(*Polygonatum zanlansciamense*)、过路黄(*Lysimachia christinae*)、贯众(*Cyrtomium fortunei*)、普通风丫蕨(*Conigramme intemedia*)、海金沙(*Lygodium japonicum*)等。本群落层间植物较发达，常见的种类有络石(*Trahelospermum jasminoides*)、鸡矢藤(*Paedriascan scandens*)、木通(*Akebia quinata*)、秋葡萄(*Vitis romanetii*)、三叶地锦(*Parthenocissus semicordata*)、常春藤(*Hedera neplensis* var. *sinensis*)等。

2. 栓皮栎青冈混交林(*Quercus variabilis*, *glauca* Forest)

本群系在保护区分布比较普遍，见于海拔400m以下的沟谷四周，主要由栓皮栎与青冈组成，常伴生有麻栎(*Qutrcus acutissima*)、化香(*Platycarya strobilaceae*)、马尾松(*Pinus massoniana*)、五角枫(*Acer mono*)、黄檀(*Dalbergia hupeana*)等。

3.3.3 针阔叶混交林 Mixed Neddleleaf and Broadleaf Forest

针阔叶混交林在本区主要有5个群系，分布于海拔600m以下，主要是由马尾松与栓皮栎、与枫香树、化香形成的混交林，或由杉木(*Cunninghamia lanceolata*)与栓皮栎形成的混交林。该类混交林，针叶树、阔叶树生长良好，林下残落物丰富，各种乔木层的幼苗能正常发育，林下透光量较多，有机质分解迅速，群落处在相对稳定阶段。海拔600m以上，则主要有黄山松与栓皮栎、短柄枹、槲栎形成的混交林，由于海拔较高地区，人为干预较少，群落结构完整，各种树木发育良好，同时，海拔升高，气温降低，残落物分解速度不及马尾松形成的混交林，林下残落物丰富。针叶树、落叶树的幼苗更新状况良好。

3.3.4 竹林 Subtropical Bamboo Forest

竹林是由竹类植物组成的一种常绿木本群落，是亚热带地区最常见的植被类型之一。本区有竹类植物1种。但分布数量较多，形成纯林的有桂竹林、毛竹林、淡竹林、斑竹林。上述竹林多为人工栽培或逸为野生，见于村宅四旁或低山沟谷，以辽竹沟、长竹林、大竹园面积较大。阔叶箬竹是一类丛生竹类，植株低矮，不及1.5m，主要分布于林缘或山坡。

3.3.5 灌丛和灌草丛 Srucb and Grass-forb Counmmity

本区分布的灌丛是在森林植被被破坏以后发展起来的次生植被类型，在山地占有一定的面积。在岩石裸露、山脊和有人为干预的地段，灌丛处在相对稳定阶段，在深山区，灌丛随着时间的推移有被森林群落取代的趋势。

1. 白檀灌丛(*Symplocos paniculata* Scrub)

白檀在本区分布广泛，为林下优势灌木，当上层乔木遭受砍伐后，可形成白檀灌丛。白檀自海拔150m至山顶均有分布。灌丛高一般1~1.5m，但在局都地段(如鸡笼保护站的大天寺)可高达3m，胸径12cm，呈小乔木状。伴生的种类有山胡椒(*Lindera glauca*)、绢毛木姜子(*Litsea sericea*)、绿叶甘橿(*Lindera fruticosa*)、山楠(*Phoebe chinensis*)、杜鹃(*Rhododendrom simsii*)、连翘(*Forsythia suspensa*)、绿叶胡枝子(*lespedeza buergeri*)等。草本层不甚发达，主要有山萝花(*Melampyrum roseum*)、日本薹草(*Carex japonica*)、玉竹(*Pohygonatum odoratum*)、隐子草(*Cleistogens serotina*)、兰脉紫菀(*Aster ageratoides*)、马兰(*Kalimers indica*)、地榆(*Sanguisorba officinalis*)、沙参(*Adenophora* spp.)等。

2. 杜鹃灌丛(*Rhododendron simsii* Scrub)

杜鹃灌丛也是本区分布最广泛的灌丛之一，各个保护站都有分布。群落所在地土壤一般为沙壤质黄棕壤，土层薄，枯枝落叶少。

杜鹃灌丛呈丛生状，外貌整齐，高度通常为1~2m。群落季相变化明显，早春展叶前开花，由于花大且花期集中，整个灌丛一片火红，晚秋落叶。伴生的植物有连翘(*Forsythia suspensa*)、白鹃梅(*Exrochoda racemosa*)、满山红(*Rhododendron mariesii*)、湖北枸子(*Cotoneaster hupehensis*)、六道木(*Abelia biflora*)、山胡椒(*Lindera glauca*)、山蚂蟥(*Desmodium racemosum*)、山豆花(*Lespedeza tomentosa*)、截叶铁扫帚(*Lespedeza cuneata*)等。草本层主要有荩草(*Arthraxon hispidus*)、黄背草(*Themeda triandra* var. *japonica*)、白苞蒿(*Artemisia lactiflora*)、狗娃花(*Heteropappus hispidus*)、三脉紫菀(*Aster ageratoides*)、白羊草(*Bothriochloa ischaemum*)、湖北野青茅(*Deyeuxia hupehensis*)等。

杜鹃灌丛在本区生长发育良好，植株萌生性较好，由于生境条件或人为的干扰而相对较为稳定，在靠近马尾松林附近，有被马尾松取代的趋势。

3. 连翘灌丛(*Forsythia suspensa* Scrub)

连翘灌丛分布于林缘、沟谷旁，常形成大片的灌丛。保护区各地均有分布，但以鸡笼站最为典型。群落高一般1.5~2.5m，枝条呈斜升或匍匐状。盖度0.4~0.7。外貌早春呈黄色，盛夏呈绿色，晚秋呈黄褐色。伴生的植物常有白鹃梅(*Exochoda racemosa*)、山胡椒(*Lindera glauca*)、胡颓子(*Elaeagnus pungens*)、卫矛(*Euonymus alatus*)、白背叶(*Mallotus apelta*)、青灰叶下珠(*Phyllanthus glaucus*)等。林下草本主要有山萝花(*Melampyrum roseum*)、黄背草(*Themeda triandra* var. *japonica*)、大油芒(*Spodopogon sibiricus*)、鹅观草(*Roegneria kamoji*)、湖北三毛草(*Trisetum henryi*)、白苞蒿(*Artemisia latiflora*)、风毛菊(*Saussurea japonica*)等。

4. 野珠兰灌丛(*Stephanadra chinensis* Scrub)

野珠兰是本区沟谷四周的优势灌丛。灌丛沿沟谷或山坡分布。外貌起伏不平，盖度

0.3~0.5，高度1.5~2.5m。伴生的植物也多为沟谷旁的一些物种，如中华绣线菊(*Spiraea chinensis*)、水栒子(*Cotoneaster multiflorus*)、野山楂(*Crataegus cunaeta*)、溲疏(*Deutzia* spp.)、柘树(*Cudrania tricuspidata*)、荚蒾(*Viburnum dilatum*)、金银忍冬(*Lonicera maackii*)等。草本层主要有虎杖(*Polygonum cupidatum*)、路边青(*Geum japonicum* var. *chinense*)、龙牙草(*Agrimonia pilosa* var. *japonica*)、地榆(*Sanguisorba officinalis*)、白接骨(*Asystasiella chinensis*)等。

5. 通脱木灌丛(*Terapanax papyriferus* Scrub)

通脱木为中国特有植物，在本区有小片群落，主要分布于灵山站、鸡笼站，群落位于向阳山坡，一般土层较厚。群落外貌整齐，高0.8~1.5m，郁闭度0.7左右。群落中件生植物很少，仅见有胡枝子(*Iespedeza bicolor*)、铁扫帚(*Lespedeza pilosa*)等，草本植物有马鞭草(*Verbena officnalis*)、白羊草(*Bothriochloa ischaemm*)、知风草(*Eragrotis ferruginea*)等。通脱木在本区发育良好，形成了郁闭环境，其他植物难以适应。故该群落在当地相对稳定。

6. 黄荆灌丛(*Vitex negundo* Scrub)

黄荆灌丛是本区低山丘陵地区分布最为广泛的灌丛，是在森林植被反复遭受破坏后形成的植被类型，各保护站都有大面积的分布。本群落分布的海拔高度一般在400m以下，在河谷、路旁充分发育。

群落外貌整齐，高1~2m，鸡笼站朝天寨下可达2.5m，郁闭度0.3~0.5。伴生的植物有牡荆(*Vitex negundo* var. *canabifolia*)、黄栌(*Cotinus cogygria* var. *pubescens*)、胡枝子(*Lespedeza bicolor*)、鼠李(*Rhamnus davurica*)、柘树(*Cudrania tricuspidata*)、芫花(*Dephne oddora*)、牛奶子(*Elaeagnus umbellata*)、野蓝枝(*Indigofera bungeana*)、山蚂蟥(*Desmdium racemosum*)等。草本层主要有白羊草(*Bothriochloa ischaemum*)、白茅(*Imperata cylindrica* var. *major*)、委陵菜(*Ptenilla chinensis*)、翻白草(*P. disodor*)、野菊(*Dendranthema indicum*)、南牡蒿(*Artemisia eriopoda*)等。

3.3.6　草甸 Meadow

草甸是由中生性草本植物组成的植被类型，为非地带性植被。保护区山体不够高大，草甸不甚发育，各地的草甸面积较小。组成草甸的植物主要由禾本科、莎草科、菊科、豆科、鸭跖草科、柳叶菜科和唇形科植物构成。山地草甸主要由芒(*Miscanthus sinensis*)、斑茅(*Sacharum arundinaceum*)、野古草(*Arundinella hirta*)、野青茅(*Deyeuxia sylvatica*)、黄背草(*Themeda triandra* var. *japonica*)等禾草组成，低海拔地区草甸主要由知风草(*Eragrostis ferruginea*)、狼尾草(*Pennisetum alopecuroides*)、狗牙根(*Cynodon dactylon*)、白羊草(*Bahrichloa ischaemum*)、草木樨(*Melilous* spp.)苜蓿(*Medicago* spp.)等植物组成。在本区的沼泽、池塘四周等湿地处主要由结缕草(*Zoysia japonica*)、双穗雀稗(*Pasoalum distichum*)、水竹叶(*Murdamnin triqucra*)等植物组成。

3.3.7　沼泽和水生植被 Swamp and Aquatic Vegetation

河南董寨国家级自然保护区被平原和池塘分隔，水域面积相对较大，分布有较多的水生植物，是许多水禽的觅食地或栖息地。在深水区分布有狐尾藻(*Myriophyllum spicatum*)、黑藻(*Hadrilla veriataa*Scrub)、菹草(*Potamgetom crispus*)、金鱼藻(*Ceratohillam demensum*)等沉水植物群落；浅水区分布慈姑(*Sagitria sagittifolia*)、泽泻(*Alisma orientale*)、菖蒲(*Acorus calamus*)、菰(*Zizania latifolia*)、香蒲(*Typha* spp.)、芦苇(*Phragmites communis*)、灯芯草(*Juncus effusus*)等群落。

第 4 章　植物资源

1994 年，河南农业大学和董寨自然保护区开展了第一次联合科学考察工作，对植物资源进行了考察，并出版了科学考察报告。2015 年至 2016 年，北京林业大学与河南董寨国家级自然保护区成立联合组，在河南董寨国家级自然保护区第一次综合科学考察成果以及多年积累资料的基础上，结合研究资料，对保护区所辖区域的植物资源、植被进行了全面系统的调查、梳理和修订。经分类鉴定，并参考《中国植物志》《河南植物志》《湖北植物志》《安徽植物志》及《鸡公山自然保护区科学考察集》，整理出河南董寨国家级自然保护区植物名录，详见附录一。

4.1　植物种类组成

依据最新的植物分类系统、石松类和蕨类植物分类系统(PPGI 分类系统)、裸子植物分类系统(Christenhusz 分类系统)和 APG Ⅲ被子植物分类系统，本区共有维管植物 172 科 797 属 1903 种。以《河南植物志》(1981—1998 出版)为基础，保护区内的维管植物分别占河南植物总科数的 92.2%，总种数的 53.4%。保护区内植物物种数量多，是保护区处于温带和亚热带交汇区的结果。

4.1.1　蕨类植物

保护区有蕨类植物 23 科 59 属 140 种，分别占河南植物总科数的 43.5%，总属数的 84.3%，总种数的 68.3%。

4.1.2　裸子植物

保护区有裸子植物 4 科 11 属 21 种，分别占河南植物总科数的 50.0%，总属数的 39.3%，总种数的 35.0%。裸子植物从 6 科下降到 4 科是因为在克氏分类系统中，杉科合并到了柏科中，三尖杉科归并到了红豆杉科中。保护区内的裸子植物落羽杉和池杉为北美洲引种栽培。

4.1.3　被子植物

保护区有被子植物 145 科 727 属 1742 种，分别占河南植物总科数的 100%，总属数的 91.0%，总种数的 52.8%。

保护区内大面积栽培的被子植物有茶、油茶、水稻、毛竹等经济植物。杉木、柳杉和水杉为人工种植和引入。栓皮栎、青檀等为当地优势树种，也是森林植被的建群树种。

4.2 珍稀濒危植物

4.2.1 国家级野生保护植物

根据1999年国务院颁布的《国家重点保护野生植物(第一批)》，河南董寨国家级自然保护区共有国家级保护植物16种(表4-1)，占国家级重点保护植物的近5%。其中，蕨类植物1种，占国家重点保护野生植物中的蕨类植物的3.1%；裸子植物4种(含人工种植的银杏和水杉)，占国家重点保护野生植物中的裸子植物的6.1%；被子植物11种(含喜树、厚朴等)，占国家重点保护植物中的被子植物的5.0%。

表4-1　保护区列入《国家重点保护野生植物名录》(1999年)的珍稀濒危植物

中文名	拉丁名	科名	保护级别	
			一级	二级
蕨类植物				
水蕨	*Ceratopteris thalictroides*	水蕨科		二
裸子植物				
银杏(栽培)	*Ginkgo biloba*	银杏科	一	
水杉(栽培)	*Metasequoia glyptostroboides*	杉科	一	
红豆杉	*Taxus wallichiana* var. *chinensis*	红豆杉科	一	
南方红豆杉	*Taxus wallichiana* var. *mairei*	红豆杉科	一	
被子植物				
天竺桂	*Cinnamomum japonicum*	樟科		二
喜树(栽培)	*Camptotheca acuminata*	蓝果树科		二
香果树	*Emmenopterys henryi*	茜草科		二
厚朴(栽培)	*Magnolia officinalis*	木兰科		二
萍蓬草	*Nuphar pumila*	睡莲科		二
花榈木	*Ormosia henryi*	豆科		二
红豆树	*Ormosia hosiei*	豆科		二
闽楠	*Phoebe bournei*	樟科		二
水青树	*Tetracentron sinense*	水青树科		二
大叶榉树	*Zelkova schneideriana*	榆科		二
中华结缕草	*Zoysia sinica*	禾本科		二

根据2021年9月7日国务院颁布的《国家重点保护野生植物名录》统计，河南董寨国家级自然保护区共有国家保护野生植物37种(表4-2)，占国家重点保护野生植物中的3.5%，其中，石松类和蕨类植物2种，为长柄石杉和水蕨，二级，占国家重点保护野生植物中的石松类和蕨类植物(国家级有133种)的1.5%；裸子植物4种，占国家重点保护

野生植物中的裸子植物(100 种 4 变种)的 3.8%；被子植物 31 种，占国家重点保护野生植物中的被子植物(国家级约有 864 种)的 3.5%。

表 4-2　保护区列入《国家重点保护野生植物名录》(2021 年修订)的珍稀濒危植物

中文名	学名	保护级别	备注
长柄石杉	*Huperzia javanica*	二级	
水蕨 *	*Ceratopteris thalictroides*	二级	
银杏	*Ginkgo biloba*	一级	
水杉	*Metasequoia glyptostroboides*	一级	
红豆杉	*Taxus wallichiana* var. *chinensis*	一级	
南方红豆杉	*Taxus wallichiana* var. *mairei*	一级	
天竺桂	*Cinnamomum japonicum*	二级	其他常用中文名：普陀樟
闽楠	*Phoebe bournei*	二级	
龙舌草	*Ottelia alismoides*	二级	
荞麦叶大百合 *	*Cardiocrinum cathayanum*	二级	
天目贝母 *	*Fritillaria monantha*	二级	
黄花贝母 *	*Fritillaria verticillata*	二级	
二叶郁金香 *	*Tulipa erythronioides*	二级	
白及 *	*Bletilla striata*	二级	
独花兰	*Changnienia amoena*	二级	
杜鹃兰	*Cremastra appendiculata*	二级	
建兰	*Cymbidium ensifolium*	二级	
惠兰	*Cymbidium faberi*	二级	
春兰	*Cymbidium goeringii*	二级	
扇脉杓兰	*Cypripedium japonicum*	二级	
细茎石斛 *	*Dendrobium moniliforme*	二级	
天麻 *	*Gastrodia elata*	二级	
独蒜兰	*Pleione bulbocodioides*	二级	
中华结缕草 *	*Zoysia sinica*	二级	
六角莲	*Dysosma pleiantha*	二级	
八角莲	*Dysosma versipellis*	二级	
水青树	*Tetracentron sinense*	二级	
野大豆 *	*Glycine soja*	二级	其他常用学名：*Glycine max* subsp. *soja*
红豆树	*Ormosia hosiei*	二级	

（续）

中文名	学名	保护级别	备注
花榈木	*Ormosia henryi*	二级	
大叶榉树	*Zelkova schneideriana*	二级	
细果野菱(野菱)*	*Trapa incisa*	二级	
茶*	*Camellia sinensis*	二级	
软枣猕猴桃*	*Actinidia arguta*	二级	
中华猕猴桃*	*Actinidia chinensis*	二级	
香果树	*Emmenopterys henryi*	二级	
明党参*	*Changium smyrnioides*	二级	

注：1. 标＊者归农业农村主管部门分工管理，其余归林业和草原主管部门分工管理。

2.《国家重点保护野生植物名录》(2021 年)以《中国生物物种名录(植物卷)》为物种名称的主要参考文献，同时参考目前的分类学和系统学研究成果。

在《国家重点保护野生植物名录》(2021 年)中，银杏、水杉、天目贝母、黄花贝母、茶等为引种栽培物种。

4.2.2 河南省保护植物

根据河南省人民政府公布的《河南省重点保护植物名录》，保护区有省级保护植物 32 种，占河南省重点保护植物的 32.7%。其中蕨类植物 3 种，占河南省重点保护植物中的蕨类植物的 60.0%；裸子植物 1 种，占河南省重点保护植物中的裸子植物的 16.7%；被子植物 28 种，占河南省重点保护植物中的被子植物的 32.2%(表 4-3)。

表 4-3 保护区列入《河南省重点保护植物》的珍稀濒危植物

中文名	拉丁名
蕨类植物	
团羽铁线蕨	*Adiantum capillus-junonis*
过山蕨	*Asplenium ruprechtii*
东方荚果蕨	*Pentarhizidium orientale*
裸子植物	
三尖杉	*Cephalotaxus fortunei*
被子植物	
胡桃楸	*Juglans mandshurica*
青钱柳	*Cyclocarya paliurus*
大果榉	*Zelkova sinica*
青檀	*Pteroceltis tatarinowii*
野八角	*Illicium simonsii*

（续）

中文名	拉丁名
川桂	*Cinnamomum wilsonii*
天竺桂	*Cinnamomum japonicum*
紫楠	*Phoebe sheareri*
竹叶楠	*Phoebe faberi*
山楠	*Phoebe chinensis*
天目木姜子	*Litsea auriculata*
黄丹木姜子	*Litsea elongata*
黑壳楠	*Lindera megaphylla*
山白树	*Sinowilsonia henryi*
杜仲	*Eucommia ulmoides*
椤木石楠	*Photinia bodinieri*
暖木	*Meliosma veitchiorum*
铜钱树	*Paliurus hemsleyanus*
紫茎	*Stewartia sinensis*
刺楸	*Kalopanax septemlobus*
玉铃花	*Styrax obassis*
七叶一枝花	*Paris polyphylla*
天麻	*Gastrodia elata*
独花兰	*Changnienia amoena*
细茎石斛	*Dendrobium moniliforme*
建兰	*Cymbidium ensifolium*
绞股蓝	*Gynostemma pentaphyllum*
大果冬青	*Ilex macrocarpa*

4.2.3 国家濒危植物(红色名录)

根据《中国生物多样性红色名录(高等植物卷)》，保护区有濒危植物有61种(表4-4)，其中，蕨类植物4种，裸子植物5种(包括人工种植的银杏和水杉)，被子植物52种(包括人工种植的天目贝母、黄花贝母、杜仲和厚朴)。在濒危植物组成中，处于极危(CR)等级的有1种，其中，蕨类植物0种，裸子植物1种(含人工栽培的银杏)，被子植物0种；处于濒危(EN)等级的有8种，其中，蕨类植物0种，裸子植物1种(含人工栽培的水杉)，被子植物7种(含人工栽培的天目贝母)；处于易危(VU)等级的有21种，其中，蕨类植物1种，裸子植物2种，被子植物18种；处于近危(NT)等级有30种，其中，蕨类植物3种，裸子植物1种，被子植物26种(含人工栽培的黄花贝母和厚朴)。

表 4-4 保护区珍稀濒危植物名录

中文名	拉丁名	科名	国家保护	CITES	濒危级别	IUCN	特有性
蕨类植物							
灰背铁线蕨	*Adiantum myriosorum*	铁线蕨科			近危	NT	中国特有
掌叶铁线蕨	*Adiantum pedatum*	铁线蕨科			近危	NT	中国特有
水蕨	*Ceratopteris thalictroides*	水蕨科	二级		易危	VU	中国特有
垫状卷柏	*Selaginella pulvinata*	卷柏科			近危	NT	
裸子植物							
粗榧	*Cephalotaxus sinensis* var. *sinensis*	三尖杉科			近危	NT	中国特有
银杏(种植)	*Ginkgo biloba*	银杏科	一级		极危	CR	中国特有
水杉(种植)	*Metasequoia glyptostroboides*	杉科	一级		极危	CR	中国特有
红豆杉	*Taxus wallichiana* var. *chinensis*	红豆杉科	一级		易危	VU	
南方红豆杉	*Taxus wallichiana* var. *mairei*	红豆杉科	一级		易危	VU	
被子植物							
血皮槭	*Acer griseum*	槭树科			易危	VU	中国特有
毛果槭	*Acer nikoense*	槭树科			近危	NT	
鸡爪槭	*Acer palmatum*	槭树科			易危	VU	
四萼猕猴桃	*Actinidia tetramera*	猕猴桃科	二级		近危	NT	中国特有
对萼猕猴桃	*Actinidia valvata*	猕猴桃科	二级		近危	NT	中国特有
细辛	*Asarum heterotropoides*	马兜铃科			易危	VU	
秦岭藤	*Biondia chinensis*	萝藦科			近危	NT	中国特有
白及	*Bletilla striata*	兰科	二级	Ⅱ	濒危	EN	
发秆薹草	*Carex capillacea*	莎草科			濒危	EN	
明党参	*Changium smyrnioides*	伞形科	二级		易危	VU	中国特有
独花兰	*Changnienia amoena*	兰科	二级		濒危	EN	中国特有
天竺桂	*Cinnamomum japonicum*	樟科	二级		易危	VU	
山茱萸	*Cornus officinalis*	山茱萸科			近危	NT	
延胡索	*Corydalis yanhusuo*	罂粟科			易危	VU	中国特有
杜鹃兰	*Cremastra appendiculata* var. *appendiculata*	兰科			近危	NT	
建兰	*Cymbidium ensifolium*	兰科	一级		易危	VU	
春兰	*Cymbidium goeringii*	兰科			易危	VU	
黄檀	*Dalbergia hupeana*	豆科		Ⅱ	近危	NT	
狭叶溲疏	*Deutzia esquirolii*	虎耳草科			濒危	EN	中国特有
六角莲	*Dysosma pleiantha*	小檗科			近危	NT	中国特有

（续）

中文名	拉丁名	科名	国家保护	CITES	濒危级别	IUCN	特有性
八角莲	*Dysosma versipellis*	小檗科	二级		易危	VU	中国特有
湖南淫羊藿	*Epimedium hunanense*	小檗科			易危	VU	中国特有
三枝九叶草	*Epimedium sagittatum* var. *sagittatum*	小檗科			近危	NT	中国特有
杜仲(种植)	*Eucommia ulmoides*	杜仲科			易危	VU	中国特有
牛鼻栓	*Fortunearia sinensis*	金缕梅科			易危	VU	中国特有
天目贝母(栽培)	*Fritillaria monantha*	百合科			濒危	EN	中国特有
黄花贝母(栽培)	*Fritillaria verticillata*	百合科			近危	NT	
斑叶兰	*Goodyera schlechtendaliana*	兰科	二级	Ⅱ	近危	NT	
角盘兰	*Herminium monorchis*	兰科	二级	Ⅱ	近危	NT	
紫花八宝	*Hylotelephium mingjinianum*	景天科			近危	NT	中国特有
厚朴(人工种植)	*Magnolia officinalis*	木兰科	二级		近危	NT	中国特有
柱果绿绒蒿	*Meconopsis oliverana*	罂粟科			近危	NT	中国特有
水晶兰	*Monotropa uniflora*	杜鹃花科			近危	NT	
萍蓬草	*Nuphar pumila* var. *pumila*	睡莲科			易危	VU	
花榈木	*Ormosia henryi*	豆科	二级		易危	VU	
红豆树	*Ormosia hosiei*	豆科	二级		濒危	EN	中国特有
龙舌草	*Ottelia alismoides*	水鳖科			易危	VU	
七叶一枝花	*Paris polyphylla* var. *polyphylla*	百合科			近危	NT	
闽楠	*Phoebe bournei*	樟科	二级		易危	VU	中国特有
蜻蜓舌唇兰	*Platanthera fuscescens*	兰科			近危	NT	
蜻蜓舌唇兰	*Platanthera souliei*	兰科		Ⅱ	近危	NT	
朱兰	*Pogonia japonica*	兰科	二级		近危	NT	
多花黄精	*Polygonatum cyrtonema*	百合科			近危	NT	中国特有
浮叶眼子菜	*Potamogeton natans*	眼子菜科			近危	NT	
铁马鞭	*Rhamnus aurea*	鼠李科			易危	VU	中国特有
合蕊五味子	*Schisandra propinqua* subsp. *propinqua*	五味子科			近危	NT	
山白树	*Sinowilsonia henryi* var. *henryi*	金缕梅科			易危	VU	中国特有
华东唐松草	*Thalictrum fortunei*	毛茛科			近危	NT	中国特有
河南唐松草	*Thalictrum honanense*	毛茛科			近危	NT	中国特有
南京椴	*Tilia miqueliana*	椴树科		Ⅱ	易危	VU	
青牛胆	*Tinospora sagittata* var. *sagittata*	防己科		Ⅱ	濒危	EN	
大叶榉树	*Zelkova schneideriana*	榆科	二级		近危	NT	中国特有

4.2.4 国家重点保护野生植物概述

1. 银杏 *Ginkgo biloba* L.

银杏科 Ginkgoaceae　银杏属 *Ginkgo*

高大乔木，别称公孙树、白果树、鸭掌树。叶呈扇形，2 叉叶脉。花雌雄异株。果呈核果状，外果皮黄色或橙色，中果皮骨质白色。本种起源于古生代石炭纪末期，至侏罗纪已遍及世界各地。白垩纪后逐渐衰退，第四纪后仅存我国局部地区。

国家一级保护植物，仅保护野生类型。本保护区有百年以上古银杏树百株，其中，灵山保护站灵山寺内一颗银杏高达 26m，冠幅达 300m²，年龄已逾千岁，为引种栽培。

2. 水杉 *Metasequoia glyptostroboides* Hu et W. C. Cheng

柏科 Cupressaceae　水杉属 *Metasequoia*

落叶乔木，高达 50m。侧生小枝排成羽状，叶、芽鳞、雄球花、雄蕊、珠鳞与种鳞均交互对生。叶线形，在侧枝上排成羽状。雄球花排成总状或圆锥状花序，雌球花单生侧生小枝顶端。球果下垂，当年成熟，近球形。种子扁平。我国特有单种属。花期 4～5 月，球果 10～11 月成熟。

国家级一级保护植物，仅保护野生类型。本区为引种栽培。

3. 红豆杉 *Taxus wallichiana* var. *chinensis*(Pilger) Florin

红豆杉科 Taxaceae　红豆杉属 *Taxus*

常绿乔木。树皮灰褐色、红褐色或暗褐色，裂成条片脱落。小枝互生。叶条形，螺旋状着生，基部扭转排成 2 列。雌雄异株，球花单生叶腋。种子扁卵圆形，生于红色肉质的杯状假种皮中。

国家一级保护植物。产于王坟顶、大天寺、白龙池。生于杂木林、沟谷、溪旁。

4. 南方红豆杉 *Taxus wallichiana* var. *mairei* L. K. Fu & Nan Li

红豆杉科 Taxaceae　红豆杉属 *Taxus*

常绿乔木。叶常较宽长，多呈弯镰状，通常长 2～4.5cm，宽 3～5mm，上部常渐窄，先端渐尖，下面中脉带上无角质乳头状突起点，或局部有成片或零星分布的角质乳头状突起点，或与气孔带相邻的中脉带两边有一至数条角质乳头状突起点，中脉带明晰可见，其色泽与气孔带相异，呈淡黄绿色或绿色，绿色边带亦较宽而明显。种子通常较大，微扁，多呈倒卵圆形，上部较宽，稀柱状矩圆形，长 7～8mm，径 5mm，种脐常呈椭圆形。

5. 长柄石杉 *Huperzia javanica*(Sw.) Fraser-Jenk.

石松科 Lycopodiaceae　石杉属 *Huperzia*

土生植物。茎直立，等二叉分枝。不育叶疏生，平伸，阔椭圆形至倒披针形，基部明显变窄，长 10～25mm，宽 2～6mm，叶柄长 1～5mm。孢子叶稀疏，平伸或稍反卷，椭圆形至披针形，长 7～15mm，宽 1.5～3.5mm。

国家二级重点保护野生植物。分布于灵山、鸡笼和万店。生于林下。

6. 水蕨 *Ceratopteris thalictroides*(L.) Brongn.

凤尾蕨科 Pteridaceae　水蕨属 *Ceratopteris*

植株幼嫩时呈绿色，多汁柔软，由于水湿条件的不同，形态差异很大。高达 70cm，根茎短而直立，一簇粗根着生淤泥。叶簇生，二型；不育叶柄长 3～40cm，直径 1～1.3cm，绿色，圆柱形，肉质，不或略膨胀，无毛，干后扁；叶片直立，或幼时漂浮，幼时略短于能育叶，窄长圆形，长 6～30cm，渐尖头，基部圆楔形，二至四回羽状深裂；裂片 5～8 对，互生，斜展，疏离，下部 1～2 对羽片长达 10cm，卵形或长圆形，渐尖头，基部近圆、心形或近平截，一至三回羽状深裂；裂片 2～5 对，互生，斜展，分开或接近，宽卵形或卵状三角形，长达 35cm，渐尖、尖或圆钝头，基部圆截形，具短柄，两侧具翅沿羽轴下延，深裂；末回裂片线形或线状披针形，长达 2cm。孢子囊沿主脉两侧网眼着生，稀疏，棕色，幼时被反卷叶缘覆盖，成熟后多少张开，露出孢子囊；孢子四面型，无周壁，外壁厚，分内外层，外层具肋条状纹饰。

国家二级保护植物。分布于鸡笼和万店。生于沟谷、溪旁。

7. 天竺桂 *Cinnainomum japonicum* Sieb.

樟科 Lauraceae　樟属 *Cinnamomum*

常绿小乔木。单叶全缘、矩圆形或椭圆形，离基三出脉。花两性，腋生，果熟时呈紫黑色。

国家二级保护植物。分布于鸡笼。生于沟谷杂木林中，但数量很少。

8. 闽楠（丝帧楠、竹叶楠）*Phoebe bournei*（Hemsl.）Yang

樟科 Lauraceae　楠属 *Phoebe*

常绿乔木，但在本区多呈灌木状，高不及 2m。叶革质，披针形或倒披针形，叶背被短毛，侧脉 10～14 对。花两性、聚伞圆锥花序，浆果椭圆形。

国家二级保护植物。分布于大路沟、中垱、东沟和毛竹园。生于杂木林。

9. 龙舌草 Ottelia alismoides（L.）Pers.

水鳖科 Hydrocharitaceae　水车前属 *Ottelia*

沉水草本。具须根。根状茎短。叶基生，膜质；幼叶线形或披针形，成熟叶多宽卵形、卵状椭圆形、近圆形或心形，全缘或有细齿；叶柄长短随水体深浅而异，无鞘。花两性，偶单性；佛焰苞椭圆形或卵形，具 1 花，顶端 2～3 浅裂，有 3～6 纵翅，在翅不发达的脊上有时具瘤状凸起；总花梗长；花无梗，单生；花瓣白、淡紫或浅蓝色；雄蕊 3～12，花丝具腺毛；子房下位，心皮 3～10，花柱 6～10，2 深裂。果圆锥形。种子多数，纺锤形，被白毛。

国家二级保护植物。分布于万店、鸡笼和白云各站。生于池塘、沟渠。

10. 荞麦叶大百合 *Cardiocrinum cathayanum*（Wilson）Stearn

百合科 Liliaceae　大百合属 *Cardiocrinum*

多年生宿根草本。茎高 50～150cm，具小鳞茎。具基生叶和茎生叶，最下面的几枚常聚集在一处，其余散生；叶纸质，具网状脉，卵状心形或卵形，先端急尖，基部近心形，长 10～22cm，宽 6～16cm，上面深绿色，下面淡绿色。总状花序有花 3～5 朵；花梗短而粗，向上斜伸，每花具 1 枚苞片；花狭喇叭形，乳白色或淡绿色，内具紫色条纹；花被片条状倒披针形；子房圆柱形，柱头膨大，微 3 裂。蒴果近球形，红棕色。种子扁平，红棕色，周围有膜质翅。

国家二级保护植物。分布于大路沟、马放沟、东沟、黑龙潭和白龙池。生于沟谷、溪旁。

11. 天目贝母 *Fritillaria. monantha* Migo.

百合科 Liliaceae　贝母属 *Fritillaria*

多年生宿根草本，植株高 45~60cm。具鳞茎。叶通常对生，有时兼有散生或 3 叶轮生，矩圆状披针形至披针形，先端不卷曲。花单朵，淡紫色，具黄色小方格，有 3~5 枚先端不卷曲的叶状苞片；花被片蜜腺窝在背面明显凸出；雄蕊长约为花被片的一半，花丝无小乳突。蒴果的棱上具翅。

国家二级保护植物。分布于浙江北部(西天目山)和河南东南部(商城)。本区有栽培。

12. 黄花贝母 *Fritillaria verticillata* Willd.

百合科 Liliaceae　贝母属 *Fritillaria*

多年生宿根草本，植株高 40~50cm。具鳞茎。叶在最下面的对生，其余的每 3~7 枚轮生，条状披针形，通常先端强烈卷曲。花 1~5 朵，淡黄色，顶端的具 3 枚叶状苞片，下面的具 2 枚叶状苞片；苞片先端强烈卷曲；花被片内 3 片稍宽于外 3 片，蜜腺窝在背面明显凸出；雄蕊长约为花被片的一半。蒴果棱上具翅宽。

国家二级保护植物。分布于新疆北部。本区有栽培。

13. 二叶郁金香 *Tulipa erythronioides* Baker

百合科 Liliaceae　郁金香属 *Tulipa*

多年生宿根草本。具鳞茎，鳞茎皮纸质，内面密被长柔毛。叶 2 枚，长条形，较宽而短，比花稍长，而且此 2 叶片近等长，不等宽。花单朵顶生，靠近花的基部具 3~4 枚轮生的苞片，苞片狭条形；花被片狭椭圆状披针形，白色，背面有紫红色纵条纹；雄蕊 3 长 3 短，花丝无毛，中部稍扩大，向两端逐渐变窄或从基部向上逐渐变窄；子房长椭圆形。蒴果近球形，有长喙。

国家二级保护植物。分布于浙江和安徽。本区疑似栽培。

14. 白及 *Bletilla striata*(Thunb. ex Murray)Rchb. F.

兰科 Orchidaceae　白及属 *Bletilla*

多年生地生植物。茎基部具膨大的假鳞茎，假鳞茎扁球形；茎粗壮。具叶 4~6，叶狭长圆形或披针形，先端渐尖，基部收狭成鞘并抱茎。花序具 3~10 花；苞片长圆状披针形，长 2~2.5cm；花紫红或淡红色；萼片和花瓣近等长，窄长圆形，长 2.5~3cm；花瓣较萼片稍宽，唇瓣倒卵状椭圆形，白色带紫红色，唇盘具 5 条纵褶片，从基部伸至中裂片近顶部，在中裂片波状，在中部以上 3 裂，侧裂片直立，合抱蕊柱，先端稍钝，伸达中裂片 1/3，中裂片倒卵形或近四方形，先端凹缺，具波状齿；蕊柱长，柱状，具狭翅，稍弓曲。

国家二级保护植物。分布于田冲、毛竹园和马鞍山。生于林下。

15. 独花兰 *Changnienia amoena* Chien

兰科 Orchidaceae　独花兰属 *Changnienia*

多年生地生直立草本。假鳞茎近椭圆形或宽卵球形，淡黄白色，被膜质鞘。叶 1 枚，宽卵状椭圆形或宽椭圆形，下面紫红色。花莛腋生，紫色，具 2 枚鞘；鞘膜质，下部抱茎。花单朵，顶生；苞片小，早落；花白色，带肉红色或淡紫色晕，唇瓣有紫红色斑点；

萼片长圆状披针形，侧萼片稍斜歪；花瓣窄倒卵状披针形，唇瓣略短于花瓣，3裂，侧裂片斜卵状三角形，中裂片宽倒卵状方形，具不规则波状缺刻，唇盘在2侧裂片间具5枚褶片状附属物，距角状，稍弯曲，蕊柱两侧有宽翅；花粉团4个，成2对，粘着于方形黏盘上。蒴果。

国家二级保护植物。分布于白龙池和大天寺。生于林下。

16. 杜鹃兰 *Cremastra appendiculata*(D. Don) Makino

兰科 Orchidaceae　杜鹃兰属 *Cremastra*

多年生地生草本。假鳞茎卵球形或近球形。叶常1枚，窄椭圆形或倒披针状窄椭圆形。花莛长达70cm，花序具5~22花；苞片披针形或卵状披针形；花常偏向一侧，多少下垂，不完全开放，有香气，窄钟形，淡紫褐色；萼片倒披针形，中部以下近窄线形，侧萼片略斜歪；花瓣倒披针形，唇瓣与花瓣近等长，线形，3裂，侧裂片近线形，中裂片卵形或窄长圆形，基部2侧裂片间具肉质突起；蕊柱细，顶端略扩大，腹面有时有窄翅。蒴果近椭圆形，下垂。

国家二级保护植物。分布于前锋、白龙池和鸡笼。生于林下。

17. 建兰 *Cymbidium ensifolium*(L.) Sw.

兰科 Orchidaceae　兰属 *Cymbidium*

多年生地生草本。假鳞茎卵球形，包藏于叶基之内。叶2~6枚，带形，有光泽，前部边缘有时有细齿，关节位于距基部2~4cm处。花莛从假鳞茎基部发出，直立，短于叶；总状花序具3~13朵花；花苞片除最下面的1枚长可达1.5~2cm；花常有香气，色泽变化较大，通常为浅黄绿色而具紫斑；萼片近狭长圆形或狭椭圆形；侧萼片常向下斜展；花瓣狭椭圆形或狭卵状椭圆形，近平展；唇瓣近卵形，略3裂；侧裂片直立，多少围抱蕊柱，上面有小乳突；中裂片较大，卵形，外弯，边缘波状，亦具小乳突；唇盘上2条纵褶片从基部延伸至中裂片基部，上半部向内倾斜并靠合，形成短管；蕊柱长1~1.4cm，稍向前弯曲，两侧具狭翅；花粉团4个，成2对，宽卵形。蒴果狭椭圆形。

国家二级保护植物。分布于保护区各地。生于林下。

18. 蕙兰 *Cymbidium faberi* Rolfe

兰科 Orchidaceae　兰属 *Cymbidium*

多年生地生草本。假鳞茎不明显。叶5~8枚，带形，直立性强，基部常对折而呈"V"形，叶脉透亮，边缘常有粗锯齿。花莛从叶丛基部最外面的叶腋抽出，近直立或稍外弯，被多枚长鞘；总状花序具5~11朵或更多的花；花苞片线状披针形，最下面的1枚长于子房；花常为浅黄绿色，唇瓣有紫红色斑，有香气；萼片近披针状长圆形或狭倒卵形，花瓣与萼片相似，常略短而宽；唇瓣长圆状卵形，3裂；侧裂片直立，具小乳突或细毛；中裂片较长，强烈外弯，有明显、发亮的乳突，边缘常皱波状；唇盘上2条纵褶片从基部上方延伸至中裂片基部，上端向内倾斜并汇合，多少形成短管；蕊柱稍向前弯曲，两侧有狭翅；花粉团4个，成2对，宽卵形。蒴果近狭椭圆形。

国家二级保护植物。分布于保护区各地。生于林下。

19. 春兰 *Cymbidium goeringii*(Rchb. f.) Rchb. F.

兰科 Orchidaceae　兰属 *Cymbidium*

多年生地生草本。假鳞茎较小，卵球形，包藏于叶基之内。叶4~7枚，带形，通常较短小，下部常多少对折而呈“V”形，边缘无齿或具细齿。花莛从假鳞茎基部外侧叶腋中抽出，直立，明显短于叶；花序具单朵花；花色泽变化较大，通常为绿色或淡褐黄色而有紫褐色脉纹，有香气；萼片近长圆形至长圆状倒卵形；花瓣倒卵状椭圆形至长圆状卵形，与萼片近等宽，展开或多少围抱蕊柱；唇瓣近卵形，不明显3裂；侧裂片直立，具小乳突，在内侧靠近纵褶片处各有1个肥厚的皱褶状物；中裂片较大，强烈外弯，上面亦有乳突，边缘略呈波状；唇盘上2条纵褶片从基部上方延伸中裂片基部以上，上部向内倾斜并靠合，多少形成短管状；蕊柱两侧有较宽的翅；花粉团4个，成2对。蒴果狭椭圆形。

国家二级保护植物。分布于保护区各地。生于林下。

20. 扇脉杓兰 *Cypripedium japonicum* Thunb.

兰科 Orchidaceae　杓兰属 *Cypripedium*

多年生地生草本。具较细长的、横走的根状茎；根状茎有较长的节间。茎直立，被褐色长柔毛，基部具数枚鞘，顶端生叶。叶通常2枚，近对生，位于植株近中部处，极罕有3枚叶互生的；叶片扇形，上半部边缘呈钝波状，基部近楔形，具扇形辐射状脉直达边缘，两面在近基部处均被长柔毛，边缘具细缘毛。花序顶生，具1花；花序柄亦被褐色长柔毛；花苞片叶状，菱形或卵状披针形，两面无毛，边缘具细缘毛；花梗和子房密被长柔毛；花俯垂；萼片和花瓣淡黄绿色，基部多少有紫色斑点，唇瓣淡黄绿色至淡紫白色，多少有紫红色斑点和条纹；中萼片狭椭圆形或狭椭圆状披针形，先端渐尖，无毛；合萼片与中萼片相似，先端2浅裂；花瓣斜披针形，先端渐尖，内表面基部具长柔毛；唇瓣下垂，囊状，近椭圆形或倒卵形；囊口略狭长并位于前方，周围有明显凹槽并呈波浪状齿缺；退化雄蕊椭圆形，基部有短耳。蒴果近纺锤形，疏被微柔毛。

国家二级保护植物。分布于大天寺、王坟顶、白龙池。生于山坡、草地、林下。

21. 细茎石斛 *Dendrobium moniliforme*(L.)Sw.

兰科 Orchidaceae　石斛属 *Dendrobium*

附生草本。茎丛生，直立，细圆柱形，具多节，干后金黄色或黄色带深灰色。叶数枚，2列，常互生于茎的中部以上，披针形或长圆形，先端钝并且稍不等侧2裂，基部下延为抱茎的鞘；总状花序2至数个，生于茎中部以上具叶和落了叶的老茎上，通常具1~3花；花苞片干膜质，浅白色带褐色斑块，卵形，先端钝；花梗和子房纤细；花黄绿色、白色或白色带淡紫红色，有时芳香；萼片和花瓣相似，卵状长圆形或卵状披针形，先端锐尖或钝，具5条脉；侧萼片基部歪斜而贴生于蕊柱足；萼囊圆锥形，末端钝；花瓣通常比萼片稍宽；唇瓣白色、淡黄绿色或绿白色，带淡褐色或紫红色至浅黄色斑块，整体轮廓卵状披针形，比萼片稍短，基部楔形，3裂；侧裂片半圆形，直立，围抱蕊柱，边缘全缘或具不规则的齿；中裂片卵状披针形，先端锐尖或稍钝，全缘，无毛；唇盘在两侧裂片之间密布短柔毛，基部常具1个椭圆形胼胝体，近中裂片基部通常具1个紫红色、淡褐或浅黄色的斑块；蕊柱白色；药帽白色或淡黄色，圆锥形，顶端不裂，有时被细乳突；蕊柱足基部常具紫红色条纹，无毛或有时具毛。

国家二级保护植物。分布于东沟、大天寺和黑龙潭。生于山谷沟谷、溪旁岩石上。

22. 天麻 *Gastrodia elata* Bl.

兰科 Orchidaceae　天麻属 *Gastrodia*

腐生直立草本，根状茎肥厚，块茎状，椭圆形至近哑铃形，肉质，具较密的节，节上被许多三角状宽卵形的鞘。茎直立，橙黄色、黄色、灰棕色或蓝绿色，无绿叶，叶退化呈鳞片，下部被数枚膜质鞘。总状花序通常具30~50朵花；花苞片长圆状披针形花扭转，橙黄或黄白色，近直立；花被筒近斜卵状圆筒形，顶端具5裂片，两枚侧萼片合生处的深裂，筒基部向前凸出；外轮裂片卵状角形，内轮裂片近长圆形，唇瓣长圆状卵形，3裂，基部贴生蕊柱足末端与花被筒内壁有1对肉质胼胝体，上部离生，上面具乳突，边缘有不规则短流苏：有短的蕊柱足。蒴果长圆形，种子粉末状。

国家二级保护植物。分布于各保护站，生于林下阴湿腐殖质丰富处，但贮量有限。

23. 独蒜兰 *Pleione bulbocodioides*(Franch.)Rolfe

兰科 Orchidaceae　独蒜兰属 *Pleione*

多年生半附生草本。假鳞茎卵形至卵状圆锥形，上端有明显的颈，顶端具1枚叶。叶狭椭圆状披针形或近倒披针形，先端通常渐尖，基部渐狭成柄。花葶从无叶的老假鳞茎基部发出，直立，下半部包藏在3枚膜质的圆筒状鞘内，顶端具1~2花；花苞片线状长圆形，明显长于花梗和子房，先端钝；花粉红色至淡紫色，唇瓣上有深色斑；中萼片近倒披针形；侧萼片稍斜歪，狭椭圆形或长圆状倒披针形，与中萼片等长；花瓣倒披针形，稍斜歪；唇瓣轮廓为倒卵形或宽倒卵形，不明显3裂，上部边缘撕裂状，基部楔形并多少贴生于蕊柱上，通常具4~5条褶片；蕊柱多少弧曲，两侧具翅；翅自中部以下甚狭，向上渐宽，在顶端围绕蕊柱。蒴果近长圆形。

国家二级保护植物。分布于大风凹、岭南、六斗尖和铁铺，生于林下。

24. 中华结缕草 *Zoysia sinica* Hance

禾本科 Gramineae　结缕草属 *Zoysia*

多年生草本。高13~30cm，基部常具宿存枯萎叶鞘。具横走根茎。叶鞘无毛，长于或上部者短于节间，鞘口具长柔毛，叶舌短而不明显；叶淡绿或灰绿色，下面色较淡，无毛，稍坚硬，扁平或边缘内卷。总状花序穗形，小穗排列稍疏，伸出叶鞘外；小穗披针形或卵状披针形，黄褐色或稍带紫色，具长约3mm小穗柄；颖无毛，侧脉不明显，中脉近顶端与颖分离，延伸成小芒尖；外稃膜质，具中脉；花柱2，柱头帚状；颖果成熟时棕褐色，长椭圆形。

国家二级保护植物。分布于保护区各地。生于水田、沼泽地、水边、沟旁。

25. 六角莲 *Dysosma pleiantha*(Hance)Woodson

小檗科 Berberidaceae　八角莲属(鬼臼属)*Dysosma*

多年生草本。植株高20~60cm，有时可达80cm。根状茎粗壮，横走，呈圆形结节，多须根。茎直立，单生，顶端生2叶，无毛；叶近纸质，对生，盾状，轮廓近圆形，5~9浅裂，裂片宽三角状卵形，先端急尖，上面暗绿色，常有光泽，背面淡黄绿色，两面无毛，边缘具细刺齿；叶柄具纵条棱，无毛。花梗常下弯，无毛；花紫红色，下垂；萼片6，椭圆状长圆形或卵状长圆形，早落；花瓣6~9，紫红色，倒卵状长圆形；雄蕊6，常镰状弯曲，花丝扁平，药隔先端延伸；子房长圆形，柱头头状，胚珠多数。浆果倒卵状长圆形或椭圆形，熟时紫黑色。

国家二级保护植物。分布于大天寺、王坟顶、白龙池。生于林下、阴坡杂木林。

26. 八角莲(江边一碗水)*Dysosma versipellis*(Hance)M. Cheng ex Ying

小檗科 Berberidaceae　八角莲属(鬼臼属)*Dysosma*

多年生草本。植株高40~150cm。根壮茎粗壮，横生，多须根；茎直立，不分枝，无毛，淡绿色。茎生叶2枚，薄纸质，互生，盾状，近圆形，4~9掌状浅裂，裂片阔三角形，卵形或卵状长圆形，先端锐尖，不分裂，上面无毛，背面被柔毛，叶脉明显隆起，边缘具细齿。花梗纤细、下弯、被柔毛；花深红色，5~8朵簇生于离叶基部不远处，下垂；萼片6，长圆状椭圆形，先端急尖，外面被短柔毛，内面无毛；花瓣6，勺状倒卵形，无毛；雄蕊6，花丝短于花药；子房椭圆形，无毛，花柱短，柱头盾状。浆果椭圆形。

国家二级保护植物。分布于鸡笼和山店布。生于山坡林下。

27. 水青树 *Tetracentron sinense* Oliv.

昆栏树科 Trochodendraceae　水青树属 *Tetracentron*

落叶乔木。高逾10m，具长枝及短枝，短枝侧生，距状。芽细长，顶端尖。单叶，生于短枝顶端，叶卵状心形至椭圆状卵形，基部心形，具腺齿，下面微被白霜，基出掌状脉5~7；叶柄基部与托叶合生，包被幼芽。穗状花序下垂，生于短枝顶端，与叶对生或互生，具多花；花小，两性，无花瓣。蓇果4深裂，宿存4花柱基生下弯。种子极小。

国家二级保护植物。分布于东沟和白龙池。水青树是第三纪古热带植物区系的古老成分，是我国特产的单种属植物。生于山谷杂木林中。

28. 野大豆 *Glycine soja* Sieb. et Zucc.

豆科 Fabaceae　大豆属 *Glycine*

1年生缠绕草本。全株疏被褐色长硬毛。茎细弱，叶具3小叶，顶生小叶卵圆形或卵状披针形，先端急尖或钝，基部圆，两面均密被绢质糙伏毛，侧生小叶偏斜。总状花序腋生，花小；苞片披针形；花萼钟状，裂片三角状披针形，上方2裂片1/3以下合生；花冠淡紫红或白色，旗瓣近倒卵圆形，基部具短瓣，翼瓣斜半倒卵圆形，短于旗瓣，瓣片基部具耳，瓣柄与瓣片近等长，龙骨瓣斜长圆形，短于翼瓣，密被长柔毛。荚果密被硬毛，长圆形或近镰刀形，稍弯，两侧扁，种子间稍缢缩，干后易裂，有种子2~3枚。

国家二级保护植物。分布于保护区各地湿地。

29. 红豆树 *Ormosia hosiei* Hemsl. et Wils.

豆科 Fabaceae　红豆属 *Ormosia*

落叶乔木。树皮灰绿色，平滑。小枝幼时有黄褐色细毛，后无毛。奇数羽状复叶，常有5小叶。圆锥花序，花疏生，有香气；蝶形花冠白色或淡红色，花萼钟状，裂片近圆形，密被短柔毛；花冠白色或淡紫色；旗瓣倒卵形，翼瓣和龙骨瓣均为长圆形，与旗瓣近等长；雄蕊10，分离；子房无毛，胚珠5~6。荚果木质，近圆形，扁平，先端有短喙，果瓣近革质，干后褐色，无毛，无中果皮，内壁无横膈膜。种子近圆形或椭圆形，微扁，鲜红色、光亮、圆形。

国家二级保护植物。分布于鸡笼和山店。生于沟谷杂木林中。

30. 花榈木 *Ormosia henryi* Prain

豆科 Fabaceae 红豆属 *Ormosia*

常绿乔木。树皮灰绿色，平滑，有浅裂纹。小枝、花序、叶柄和叶轴密被锈褐色茸毛。奇数羽状复叶具(3~)5~7 枚小叶；小叶革质，椭圆形或长圆状椭圆形，先端钝或短尖，基部圆或宽楔形，边缘微反卷，上面无毛，下面及叶柄均密生黄褐色茸毛，侧脉 6~11 对。圆锥花序顶生，或总状花序腋生；花淡绿色，边缘绿色微带淡紫；花萼钟形，5 齿裂，裂至三分之二处，萼齿三角状卵形，内外均密被褐色绒毛；花冠旗瓣近圆形，翼瓣倒卵状长圆形；雄蕊 10，分离。荚果扁平，长椭圆形，顶端有喙，果瓣革质，紫褐色，无毛，有横膈膜，具 4~8(稀 1~2)枚种子。种子椭圆形或卵圆形，鲜红色，有光泽。

国家二级保护植物。分布于鸡笼和万店，生于阴坡杂木林。

31. 大叶榉树 *Zelkova schneideriana* Hand. -Mazz.

榆科 Ulmaceae 榉树属 *Zelkova*

落叶大乔木。高达 35m，胸径 80cm。树皮呈不规则的片状剥落。一年生枝密被伸展灰色柔毛。冬芽常 2 个并生。叶卵形或椭圆状披针形，先端渐尖、尾尖或尖，基部稍偏斜，圆或宽楔形，稀浅心形，上面被糙毛，下面密被柔毛，具圆齿状锯齿，侧脉 8~15 对；叶柄被柔毛。雄花 1~3 朵生于叶腋，雌花或两性花常单生于幼枝上部叶腋。单被花，花被 4~6 深裂。雄蕊 4~5。子房上位，花柱短，柱头 2。核果鸟喙状，几乎无梗，淡绿色，斜卵状圆锥形，上面偏斜，凹陷，具背腹脊，网肋明显，表面被柔毛，具宿存的花被。

国家二级保护植物。分布于鸡笼、八斗眼、大路沟和凉亭。生于沟谷、溪旁。

32. 细果野菱(四角刻叶菱、野菱) *Trapa incisa* Sieb. et Zucc.

千屈菜科 Lythraceae 菱属 *Trapa*

一年生漂浮水生草本。茎细柔弱，分枝，长 0. 8~1. 5m。浮水叶互生，成莲座状菱盘，叶较小，斜方形或三角状菱形，上面深亮绿色，下面绿色，疏被短毛或无毛，有棕色马蹄形斑块，中上部有缺刻状锐齿，基部宽楔形或圆；叶柄中上部稍膨大，绿色无毛。花小，单生叶腋；花梗细，无毛；萼筒 4 裂，绿色，无毛；花瓣 4，白色，或带微紫红色；子房半下位，上位花盘，有 8 个瘤状物围着子房。坚果三角形，高 1. 5~2cm，凹凸不平，4 刺角细长，2 肩角刺斜上举，2 腰角斜下伸，细锥状；果喙细圆锥形成尖头帽状，无果冠。

国家二级保护植物。分布于保护区湿地。生于池塘、沟渠。

33. 茶 *Camellia sinensis*(L.)O. Ktze.

山茶科 Theaceae 山茶属 *Camellia*

小乔木或灌木状。高 5m，胸径 38cm。嫩枝无毛或有稀疏微毛。叶长圆形或椭圆形，基部楔形，具锯齿；花 1~3 朵腋生，白色，萼片 5，卵形或圆形，宿存，花瓣 5~6，宽卵形，基部稍连合；雄蕊花丝基部连合，花柱顶端 3 裂。蒴果 3，球形，高 1. 5cm，每室 1~2 枚种子。

国家二级保护植物，但只保护野生的茶，人工栽培不在保护范围内。保护区内没有野生类型，为广泛栽培。

34. 软枣猕猴桃 *Actinidia arguta*(Sieb. et Zucc.)Planch. ex Miq.

猕猴桃科 Actinidiaceae 猕猴桃属 *Actinidia*

落叶木质藤本。幼枝疏被毛，后脱落，皮孔不明显，髓心片层状，白至淡褐色。单叶膜质，宽椭圆形或宽倒卵形，长 8~12cm，先端骤短尖，基部圆或心形，常偏斜，具锐锯齿，上面无毛，下面脉腋具白色髯毛，叶脉不明显，叶柄长 2~8cm。腋生聚伞花序具 3~6 花；雄花和两性花异株；花绿白色或黄绿色，芳香；萼片 4~6 枚；卵圆形至长圆形，边缘较薄，有不甚显著的缘毛，两面薄被粉末状短茸毛，或外面毛较少或近无毛；花瓣 4~6 片，楔状倒卵形或瓢状倒阔卵形；雄蕊花药黑色或暗紫色，长圆形箭头状；子房瓶状，无毛。浆果呈黄绿色，球形、椭圆形或长圆形，长 2~3cm，径约 1.8cm，具钝喙及宿存花柱，无毛，无斑点，基部无宿萼；果柄长 1.5~2.2cm。

国家二级保护植物，为重要野生果树遗传资源。分布于保护区各地。生于山坡、林缘、灌丛、沟谷、溪旁。

35. 中华猕猴桃 *Actinidia chinensis* Planch.

猕猴桃科 Actinidiaceae　猕猴桃属 *Actinidia*

落叶木质藤本。幼枝被灰白色绒毛、褐色长硬毛或锈色硬刺毛，后脱落无毛；髓心白至淡褐色，片层状。芽鳞密被褐色绒毛。单叶互生，纸质，营养枝之叶宽卵圆形或椭圆形，先端短渐尖或骤尖；花枝之叶近圆形，先端钝圆、微凹或平截；叶长 6~17cm，宽 7~15cm，基部楔状稍圆、平截至浅心形，具睫状细齿，上面无毛或中脉及侧脉疏被毛，下面密被灰白或淡褐色星状绒毛；叶柄长，被灰白色或黄褐色毛。聚伞花序 1~3 花；苞片卵形或钻形，被灰白色或黄褐色绒毛；花雄花和两性花异株，花大，径 1.8~3.5cm 初白色，后橙黄色；萼片(3~)5(~7)，宽卵形或卵状长圆形，长 0.6~1cm，密被平伏黄褐色绒毛；花瓣(3~)5(~7)，宽倒卵形，具短矩，先端凹；花药黄色；子房密被黄色绒毛或糙毛。浆果熟时黄褐色，近球形，长 4~6cm，被灰白色绒毛，易脱落，具淡褐色斑点，宿萼反折。

国家二级保护植物，为重要野生果树遗传资源，但仅保护野生类型。本区有野生中华猕猴桃分布，分布于鸡笼、万店、白云和荒冲。生于山坡、林缘、灌丛。

36. 香果树 *Emmenopterys henryi* Oliv.

茜草科 Rubiaceae　香果树属 *Emmenopterys*

落叶大乔木。叶宽椭圆形、宽卵形或卵状椭圆形，长 6~30cm，先端短尖或骤渐尖，基部楔形，上面无毛或疏被糙伏毛，下面被柔毛或沿脉被柔毛，或无毛，脉腋常有簇毛，侧脉 5~9 对；托叶三角状卵形，早落。花芳香萼筒裂片近圆形，变态的叶状萼裂片白色、淡红色或淡黄色，纸质或革质，匙状卵形或宽椭圆形，长 1.5~8cm，有纵脉数条，柄长 1~3cm；花冠漏斗形，白色或黄色，长 2~3cm，被黄白色绒毛，裂片近圆形，长约 7 毫米；雄蕊 5 枚，着生于冠喉之下，内藏，花丝被绒毛。蒴果长圆状卵形或近纺锤形，无毛或有柔毛，有纵棱，熟时褐红色。种子小而有宽翅。

国家二级保护植物，生于山坡及沟谷杂木林中。分布于灵山、鸡笼、山店、大天寺、王坟顶。生于杂木林。

37. 明党参 *Changium smyrnioides* Wolff

伞形科 Umbelliferae　明党参属 *Changium*

多年生草本。主根纺锤形或长索形，深褐色或淡黄色，内部白色。茎直立，有白粉。

基生叶有长柄；叶宽卵形，三出二至三回羽状全裂；小羽片卵形或宽卵形，长1~2cm，3裂、羽裂或羽状缺刻；茎上部叶鳞片状或鞘状。复伞形花序顶生和侧生，无总苞片；伞辐4~10，长2.5~10cm，开展，小总苞片少数，钻形或线形；伞形花序有花8~20；花白色；萼齿5；花瓣长圆形或卵状披针形，先端内折；花柱基短圆柱状，花柱外折。双悬果圆卵形或卵状长圆形，无毛，侧扁，有10~12纵纹，胚乳腹面深凹，油管多数。

国家二级保护植物。分布于大天寺、王坟顶和白龙池。生于林下。

4.3 植物资源特征分析

保护区位于河南和安徽两省的交界线上，是大别山西部余脉，属北亚热带气候区。保护区南邻大悟山，西接鸡公山，海拔多在200~600m，最高峰王坟顶，海拔846m，灵山金顶827m。保护区有灵山、鸡笼、山店、白云、荒田和七里冲等保护站，中间被农作区分隔。保护区地处南北过渡区，受到长江流域和淮河流域气候的影响。因江汉平原北上和华北平原南下的空气在本区交汇，因而云多，雨量丰沛，年平均气温15.1℃，春季平均气温1℃，夏季平均气温24℃。年降水量1200mm，无霜期227天。

4.3.1 科的组成和特点分析

以最新的植物分类系统为依据，对保护区维管植物各科所含属数、种数分别列于表4-5和表4-6。

表4-5 保护区维管植物各科所含属数(按多到少排列)

科名	属数量	科名	属数量
禾本科 Gramineae	70	石松科 Lycopodiaceae	2
菊科 Compositae	49	香蒲科 Typhaceae	2
豆科 Leguminosae	41	泽泻科 Alismataceae	2
蔷薇科 Rosaceae	31	紫葳科 Bignoniaceae	2
唇形科 Labiatae	27	藜芦科 Melanthiaceae	2
伞形科 Umbelliferae	20	省沽油科 Staphyleaceae	2
十字花科 Cruciferae	18	碗蕨科 Dennstaedtiaceae	2
兰科 Orchidaceae	18	小二仙草科 Haloragidaceae	2
毛茛科 Ranunculaceae	14	槐叶苹科 Salviniaceae	2
莎草科 Cyperaceae	12	苦木科 Simarubaceae	2
大戟科 Euphorbiaceae	12	冷蕨科 Cystopteridaceae	2
石竹科 Caryophyllaceae	11	楝科 Meliaceae	2
荨麻科 Urticaceae	10	三白草科 Saururaceae	2
车前科 Plantaginaceae	10	睡莲科 Nymphaeaceae	2
天门冬科 Asparagaceae	10	透骨草科 Phrymaceae	2

（续）

科名	属数量	科名	属数量
水龙骨科 Polypodiaceae	9	岩蕨科 Woodsiaceae	2
锦葵科 Malvaceae	9	堇菜科 Violaceae	1
茜草科 Rubiaceae	9	菝葜科 Smilacaceae	1
金星蕨科 Thelyptcridaceae	9	金丝桃科 Hypericaceae	1
樟科 Lauraceae	8	灯芯草科 Juncaeae	1
凤尾蕨科 Pteridaceae	8	胡颓子科 Elaeagnaceae	1
忍冬科 Caprifoliaceae	8	卷柏科 Selaginellaceae	1
罂粟科 Papaveraceae	8	铁角蕨科 Aspleniaceae	1
木樨科 Oleaceae	8	安息香科 Styracaceae	1
蓼科 Polygonaceae	7	猕猴桃科 Actinidiaceae	1
夹竹桃科 Apocynaceae	7	松科 Pinaceae	1
鼠李科 Rhamnaceae	7	冬青科 Aquifoliaceae	1
绣球花科 Hydrangeaceae	7	木贼科 Equisetaceae	1
桔梗科 Campanulaceae	7	海桐科 Pittosporaceae	1
天南星科 Araceae	7	金粟兰科 Chloranthaceae	1
紫草科 Boraginaceae	7	母草科 Linderniaceae	1
苋科 Amaranthaceae	7	薯蓣科 Dioscoreaceae	1
柏科 Cupressaceae	7	通泉草科 Mazaceae	1
葫芦科 Cucurbitaceae	7	凤仙花科 Balsaminaceae	1
葡萄科 Vitaceae	6	牻牛儿苗科 Geraniaceae	1
百合科 Liliaceae	6	泡桐科 Paulowniaceae	1
列当科 Orobanchaceae	6	蛇菰科 Balanophoraceae	1
小檗科 Berberidaceae	6	远志科 Polygalaceae	1
叶下珠科 Phyllanthaceae	6	阿福花科 Asphodelaceae	1
防己科 Menispermaceae	6	百部科 Stemonaceae	1
景天科 Crassulaceae	5	菖蒲科 Acoraceae	1
茄科 Solanaceae	5	谷精草科 Eriocaulaceae	1
蹄盖蕨科 Athyriaceae	5	狸藻科 Lentibulariaceae	1
五加科 Araliaceae	5	秋海棠科 Begoniaceae	1
芸香科 Rutaceae	5	芍药科 Paeoniaceae	1
龙胆科 Gentianaceae	5	柿科 Ebeanaceae	1
木通科 Lardizabalaceae	5	乌毛蕨科 Blechnaceae	1
水鳖科 Hydrocharitaceae	5	悬铃木科 Platanaceae	1
金缕梅科 Hamamelidaceae	5	雨久花科 Pontederiaceae	1
爵床科 Acanthaceae	5	肿足蕨科 Hypodematiaceae	1

（续）

科名	属数量	科名	属数量
报春花科 Primulaceae	4	酢浆草科 Oxalidaceae	1
鳞毛蕨科 Dryopteridaceae	4	白花菜科 Cleomaceae	1
杨柳科 Salicaceae	4	白花丹科 Plumbaginaceae	1
桑科 Moraceae	4	茶藨子科 Grossulariaceae	1
桦木科 Betulaceae	4	扯根菜科 Penthoraceae	1
杜鹃花科 Ericaceae	4	杜仲科 Eucommiaceae	1
旋花科 Convolvulaceae	4	海金沙科 Lygodiaceae	1
漆树科 Anacardiaceae	4	花蔺科 Butomaceaeus	1
千屈菜科 Lythraceae	4	蒺藜科 Zygophyllaceae	1
胡桃科 Juglandaceae	4	姜科 Zingiberaceae	1
鸭跖草科 Commelinaceae	4	金鱼藻科 Ceratophyllaceae	1
苦苣苔科 Gesneriaceae	4	旌节花科 Stachyuraceae	1
檀香科 Santalaceae	4	昆栏树科 Trochodendraceae	1
虎耳草科 Saxifragaceae	4	蓝果树科 Nyssaceae	1
无患子科 Sapindaceae	3	里白科 Gleicheniaceae	1
壳斗科 Fagaceae	3	鳞始蕨科 Lindsaeaceae	1
眼子菜科 Potamogetonaceae	3	马鞭草科 Verbenaceae	1
榆科 Ulmaceae	3	马齿苋科 Prtulacaceae	1
大麻科 Cannabaceae	3	马钱科 Loganiaceae	1
五味子科 Schisandraceae	3	马桑科 Coriariaceae	1
柳叶菜科 Onagraceae	3	膜蕨科 Hymenophyllaceae	1
瑞香科 Thymelaeaceae	3	青荚叶科 Helwingiaceae	1
玄参科 Scrophulariaceae	3	青皮木科 Schoepfiaceae	1
黄杨科 Buxaceae	3	球子蕨科 Onocleaceae	1
卫矛科 Celastraceae	2	桑寄生科 Loranthaceae	1
五福花科 Adoxaceae	2	山矾科 Symplocaceae	1
清风藤科 Sabiaceae	2	商陆科 Phytolaccaxeae	1
山茱萸科 Cornaceae	2	睡菜科 Menyanthaceae	1
石蒜科 Amaryllidaceae	2	粟米草科 Molluginaceae	1
马兜铃科 Aristolochiaceae	2	蕈树科 Altingiaceae	1
五列木科 Pentaphylacaceae	2	亚麻科 Linaceae	1
鸢尾科 Iridaceae	2	野牡丹科 Melastornataceae	1
红豆杉科 Taxaceae	2	银杏科 Ginkgoaceae	1
木兰科 Magnoliaceae	2	沼金花科 Nartheciaceae	1
瓶尔小草科 Ophioglossaceae	2	紫萁科 Osmundaceae	1
山茶科 Thraceae	2	苹科 Marsileaceae	1

各科所含的属数统计表明(表 4-5)，在 172 个科中，含 1 个属的有松科、银杏科、马桑科等 70 个科；含 2 个属的有 28 个科，如木兰科、山茶科等；含 3 个属的有无患子科、壳斗科、五味子科等 10 个科；含 4 个属的有杨柳科、桦木科、杜鹃花科等 14 个科；含 5 个属的有 10 个科，包括五加科、金缕梅科、报春花科等；含 6 个属的有葡萄科、小檗科、列当科等 6 个科；柏科、蓼科、鼠李科、桔梗科等 10 个科各有 7 个属；含 8 个属的有 5 个科，如樟科、罂粟科和忍冬科等；含有 9 个属的有 4 个科，分别是水龙骨科、金星蕨科、锦葵科和茜草科，其中，蕨类植物占 50%；包含 10 个属以上的共有 15 个科，其中，荨麻科、车前科和天门冬科各有 10 个属，石竹科有 11 个属，大戟科和莎草科各有 12 个属，毛茛科有 14 个属，兰科和十字花科各有 18 个属，伞形科有 20 个属，唇形科有 27 个属，蔷薇科有 31 个属，豆科有 41 个属，菊科有 49 个属，最多的是禾本科，拥有 70 属。

以上含 10 个属及以上的大科和较大科共 15 科，占全部科(172 科)的 8. 7%，所包含的属数为 353 属，占全部属数(797 属)的 44. 2%，但含有的种数有 843 种，占总种数(1903 种)的 44. 3%，是本区植物区系的优势种，而且以草本植物为主体。含 1~9 个属的有 157 科，占全部科的 91. 3%，所包含的属有 444 个，占全部属数的 55. 6%，但含有的种数有 1060 种，占全部种数的 55. 7%。其中，含属、种较少的松科(1 属 6 种)、壳斗科(3 属 17 种)、樟科(8 属 23 种)、胡桃科(4 属 7 种)、榆科(3 属 10 种)、大麻科(3 属 7 种，以青檀属和朴属为主)、无患子科(3 属 19 种)和金缕梅科(5 属 5 种)是构成山地森林植被的优势科。其中、青檀、栓皮栎等组成特有的森林植被。

表 4-6　保护区维管植物各科所含属数量统计

属数量(个)	含该数量属的科数(个)	占全部属的比例(%)	属数量(个)	含该数量属的科数(个)	占全部属的比例(%)
1	70		10	3	
2	28		11	1	
3	10		12	2	
4	14		14	1	
5	10		18	2	
6	6	55. 7	20	1	44. 3
7	10		27	1	
8	5		31	1	
9	4		41	1	
			49	1	
			70	1	

总属数为 797 属。

表 4-7 保护区维管植物各科所含种数(按从多到少排列)

科名	物种数	科名	物种数
禾本科 Gramineae	130	木贼科 Equisetaceae	5
菊科 Compositae	116	瑞香科 Thymelaeaceae	5
蔷薇科 Rosaceae	111	檀香科 Santalaceae	5
豆科 Leguminosae	96	五列木科 Pentaphylacaceae	5
唇形科 Labiatae	72	玄参科 Scrophulariaceae	5
莎草科 Cyperaceae	72	鸢尾科 Iridaceae	5
毛茛科 Ranunculaceae	49	海桐科 Pittosporaceae	4
蓼科 Polygonaceae	39	红豆杉科 Taxaceae	4
十字花科 Cruciferae	34	虎耳草科 Saxifragaceae	4
伞形科 Umbelliferae	32	黄杨科 Buxaceae	4
大戟科 Euphorbiaceae	28	金粟兰科 Chloranthaceae	4
樟科 Lauraceae	28	母草科 Linderniaceae	4
凤尾蕨科 Pteridaceae	27	木兰科 Magnoliaceae	4
葡萄科 Vitaceae	26	瓶尔小草科 Ophioglossaceae	4
忍冬科 Caprifoliaceae	26	山茶科 Thraceae	4
水龙骨科 Polypodiaceae	24	石松科 Lycopodiaceae	4
荨麻科 Urticaceae	24	薯蓣科 Dioscoreaceae	4
兰科 Orchidaceae	22	通泉草科 Mazaceae	4
夹竹桃科 Apocynaceae	21	香蒲科 Typhaceae	4
石竹科 Caryophyllaceae	21	泽泻科 Alismataceae	4
报春花科 Primulaceae	20	紫葳科 Bignoniaceae	4
卫矛科 Celastraceae	20	凤仙花科 Balsaminaceae	3
鳞毛蕨科 Dryopteridaceae	19	藜芦科 Melanthiaceae	3
鼠李科 Rhamnaceae	19	牻牛儿苗科 Geraniaceae	3
无患子科 Sapindaceae	19	泡桐科 Paulowniaceae	3
车前科 Plantaginaceae	18	蛇菰科 Balanophoraceae	3
天门冬科 Asparagaceae	18	省沽油科 Staphyleaceae	3
杨柳科 Salicaceae	18	碗蕨科 Dennstaedtiaceae	3
锦葵科 Malvaceae	17	小二仙草科 Haloragidaceae	3
壳斗科 Fagaceae	17	远志科 Polygalaceae	3
茜草科 Rubiaceae	16	阿福花科 Asphodelaceae	2
绣球花科 Hydrangeaceae	16	百部科 Stemonaceae	2
罂粟科 Papaveraceae	16	菖蒲科 Acoraceae	2

（续）

科名	物种数	科名	物种数
堇菜科 Violaceae	15	谷精草科 Eriocaulaceae	2
桔梗科 Campanulaceae	14	槐叶苹科 Salviniaceae	2
天南星科 Araceae	14	苦木科 Simarubaceae	2
紫草科 Boraginaceae	14	冷蕨科 Cystopteridaceae	2
苋科 Amaranthaceae	13	狸藻科 Lentibulariaceae	2
百合科 Liliaceae	12	楝科 Meliaceae	2
金星蕨科 Thelyptcridaceae	12	秋海棠科 Begoniaceae	2
景天科 Crassulaceae	12	三白草科 Saururaceae	2
木樨科 Oleaceae	12	芍药科 Paeoniaceae	2
桑科 Moraceae	12	柿科 Ebeanaceae	2
五福花科 Adoxaceae	12	睡莲科 Nymphaeaceae	2
茄科 Solanaceae	11	透骨草科 Phrymaceae	2
清风藤科 Sabiaceae	11	乌毛蕨科 Blechnaceae	2
蹄盖蕨科 Athyriaceae	11	悬铃木科 Platanaceae	2
五加科 Araliaceae	11	岩蕨科 Woodsiaceae	2
菝葜科 Smilacaceae	10	雨久花科 Pontederiaceae	2
柏科 Cupressaceae	10	肿足蕨科 Hypodematiaceae	2
桦木科 Betulaceae	10	酢浆草科 Oxalidaceae	2
列当科 Orobanchaceae	10	白花菜科 Cleomaceae	1
山茱萸科 Cornaceae	10	白花丹科 Plumbaginaceae	1
小檗科 Berberidaceae	10	茶藨子科 Grossulariaceae	1
眼子菜科 Potamogetonaceae	10	扯根菜科 Penthoraceae	1
叶下珠科 Phyllanthaceae	10	杜仲科 Eucommiaceae	1
榆科 Ulmaceae	10	海金沙科 Lygodiaceae	1
芸香科 Rutaceae	10	花蔺科 Butomaceaeus	1
杜鹃花科 Ericaceae	9	蒺藜科 Zygophyllaceae	1
金丝桃科 Hypericaceae	9	姜科 Zingiberaceae	1
龙胆科 Gentianaceae	9	金鱼藻科 Ceratophyllaceae	1
旋花科 Convolvulaceae	9	旌节花科 Stachyuraceae	1
灯芯草科 Juncaeae	8	昆栏树科 Trochodendraceae	1
葫芦科 Cucurbitaceae	8	蓝果树科 Nyssaceae	1
木通科 Lardizabalaceae	8	里白科 Gleicheniaceae	1
漆树科 Anacardiaceae	8	鳞始蕨科 Lindsaeaceae	1

（续）

科名	物种数	科名	物种数
千屈菜科 Lythraceae	8	马鞭草科 Verbenaceae	1
大麻科 Cannabaceae	7	马齿苋科 Prtulacaceae	1
防己科 Menispermaceae	7	马钱科 Loganiaceae	1
胡桃科 Juglandaceae	7	马桑科 Coriariaceae	1
胡颓子科 Elaeagnaceae	7	膜蕨科 Hymenophyllaceae	1
卷柏科 Selaginellaceae	7	青荚叶科 Helwingiaceae	1
石蒜科 Amaryllidaceae	7	青皮木科 Schoepfiaceae	1
铁角蕨科 Aspleniaceae	7	球子蕨科 Onocleaceae	1
安息香科 Styracaceae	6	桑寄生科 Loranthaceae	1
马兜铃科 Aristolochiaceae	6	山矾科 Symplocaceae	1
猕猴桃科 Actinidiaceae	6	商陆科 Phytolaccaxeae	1
水鳖科 Hydrocharitaceae	6	睡菜科 Menyanthaceae	1
松科 Pinaceae	6	粟米草科 Molluginaceae	1
五味子科 Schisandraceae	6	蕈树科 Altingiaceae	1
鸭跖草科 Commelinaceae	6	亚麻科 Linaceae	1
冬青科 Aquifoliaceae	5	野牡丹科 Melastornataceae	1
金缕梅科 Hamamelidaceae	5	银杏科 Ginkgoaceae	1
爵床科 Acanthaceae	5	沼金花科 Nartheciaceae	1
苦苣苔科 Gesneriaceae	5	紫萁科 Osmundaceae	1
柳叶菜科 Onagraceae	5	苹科 Marsileaceae	1

根据各科所含的种数统计(表4-7)，含1种的科35个，占所有科的20.3%，其中，单种科和寡种科有银杏科、杜仲科、透骨草科、杉叶藻科、水蕨科等，银杏科和杜仲科为引进栽培。含2~9种的科，本区有79个，占总科数的45.9%；含10~20种的科有38个，占总科数的22.1%；含21~49种的较大科有14个，占总科数的8.1%，分别是石竹科(11属21种)、夹竹桃科(7属21种)、荨麻科(10属24种)、水龙骨科(9属24种)、忍冬科(8属26种)、葡萄科(6属26种)、凤尾蕨科(8属27种)、樟科(8属28种)、大戟科(12属28种)、伞形科(20属32种)、十字花科(18属34种)、蓼科(7属39种)、毛茛科(14属49种)；含50~100种的大科有3个，占总科数的1.7%，即莎草科(12属72种)、唇形科(27属72种)和豆科(41属96种)；含100种以上的特大科有3科，占总科数的1.7%，即蔷薇科(31属111种)、菊科(49属116种)和禾本科(70属130种)。含50种及以上的科仅有6个，但物种数量达到597种，占全区物种种数的31.4%，是植物物种多样性的主要组成。

表 4-8 保护区维管植物各科所含属数量统计

物种数量	含该物种数量的科	物种数量	含该物种数量的科
1	35	19	3
2	21	20	2
3	9	21	2
4	15	22	1
5	11	24	2
6	7	26	2
7	7	27	1
8	5	28	2
9	4	32	1
10	10	34	1
11	4	39	1
12	6	49	1
13	1	72	2
14	3	96	1
15	1	111	1
16	3	116	1
17	2	130	1
18	3		

根据最新的被子植物分类系统，对位于基底被子植物和木兰分支的科进行统计，分析对原始被子植物的分布情况，本区位于被子植物系统中基底被子植物和木兰分支的有 7 科 20 属 52 种(表 4-9)。其中，睡莲科 2 属 2 种，三白草科 2 属 2 种，马兜铃科 2 属 6 种，木兰科 2 属 4 种，五味子科 3 属 6 种，樟科 8 属 28 种，金粟兰科 1 属 4 种。

表 4-9 保护区原始被子植物及各科所含属种数量统计

科名	属数量	属名	物种数	科内物种数
睡莲科 Nymphaeaceae	2	睡莲属 *Nymphaea*	1	2
		萍蓬草属 *Nuphar*	1	
三白草科 Saururaceae	2	三白草属 *Saururus*	1	2
		蕺菜属 *Houttuynia*	1	
马兜铃科 Aristolochiaceae	2	细辛属 *Asarum*	2	6
		马兜铃属 *Aristolochia*	4	
木兰科 Magnoliaceae	2	玉兰属 *Yulania*	3	4
		厚朴属 *Houpoea*	1	

（续）

科名	属数量	属名	物种数	科内物种数
五味子科 Schisandraceae	3	八角属 *Illicium*	2	6
		五味子属 *Schisandra*	3	
		冷饭藤属 *Kadsura*	1	
樟科 Lauraceae	8	檫木属 *Sassafras*	1	28
		樟属 *Cinnamomum*	2	
		新木姜子属 *Neolitsea*	1	
		楠属 *Phoebe*	5	
		山胡椒属 *Lindera*	11	
		木姜子属 *Litsea*	5	
		润楠属 *Machilus*	2	
		黄肉楠属 *Actinodaphne*	1	
金粟兰科 Chloranthaceae	1	金粟兰属 *Chloranthus*	4	4

4.3.2 属的组成和特点分析

根据调查统计，保护区共有维管植物属 797 属，其中，石松类和蕨类植物有 59 属 140 种，裸子植物有 11 属 21 种，被子植物有 727 属 1742 种，具体见表 4-10。

表 4-10 保护区各属所含种数

属	物种数量	属	物种数量
薹草属 *Carex*	27	水马齿属 *Callitriche*	1
萹蓄属 *Polygonum*	23	扯根菜属 *Penthorum*	1
悬钩子属 *Rubus*	17	夏枯草属 *Prunella*	1
蒿属 *Artemisia*	16	牛至属 *Origanum*	1
铁线莲属 *Clematis*	16	豆腐柴属 *Premna*	1
槭属 *Acer*	16	地笋属 *Lycopus*	1
珍珠菜属 *Lysimachia*	15	紫苏属 *Perilla*	1
堇菜属 *Viola*	15	薄荷属 *Mentha*	1
卫矛属 *Euonymus*	15	夏至草属 *Lagopsis*	1
蔷薇属 *Rosa*	14	活血丹属 *Glechoma*	1
胡枝子属 *Lespedeza*	13	水棘针属 *Amethystea*	1
鹅绒藤属 *Cynanchum*	13	藿香属 *Agastache*	1
栎属 *Quercus*	12	蓖麻属 *Ricinus*	1

（续）

属	物种数量	属	物种数量
野豌豆属 *Vicia*	11	山麻杆属 *Alchornea*	1
飘拂草属 *Fimbristylis*	11	乌桕属 *Sapium*	1
山胡椒属 *Lindera*	11	白木乌桕属 *Neoshirakia*	1
菝葜属 *Smilax*	10	蓖麻属 *Ricinus*	1
绣线菊属 *Spiraea*	10	丹麻杆属 *Discocleidion*	1
忍冬属 *Lonicera*	10	地构叶属 *Speranskia*	1
莎草属 *Cyperus*	10	油桐属 *Vernicia*	1
荚蒾属 *Viburnum*	10	青檀属 *Pteroceltis*	1
柳属 *Salix*	10	葎草属 *Humulus*	1
金丝桃属 *Hypericum*	9	紫荆属 *Cercis*	1
葡萄属 *Vitis*	9	土圞儿属 *Apios*	1
委陵菜属 *Potentilla*	9	刺槐属 *Robinia*	1
大戟属 *Euphorbia*	8	紫穗槐属 *Amorpha*	1
灯芯草属 *Juncus*	8	葛属 *Pueraria*	1
刚竹属 *Phyllostachys*	8	决明属 *Senna*	1
景天属 *Sedum*	8	山扁豆属 *Chamaecrista*	1
紫菀属 *Aster*	8	锦鸡儿属 *Caragana*	1
鳞毛蕨属 *Dryopteris*	8	米口袋属 *Gueldenstaedtia*	1
蛇葡萄属 *Ampelopsis*	8	小槐花属 *Ohwia*	1
溲疏属 *Deutzia*	8	黄檀属 *Dalbergia*	1
眼子菜属 *Potamogeton*	8	合萌属 *Aeschynomene*	1
紫堇属 *Corydalis*	8	黄芪属 *Astragalus*	1
香茶菜属 *Isodon*	7	大豆属 *Glycine*	1
木蓝属 *Indigofera*	7	野扁豆属 *Dunbaria*	1
凤尾蕨属 *Pteris*	7	两型豆属 *Amphicarpaea*	1
画眉草属 *Eragrostis*	7	云实属 *Caesalpinia*	1
胡颓子属 *Elaeagnus*	7	山黧豆属 *Lathyrus*	1
卷柏属 *Selaginella*	7	杭子梢属 *Campylotropis*	1
酸模属 *Rumex*	7	肥皂荚属 *Gymnocladus*	1
毛茛属 *Ranunculus*	7	假沙晶兰属 *Monotropastrum*	1
唐松草属 *Thalictrum*	7	杜仲属 *Eucommia*	1
拉拉藤属 *Galium*	7	轮环藤属 *Cyclea*	1
樱属 *Cerasus*	7	青牛胆属 *Tinospora*	1

（续）

属	物种数量	属	物种数量
石楠属 *Photinia*	7	蝙蝠葛属 *Menispermum*	1
泡花树属 *Meliosma*	7	风龙属 *Sinomenium*	1
山茱萸属 *Macrocarpium*	7	木防己属 *Cocculus*	1
鼠李属 *Rhamnus*	7	金粉蕨属 *Onychium*	1
铁角蕨属 *Asplenium*	7	水蕨属 *Ceratopteris*	1
冷水花属 *Pilea*	7	海金沙属 *Lygodium*	1
安息香属 *Styrax*	6	苦竹属 *Pleioblasyus*	1
婆婆纳属 *Veronica*	6	虉草属 *Phalaris*	1
风轮菜属 *Clinopodium*	6	粟草属 *Milium*	1
紫珠属 *Callicarpa*	6	菵草属 *Beckmannia*	1
铁线蕨属 *Adiantum*	6	短柄草属 *Beachypodium*	1
早熟禾属 *Poa*	6	草沙蚕属 *Tripogon*	1
橐吾属 *Ligularia*	6	细柄草属 *CapilliPedium*	1
猕猴桃属 *Actinidia*	6	落芒草属 *Oryzopsis*	1
荸荠属 *Eleocharis*	6	香茅属 *Cymbpopgon*	1
碎米荠属 *Cardamine*	6	黄茅属 *Heteropogon*	1
蝇子草属 *Silene*	6	菅属 *Themeda*	1
石韦属 *Pyrrosia*	6	裂稃草属 *Schizachyrium*	1
松属 *Pinus*	6	孔颖草属 *Bothriochloa*	1
天南星属 *Arisaema*	6	芦苇属 *Phragmites*	1
杨属 *Populus*	6	三芒草属 *Aristida*	1
榆属 *Ulmus*	6	显子草属 *Phaenisperma*	1
百合属 *Lilium*	5	隐子草属 *Cleistogenes*	1
鼠尾草属 *Salvia*	5	鼠尾粟属 *Sporobolus*	1
黄芩属 *Scutellaria*	5	虎尾草属 *Chloris*	1
香薷属 *Elsholtzia*	5	狗牙根属 *Cynodon*	1
朴属 *Celtis*	5	穇属 *Eleusine*	1
冬青属 *Ilex*	5	三毛草属 *Trisetum*	1
凤了蕨属 *Coniogramme*	5	羊茅属 *Festuca*	1
马唐属 *Digitaria*	5	燕麦属 *Avena*	1
鹅耳枥属 *Carpinus*	5	菭草属 *Koeleria*	1
椴属 *Tilia*	5	鼠茅属 *Vulpia*	1
沙参属 *Adenophora*	5	鸭茅属 *Dactylis*	1

（续）

属	物种数量	属	物种数量
蓟属 *Cirsium*	5	菰属 *Zizania*	1
莴苣属 *Lactuca*	5	柳叶箬属 *Isachne*	1
泽兰属 *Eupatorium*	5	臂形草属 *Bracharia*	1
贯众属 *Cyrtomium*	5	野黍属 *Eriochloa*	1
龙胆属 *Genitiana*	5	求米草属 *Oplismenus*	1
乌头属 *Aconitum*	5	囊颖草属 *Sacciolepis*	1
女贞属 *Ligustrum*	5	黍属 *Panicum*	1
木贼属 *Equisetum*	5	野古草属 *Arundinella*	1
地锦属 *Parthenocissus*	5	假稻属 *Leersia*	1
茄属 *Solanum*	5	牛鞭草属 *Hemarthria*	1
败酱属 *Patrinia*	5	白茅属 *Imperata*	1
桑属 *Morus*	5	蜈蚣草属 *Eremochloa*	1
葱属 *Allium*	5	黄金茅属 *Eulalia*	1
瓦韦属 *Lepisorus*	5	化香树属 *Platycarya*	1
对囊蕨属 *Deparia*	5	青钱柳属 *Cyclocarya*	1
开口箭属 *Tupistra*	5	赤瓟属 *Thladiantha*	1
南蛇藤属 *Celastrus*	5	苦瓜属 *Momordica*	1
五加属 *Acanthopanax*	5	盒子草属 *Actinostemma*	1
藜属 *Chenopodium*	5	马㼎儿属 *Zehneria*	1
楠属 *Phoebe*	5	裂瓜属 *Schizopepon*	1
木姜子属 *Litsea*	5	绞股蓝属 *Gynostemma*	1
水苏属 *Stachys*	4	金腰属 *Chrysosplenium*	1
石荠苎属 *Mosla*	4	虎耳草属 *Saxifraga*	1
野桐属 *Mallotus*	4	黄水枝属 *Tiarella*	1
野桐属 *Mallotus*	4	落新妇属 *Astilbe*	1
铁苋菜属 *Acalypha*	4	花蔺属 *Butomus*	1
草木樨属 *Melilotus*	4	虎榛子属 *Ostryopsis*	1
海桐属 *Pittosporum*	4	槐叶苹属 *Salvinia*	1
剪股颖属 *Agrostis*	4	满江红属 *Azolla*	1
狗尾草属 *Setaria*	4	板凳果属 *Pachysandra*	1
稗属 *Echinochloa*	4	野扇花属 *Sarcococca*	1
金粟兰属 *Chloranthus*	4	蒺藜属 *Tribulus*	1
兔儿风属 *Ainsliaea*	4	萝藦属 *Metaplexis*	1

（续）

属	物种数量	属	物种数量
风毛菊属 *Saussurea*	4	秦岭藤属 *Biondia*	1
鬼针草属 *Bidens*	4	娃儿藤属 *Tylophora*	1
何首乌属 *Fallopia*	4	罗布麻属 *Apocynum*	1
马兜铃属 *Aristolochia*	4	姜属 *Zingiber*	1
翠雀属 *Delphinium*	4	牛鼻栓属 *Fortuneria*	1
陌上菜属 *Lindernia*	4	檵木属 *Loropetalum*	1
稠李属 *Padus*	4	金缕梅属 *Hamamelis*	1
花楸属 *Sorbus*	4	山白树属 *Sinowilsonia*	1
清风藤属 *Sabia*	4	蜡瓣花属 *Corylosis*	1
榕属 *Ficus*	4	新月蕨属 *Pronephrium*	1
水葱属 *Schoenoplectus*	4	茯蕨属 *Leotogramma*	1
藨草属 *Scirpus*	4	沼泽蕨属 *Thelypteris*	1
蔊菜属 *Rorippa*	4	假毛蕨属 *Pseudocyclosorus*	1
独行菜属 *Lepidium*	4	紫柄蕨属 *Pseudophegopteris*	1
薯蓣属 *Dioscorea*	4	卵果蕨属 *Phegopteris*	1
通泉草属 *Mazus*	4	金鱼藻属 *Ceratophyllum*	1
柃属 *Eurya*	4	马松子属 *Melochia*	1
打碗花属 *Calystegia*	4	黄麻属 *Corchorus*	1
苎麻属 *Boehmeria*	4	梧桐属 *Firmiana*	1
叶下珠属 *Phyllanthus*	4	苘麻属 *Abutilon*	1
鸢尾属 *Iris*	4	旌节花属 *Stachyurus*	1
花椒属 *Zanthoxylum*	4	瓦松属 *Oroslachys*	1
紫金牛属 *Ardisia*	3	费菜属 *Phedimus*	1
车前属 *Plantago*	3	石莲属 *Sinocrassula*	1
牡荆属 *Vitex*	3	八宝属 *Hylotelephium*	1
筋骨草属 *Ajuga*	3	桔梗属 *Platycodon*	1
紫藤属 *Wisteria*	3	袋果草属 *Peracarpa*	1
豇豆属 *Vigna*	3	蓝花参属 *Wahlenbergia*	1
槐属 *Sophora*	3	风铃草属 *Campanula*	1
香槐属 *Cladrastis*	3	一枝黄花属 *Solidago*	1
车轴草属 *Trifolium*	3	蜂斗菜属 *Petasites*	1
苜蓿属 *Medicago*	3	苍术属 *Atractylodes*	1
猪屎豆属 *Crotalaria*	3	飞廉属 *Carduus*	1

（续）

属	物种数量	属	物种数量
杜鹃属 *Rhododendron*	3	蓝刺头属 *Echinops*	1
水晶兰属 *Monotropa*	3	狗舌草属 *Tephroseris*	1
粉背蕨属 *Aleuritopteris*	3	蒲儿根属 *Sinosenecio*	1
凤仙花属 *Impatiens*	3	兔儿伞属 *Syneilesis*	1
芨芨草属 *Achnatherum*	3	鼠麴草属 *Gnaphalium*	1
野青茅属 *Deyeuxia*	3	女菀属 *Turczaninovia*	1
千金子属 *Leptochloa*	3	大丁草属 *Leibnitzia*	1
披碱草属 *Elymus*	3	须弥菊属 *Himalaiella*	1
雀稗属 *Pasoalum*	3	稻槎菜属 *Lapsana*	1
芒属 *Miscanthus*	3	伪泥胡菜属 *Serratula*	1
胡桃属 *Juglans*	3	漏芦属 *Rhaponticum*	1
半边莲属 *Lobelia*	3	山牛蒡属 *Synurus*	1
千里光属 *Senecio*	3	泥胡菜属 *Hemisteptia*	1
飞蓬属 *Erigeron*	3	石胡荽属 *Centipeda*	1
天名精属 *Carpesium*	3	苍耳属 *Xallthium*	1
菊属 *Chrysanthemum*	3	鳢肠属 *Eclipta*	1
苦荬菜属 *Ixeris*	3	鸦葱属 *Scorzonera*	1
苦苣菜属 *Sonchus*	3	蒲公英属 *Taraxacus*	1
青冈属 *Cyclobalanopsis*	3	山柳菊属 *Hieracium*	1
兰属 *Cymbidum*	3	小苦荬属 *Ixeridium*	1
舌唇兰属 *Platanthera*	3	黄鹌菜属 *Yougia*	1
马先蒿属 *Pedicularis*	3	毛连菜属 *Picris*	1
耳蕨属 *Polystichum*	3	碱菀属 *Tripolium*	1
复叶耳蕨属 *Arachniodes*	3	十万错属 *Asystasiella*	1
老鹳草属 *Geranium*	3	水蓑衣属 *Hygrophila*	1
玉兰属 *Yulania*	3	狗肝菜属 *Dicliptera*	1
木通属 *Akebia*	3	观音草属 *Peristrophe*	1
泡桐属 *Paulownia*	3	爵床属 *Rostellularia*	1
漆树属 *Toxicodendron*	3	旋蒴苣苔属 *Boea*	1
黄栌属 *Cotinus*	3	苦苣苔属 *Conandron*	1
水苋菜属 *Ammannia*	3	吊石苣苔属 *Lysionotus*	1
白鹃梅属 *Exochorda*	3	苦木属 *Picrasma*	1
苹果属 *Malus*	3	臭椿属 *Ailanthus*	1

（续）

属	物种数量	属	物种数量
栒子属 *Cotoneaster*	3	水青树属 *Tetracentron*	1
火棘属 *Pyracantha*	3	白及属 *Bletilla*	1
山楂属 *Crataegus*	3	天麻属 *Gastrodia*	1
糯米条属 *Abelia*	3	斑叶兰属 *Goodyera*	1
柴胡属 *Bupleurum*	3	头蕊兰属 *Cephalanthera*	1
山茶属 *Camellia*	3	石斛属 *Dendrobium*	1
八角枫属 *Alangium*	3	羊耳蒜属 *Liparis*	1
蛇菰属 *Balanophora*	3	钻柱兰属 *Pelatantheria*	1
石松属 *Lycopodium*	3	杜鹃兰属 *Cremastra*	1
繁缕属 *Stellaria*	3	角盘兰属 *Herminium*	1
勾儿茶属 *Berchemia*	3	玉凤花属 *Habenaria*	1
修蕨属 *Selliguea*	3	独花兰属 *Changnienia*	1
棱脉蕨属 *Goniophlebium*	3	绶草属 *Spiranthes*	1
山麦冬属 *Liriope*	3	无柱兰属 *Amitostigma*	1
楤木属 *Aralia*	3	朱兰属 *Pogonia*	1
五味子属 *Schisandra*	3	独蒜兰属 *Pleione*	1
香蒲属 *Typha*	3	杓兰属 *Cypripedium*	1
淫羊藿属 *Epimedium*	3	喜树属 *Camptotheca*	1
山梅花属 *Philadelphus*	3	羽节蕨属 *Gymnocarpium*	1
荨麻属 *Urtica*	3	冷蕨属 *Cystopteris*	1
艾麻属 *Laportea*	3	藜芦属 *Veratrum*	1
榉属 *Zelkova*	3	芒萁属 *Dicranopteris*	1
远志属 *Polygala*	3	香椿属 *Toona*	1
吴茱萸属 *Evodia*	3	楝属 *Melia*	1
紫草属 *Lithospermum*	3	大黄属 *Rheum*	1
斑种草属 *Bothriospermum*	3	翼蓼属 *Pteroxygonum*	1
厚壳树属 *Ehretia*	3	虎杖属 *Reynoutria*	1
梓属 *Catalpa*	3	列当属 *Orbanche*	1
萱草属 *H*	2	山罗花属 *Melampyrum*	1
百部属 *Stemona*	2	松蒿属 *Phtheirospermum*	1
贝母属 *Fritillaria*	2	乌蕨属 *Odontosoria*	1
油点草属 *Tricyrtis*	2	露珠草属 *Circaea*	1
杉木属 *Cunninghamia*	2	双蝴蝶属 *Tripterospermum*	1

（续）

属	物种数量	属	物种数量
落羽杉属 *Taxodium*	2	花锚属 *Halenia*	1
柳杉属 *Cryptomeria*	2	獐牙菜属 *Swertia*	1
菖蒲属 *Acorus*	2	百金花属 *Centaurium*	1
兔尾苗属 *Pseudolysimachion*	2	马鞭草属 *Verbena*	1
香科科属 *Teucrium*	2	马齿苋属 *Portulaca*	1
橙花糙苏属 *Phlomis*	2	蓬莱葛属 *Gardneria*	1
莸属 *Caryopteris*	2	马桑属 *Coriaria*	1
大青属 *Clerodendrum*	2	类叶升麻属 *Actaea*	1
荆芥属 *Nepeta*	2	人字果属 *Dichocarpum*	1
野芝麻属 *Lamium*	2	升麻属 *Cimicifuga*	1
益母草属 *Leonurus*	2	银莲花属 *Anemone*	1
红豆属 *Ormosia*	2	獐耳细辛属 *Hepatica*	1
鹿藿属 *Rhynchosia*	2	天葵属 *Semiaquilegia*	1
马鞍树属 *Maackia*	2	白头翁属 *Pulsatilla*	1
皂荚属 *Gleditsia*	2	铁破锣属 *Bessia*	1
鸡眼草属 *Kummerowia*	2	膜蕨属 *Hymenophyllum*	1
长柄山蚂蟥属 *Hylodesmum*	2	厚朴属 *Houpoea*	1
山蚂蟥属 *Desmodium*	2	猫儿屎属 *Decaisnea*	1
百脉根属 *Lotus*	2	大血藤属 *Sargentodoxa*	1
山黑豆属 *Dumasia*	2	串果藤属 *Sinofranchetia*	1
合欢属 *Albizia*	2	梣属 *Fraxinus*	1
越橘属 *Vaccinium*	2	连翘属 *Forsythia*	1
千金藤属 *Stephania*	2	丁香属 *Syringa*	1
金毛裸蕨属 *Paragymnopteris*	2	素馨属 *Jasminum*	1
碎米蕨属 *Cheilanthes*	2	雪柳属 *Fontanesia*	1
谷精草属 *Eriocaulon*	2	流苏树属 *Chionanthus*	1
雀麦属 *Bromus*	2	木樨属 *Osmanthus*	1
看麦娘属 *Alopecurus*	2	苹属 *Marsilea*	1
棒头草属 *Polypogon*	2	乌蔹莓属 *Cayratia*	1
拂子茅属 *Calamagrostis*	2	俞藤属	1
梯牧草属 *Phleum*	2	黄连木属 *Pistacia*	1
淡竹叶属 *lophatherum*	2	盐麸木属 *Rhus*	1
荩草属 *Arthraxon*	2	千屈菜属 *Lythrum*	1

（续）

属	物种数量	属	物种数量
锋芒草属 *Tragus*	2	新耳草属 *Neanotis*	1
结缕草属 *Zoysia*	2	鸡仔木属 *Sinoadina*	1
乱子草属 *Muhlenbergia*	2	假繁缕属 *Pseudostellaria*	1
甜茅属 *Glyceria*	2	茜草属 *Rubia*	1
臭草属 *Melica*	2	鸡矢藤属 *Paederia*	1
狼尾草属 *Pennisetum*	2	香果树属 *Emmenopterys*	1
甘蔗属 *Saccharum*	2	水团花属 *Adina*	1
大油芒属 *Spodopogon*	2	绣线梅属 *Neillia*	1
莠竹属 *Microstegium*	2	杏属 *Armeniaca*	1
箬竹属 *Indocalamus*	2	棣棠花属 *Kerria*	1
红豆杉属 *Tsxus*	2	臭樱属 *Maddenia*	1
三尖杉属 *Cephalotaxus*	2	蛇莓属 *Duchesnea*	1
枫杨属 *Pterocarya*	2	鸡麻属 *Rhodotypos*	1
栝楼属 *Trichosanthes*	2	路边青属 *Geum*	1
榛属 *Corylus*	2	小米空木属 *Stephanandra*	1
桤木属 *Alnus*	2	假升麻属 *Aruncus*	1
黄杨属 *Buxus*	2	李属 *Prunus*	1
杠柳属 *Peripioca*	2	枇杷属 *Eriobotrya*	1
络石属 *Trachelospermum*	2	唐棣属 *Amelanchier*	1
针毛蕨属 *Macrothelypteris*	2	散血丹属 *Physaliastrum*	1
金星蕨属 *Parathelypteris*	2	枸杞属 *Lycium*	1
毛蕨属 *Cyclosorus*	2	青荚叶属 *Helwingia*	1
田麻属 *Corchoropsis*	2	青皮木属 *Schoepfia*	1
木槿属 *Hibiscus*	2	东方荚果蕨属 *Pentarhizidium*	1
锦葵属 *Malva*	2	川续断属 *Dipsacus*	1
扁担杆属 *Grewia*	2	蓝盆花属 *Scabiosa*	1
党参属 *Codonopsis*	2	结香属 *Edgeworthia*	1
香青属 *Anaphalis*	2	三白草属 *Saururus*	1
蟹甲草属 *Cacalia*	2	蕺菜属 *Houttuynia*	1
火绒草属 *Leontopodium*	2	山芹属 *Ostericum*	1
鼠曲草属 *Pseudognaphalium*	2	阿魏属 *Ferula*	1
豨莶属 *Sigesbeckia*	2	积雪草属 *Centella*	1
旋覆花属 *Inula*	2	泽芹属 *Sium*	1

（续）

属	物种数量	属	物种数量
假还阳参属 *Crepidiastrum*	2	明党参属 *Changium*	1
栗属 *Castanea*	2	岩风属 *Libanotis*	1
半蒴苣苔属 *Hemiboea*	2	鸭儿芹属 *Cryptotaenia*	1
狸藻属 *Utriclaria*	2	蛇床属 *Cnidium*	1
重楼属 *Paris*	2	峨参属 *Allthriscus*	1
金线草属 *Antenoron*	2	钝果寄生属 *Taxillus*	1
阴行草属 *Siphonostegia*	2	橙桑属 *Maclura*	1
野菰属 *Aeginetia*	2	藨草属 *Trichophorum*	1
丁香蓼属 *Ludwigia*	2	湖瓜草属 *Lipocarpha*	1
柳叶菜属 *Epilobium*	2	紫茎属 *Stewartia*	1
细辛属 *Asarum*	2	山矾属 *Symplocos*	1
耧斗菜属 *Aquilegia*	2	商陆属 *Phytolacca*	1
八月瓜属 *Holboellia*	2	野鸦椿属 *Euscaphis*	1
瓶尔小草属 *Ophiogossum*	2	播娘蒿属 *Descurainia*	1
阴地蕨属 *Botrychium*	2	拟南芥属 *Arabidopsis*	1
崖爬藤属 *Tetrastigma*	2	离子芥属 *Chorispora*	1
节节菜属 *Rotala*	2	葶苈属 *Draba*	1
菱属 *Trapa*	2	锥果芥属 *Berteroella*	1
白马骨属 *Serissa*	2	涩荠属 *Malcolmia*	1
龙牙草属 *Agrimonia*	2	豆瓣菜属 *Nasturtium*	1
草莓属 *Fragaria*	2	菥蓂属 *Thlaspi*	1
地榆属 *Sanguisorba*	2	花旗杆属 *Dontostemon*	1
梨属 *Pyrus*	2	荠属 *Capsella*	1
珍珠梅属 *Sorbaria*	2	石杉属 *Huperzia*	1
桃属 *Amygdalus*	2	漆姑草属 *Sagina*	1
酸浆属 *Physalis*	2	鹅肠菜属 *Myosoton*	1
曼陀罗属 *Datura*	2	孩儿参属 *Pseudostellaria*	1
秋海棠属 *Begonia*	2	麦蓝菜属 *Vaccaria*	1
六道木属 *Zabelia*	2	石头花属 *Gypsophila*	1
锦带花属 *Weigela*	2	无心菜属 *Arenaria*	1
缬草属 *Valeriana*	2	猫乳属 *Rhamnella*	1
荛花属 *Wikstroemia*	2	黑藻属 *Hydrilla*	1
瑞香属 *Dephne*	2	水车前属 *Ottelia*	1

（续）

属	物种数量	属	物种数量
藁本属 *Ligusticum*	2	苦草属 *Vallisneria*	1
当归属 *Angelica*	2	水鳖属 *Hydrocharis*	1
茴芹属 *Pimpinella*	2	石蕨属 *Saxiglossum*	1
胡萝卜属 *Daucus*	2	盾蕨属 *Neolepisorus*	1
水芹属 *Oenanthe*	2	星蕨属 *Microsorum*	1
天胡荽属 *Hydrocotyle*	2	荇菜属 *Nymphoides*	1
前胡属 *Peucedanum*	2	睡莲属 *Nymphaea*	1
窃衣属 *Torilis*	2	萍蓬草属 *Nuphar*	1
变豆菜属 *Sanicula*	2	粟米草属 *Mollugo*	1
独活属 *Heracleum*	2	栗寄生属 *Korthalsella*	1
构属 *Broussonetia*	2	槲寄生属 *Viscum*	1
扁莎属 *Pycreus*	2	米面蓊属 *Buckleya*	1
球柱草属 *Bulbostylis*	2	角蕨属 *Cornopteris*	1
水蜈蚣属 *Kyllinga*	2	双盖蕨属 *Diplazium*	1
三棱草属 *Bolboschoenus*	2	黄精属 *Polygonatum*	1
芍药属 *Paeonia*	2	铃兰属 *Convallaria*	1
省沽油属 *Staphylea*	2	吉祥草属 *Reineckia*	1
糖芥属 *Erysimum*	2	绵枣儿属 *Scilla*	1
山萮菜属 *Eutrema*	2	舞鹤草属	1
诸葛菜属 *Orychophragmus*	2	玉簪属 *Hosta*	1
大蒜芥属 *Sisymbrium*	2	斑龙芋属 *Sauromatum*	1
南芥属 *Arabis*	2	紫萍属 *Spirodela*	1
石蒜属 *Lycoris*	2	无根萍属 *Wolffia*	1
卷耳属 *Cerastium*	2	芋属 *Colocasia*	1
石竹属 *Dianthus*	2	透骨草属 *Phryma*	1
剪秋罗属 *Lychnis*	2	狗面花属 *Mimulus*	1
柿属 *Diospyros*	2	蕨属 *Pteridium*	1
枳椇属 *Hovenia*	2	无患子属 *Sapindus*	1
枣属 *Zizypus*	2	刺楸属 *Kalopanax*	1
马甲子属 *Paliurus*	2	通脱木属 *Tetraþanax*	1
雀梅藤属 *Sageretia*	2	常春藤属 *Hedera*	1
茨藻属 *Najas*	2	杨桐属 *Cleyera*	1
伏石蕨属 *Lemmaphyllum*	2	冷饭藤属 *Kadsura*	1

（续）

属	物种数量	属	物种数量
剑蕨属 *Loxogramme*	2	千针苋属 *Acroglochin*	1
百蕊草属 *Thesium*	2	地肤属 *Kochia*	1
安蕨属 *Anisocampium*	2	苋属 *Amaranthus*	1
蹄盖蕨属 *Athyrium*	2	青葙属 *Celosia*	1
沿阶草属 *Ophiopogon*	2	黑三棱属 *Sparganium*	1
天门冬属 *Asparagus*	2	红毛七属 *Caulophyllum*	1
浮萍属 *Lemna*	2	南天竹属 *Nandina*	1
半夏属 *Pinellia*	2	小檗属 *Berberis*	1
碗蕨属 *Dennstaedtia*	2	小二仙草属 *Haloragis*	1
狗脊属 *Woodwardia*	2	赤壁木属 *Decumaria*	1
栾属 *Koelreuteria*	2	钻地风属 *Schizophragma*	1
接骨木属 *Sambucus*	2	常山属 *Dichroa*	1
八角属 *Illicium*	2	绣球属 *Hydrangea*	1
莲子草属 *Alternanthera*	2	草绣球属 *Cardiandra*	1
牛膝属 *Achyranthes*	2	地黄属 *Rehmannia*	1
鬼臼属 *Dysosma*	2	旋花属 *Convolvulus*	1
十大功劳属 *Mahonia*	2	墙草属 *Parietaria*	1
狐尾藻属 *Myriophyllum*	2	水麻属 *Debregeasia*	1
玄参属 *Scrophularia*	2	花点草属 *Nanocnide*	1
醉鱼草属 *Buddleja*	2	糯米团属 *Nemorialis*	1
悬铃木属 *Platanus*	2	蝎子草属 *Girardinia*	1
虎掌藤属 *Ipomoea*	2	枫香树属 *Liquidambar*	1
菟丝子属 *Cuscuta*	2	杜若属 *Pollia*	1
楼梯草属 *Elatostema*	2	竹叶子属 *Streptolirion*	1
鸭跖草属 *Commelina*	2	亚麻属 *Linum*	1
水竹叶属 *Murdannia*	2	岩蕨属 *Woodsia*	1
算盘子属 *Glochidion*	2	膀胱蕨属 *Protowoodsia*	1
博落回属 *Macleaya*	2	篦齿眼子菜属 *Stuckenia*	1
雨久花属 *Monochoria*	2	角果藻属 *Zannichellia*	1
慈姑属 *Sagittaria*	2	山拐枣属 *Polithyrsis*	1
泽泻属 *Alisma*	2	山桐子属 *Idesia*	1
樟属 *Cinnamomum*	2	金锦香属 *Osbeckia*	1
润楠属 *Machilus*	2	闭花木属 *Cleistanthus*	1

（续）

属	物种数量	属	物种数量
肿足蕨属 *Hypodematium*	2	白饭树属 *Flueggea*	1
盾果草属 *Thyrocarpus*	2	雀舌木属 *Leptopus*	1
酢浆草属 *Oxalis*	2	秋枫属 *Bischofia*	1
白花菜属 *Cleome*	1	银杏属 *Ginkgo*	1
蓝雪花属 *Ceratostigma*	1	绿绒蒿属 *Meconopsis*	1
郁金香属 *Tulipa*	1	角茴香属 *Hyecoutn*	1
老鸦瓣属 *Tulipa*	1	秃疮花属 *Dicranostigma*	1
大百合属 *Cardiocrinum*	1	血水草属 *Eomecon*	1
侧柏属 *Platycladus*	1	荷青花属 *Hylomecon*	1
柏木属 *Cupressus*	1	白屈菜属 *Chelidonium*	1
刺柏属 *Juniperus*	1	刺榆属 *Hemiptelea*	1
水杉属 *Metasequoia*	1	射干属 *Belameanda*	1
铁仔属 *Myrisine*	1	白鲜属 *Dictamnus*	1
点地梅属 *Androsace*	1	臭常山属 *Orixa*	1
茶藨子属 *Ribes*	1	柑橘属 *Citrus*	1
茶菱属 *Trapella*	1	檫木属 *Sassafras*	1
杉叶藻属 *Hippuris*	1	新木姜子属 *Neolitsea*	1
柳穿鱼属 *Linaria*	1	黄肉楠属 *Actinodaphne*	1
草灵仙属 *Veronicastrum*	1	肺筋草属 *Aletris*	1
虻眼属 *Dopatrium*	1	琉璃草属 *Cynoglossum*	1
石龙尾属 *Limnophila*	1	附地菜属 *Trigonotis*	1
凌霄属 *Campsis*	1	勿忘草属 *Myosotis*	1
紫萁属 *Osmunda*	1		

本区维管植物每属所含种数的统计表明(表4-11)：含1种的属有418属，占全部属的52.32%；含2个种的属有173种属，占全部属的21.65%，含3~5种的属有138属，占全部属的17.27%；含6~9种的中等属有46属，占全部属的5.76%。含10~20种的大属有20属，其中，菝葜属(*Smilax*)、绣线菊属(*Spiraea*)、忍冬属(*Lonicera*)、莎草属(*Cyperus*)、荚蒾属(*Viburnum*)和柳属(*Salix*)各有10种；野豌豆属(*Vicia*)、飘拂草属(*Fimbristylis*)和山胡椒属(*Lindera*)各有11种；栎属(*Quercus*)有12种；胡枝子属(*Lespedeza*)和鹅绒藤属(*Cynanchum*)各13种；蔷薇属(*Rosa*)有14种；珍珠菜属(*Lysimachia*)、堇菜属(*Viola*)和卫矛属(*Euonymus*)各有15种；槭属(*Acer*)、铁线莲属(*Clematis*)和蒿属(*Artemisia*)各有16种；悬钩子属(Rubus)有17种；含有20种以上的特大属有2个属，分别是萹蓄属(蓼属，*Polygonum*)有23种，薹草属(*Carex*)有27种。上述大属、特大

属共计 22 属，占全部属的 2. 5%，而含有的种数有 212 种，占全部种数的 11. 14%。

从植物习性角度分析，大属和特大属以灌木属和草本属为主体，是组成保护区内湿地植被的建群种，如萹蓄属、莎草属和薹草属，或森林植被的灌木层和草本层，如悬钩子属、胡枝子属、柳属和山胡椒属。中等属种乔木属占比不高，但是是组成当地森林植被的优势树种和建群树种，如栎属。

表 4-11　保护区属所含种数量统计

物种数量（个）	含该数量物种的属		物种数量（个）	含该数量物种的属	
	数量(个)	占比(%)		数量(个)	占比(%)
1	418	52. 447	11	3	0. 376
2	173	21. 706	12	1	0. 125
3	72	9. 034	13	2	0. 251
4	34	4. 266	14	1	0. 125
5	32	4. 015	15	3	0. 376
6	16	2. 008	16	3	0. 376
7	17	2. 133	17	1	0. 125
8	10	1. 255	23	1	0. 125
9	3	0. 376	27	1	0. 125
10	6	0. 753			

保护区内有单种属 42 属(表 4-12)，占本区全部属的 52. 56%，全部含一个物种属的 10. 05%。

表 4-12　保护区单种属

科名	属名	科名	属名
水龙骨科 Polypodiaceae	石蕨属 *Saxiglossum*	杨柳科 Salicaceae	山拐枣属 *Polithyrsis*
银杏科 Ginkgoaceae	银杏属 *Ginkgo*		山桐子属 *Idesia*
柏科 Cupressaceae	侧柏属 *Platycladus*	五加科 Araliaceae	刺楸属 *Kalopanax*
	水杉属 *Metasequoia*		通脱木属 *Tetrapanax*
三白草科 Saururaceae	蕺菜属 *Houttuynia*	伞形科 Umbelliferae	明党参属 *Changium*
胡桃科 Juglandaceae	青钱柳属 *Cyclocarya*	木樨科 Oleaceae	雪柳属 *Fontanesia*
榆科 Ulmaceae	刺榆属 *Hemiptelea*	唇形科 Labiatae	水棘针属 *Amethystea*
苋科 Amaranthaceae	千针苋属 *Acroglochin*		紫苏属 *Perilla*
蓼科 Polygonaceae	翼蓼属 *Pteroxygonum*	透骨草科 Phrymaceae	透骨草属 *Phryma*
毛茛科 Ranunculaceae	天葵属 *Semiaquilegia*	茜草科 Rubiaceae	香果树属 *Emmenopterys*
木通科 Lardizabalaceae	串果藤属 *Sinofranchetia*	透骨草科 Phrymaceae	透骨草属 *Phryma*
	大血藤属 *Sargentodoxa*	桔梗科 Campanulaceae	桔梗属 *Platycodon*

（续）

科名	属名	科名	属名
木樨科 Oleaceae	雪柳属 *Fontanesia*	菊科 Compositae	碱菀属 *Tripolium*
小檗科 Berberidaceae	南天竹属 *Nandina*		泥胡菜属 *Hemisteptia*
昆栏树科 Trochodendraceae	水青树属 *Tetracentron*		女菀属 *Turczaninovia*
罂粟科 Papaveraceae	血水草属 *Eomecon*	花蔺科 Butomaceaeus	花蔺属 *Butomus*
十字花科 Cruciferae	锥果芥属 *Berteroella*	水鳖科 Hydrocharitaceae	黑藻属 *Hydrilla*
金缕梅科 Hamamelidaceae	牛鼻栓属 *Fortuneria*	禾本科 Gramineae	显子草属 *Phaenisperma*
杜仲科 Eucommiaceae	杜仲属 *Eucommia*	天门冬科 Asparagaceae	吉祥草属 *Reineckia*
蔷薇科 Rosaceae	棣棠花属 *Kerria*		铃兰属 *Convallaria*
	鸡麻属 *Rhodotypos*		
芸香科 Rutaceae	臭常山属 *Orixa*	兰科 Orchidaceae	独花兰属 *Changnienia*

单种属中，银杏属、水杉属、香果树属、水青树属、独花兰属、明党参属等6个属中的物种被列入《国家重点保护野生植物名录》(2021修订版)，其中，银杏属和水杉属为引种栽培，单种属杜仲属也为引种栽培物种。单种属在植物遗传资源保护和利用中具有重要的价值，是重要的保护对象。

4.4 植物资源保护与利用评价

4.4.1 强化生物多样性保护

保护区地处我国北亚热带与温带交错区，有葡萄科、金缕梅科、樟科等热带物种，壳斗科常绿树种的分布，也有房山栎、元宝枫等温带习见物种，地区区位独特，生物多样性丰富，是研究全球气候变化对南北物种过渡带影响的关键区域。因此，要注重对该区域生物多样性的保护与监测。重点对栓皮栎与枫香树、马尾松与青冈等重要建群树种结合森林群落样地进行保护与监测。

4.4.2 开展种质资源调查和保护

从种质资源角度分析，保护区是一些物种的分布边缘带，是种质资源调查和保护的重点区域，重要的有青冈、小叶青冈、房山栎、枫香树、墨兰、春兰、蕙兰和独花兰等种质资源，结合国家兰花专项调查，规划对兰科植物的保护规划。开展栓皮栎、枫香树、大叶榉树、黄连木、山胡椒、小叶润楠、闽楠等树种种质资源评价与分析，以及种质资源保护地(就地)规划。

4.4.3 开展对国家重点保护野生植物的保护与监测

最新的《国家重点保护野生植物名录》的发布，增加了保护区保护物种的数量，提出了全新的保护任务。应详细开展调查，结合对生态系统的巡护和保护监测，开展区域性保护规划，强化对该区域的巡护工作。强化对墨兰、春兰、蕙兰的保护力度，杜绝挖采这三种兰花。并将新增的国家重点保护野生植物纳入保护区的保护对象。

4.4.4 制定单种属物种的保护规划

提高对单种属的保护力度。单种属是保护区最有特色的植物资源，也是植物重要的遗传资源，是生物多样性最特殊的组成部分，是研究气候变迁、物种形成和演化等重要的鲜活材料，应制定相应的包括栖息地在内的保护规划，强化保护。制定对香果树属、水青树属、独花兰属、明党参属等6个属的保护与监测规划，定期开展监测。推动相关单种属在大别山北段生存与适应性研究项目。

第 5 章　陆生脊椎动物资源

5.1　资源概述

保护区地处动物区系古北型和东洋型的交叠地带，生境多样性高，以山地森林为主，农田草甸、溪流浅涧为辅的生境等为保护区内的动物提供了优质的栖身之所。通过红外相机监测技术，记录到保护区哺乳类资源主要以啮齿目和食肉目为主，兽类资源数量多，但种类不够丰富。保护区内拥有国家一级重点保护野生动物金钱豹（*Panthera pardus*）和小灵猫（*Viverricula indica*），国家二级重点保护野生动物 6 种，无特有物种。本次科考发现，保护区内野猪（*Sus scrofa*）频繁出现，需要科学地调节人类活动和兽类活动的冲突，控制村民上山活动的次数和时间，以避免造成人身安全隐患。

保护区从建立之初即以鸟类为重点保护动物类群。本次科考记录到鸟类物种数量 334 种，相较于第一次科考的 233 种有大幅提升，说明多年来保护区的保护工作对该区域鸟类群落的丰富发展成效卓著。本次科考共记录到国家一级保护物种 11 种，二级保护物种 63 种。通过对鸟类群落多样性指数统计发现，该区鸟类多样性高且均匀度较好。保护区内由北亚热带向暖温带过渡的温暖而湿润的气候特征，吸引了北迁繁殖性夏候鸟 68 种，南迁越冬性冬候鸟 107 种，留鸟 104 种，过境鸟类 106 种和少量迷鸟。多年来，保护区不断对朱鹮（*Nipponia nippon*）的保育与野化训练工作开展科学系统的研究和实践。对放飞朱鹮的野外追踪表明，野化朱鹮的成活率高，繁殖力好。保护区也与北京林业大学和北京师范大学合作，多年来持续进行白冠长尾雉的保护和研究工作，厘清了白冠长尾雉（*Syrmaticus reevesii*）的潜在分布区和种群现状，并结合野外遥测技术，对白冠长尾雉的野外活动区域和集群行为进行了研究。目前，保护区内的白冠长尾雉（*Syrmaticus reevesii*）野外种群数量良好。此外，董寨保护区也支持多家科研单位对区内的夏候鸟，如长尾山雀（*Aegithalos*. sp.）、赤腹鹰（*Accipiter soloensis*）和发冠卷尾（*Dicrurus hottentottus*），开展鸟类繁殖行为及生态学研究，研究成果已发表多篇国际论文。另外，保护区常年对迁徙季鸟类进行环志和数量监测，也开展公众科普活动以提高当地居民对鸟类的保护意识。

保护区共记录到 36 种爬行类动物，物种组成具有东洋界和过渡性特征。乌龟和黄缘闭壳龟（*Cuora flavomarginata*）为区内记录到的国家二级保护动物。区内共记录到 17 种两栖类动物，以季风型和东洋型为主。两栖类物种生态型丰富，体现了董寨多样性的自然资源条件。蛙科为两栖类优势科，大鲵（*Andrias davidianus*）、虎纹蛙（*Hoplobatrachus chinensis*）和叶氏肛刺蛙（*Yerana yei*）为国家重点保护野生物种。

整体来看，保护区陆生脊椎动物资源条件良好，保护状况良好。区内的生态环境与动物群落多样性相辅相成，呈现有序化良性发展。

5.2 哺乳类

保护区生境多样性高，以山地森林为主，农田草甸、溪流浅涧为辅的生境等为保护区内的动物提供了优质的栖身之所。保护区兽类区系情况复杂，同时拥有古北界和东洋界的特征种，因此具有明显的混杂过度特征。兽类作为与鸟类协同共生的生物类群，是生态系统的重要组成部分，同时一些小型的哺乳动物也为保护区内的中大型猛禽提供了重要的食物来源。早在20世纪90年代开展的保护区第一次科学考察，就对董寨保护区存在的兽类资源进行了比较详细的调查，提供了珍贵的科研资料。

5.2.1 调查方法

5.2.1.1 红外相机自动监测

近年来，随着电子科技的飞速发展，利用红外相机进行全天候的野外兽类监测作为一种新兴的技术手段，已被广泛应用。红外相机监测，即运用具有红外线感应功能的自动监测相机(Infrared Camera，以下简称红外相机)，通过自动相机系统来获取野生动物影像数据，为野生动物物种鉴定、个体识别、密度估算、空间分布、种群监测等研究提供了重要而高效的科技手段。对于数量稀少、活动规律特殊、在野外很难见到实体的物种，如狗獾(*Meles leucurus*)、猪獾(*Arctonyx albogularis*)、貉(*Nyctereutes procyonoides*)、豹猫(*Prionailurus bengalensis*)等，宜采用红外相机监测法。

国内红外相机技术大量应用出现于2000年以后，主要用于大型哺乳动物记录、调查和监测等研究上。然而，近年来由于成像系统和电子工艺的发展，红外相机技术的使用范围逐渐扩大，现已于小型啮齿类物种的种群密度的研究中获得可靠结果。

本次调查根据保护区的遥感影像资料，将保护区划分为2km×2km的网格，布设红外相机调查兽类资源。红外相机布设覆盖董寨保护区的6个保护站，在春、秋、冬三季集中架设相机共80台。

红外相机布设方法如下。

在调查样区内进行相机布设时，考虑均匀性原则，相机密度不少于1台/100hm^2，每台相机连续工作时长不少于1000小时。将相机牢固固定在树干等自然物体上，确保相机不能非人为脱落，不易被非工作人员取走。

相机高度距离地面0.3~0.8m，镜头平行地面，避免阳光直射镜头。对林中水源、山顶以及山谷等动物经常出没的位置设置为全天拍摄模式，反复测试，确保正常工作。在开启相机前对现场进行清理，还原现场自然生境。记录每一个相机地理位点，同时在地形图上标出相机安放位置。记录相机放置时间，拍摄到的动物种类、数量、拍摄时间及地点等信息。

5.2.1.2 样线调查及访问调查法

兽类样线调查与鸟类调查同步进行，通过记录与鉴别样线调查过程中所见的兽类实体、毛发、痕迹和粪便，获得保护区内兽类分布种类信息。另外，调查者在调查期间还根据与当地向导和村民的交流和采访，结合村民的描述进行图片比对与指认，由此获得保护区内兽类物种信息和出没频率，并将访谈物种一同计入考察结果。

5.2.1.3　珍稀濒危野生兽类及保护等级参考依据

保护区内兽类保护等级分别参照最新版《IUCN 受威胁物种红色名录》(《The IUCN Red List of Threatened Species》, Version 2017-1)、《国家重点保护野生动物名录》(2021 版)、《中国生物多样性红色名录》(CRLB)。

5.2.2　兽类区系组成及其特征

5.2.2.1　物种组成

依据多年的调查资料，保护区共记录到 7 目 17 科 31 属的兽类 39 种，物种分布名录及保护等级见附录三。

保护区内兽类物种分布主要集中在啮齿目(16 种)和食肉目(12 种)，分别占兽类总物种数的 41%和 31%。此外，食虫目、兔形目、鼩形目、翼手目、偶蹄目共占物种总数的 28%。其特点是数量多，但种类少，物种多样性不够丰富，啮齿目鼠科小型兽类种类多，无兽类特有种。

5.2.2.2　珍稀兽类物种

保护区 39 种野生兽类中，珍稀动物 16 种，占兽类总物种数的 41%。其中国家二级重点保护野生动物 6 种，分别是豹猫(*Prionailurus bengalensis*)、黄喉貂(*Martes flavigula*)、狼(*Canis lupus*)、貉(*Nyctereutes procyonoides*)、赤狐(*Vulpes vulpes*)和水獭(*Lutra lutra*)；国家一级重点保护野生动物 2 种，分别是金钱豹(*Panthera pardus*)和小灵猫(*Viverricula indica*)。

IUCN 红色名录近危(NT)物种仅水獭 1 种，金钱豹为易危(UV)物种。

此外，保护区兽类被列入 CRLB(《中国生物多样性红色名录》)濒危(EN)物种 2 种，分别是水獭和金钱豹；易危(VU)物种 2 种，分别是豹猫和黄喉貂；近危(NT)物种 7 种，分别是喜马拉雅水麝鼩、小灵猫、猪獾、貉、赤狐、狼和小麂(图 5-1，图 5-2)。

没有中国兽类特有种的记录。

图 5-1　红外相机记录的貉和小麂(彩图见 363 页)

图 5-2 红外相机记录的野猪和黄鼬(彩图见 364 页)

5.2.2.3 兽类物种从属区域及分布型

保护区兽类物种大多从属于东洋界(25 种，占 64%)，其次分别是古北界 8 种和广布种 6 种，分别占保护区内兽类总物种的 21%和 15%。

在分布型上，董寨保护区兽类的分布型共有全北型(C)、古北型(U)、季风区型(E)、南中国型(S)、东洋型(W)等多种。其中，古北型(12 种)和东洋型(13 种)占据兽类分布型的主体，分别占兽类物种数的 31%和 33%；南中国型兽类共 8 种，占兽类总物种数的 21%；季风区型和全北型各有 2 种，共占兽类总物种数的 10%。此外，还有不易归类型兽类 2 种，占 5%。

根据上述兽类物种从属区域和分布型指标，董寨保护区兽类区系在分化上应归属于东洋界华东区。

5.2.2.4 兽类物种相对丰富度及管理建议

以拍摄率(capture rate，CR)公式计算兽类相对丰富度指标：

$$CR=\frac{N}{D}\times100\% \tag{5-1}$$

式中：N 为拍摄到的野生动物的独立个体总数；D 为有效监测相机日。

分析结果显示，保护区内的偶蹄目种类少，但被拍摄次数很多，其中，偶蹄目野猪的拍摄率高达 12.53%。从野猪日活动节律的季节变化来看(图 5-3)，春季野猪在清晨到上午 9:00 时间段内活动频繁；夏、秋两个季节野猪的活动时间较宽泛，但主要集中在白昼(5:00~9:00 和 13:00~17:00)；秋季也有记录到野猪在夜间活动的影像资料；而冬季野猪整体活动强度较低，高峰活动时间推迟至上午 10:00~12:00 和下午 17:00~18:00，这可能与冬季保护区天气严寒相关。

此外，食肉目的黄鼬、貉、猪獾的拍摄率也均超过 2%。由于野猪和猪獾一类兽类的拍摄率较高，保护区需要对此类物种可能为人类生活安全带来的风险进行评估，尤其在野猪发情期和育幼期，要特别控制村民上山活动的次数和行动时间，划定活动的安全范围，以排除农业和生活隐患。

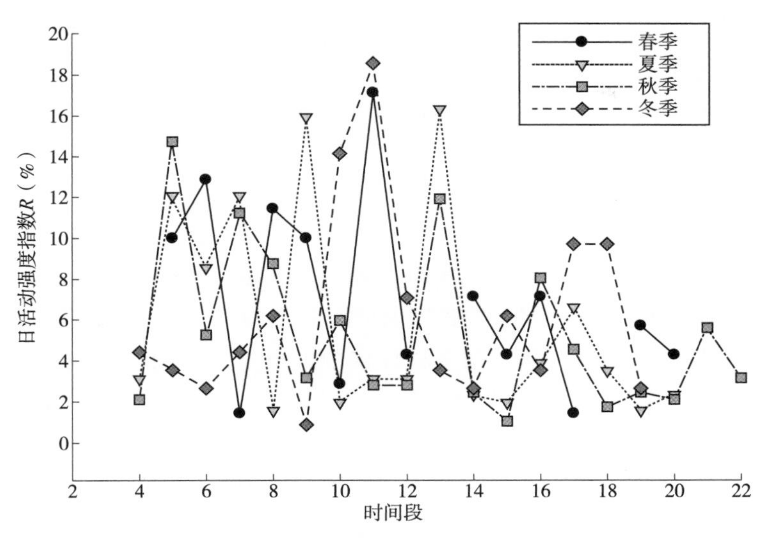

图 5-3 董寨自然保护区野猪季节性日活动节律

5.3 鸟类

保护区始建于 1982 年，建立之初是以保护以白冠长尾雉为代表的山区森林珍稀鸟类为主。保护区内气候湿润温和，植被类型繁复，群山绵延，秀水长流，是鸟类栖息的天堂。早在 1968 年，我国著名鸟类学家郑作新院士就对董寨地区鸟类资源进行过普查。1992 年，河南省林业勘察设计院组织邀请了多所大学和研究院开展河南董寨地区第一次科学考察，并于 1996 年出版了《董寨鸟类自然保护区科学考察集》。其中，鸟类调查部分详细记录了董寨地区的鸟类名录、迁徙日历、主要保护物种。同时，对白冠长尾雉的数量和生态习性进行了统计和研究，并提出了白冠长尾雉的资源保护方案。

多年来，保护区吸引了多所科研机构前来开展研究工作，也吸引了全国各地的观鸟者到保护区观鸟。2006 年起，河南董寨国家级自然保护区管理局组织力量持续性地在每年春、秋两季开展鸟类环志工作，并较为详细地记录了途经保护区的鸟类种类。2011 年，董寨保护区出版的《董寨鸟类图鉴》，基于多年的观鸟记录和环志记录，整理和完善董寨鸟类新名录多达 315 种。相较于 1999 年第一次科学考察记录到的 233 种鸟类，对保护区的鸟类群落物种丰富度有了更加全面的了解。时隔 25 年，北京师范大学受河南董寨国家级自然保护区管理局的邀请和委托，承担董寨国家级自然保护区第二次科学考察的鸟类考察任务。此次鸟类考察通过收集各季节的鸟类物种数据，并结合历年环志记录、观鸟记录以及各高校和科研院所在保护区开展科学研究过程中记录到的鸟类，对保护区物种分布情况和分布密度进行了详细的统计和分析。

5.3.1 调查区域与调查方法

5.3.1.1 调查区域

保护区鸟类调查以灵山、白云、鸡笼、荒田、万店、七里冲 6 个保护站为中心，采用辐射调查。由于保护区内生境以山地为主，部分地区地形险要，杂灌丛生，人为通行十分困难。因此，考察以可以进入的保护区范围为调查区域，对明显无重要调查对象分布的人口居住区域不进行常规调查，而对于动物群落多样性高的区域、重点物种分布区域进行重点调查。

5.3.1.2 调查时间和频次

对保护区的鸟类调查采用季节性鸟类群落调查的方式，分别于2016年3月16日至3月20日、2016年6月10日至6月15日、2016年9月19日至9月23日、2016年12月16日至12月20日开展春夏秋冬鸟类群落多样性集中调查。采用同步样线调查的方式对多个保护区域同时调查。每次调查时间为期4天，参与人员不少于20人。根据季节性日照长度的变化和鸟类活动规律差异，每日调查时间为：春、秋两季上午8:00~11:00，下午14:30~17:30；夏季上午7:00~10:00，下午15:00~18:00；冬季上午8:30~11:30，下午14:00~17:00。

5.3.1.3 调查方法

董寨保护区下设白云、灵山、荒田、七里冲、鸡笼、万店6个保护站和石山口水库1个水鸟监测区。根据保护区内生境类型和调查地点的需要，共设计了34条林鸟调查样线和1个水鸟观测点。林鸟采用固定距离样线法，水鸟观测点采用直接计数法进行调查。样线设计时不仅要考虑到可行性，还要考虑到所涉区域生境的多样性。因此，保护区鸟类调查样线涉及森林、灌丛、草甸、农田等多种生境类型，可以有效地统计保护区内的鸟类物种类型和多样性程度。

1. 固定距离样线法

样线分布密度应控制在满足样区面积5%的抽样强度和调查精度不低于70%的要求。每条样线长度不少于2km，不长于3km。样线采取平行设计，由于鸟类活动性较强，相邻样线之间的距离要在500m以上，以免反复计数。董寨保护区树林密布，因此很难全部观察到被记录对象，因此，通过鸣声和飞行姿势判断鸟种类的情况时常发生，要求调查者具有准确的听音识鸟的能力。调查样线在季节间重复进行，调查者使用全球定位系统(GPS)卫星定位器记录调查路线的轨迹，并记录生境和调查时间，利用双筒望远镜观察视线范围内的所有鸟类，记录物种名称、数量、发现方式、发现位置以及与观察点垂直距离等信息。样线数量分布情况如下：七里冲5条，荒田4条，白云6条，灵山6条，鸡笼6条，万店7条。

这34条调查样线囊括了保护区内丰富多样的生境条件，多数样线包含多种生境类型(图5-4)。森林以针叶阔叶林为主，主要树种为杉木、刺柏、马尾松、麻栎等，植物多为高大乔木，另外还有落叶阔叶林、针叶林、竹林等多种森林植被类型。溪流、农田、村庄、水库都是典型的生境类型。调查样线海拔60~590m，纵跨度为530m。其中，以0~300m样线分布为主，处于100~200m海拔的样线最多(图5-5)，鸡笼保护区域的大天寺保护点附近样线高度达到400~600m。

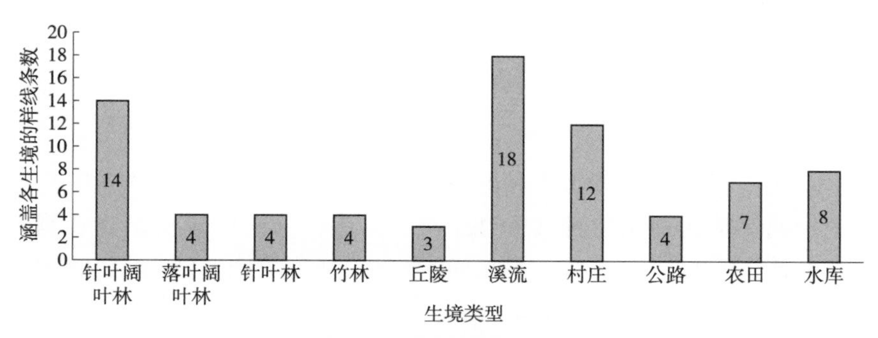

图 5-4　董寨保护区调查样线生境类型分布

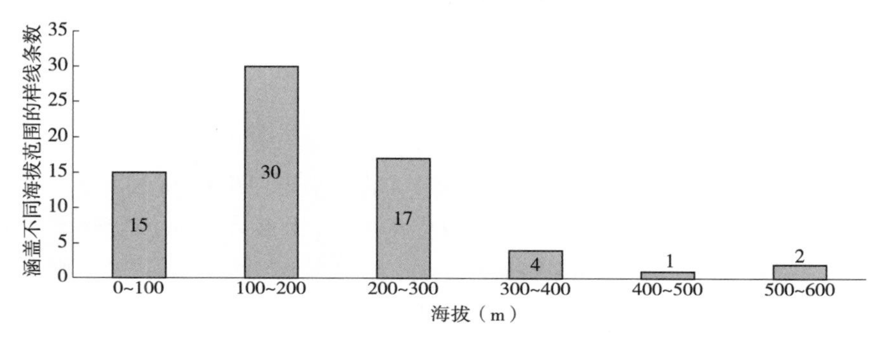

图 5-5　董寨保护区调查样线海拔高度分布

2. 直接计数法

对水鸟的调查采用直接计数法(图 5-6)。在一个调查地点的观测分区内，选择一个或多个制高点作为观测点，通过这些观测点观测并计数观测分区内的所有水鸟个体。观测点确保观测分区内所有水鸟个体均能够被发现和记录，但每个观测点的观测范围相对独立，以避免对水鸟个体的重复计数。对水鸟的观测和计数借助单筒望远镜进行，数量较多的地区采用计数器进行统计。在每一个观测点上对水鸟个体进行直接计数，记录观测点的经纬度以及水鸟的名称、数量、成幼、影像信息等。水鸟数量较多或处于群体飞行状态时，以 5、10、20、50、100 等为基数估计群体的数量。水鸟调查围绕石山口水库布设 3 个观测点，分别位于张桥、胜利和袁冲。

图 5-6　鸟类调查：观测与记录(彩图见 364 页)

5.3.2 鸟类物种多样性

5.3.2.1 鸟类物种组成

依据2016年四个季节的科学考察和保护区管理局提供的2006—2020年春秋两季的环志数据，共记录到保护区鸟类物种数为221种，其中，保护区4次调查观测到鸟类180种，董寨环志站补充环志记录41种。虽然尚不足《董寨鸟类图鉴》记录到的315种，但是作为普查性质的鸟类科考工作，为保护区内鸟类群落物种多样性评估提供了可靠的科学依据。此外，通过对保护区工作人员日常监测，对北京师范大学、北京林业大学和中国林业科学研究院等单位在保护区开展科学研究过程中记录到的鸟类，以及近年来中国观鸟记录中心中有关保护区的较为可靠的观鸟记录进行总结和整理，一同汇总入董寨鸟类资源调查名录(附录四)。

保护区共记录到鸟类334种，分属19目65科187属(详见附录四)。

保护区鸟类多样性最高(包含鸟类10种以上)的8个目(图5-7)依次是：雀形目Passeriformes(共有36科170种)，占鸟类种类的50.9%，为鸟种分布的优势类群；雁形目Anseriformes(1科)和鸻形目Charadriiformes(5科)，均有27种，占8.1%；鹰形目Accipitriformes次之，为2科20种，占6.0%；鹈形目Pelecaniformes(2科17种)，占鸟类物种总数的5.1%；鸮形目Strigiformes(2科11种)，鹃形目Cuculiformes(1科11种)，鹤形目Gruiformes(2科11种)，分别占鸟类物种总数的3.3%。以上8个目构成了保护区鸟类物种多样性的主要部分(占88.0%)。

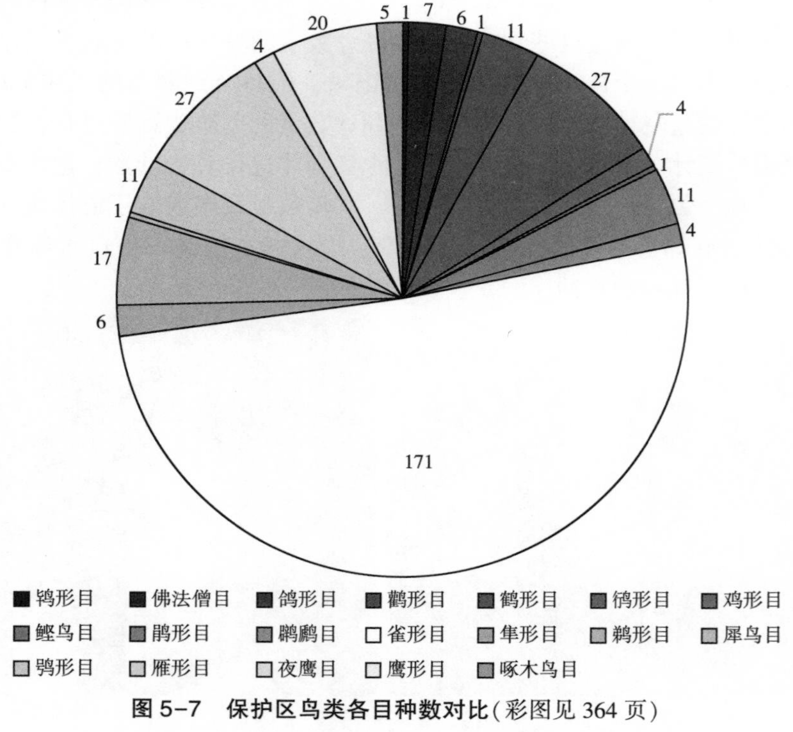

图5-7 保护区鸟类各目种数对比(彩图见364页)

在科系分布上，保护区鸟类多样性最丰富的10个科（图5-8）分别是：鹟科、鸭科、鹰科位列前三名，分别为28种（8.4%）、27种（8.1%）和19种（5.7%）；鹭科和鹬科各为14种，各占4.2%；鸦科13种，占3.9%；鹀科和柳莺科各12种，各占鸟种总数的3.6%；杜鹃科11种，占3.3%；鸱鸮科10种，占3.0%。

保护区内鸟类物种多样性高且各生态特征类型鸟类资源丰富，鸣禽170种、涉禽51种、猛禽37种、游禽38种、陆禽10种、攀禽28种。其中，11种国家一级重点保护野生鸟类，包括白冠长尾雉、青头潜鸭、东方白鹳、白鹤、朱鹮、彩鹮、乌雕、金雕、猎隼、大鸨和黄胸鹀。国家二级重点保护野生鸟类63种，包括勺鸡、白琵鹭、鸳鸯、大天鹅、小天鹅等（表5-1）。此外，IUCN极危（CR）3种，濒危（EN）3种，易危（VU）10种，近危（NT）5种。列入CITES附录Ⅰ4种，附录Ⅱ50种。

表5-1　保护区珍稀濒危鸟类

中文名	学名	IUCN	CITES	国家保护
鹌鹑	*Coturnix japonica*	NT	—	—
勺鸡	*Pucrasia macrolopha*	LC	Ⅱ	二级
白冠长尾雉	*Syrmaticus reevesii*	VU	Ⅱ	一级
鸿雁	*Anser cygnoid*	VU	—	二级
白额雁	*Anser albifrons*	LC	Ⅱ	二级
小白额雁	*Anser erythropus*	VU	—	二级
小天鹅	*Cygnus columbianus*	LC	Ⅱ	二级
大天鹅	*Cygnus cygnus*	LC	Ⅱ	二级
鸳鸯	*Aix galericulata*	LC	Ⅱ	二级
棉凫	*Nettapus coromandelianus*	LC	—	二级
罗纹鸭	*Mareca falcata*	NT	—	—
花脸鸭	*Sibirionetta formosa*	LC	—	二级
红头潜鸭	*Aythya ferina*	VU	—	—
青头潜鸭	*Aythya baeri*	CR	—	一级
凤头麦鸡	*Vanellus vanellus*	NT	—	—
斑头秋沙鸭	*Mergellus albellus*	LC	—	二级
赤颈䴙䴘	*Podiceps grisegena*	LC	Ⅱ	二级
黑颈䴙䴘	*Podiceps nigricollis*	LC	—	二级
斑尾鹃鸠	*Macropygia unchall*	LC	Ⅱ	二级
褐翅鸦鹃	*Centropus sinensis*	LC	Ⅱ	二级
小鸦鹃	*Centropus bengalensis*	LC	Ⅱ	二级
大鸨	*Otis tarda*	VU	Ⅰ	一级

（续）

中文名	学名	IUCN	CITES	国家保护
白鹤	*Grus leucogeranus*	CR	Ⅰ	一级
灰鹤	*Grus grus*	LC	Ⅱ	二级
水雉	*Hydrophasianus chirurgus*	LC	—	二级
红颈滨鹬	*Calidris ruficollis*	NT	—	—
东方白鹳	*Ciconia boyciana*	EN	—	一级
朱鹮	*Nipponia nippon*	EN	Ⅰ	一级
彩鹮	*Plegadis falcinellus*	LC	Ⅱ	一级
白琵鹭	*Platalea leucorodia*	LC	Ⅱ	二级
凤头蜂鹰	*Pernis ptilorhynchus*	LC	Ⅱ	二级
黑冠鹃隼	*Aviceda leuphotes*	LC	Ⅱ	二级
乌雕	*Clanga clanga*	VU	Ⅱ	一级
蛇雕	*Spilornis cheela*	LC	Ⅱ	二级
金雕	*Aquila chrysaetos*	LC	Ⅰ	一级
白腹隼雕	*Aquila fasciata*	LC	Ⅱ	二级
凤头鹰	*Accipiter trivirgatus*	LC	Ⅱ	二级
赤腹鹰	*Accipiter soloensis*	LC	Ⅱ	二级
日本松雀鹰	*Accipiter gularis*	LC	Ⅱ	二级
松雀鹰	*Accipiter virgatus*	LC	Ⅱ	二级
雀鹰	*Accipiter nisus*	LC	Ⅱ	二级
苍鹰	*Accipiter gentilis*	LC	Ⅱ	二级
白腹鹞	*Circus spilonotus*	LC	Ⅱ	二级
白尾鹞	*Circus cyaneus*	LC	Ⅱ	二级
鹊鹞	*Circus melanoleucos*	LC	Ⅱ	二级
黑鸢	*Milvus migrans*	LC	Ⅱ	二级
灰脸鵟鹰	*Butastur indicus*	LC	Ⅱ	二级
大鵟	*Buteo hemilasius*	LC	Ⅱ	二级
普通鵟	*Buteo buteo*	LC	Ⅱ	二级
鹗	*Pandion haliaetus*	LC	Ⅱ	二级
领角鸮	*Otus lettia*	LC	Ⅱ	二级
红角鸮	*Otus sunia*	LC	Ⅱ	二级

（续）

中文名	学名	IUCN	CITES	国家保护
北领角鸮	*Otus semitorques*	LC	Ⅱ	二级
雕鸮	*Bubo bubo*	LC	Ⅱ	二级
领鸺鹠	*Glaucidium brodiei*	LC	Ⅱ	二级
斑头鸺鹠	*Glaucidium cuculoides*	LC	Ⅱ	二级
纵纹腹小鸮	*Athene noctua*	LC	Ⅱ	二级
鹰鸮	*Ninox scutulata*	LC	Ⅱ	二级
长耳鸮	*Asio otus*	LC	Ⅱ	二级
短耳鸮	*Asio flammeus*	LC	Ⅱ	二级
草鸮	*Tyto longimembris*	LC	Ⅱ	二级
蓝喉蜂虎	*Merops viridis*	LC	—	二级
白胸翡翠	*Halcyon smyrnensis*	LC	—	二级
白腿小隼	*Microhierax melanoleucos*	LC	Ⅱ	二级
红隼	*Falco tinnunculus*	LC	Ⅱ	二级
红脚隼	*Falco amurensis*	LC	Ⅱ	二级
灰背隼	*Falco columbarius*	LC	Ⅱ	二级
燕隼	*Falco subbuteo*	LC	Ⅱ	二级
猎隼	*Falco cherrug*	EN	Ⅱ	一级
白颈鸦	*Corvus pectoralis*	VU	—	—
仙八色鸫	*Pitta nympha*	VU	Ⅱ	二级
云雀	*Alauda arvensis*	LC	—	二级
红胁绣眼鸟	*Zosterops erythropleurus*	LC	—	二级
画眉	*Garrulax canorus*	LC	—	二级
红嘴相思鸟	*Leiothrix lutea*	LC	—	二级
红喉歌鸲	*Calliope calliope*	LC	—	二级
蓝喉歌鸲	*Luscinia svecica*	LC	—	二级
白喉林鹟	*Cyornis brunneatus*	VU	—	二级
小太平鸟	*Bombycilla japonica*	NT	—	—
北朱雀	*Carpodacus roseus*	LC	—	二级
田鹀	*Emberiza rustica*	VU	—	—
黄胸鹀	*Emberiza aureola*	CR	—	一级

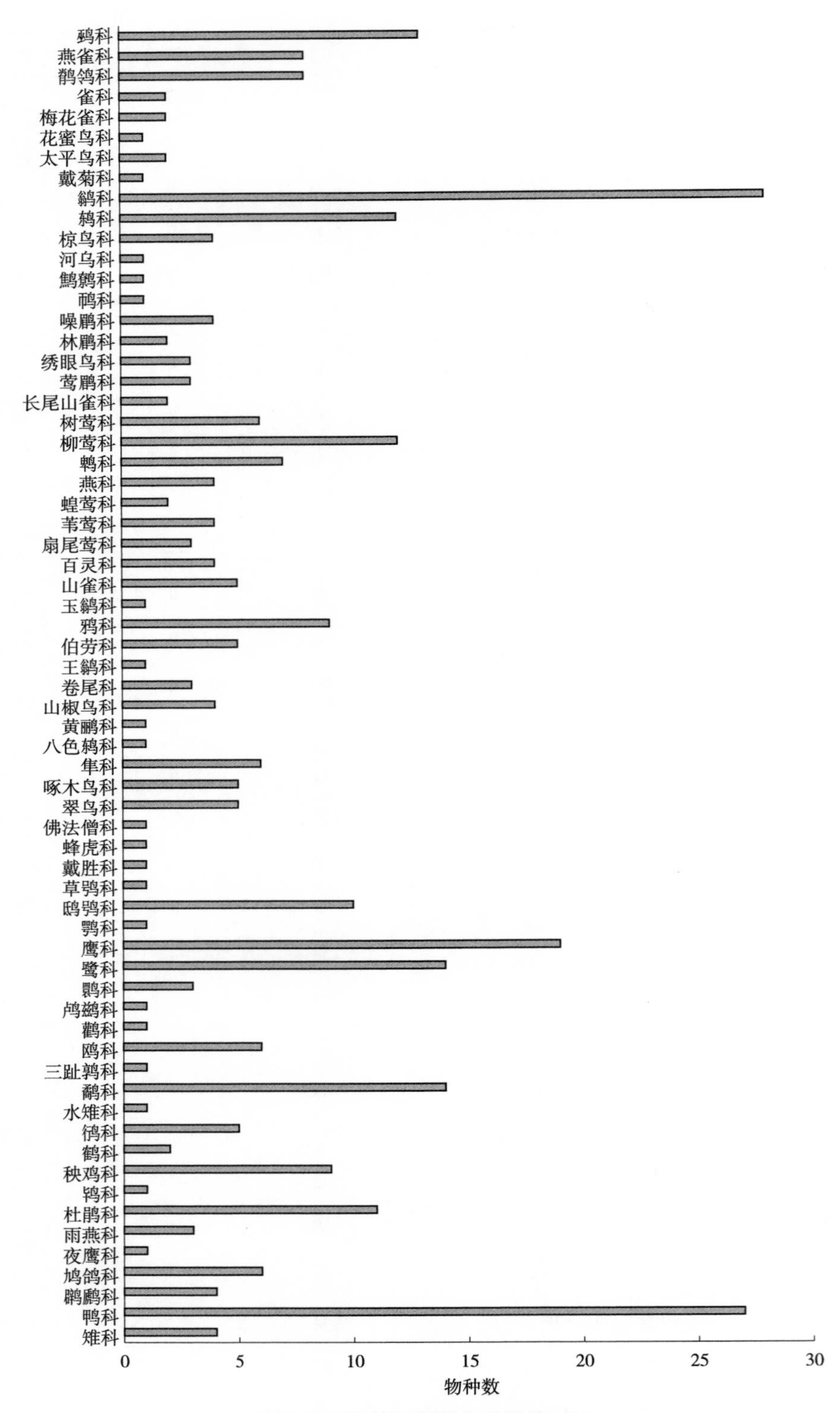

图 5-8　保护区各科鸟类数量对比

5.3.2.2　董寨保护区鸟类物种考察历史种类对比

与《董寨鸟类自然保护区科学考察集》(宋朝枢和瞿文元，1996)鸟类资源调查记录到的233种相比，本次科学考察的鸟类资源多样性(334种)在总种数上增加了101种。另外，在《董寨鸟类自然保护区科学考察集》(宋朝枢和瞿文元，1996)中有13种鸟类在董寨自然保护区的分布存疑，建议从名录中剔除。因此，本次科学考察的鸟类名录较第一次科学考察剔除存疑鸟类后的名录新补充鸟类超过110种(表5-2)，包括新增加国家一级重点保护野生鸟类4种(朱鹮、彩鹮、白鹤和乌雕)以及国家二级重点保护野生鸟类19种。

表5-2　保护区新增鸟种名录

目	科	种	拉丁名
鸡形目	雉科	勺鸡	*Pucrasia macrolopha*
雁形目	鸭科	白额雁	*Anser albifrons*
		小白额雁	*Anser erythropus*
		翘鼻麻鸭	*Tadorna tadorna*
		白眉鸭	*Spatula querquedula*
		琵嘴鸭	*Spatula clypeata*
		赤膀鸭	*Mareca strepera*
		青头潜鸭	*Aythya baeri*
		鹊鸭	*Bucephala clangula*
䴙䴘目	䴙䴘科	黑颈䴙䴘	*Podiceps nigricollis*
夜鹰目	雨燕科	白喉针尾雨燕	*Hirundapus caudacutus*
鹃形目	鸦鹃科	褐翅鸦鹃	*Centropus sinensis*
		小鸦鹃	*Centropus bengalensis*
鹤形目	鹤科	灰鹤	*Grus grus*
		白鹤	*Grus leucogeranus*
	秧鸡科	红脚田鸡	*Zapornia akool*
鸻形目	水雉科	水雉	*Hydrophasianus chirurgus*
	鸻科	环颈鸻	*Charadrius alexandrinus*
	鹬科	鹤鹬	*Tringa erythropus*
		林鹬	*Tringa glareola*
		泽鹬	*Tringa stagnatilis*
		红颈滨鹬	*Calidris ruficollis*
		青脚滨鹬	*Calidris temminckii*
		黑腹滨鹬	*Calidris alpina*
	鸥科	黄脚银鸥	*Larus cachinnans*
		灰翅浮鸥	*Chlidonias hybrida*
		白翅浮鸥	*Chlidonias leucopterus*

（续）

目	科	种	拉丁名
鹈形目	鹮科	白琵鹭	*Platalea leucorodia*
		朱鹮	*Nipponia nippon*
		彩鹮	*Plegadis falcinellus*
	鹭科	绿鹭	*Butorides striata*
鹰形目	鹰科	黑冠鹃隼	*Aviceda leuphotes*
		蛇雕	*Spilornis cheela*
		乌雕	*Clanga clanga*
		白腹鹞	*Circus spilonotus*
		凤头鹰	*Accipiter trivirgatus*
		日本松雀鹰	*Accipiter gularis*
		灰脸鵟鹰	*Butastur indicus*
		大鵟	*Buteo hemilasius*
		白腹隼雕	*Aquila fasciata*
	鹗科	鹗	*Pandion haliaetus*
鸮形目	草鸮科	草鸮	*Tyto longimembris*
	鸱鸮科	北领角鸮	*Otus semitorques*
佛法僧目	翠鸟科	白胸翡翠	*Halcyon smyrnensis*
		斑鱼狗	*Ceryle rudis*
隼形目	隼科	猎隼	*Falco cherrug*
雀形目	八色鸫科	仙八色鸫	*Pitta nympha*
	山椒鸟科	小灰山椒鸟	*Pericrocotus cantonensis*
	玉鹟科	方尾鹟	*Culicicapa ceylonensis*
	山雀科	褐头山雀	*Poecile songarus*
		煤山雀	*Periparus ater*
	百灵科	大短趾百灵	*Calandrella brachydactyla*
		短趾百灵	*Alaudala cheleensis*
	扇尾莺科	棕扇尾莺	*Cisticola juncidis*
		山鹪莺	*Prinia crinigera*
	苇莺科	黑眉苇莺	*Acrocephalus bistrigiceps*
		钝翅苇莺	*Acrocephalus concinens*
		东方大苇莺	*Acrocephalus orientalis*
		厚嘴苇莺	*Arundinax aedon*
	蝗莺科	矛斑蝗莺	*Locustella lanceolata*
	燕科	崖沙燕	*Riparia riparia*
		烟腹毛脚燕	*Delichon dasypus*

（续）

目	科	种	拉丁名
雀形目	鹎科	栗背短脚鹎	*Hemixos castanonotus*
		绿翅短脚鹎	*Ixos mcclellandii*
		黑短脚鹎	*Hypsipetes leucocephalus*
		红耳鹎	*Pycnonotus jocosus*
	柳莺科	叽喳柳莺	*Phylloscopus collybita*
		褐柳莺	*Phylloscopus fuscatus*
		棕眉柳莺	*Phylloscopus armandii*
		巨嘴柳莺	*Phylloscopus schwarzi*
		双斑绿柳莺	*Phylloscopus plumbeitarsus*
		冕柳莺	*Phylloscopus coronatus*
		淡脚柳莺	*Phylloscopus tenellipes*
		棕眉柳莺	*Phylloscopus armandii*
	树莺科	棕脸鹟莺	*Abroscopus albogularis*
		鳞头树莺	*Urosphena squameiceps*
		远东树莺	*Horornis canturians*
		日本树莺	*Cettia diphone*
		黄腹树莺	*Horornis acanthizoides*
	莺鹛科	白喉林莺	*Sylvia curruca*
	绣眼鸟科	栗耳凤鹛	*Yuhina castaniceps*
	林鹛科	斑胸钩嘴鹛	*Erythrogenys gravivox*
	噪鹛科	白颊噪鹛	*Garrulax sannio*
	鸫科	灰背鸫	*Turdus hortulorum*
		乌灰鸫	*Turdus cardis*
		白眉鸫	*Turdus obscurus*
		白眉地鸫	*Geokichla sibirica*
		黑喉鸫	*Turdus atrogularis*
	鹟科	红尾歌鸲	*Larvivora sibilans*
		红喉歌鸲	*Calliope calliope*
		蓝喉歌鸲	*Luscinia svecica*
		蓝歌鸲	*Larvivora cyane*
		黑喉红尾鸲	*Phoenicurus hodgsoni*
		金色林鸲	*Tarsiger chrysaeus*
		小燕尾	*Enicurus scouleri*
		黑喉石䳭	*Saxicola maurus*
		灰林䳭	*Saxicola ferreus*
		灰纹鹟	*Muscicapa griseisticta*

（续）

目	科	种	拉丁名
雀形目	鹟科	黄眉姬鹟	*Ficedula narcissina*
		鸲姬鹟	*Ficedula mugimaki*
		红喉姬鹟	*Ficedula albicilla*
		白喉矶鸫	*Monticola gularis*
		白喉林鹟	*Cyornis brunneatus*
		白腹蓝鹟	*Cyanoptila cyanomelana*
		中华仙鹟	*Cyornis glaucicomans*
	戴菊科	戴菊	*Regulus regulus*
	太平鸟科	小太平鸟	*Bombycilla japonica*
	花蜜鸟科	蓝喉太阳鸟	*Cyornis glaucicomans*
	梅花雀科	斑文鸟	*Lonchura punctulata*
	鹡鸰科	黄腹鹨	*Anthus rubescens*
	燕雀科	普通朱雀	*Carpodacus erythrinus*
		黑头蜡嘴雀	*Eophona personata*
	鹀科	栗耳鹀	*Emberiza fucata*
		苇鹀	*Emberiza pallasi*

5.3.2.3 河南省鸟类新记录种

(1)叽喳柳莺 *Phylloscopus collybita*(溪波等，2007)

叽喳柳莺是一种体形小的绿褐色柳莺。在我国，叽喳柳莺繁殖于新疆阿尔泰山，迁徙期常见于新疆各地，偶见于青海、北京、安徽、上海、湖北、四川、香港及台湾等地。2006年12月23日，保护区鸟类环志站在七里冲保护站捕获一只叽喳柳莺，当时为河南省鸟类分布新记录，且为我国中东部地区不多见的记录之一。

(2)红脚田鸡 *Zapornia akool*(溪波等，2007)

原名红脚苦恶鸟，由《中国鸟类分类与分布名录》(郑光美，2017)更名为红脚田鸡。红脚田鸡隶属于鹤形目秧鸡科田鸡属。分布于我国南方大部分地区，包括河南、安徽、湖北、湖南、江西、贵州、江苏、上海、浙江、福建、广州、广西等地。红脚田鸡体型中等，色暗而腿红；体羽无横斑，上体呈橄榄褐色，面部及胸部青灰色，腹部及尾下褐色；喙黄绿色，喙基微微隆起，脚呈明显的橘红色。3~10月繁殖，3~8月集中繁殖。多栖息于平原和山丘低地地带，或杂草和沼泽边缘。性机警，善隐蔽，常成对出现，善于疾走和涉水奔跑。多为留鸟，迁徙种群只做短途迁徙。

2006年8月12日于保护区记录到此鸟种，为该种在河南省的鸟类新记录，也是已知该鸟的较北部分布点。近年来，该物种在鸟类调查中被多次发现，已成为保护区内的鸟类常见种。

(3)凤头鹰 *Accipiter trivirgatus*(马强等，2008)

凤头鹰是鹰形目鹰科鹰属的猛禽，共有11个亚种，我国仅普通亚种(*A. t. indicus*)和台湾亚种(*A. t. formose*)两个亚种分布，前者分布于云南、贵州、四川、重庆、湖北、江西、广东、广西、海南、香港，后者仅分布于台湾。

凤头鹰体型中等，前额至后颈呈鼠灰色，具显著的与头部同色的羽冠；喉白色，具显著的黑色中央纹；胸白色，具棕褐色纵纹；下体白色，具棕褐色横纹；上体褐色；亚成鸟胸部纵纹细，腹部斑纹为菱状，腰部白色羽毛不明显；翅较短圆，翅后缘突出；具有短凤头，面部有深色髭纹，具有喉中线，与白色喉部形成鲜明对比。常在茂密林地栖息。

凤头蜂鹰为国家二级重点保护野生鸟类，目前凤头鹰的分布区正在向东、向北扩展，多为留鸟。此次记录为河南省鸟类新记录。

(4)淡脚柳莺 *Phylloscopus tenellipes*(夏灿玮等，2011)

又名灰脚柳莺。隶属于雀形目柳莺科柳莺属。繁殖于我国的东北部黑龙江、吉林东部、辽宁东部和内蒙古东北部等地，越冬地位于缅甸、中南半岛和马来半岛。迁徙时经我国东部的多数省份。由北向南在河北、天津、北京、山东、安徽、江西、上海、浙江、福建和广东等地均有淡脚柳莺的记录。

淡脚柳莺上体橄榄绿色，腰无黄带；眉纹白色，无顶冠纹；翅上两道亮黄色翼斑，第六枚初级飞羽有缺刻；下体亮白色，两胁及尾下覆羽略呈皮黄色；上嘴黑褐色，下嘴肉色；脚肉色。2011 年 5 月中旬，在董寨保护区网捕环志到淡脚柳莺的个体，是该种在河南省的首次记录。由于在 3 月和 6 月野外工作中并没有看见或网捕到该鸟，据此初步判断淡脚柳莺为该地的旅鸟。

(5)北领角鸮 *Otus semitorques*(黄希等，2011)

又名日本领角鸮，隶属于鸱鸮科角鸮属。原为印度领角鸮(*O. bakkamoena*)的亚种，现已独立为种。分布于中国东北部、朝鲜半岛、俄罗斯乌苏里兰、日本和琉球群岛。相较于领角鸮，其体型更小。日本领角鸮面盘不显著，虹膜棕红色，耳羽发达，后颈有领斑。栖息于山地阔叶林和混交林中，也出现于山麓林缘和村寨附近树林内。此物种被 IUCN 列为无危物种。

2011 年 5 月 16 日于董寨保护区海拔 210m 的落叶阔叶林网捕到个体。参照《中国鸟类系统检索》(第三版)(郑作新，2002)、《鸮：世界鸮类手册》(Owls：a guide to the owls of the world)(Knig et al.，1999)的描述，并进行 DNA 序列对比，确认该鸟为北领角鸮。此为该物种在河南省分布的首次记录。

(6)白喉林莺 *Muscicapa striata*(溪波等，2015)

白喉林莺是雀形目莺鹛科林莺属的小型鸣禽。存在 6 个亚种，中国分布有 *M. s. halimodendri* 和 *M. s. minula* 两个亚种，分布于河北、北京、天津、山西、陕西、宁夏、甘肃、内蒙古、青海、新疆、西藏等地。白喉林莺是体形较小林莺，头灰，上体褐色，喉部白色，下体近白色，耳羽多黑灰色，胸侧及两胁近皮黄色，尾部羽缘外侧白色。活动隐蔽，生境在开放的村庄及林缘处的开阔生境，生活在农田边的灌丛、灌木和有小树的平原生境。该物种在中国境内数量不丰富。

2013 年 11 月 6 日于董寨保护区荒田保护站网捕到一只白喉林莺。此为该物种在河南省境内的新记录，扩大了其在中国境内的分布区域记录，但其留居类型仍需要野外监测和观察才能确定。

(7)白鹤 *Grus leucogeranus*

白鹤是鹤形目鹤科鹤属大型水鸟。单型种，繁殖于西伯利亚，越冬于我国江西鄱阳湖、湖南洞庭湖和安徽升金湖等长江中下游地区，迁徙经过黑龙江、吉林、辽宁、河北、河南、山东、内蒙古、新疆等地。国外越冬于印度、伊朗、阿富汗和日本等地。站立时通体白色，胸和前额鲜红色，嘴和脚暗红色飞翔时翅尖黑色，其余羽毛白色，野外易识别。栖息于开阔平原、沼泽草地、苔原沼泽和大的湖泊岩边及浅水沼泽地带。常单独、成对和成家族群活动。在我国为冬候鸟和旅鸟。

2008 年 11 月 9 日，保护区工作人员在保护区内拍摄到一群白鹤。

(8)彩鹮 *Plegadis falcinellus*(溪波等，2015)

彩鹮是鹳形目鹮科彩鹮属小型鹮类(体长 48～66cm)。单型种，分布于欧洲、亚洲、非洲、大洋洲和美洲。种群通常呈间断块状分布。在中国见于河北、山东、河南、内蒙古(东部)、新疆、云南、四川(南部)、贵州、江苏、上海等地。成鸟繁殖羽头、颈至上体深栗色或深酒红色，两翼具有紫色或绿色的光辉。眼先上下缘各有一条蓝灰色横带，眼先上缘横带延伸至前额基部。栖息于浅水沼泽、湖泊、河流、水塘、湿草地等。白天觅食，夜间飞到距离觅食地较远的地方树栖。常在芦苇丛和灌丛上集群营巢。我国上海、宁波、福州经常见到处于繁殖期的彩鹮，很可能在我国繁殖，属于夏候鸟。

2014 年 5 月 4 日，在保护区灵山镇附近的一处水田中发现 1 只彩鹮。

(9)灰头鸫 *Turdus rubrocanus*(陆帅等，2020)

灰头鸫广泛分布于喜马拉雅山脉及东南亚部分地区，包括中国、阿富汗、巴基斯坦和缅甸等国家。指名亚种 *T. r. rubrocanus* 可见于西藏南部、四川北部和西部；*T. r. gouldii* 亚种常见于陕西(南部)、宁夏、甘肃、西藏(东部)、青海(东部和南部)、云南、贵州、四川、重庆、湖北、广西等地。

2019 年 3 月 19 日，北京林业大学布设于保护区的一台红外相机记录到 1 只灰头鸫，为河南省鸟类分布新记录。

(10)中华仙鹟 *Cyornis glaucicomans*

中华仙鹟整体呈深蓝色，头顶及背部灰蓝色，颏部和喉部蓝黑色，胸部棕黄色并向喉部形成一小的倒三角形的凸起，两胁淡橙褐色，下体整体灰白色，嘴黑色，脚深褐色。该鸟原为蓝喉仙鹟(*Cyornis rubeculoides*)的一个亚种，因其与蓝喉仙鹟其他亚种存在较显著的遗传分化以及具有明显不同的鸣唱声，近年来被独立为一个单独的物种。中华仙鹟分布于四川、贵州、重庆、湖南、江西、广东、广西、陕西(南部)、云南(东南部和西部)、湖北(西部)等地区。

2019 年 5 月 12 日上午，保护区鸟类环志站技术人员在七里冲保护站进行鸟类环志时，捕获 1 只中华仙鹟，捕获地生境为荒废农田边的灌丛林，是河南省鸟类分布新记录种。

(11)栗耳凤鹛 *Yuhina castaniceps*

栗耳凤鹛属于雀形目绣眼鸟科凤鹛属，共有 6 个亚种。我国共有 2 个亚种 *Y. c. plumbeiceps* 和 *Y. c. torqueola*。前者分布在云南西部，后者主要分布在陕西南部、云南东南部、四川、重庆、贵州、湖北、安徽、江西、上海、浙江、福建、广东、广西等地。

2019 年 11 月，于保护区鸟类环志站开展环志期间采用粘网环志捕捉到此鸟种；2019 年 11 月 11 日至 12 月 18 日，在七里冲保护站捕捉到此鸟种 78 只；2019 年 12 月 6 日至 12 月 12 日，在万店保护站捕捉到此鸟种 10 只，共计 88 只。根据其形态和分布地区判定为

Y. c. torqueola 亚种，据文献显示为河南省鸟类新记录。

5.3.2.4 保护区鸟类名录调整与修正

河南董寨国家级自然保护区第二次科学考察共囊括近 20 年的观鸟记录。随着保护区内生境条件的变化和鸟类学物种分类命名的演变，亟待对第一次科学考察的鸟类资源记录进行相应的更正与修改。

(1) 黑冠鳽 *Gorsachius melanolophus*

原注为黑冠虎斑苇鳽，隶属于鹈形目鹭科夜鳽属。存在 *G. m. melanolophus* 和 *G. m. minor* 2 个亚种，多分布于印度、东南亚菲律宾，在马来西亚和斯里兰卡等地有越冬记录。我国仅有 *G. m. melanolophus* 分布，在云南西南部、广西中部、海南、台湾和香港有记录。董寨地区在近 20 年未见此种记录。多年野外调查多次记录到紫背苇鳽，顶冠黑褐色、上体紫栗色、下体棕白，与黑冠鳽外形相似，因此记录应更正为紫背苇鳽。

(2) 黄嘴白鹭 *Herodias eulophotes*

黄嘴白鹭是国家一级重点保护鸟类，仅繁殖于我国东部沿海岛屿及朝鲜西部海岸，越冬于东南亚地区，迁徙经华南沿海局部地区。多年前分布广泛，现已十分稀少。在近年来的鸟类调查中未见此鸟种，需要从鸟类资源名录中移除。

(3) 白腹山雕 *Accipiter fasciata*

依据拉丁名检索《世界鸟类手册》《Handbook of the Birds of the World (HBW)》上的结果，发现该种是澳大利亚的特有种，中国并没有相关记录，此拉丁名记录有误。白腹山雕在《中国鸟类分类与分布名录》上被更名为白腹隼雕，在近年的董寨野外调查记录到白腹隼雕 *Hieraaetus fasciatus*，白腹隼雕在中国境内分布在河北、云南东部、贵州、湖北、浙江、福建、广东、香港、广西西南和上海地区，因此，原《董寨国家级自然保护区鸟类资源名录》中白腹山雕及其对应拉丁名应更正为白腹隼雕 *Hieraaetus fasciatus*。

(4) 小苇鳽 *Ixobrychus minutus*

小苇鳽为鹈形目鹭科苇鳽属的小型鳽(33~38cm)，共有 3 个亚种，其中，*I. m. minutus* 分布于欧洲中南部、非洲大部和印度，于非洲越冬；*I. m. payesii* 分布于非洲和撒哈拉地区；*I. m. podiceps* 见于马达加斯加群岛。中国只在新疆有分布。中国观鸟记录近年来也只在新疆记录到小苇鳽分布。在董寨保护区历年鸟类调查中均未记录到此物种。怀疑此种为黄斑苇鳽的误认种。因此，建议除去该种在董寨的分布记录。

(5) 蓝翅八色鸫 *Pitta moluccensis*

蓝翅八色鸫隶属于雀形目八色鸫科八色鸫属。仅分布于中国西南部(广东、台湾、广西)和东南亚地区，越冬于马来半岛、苏门答腊和婆罗洲。而董寨保护区只有仙八色鸫一种八色鸫科鸟类记录。因此，对之前的科考集记录存疑，并从《董寨国家级自然保护区鸟类资源名录》中移除。

(6) 短趾沙百灵 *Calandrella cinerea dukhunensis*

原科考集记录的该鸟种现无法查证，但根据拉丁名的记载，可以查阅到红顶短趾百灵 *Calandrella cinerea* 和细嘴沙百灵 *Calandrella dukhunensis* 两种。红顶短趾百灵只在非洲南部有分布，在中国境内没有该鸟种的分布记录。而细嘴沙百灵在中国西藏、中部和东北部，蒙古中部和东部等地区有分布(HBW)，仍未见中国南方地区的分布记录。因此，短趾沙百灵的定义模糊且没有发现相关种的分布情况，现将其从《董寨国家级自然保护区鸟类资源名录》中移除。

(7)灰沙燕 *Riparia riparia*

灰沙燕又名崖沙燕，是常见的雀形目燕科燕属鸟类。现更名为崖沙燕，是保护区内被记录到的鸟类之一。

(8)灰背伯劳 *Lanius tephronotus*

灰背伯劳是雀形目伯劳科伯劳属的小型猛禽。分布于我国西部，包括陕西、宁夏、甘肃、青海、新疆西部、西藏、云南、贵州、四川、湖南等地。河南省尚未有分布记录，在保护区的野外调查中也没有记录到此物种。因此，建议从《董寨国家级自然保护区鸟类资源名录》中移除。

(9)暗绿柳莺 *Phylloscopus trochiloides*

暗绿柳莺是雀形目柳莺科柳莺属的小型鸣禽，在中国境内有3个亚种分布：*P. t. obscuratus*，分布于宁夏、青海、西藏东部和南部、云南和海南省；*P. t. trochiloides*，分布于陕西南部、青海东部、西藏南部和东南部、云南、四川、湖北和甘肃西部；*P. t. viridianus*，仅分布于新疆。因此，暗绿柳莺为我国西北部分布的柳莺种，在河南董寨没有相关记录，现从《董寨国家级自然保护区鸟类资源名录》中移除。

(10)稻田苇莺 *Acrocephalus agricola*

稻田苇莺是雀形目苇莺科苇莺属的鸟类，又称双眉苇莺。主要分布于欧洲东部及乌克兰、哈萨克斯坦、土耳其和伊朗等地，在中国仅有 *A. a. capistratus* 亚种分布于新疆西部和南部。河南省没有分布记录，因此应从名录中移除。

(11)大苇莺 *Acrocephalus arundinaceus*

大苇莺隶属于雀形目苇莺科苇莺属。主要分布于中国西部的云南南部、甘肃、新疆等地。仅新疆亚种 *A. a. zarudnyi* 一种。在河南省没有此种的分布记录。但在董寨野外调查中记录到东方大苇莺 *Acrocephalus orientalis* 的夏季种群，此种在原董寨保护区鸟类资源名录中没有记载，因此需更名为东方大苇莺。

(12)黑冠山雀 *Periparus rubidiventris*

黑冠山雀是山雀科山雀属的鸟类。主要分布于我国西部的陕西、甘肃、青海、西藏、云南、四川地区。在我国东部地区均没有分布，河南省也没有相关记录，应从名录中移除。

(13)赤胸鹀 *Emberiza fucata*

赤胸鹀现更名为栗耳鹀，是雀形目鹀科鹀属的鸟类，是董寨保护区的冬候鸟。

5.3.3 鸟类群落常见种多样性及季节性分析

鸟类对环境的变化十分敏感，被视为反映环境变化情况的指示物种。森林片段化、植被成分改变、食物资源时间与空间上的变化和人为改变等因素都会影响鸟类群落内部种类组成、多度分布、季节动态和均匀度的状况。开展鸟类群落多样性和季节性变动的调查，将有助于理解鸟类群落和生境类型的相互关系，对评估和科学监管保护区鸟类资源状况、制定长期的鸟类资源保护方案有至关重要的意义。

5.3.3.1　鸟类物种的多度分布

2016 年，董寨鸟类资源科学考察春夏秋冬共记录到 16 目 29 科 180 种 17079 只鸟类个体。其中，观测个体数量超过 1000 只的鸟种有：棕头鸦雀(2488 只)、喜鹊(1089 只)、红头长尾山雀(1071 只)3 种，共占据调查鸟类总数量的 27.21%，也是保护区内分布最广泛的物种。

观测个体数量超过 100 只的鸟种有 33 种，依据种群密度由高到低分别是：黑脸噪鹛、山斑鸠、大山雀、领雀嘴鹎、八哥、银喉长尾山雀、麻雀、强脚树莺、小白鹭、斑嘴鸭、燕雀、丝光椋鸟、白头鹎、珠颈斑鸠、红嘴蓝鹊、松鸦、池鹭、斑鸫、金翅雀、画眉、暗绿绣眼鸟、黄臀鹎、牛背鹭、棕颈钩嘴鹛、黄腹山雀、黄喉鹀、白鹡鸰、山麻雀、金腰燕、小䴙䴘、灰椋鸟、发冠卷尾、白腰文鸟。数量总计 9500 只，占据保护区内观测鸟类群落总数量的 55.62%。

观测个体数量小于 100 只的鸟类有 102 种，占 2016 年鸟类调查物种总数的 56.67%，然而总数量却只占调查鸟类个体总数的 17.16%(2931 只，图 5-9)。

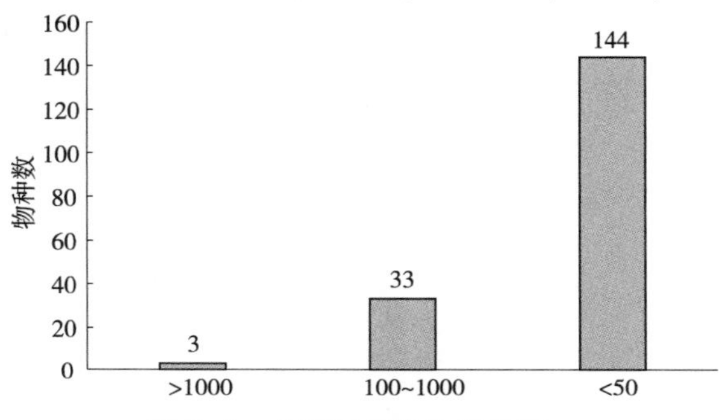

图 5-9　保护区鸟类多度分布

依据 Berger-Parker(1974)优势度指数划分鸟类数量等级，即以观察到的某物种数量占统计中遇到的鸟类总数量的百分比确定：大于 10% 为优势种，数量分布在 1%～10% 为常见种，少于 1% 为少见种。结果表明，优势种仅占鸟类群落物种总数的 2%，常见种占 18%，而少见种占据了鸟类群落种类的大多数，达 80%。

5.3.3.2　鸟类群落多样性指数

多样性指数可以同时量化群落中物种丰富性和均匀性，一方面反映了保护区鸟类群落种类的多样化程度，同时也为群落中物种的分配比例提供了依据。通过辛普森多样性指数 $D = 1 - \sum_{i=1}^{S}(p_i)^2$ 统计分析发现，保护区鸟类群落多样性结果为 0.96，数值很接近 1，表明董寨地区鸟类群落的物种多样性很高。香农–威纳指数 $H = -\sum_{i=1}^{S}(p_i)(\log_2 p_i)$ 统计分析表明，鸟类群落多样性指数为 5.54，均匀度指数为 0.74，说明保护区鸟类群落多样性高且均匀度较好。

5.3.3.3　鸟类群落季节性动态分析

保护区地处淮河上游、豫南大别山地区，动物区系上归属于东洋界和古北界的交界地带，具有由北亚热带向暖温带过渡温暖而湿润的气候特征，也因此吸引了多种留居类型的鸟类。鸟类居留型丰富，包括：北迁繁殖性夏候鸟 68 种，南迁越冬性冬候鸟 107 种，留鸟 104 种，过境鸟类 106 种。其中，有 2 种留居类型的鸟类 43 种，有 3 种留居类型的鸟类 4 种(图 5-10，图 5-11)。

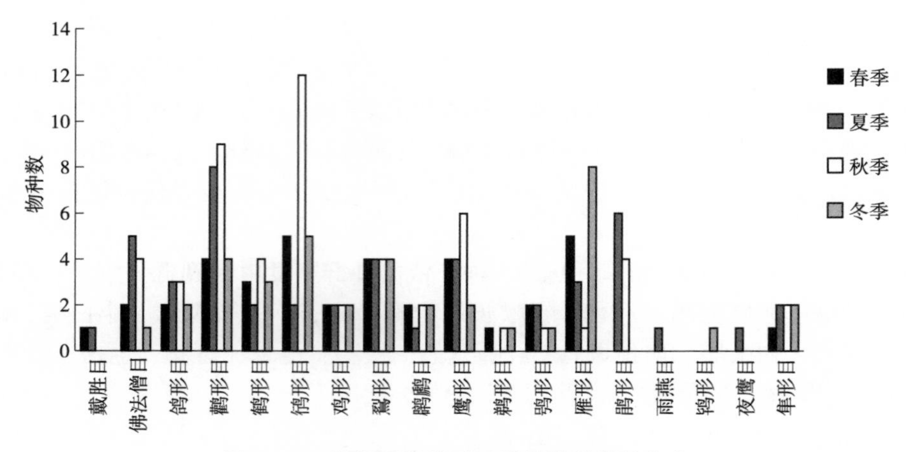

图 5-10　保护区非雀形目季节性种类数分布

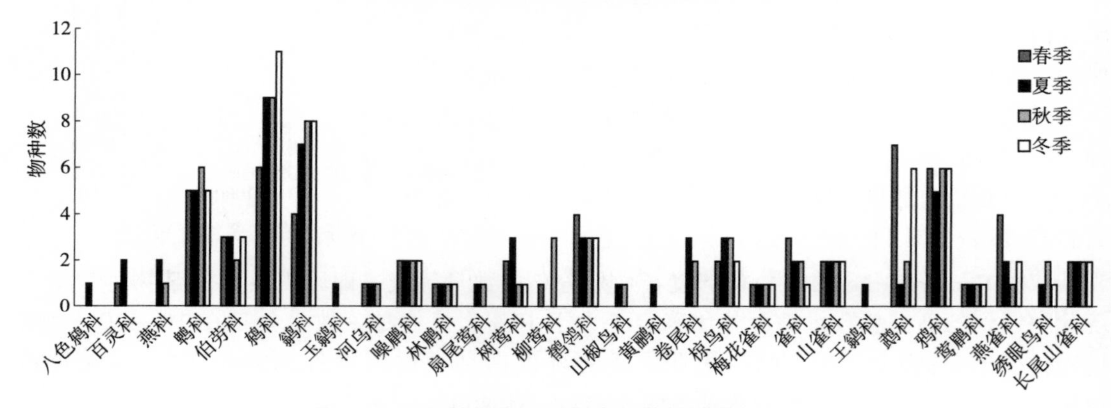

图 5-11　保护区雀形目科类季节性种类数分布

在 2016 年的季节性鸟类调查中，记录到非雀形目中典型的夏季候鸟类群，如鹃形目、雨燕目、戴胜目、夜鹰目以及佛法僧目、鹳形目中的部分鸟种；鸻形目、鹳形目和隼形目的部分物种则呈现出典型的过境型留居模式；鹈形目为典型的冬候鸟类群；鸽形目、鸡形目、鹫形目和鹈鹕目都是该地区的常见留鸟类群。

雀形目鸟类不同科在保护区内的分布存在明显的季节性波动，八色鸫科、玉鹟科、燕科、扇尾莺科、山椒鸟科、黄鹂科、卷尾科、王鹟科是典型的夏候鸟类群，它们在保护区度过长达 3~5 个月的繁殖季，之后南迁越冬，是保护区雀形目鸟类多样性的重要组成部分。相反，鹀科则多是典型的冬候鸟，它们在秋冬季节大规模返回董寨保护区，生活在村庄的农田间，常成群结队活动，是很常见的保护区冬候鸟。另外，鹎科、伯劳科、河乌科、噪鹛科、林鹛科、鹡鸰科、梅花雀科、雀科、山雀科、长尾山雀科、鸦科的鸟类则是保护区内常见的留鸟类群，也是保护区雀形目常见种的主要成员。

5.4　爬行类

20 世纪 90 年代，对保护区进行综合科学考察后出版了《董寨鸟类自然保护区科学考察集》，共记录爬行类 32 种(宋朝枢和瞿文元，1996)。近年来，在河南大别山区商城和新县发现爬行类3个新记录：黑背白环蛇（*Lycodon ruhstrati*）、平鳞钝头蛇（*Pareas boulengeri*）、中华珊瑚蛇（*Sinomicrurus macclellandi*），但对保护区尚缺乏调查（陈晓虹等，2006a；2006b；陈晓虹和王新卫，2010）。因此，笔者对保护区全境进行了系统考察，结合以往的调查结果，基本查清了保护区爬行动物资源现状。

5.4.1 爬行类物种组成及丰富度

保护区现有爬行动物36种，隶属于2目9科29属（附录四）。龟鳖目2科3属3种；有鳞目7科26属33种，其中，游蛇科17属23种，为优势科（图5-12）。鳖科、眼镜蛇科及壁虎科均只有1属1种。丽斑麻蜥（*Eremias argus*）、北草蜥（*Takydromus septentrionalis*）、赤链蛇（*Lycodon rufozonatum*）、黑眉锦蛇（*Orthriophis taeniura*）、红纹滞卵蛇（*Oocatochus rufodorsatus*）、短尾蝮（*Gloydius brevicaudus*）为优势种；乌龟（*Mauremys reevesii*）、黄缘闭壳龟（*Cuora flavomarginata*）及中华鳖（*Pelodiscus sinensis*）为稀有种。保护区爬行动物占全国爬行类种数的7.79%，占河南省的72%；现有爬行动物属数占全国爬行类的21.97%，占河南省的82.86%；所发现科数占全国爬行类科数的30%，占河南省的90%；所发现目数占全国爬行类目数的66.67%，占河南省的100%（图5-13）。

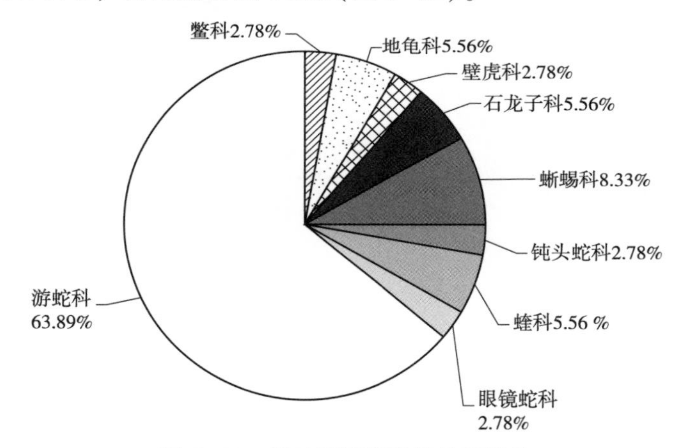

图5-12 保护区爬行动物物种结构

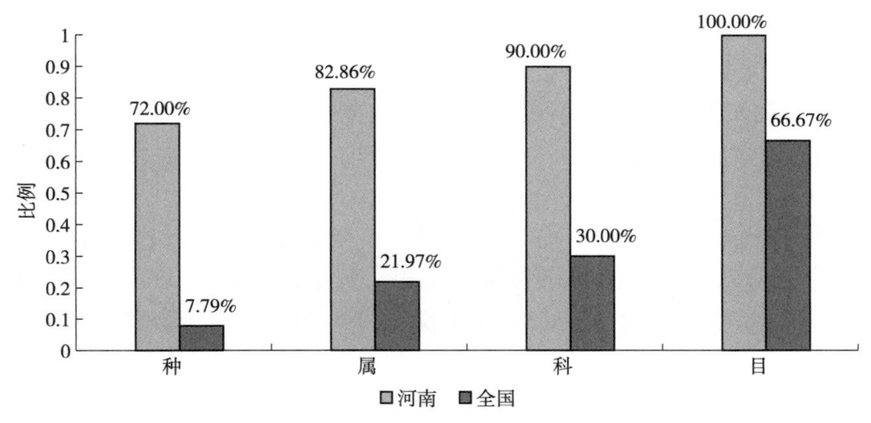

图5-13 保护区爬行动物占河南省及全国的比例

5.4.2 爬行类区系组成

在动物地理区划上，信阳市位于东洋界、华中区的北缘，处于东部丘陵平原亚区，其动物区系组成既具有东洋界的特征又带有较明显的过渡性。保护区36种爬行动物中，东洋界物种有23种，占保护区爬行动物物种数的63.89%；广布种8种，占22.22%；古北界5种，占13.89%(图5-14)。

5.4.3 爬行类分布型

董寨保护区地处北亚热带边缘、淮南大别山西端浅山区。由于受东亚季风气候影响，具有北亚热带向暖温带过渡的季风气候和山地气候特征，属北亚热带湿润气候区。因此，爬行动物分布以南中国型、东洋型、季风型为优势种，分别为16种、9种、6种；东北华北型2种；古北型2种；华北型1种(图5-15)。

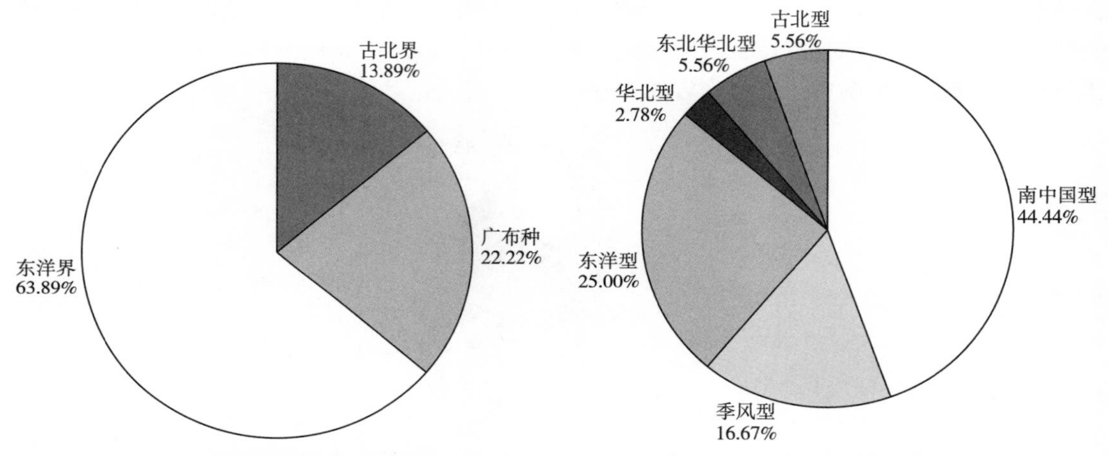

图5-14 保护区爬行动物区系组成

图5-15 保护区爬行动物分布型

5.4.4 珍稀及重点保护爬行动物

董寨国家级自然保护区36种爬行动物中有一定数量的珍稀、濒危物种。根据《国家重点保护野生动物名录》(2021)、世界自然保护联盟(IUCN)制订的濒危等级、《濒危野生动植物物种国际贸易公约》(CITES)附录等级、《中国脊椎动物红色名录》(2016)，乌龟和黄缘闭壳龟被列为国家二级重点保护野生物种和IUCN濒危(EN)物种。中华鳖、王锦蛇(*Elaphe carinata*)、玉斑锦蛇(*Euprepiophis mandarina*)、黑眉锦蛇、乌梢蛇(*Ptyas dhumnades*)、短尾蝮被IUCN列为易危(VU)。保护区爬行动物中仅黄缘闭壳龟被CITES列入附录Ⅱ,《中国脊椎动物红色名录》将其濒危级别提升为极危(CR)。中华鳖、王锦蛇、黑眉锦蛇在《中国脊椎动物红色名录》中保护级别上升为濒危(EN)物种，无蹼壁虎(*Ptyas dhumnades*)、玉斑锦蛇、中华珊瑚蛇、赤链华游蛇(*Sinonatrix annularis*)、乌华游蛇(*Sinonatrix percarinata*)、乌梢蛇被《中国脊椎动物红色名录》列为易危(VU)物种，短尾蝮在《中国脊椎动物红色名录》中保护级别下降为近危(NT)物种。保护区有鳞目、蜥蜴亚目6

种动物，没有被IUCN列为濒危、CITES列为附录的物种，仅无蹼壁虎被《中国脊椎动物红色名录》列为易危(VU)物种。国家林业局2000年8月颁发的7号令中规定了395种爬行动物是有益的或者有重要经济、科学研究价值的国家保护物种。保护区爬行动物均被列为“三有”物种。

(1)中华鳖 *Pelodiscus sinensis*(别名：甲鱼、团鱼、王八、元鱼)

识别特征：头体均被有柔软皮肤，无角质盾片，背盘卵圆形，吻长，呈管状，鼻孔位于吻端。背盘中央有棱脊，背青灰色、黄橄榄色，腹面乳白色或灰白色。河南全省都有分布。栖于江河、湖沼、池塘、水库及大小山溪中，喜在安静、清洁、阳光充足的水岸边活动或晒太阳。捕食鱼、螺、虾、蟹、蛙及昆虫等，也吃水草。10月至翌年3月潜于水底泥沙中冬眠，4月至8月繁殖，产卵于岸边泥沙松软、背风向阳、有遮阴的地方，靠自然温度孵化，约经2月。

估计数量及濒危原因：中华鳖虽然在全国广泛分布，然而自然界中的野生鳖极为罕见，处于极端濒危之中。原因是从古到今我国都有吃鳖的习惯，以鳖甲入药，近年把鳖作为高级滋补品、珍品、高档菜，价格持续增涨，导致该物种被大量捕杀、过度猎捕，加上气候干旱、水体污染等原因，种群数量急剧下降，被CITES列为附录Ⅲ等级，《中国脊椎红色名录》将其保护级别上升为濒危(EN)。此次董寨国家自然保护区野外考察没有发现中华鳖。

保护措施：建设把中华鳖列为重点保护动物，大力开展人工养殖以满足市场之需。

(2)王锦蛇 *Elaphe carinata*(别名：王字头、王蛇、菜花蛇、油菜花)

识别特征：河南最大的蛇之一。头背鳞黑色，显“王”字斑纹，因此得名王锦蛇。鳞片呈菜花黄色，部分鳞片边缘具黑色，整体呈黑色网纹，性凶猛，无毒，常以蛙、鸟、蜥蜴、鼠为食，甚至吃同种幼蛇。

地理分布：王锦蛇广泛分布于河南全省。

估计数量及濒危原因：王锦蛇为大型无毒蛇，最长可达2.2m，蛇肉可食，蛇皮可作工艺品和乐器，因此是猎捕、收购的首选对象。野外考察中，在保护区发现一条王锦蛇，长1.54m、尾长0.28m、体重570.73g。近年来，由于过度捕杀，王锦蛇的种群数量明显减少，《中国脊椎动物红色名录》已将其保护级别上升为濒危(EN)。

保护措施：建议把王锦蛇列为重点保护动物，禁止猎捕，也可开展养殖试验。

(3)黑眉锦蛇 *Orthriophis taeniura*(别名：黄颔蛇、菜花蛇、秤杆蛇)

识别特征：眼后有一黑色眉纹，故名黑眉锦蛇。体背黄绿色或灰棕色，体前段有明显的梯形黑纺，至中段以后有4条黑色纵纹直达尾的末端。喜捕食蛙、鼠。

地理分布：黑眉锦蛇在河南省广泛分布。

估计数量及濒危原因：黑眉锦蛇属于大型蛇类，全长可达2.15m，由于它的肉味鲜美，胆可入药，皮可做工艺品及乐器，也是猎捕、收购、贩卖的首选对象。《中国脊椎动物红色名录》将黑眉锦蛇保护级别上升为濒危(EN)。本次调查发现黑眉锦蛇一条，全长1.14m、尾长0.23cm、体重212.43g，为常见种。

保护措施：建议把黑眉锦蛇列为重点保护动物，严禁猎捕和买卖。

(4)乌梢蛇 *Ptyas dhumnades*(别名：乌风蛇、乌凤蛇、乌蛇)

识别特征：大型无毒蛇，全长可达2.63m。成体身体背面棕黑色或绿褐色，体侧前段具黑色纵纹，亚成体体侧通身纵纹明显，中央背鳞2~4行起棱。5至10月常见在耕地或溪河边活动，行为迅速敏捷。主要吃蛙、鱼、蜥蜴和老鼠等。

地理分布：河南全省普遍分布，国内分布于暖温带至亚热带各省份及台湾，为中国特有种。

估计数量及濒危原因：乌梢蛇在河南分布广、数量多，曾为优势种。由于体大、可入药、肉可食、皮可用于做工艺品和乐器，成为猎捕、收购、贩卖的主要对象，种群数量持续下降，被IUCN和《中国脊椎动物红色名录》列为易危(VU)物种。

保护措施：建议列为重点保护动物，严禁猎捕，开展人工养殖以供市场之需。

(5)玉斑锦蛇 *Euprepiophis mandarina*

识别特征：个体中等大小。体背灰色或浅紫灰色，背中央有1行黑色菱形大斑块，并镶有黄边，斑块中心也为黄色。头背黄色，有明显黑斑。生活于山区森林，常栖息于水沟边或草丛中，以鼠类等小型哺乳动物为食，也吃蜥蜴。

估计数量及濒危原因：河南全省都有分布。由于过度猎捕，种群数量下降，为保护区稀有种，被IUCN和《中国脊椎动物红色名录》列为易危(VU)物种。

保护措施：建议列为重点保护动物，严禁猎捕。

(6)短尾蝮 *Gloydius brevicaudus*(别名：土布袋、土狗子、地扁蛇、七寸子)

识别特征：头略呈三角形，有颊窝，头背具对称大鳞片，背面有2纵行大圆斑，彼此并列或交错排列，尾短小。栖息于山区及丘陵，夏秋季在稻田、旱地、沟渠、路旁甚至村舍附近都能见到，以鼠、蜥蜴和蛙为食。蝮蛇是卵胎生，5~9月交配产仔，产仔2~20条。短尾蝮中等大小、全长可达0.625m，是河南最常见毒蛇，具有毒牙、毒腺，毒性强，时有伤人的情况发生。

地理分布：短尾蝮在河南广泛分布，各地种群丰富度差异显著，在河南北部太行山区极为少见，为稀有种，而在豫南大别山区则为优势种。

估计数量及濒危原因：蝮蛇捕食鼠类有益，可入药，生产药酒、蛇干、蛇粉，有的地方大量猎捕、收购蝮蛇致使数量锐减，被IUCN列为濒危(EN)物种，而《中国脊椎动物红色名录》将其下降为近危(NT)物种。短尾蝮在河南董寨国家级自然保护区极为常见，数量多，为保护区优势种。本次野外考察中，发现短尾蝮，全长0.432m，尾长0.055m，体重40.20g。

保护措施：建议在蝮蛇分布的地区做好毒蛇的识别、防护宣传，合理利用，变害为利。

5.5 两栖类

5.5.1 概况

《董寨鸟类自然保护区科学考察集》记录两栖类12种(宋朝枢和瞿文元，1996)。近20年来，河南省两栖类物种多样性已从19种增加至31种，在河南大别山区发现两栖类2个新种(叶氏肛刺蛙 *Quasipaa yei*、大别疣螈 *Tylototriton dabienicus*)(陈晓虹等，2004；2010)，6个新记录(阔褶水蛙 *Hylarana latouchii*、大树蛙 *Rhacophorus dennysi*、斑腿泛树蛙 *Polypedates megacephalus*、小弧斑姬蛙 *Microhyla heymonsi*、合征姬蛙 *M. mixture*、湖北侧褶蛙 *Pelophylax hu-*

beiensis)(陈晓虹等，2003a；2003b；2003c；2004；2006；王新卫等，2010)。为此，笔者对保护区全境进行系统考察，结合以往的调查结果，以查清河南董寨国家级自然保护区两栖动物资源现状。

5.5.2　调查方法

5.5.2.1　调查样地的选择

根据保护区原有的调查结果，结合本次调查工作覆盖的区域，分别在白云保护站、鸡笼保护站、荒田保护站等区域进行两栖动物考察和采集标本。

5.5.2.2　调查时间

依据不同两栖动物的繁殖季节和生活习性，选择2016年冬季(1月、2月)、春季(4月)、夏季(7月)，2017年夏季(8月)、秋季(10月)在选定的调查区域对溪流、水塘、稻田栖息环境进行考察。

调查时间：上午7:30~12:00，晚上19:30~23:00，日落后半小时开始。

5.5.2.3　调查方法

采用实地踏查法、编目法和访问相结合。踏查采用样带法和样线法相结合的方法。踏查主要包括河流、池塘、溪流、湖泊、稻田、静水坑、陆地草丛等。踏查过程中及时记录两栖动物的种类、数量、时间、地点、气温、水温、水体pH值、栖息环境、生境类型、海拔方位等信息，拍摄环境和物种照片。

5.5.2.4　标本采集及处理

适量采集标本用于形态学鉴定和测量。物种鉴定、分类体系和形态学量度依据《中国动物志两栖纲(上卷)》《中国动物志两栖纲(中卷)》《中国动物志两栖纲(下卷)》和《中国两栖动物及其分布彩色图鉴》，选择16项测量指标。

5.5.3　调查结果

5.5.3.1　两栖动物物种组成及丰富度

保护区现有两栖动物17种(含外来种)，隶属于2目8科14属。有尾目3科3属3种；无尾目5科11属14种，其中，蛙科3属5种，为优势科(图5-16)；东方蝾螈(*Cynops orientalis*)、中华蟾蜍(*Bufo gargarizans*)、黑斑侧褶蛙(*Pelophylax nigromaculatus*)、湖北侧褶蛙、泽陆蛙(*Fejervarya multistriata*)为优势种。保护区两栖动物(除牛蛙 *Lithobates catesbeianus* 外)占全国两栖类种数的3.52%，占河南省的51.61%；

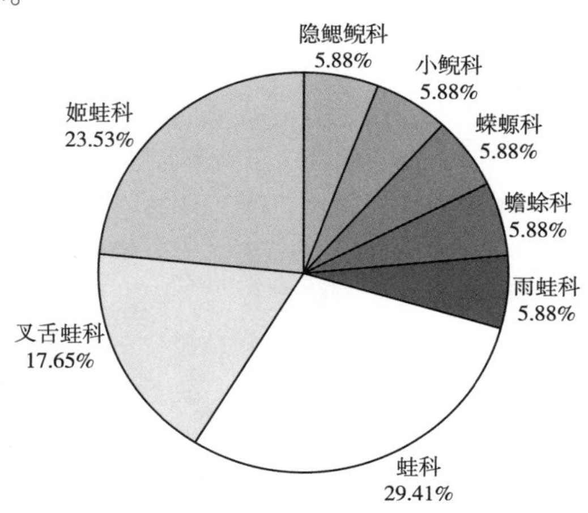

图5-16　河南董寨国家级自然保护区两栖动物物种结构

现有两栖动物属数占全国两栖类的15.12%，占河南省的59.09%；所发现科数占全国两栖类科数的61.54%，占河南省的80.00%；所发现目数占全国两栖类目数的66.67%，占河南省的100%(图5-17)。

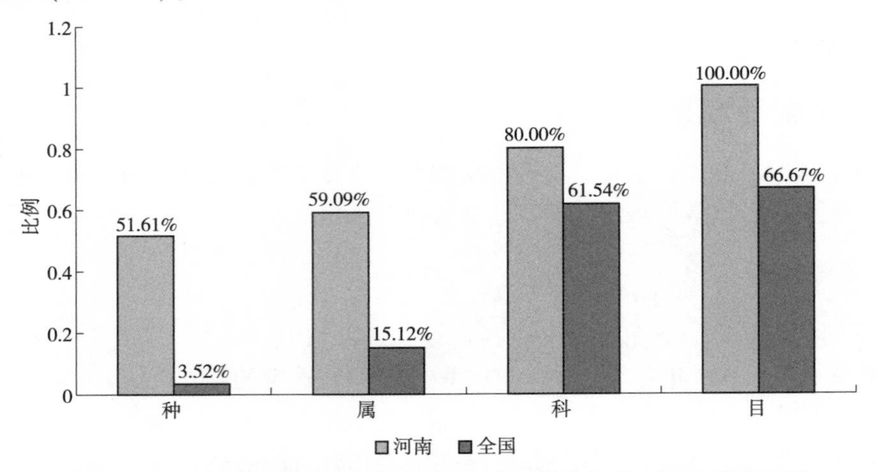

图5-17 河南董寨国家级自然保护区两栖动物占河南省及全国的比例

5.5.3.2 区系组成

在动物地理区划上，信阳市位于东洋界、华中区的北缘，处于东部丘陵平原亚区，其动物区系组成既具有东洋界的特征又带有较明显的过渡性。董寨保护区16种两栖动物中(牛蛙除外)，东洋界物种有10种，占保护区两栖动物物种数的62.50%；广布种4种，占25.00%；古北界2种，占12.50%(图5-18)。

5.5.3.3 分布型

保护区地处北亚热带边缘，淮南大别山西端浅山区。由于受东亚季风气候影响，具有北亚热带向暖温带过渡的季风气候和山地气候特征，属北亚热带湿润气候区。因此，两栖动物分布(牛蛙除外)以南中国型占优势，有7种；其次为季风型和东洋型，各4种；华北型1种(图5-19)。该区典型的季风型两栖类有隐鳃鲵科的大鲵(*Andrias davidianus*)、蟾蜍科的中华蟾蜍(*Bufo gargarizans*)、蛙科的黑斑侧褶蛙。大鲵在我国广泛分布，北起山西，南达广西，西自青海，东至浙江，跨古北、东洋两界，主要在季风区内分布；中华蟾蜍几乎遍布我国季风地区；黑斑侧褶蛙广泛分布于中国东部各省区自中亚热带至暖温带。蝾螈科动物在我国仅分布于东洋界，蝾螈属(*Cynops*)物种的分布中心在贵州高原，干旱对该类动物分布具有明显阻限作用，因此蝾螈科动物主要生活在较为温暖的亚热带，保护区具有典型的亚热带气候，东方蝾螈(*Cynops orientalis*)在此聚集为优势种。蛙科的物种集中为南中国型、东洋型和季风型，缺乏东北型、东北—华北型、喜马拉雅—横断山型、古北型等物种。姬蛙科主要分布于环球热带—亚热带，有一半的种类属于东洋型，其分布可北伸至中亚热带，只有饰纹姬蛙(*M. ornate*)越过秦岭—淮河进入华北区，最北达山西南部；北方狭口蛙(*Kaloula borealis*)为保护区唯一的华北型物种，是姬蛙科动物中唯一分布至古北界的物种，分布南限可达北亚热带。

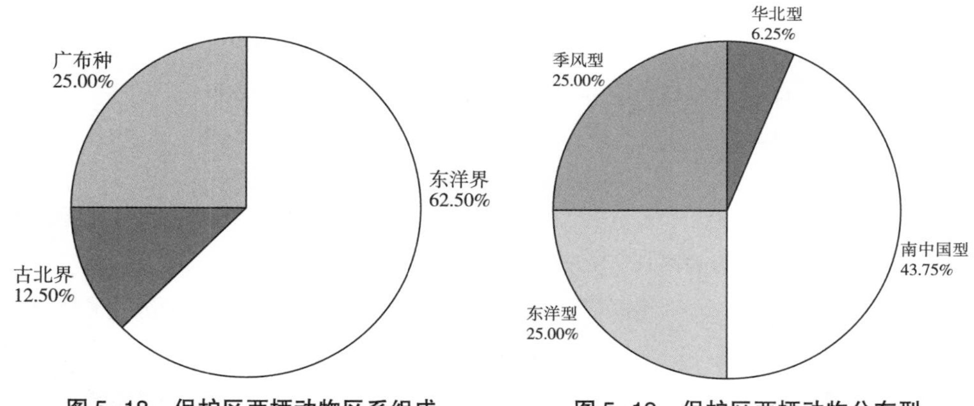

图 5-18 保护区两栖动物区系组成

图 5-19 保护区两栖动物分布型

5.5.3.4 生态型

两栖动物的生态类型可分为水栖型、陆栖型和树栖型三大类。水栖型可细分为静水型和流溪型，陆栖型可分为林栖静水繁殖型、穴居静水繁殖型、林栖流溪繁殖型。其中，静水型、林栖静水繁殖型和穴居静水繁殖型成体一般生活在静水环境中或附近陆地上，繁殖时将卵产在静水中，早期发育较快，1 年内即可完成变态；流溪型和林栖流溪型成体一般生活在溪流中或附近陆地上，繁殖时将卵产在溪流，完成变态一般需要 1~3 年；树栖型成体经常在树上生活或栖息在低矮的灌木丛或草丛中，繁殖时一般将卵产在静水域内、水边泥窝内或水塘上方的树叶上，孵化的蝌蚪一般在静水中生活 2~3 月即可完成变态。

保护区 17 种两栖动物中(含牛蛙)，有 5 种生态类型，说明保护区生态环境复杂多样，可为各种两栖类提供适宜的栖息地。其中，静水型 6 种，分别是东方蝾螈、黑斑侧褶蛙、湖北侧褶蛙、阔褶水蛙、虎纹蛙和牛蛙，占 35.29%；穴居静水繁殖型 3 种，分别是中华蟾蜍、泽陆蛙和北方狭口蛙，占 17.65%；林栖静水繁殖型 4 种，分别是镇海林蛙(*Rana zhenhaiensis*)、饰纹姬蛙、合征姬蛙、小弧斑姬蛙，占 23.53%；流溪型 3 种，分别是大鲵、商城肥鲵(*Pachyhynobius shangchengensis*)和叶氏肛刺蛙，占 17.65%；树栖型有无斑雨蛙(*Hyla immaculate*)1 种，占 5.88%；没有林栖流溪繁殖类型(图 5-20)。

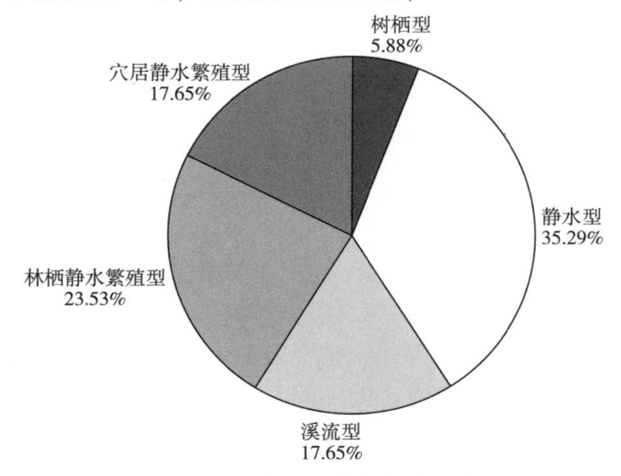

图 5-20 河南董寨国家级自然保护区两栖动物生态型

5.5.3.5 珍稀、重点保护两栖动物

保护区两栖动物中有大量珍稀、濒危物种。根据《国家重点保护野生动物名录》(2021 年)、世界自然保护联盟(IUCN)制定的濒危等级、濒危野生动植物物种国际贸易公约(CITES)附录等级、《中国脊

椎动物红色名录》(2016)，大鲵、虎纹蛙和叶氏肛刺蛙被列为国家二级重点保护野生动物；大鲵被 CITES 列为附录Ⅰ等级、IUCN 和《中国脊椎动物红色名录》列为极危(CR)物种；虎纹蛙被《中国脊椎动物红色名录》列为濒危(EN)等级；商城肥鲵(图 5-21)被 IUCN 和《中国脊椎动物红色名录》列为易危(VU)物种；叶氏肛刺蛙(图 5-22)被《中国脊椎动物红色名录》列为易危(VU)物种；东方蝾螈、黑斑侧褶蛙被《中国脊椎动物红色名录》列为近危(NT)物种。国家林业局 2000 年 8 月颁发的 7 号令中规定了 291 种两栖动物是有益的或者有重要经济、科学研究价值的国家保护物种。保护区两栖动物均被列为“三有”物种。

图 5-21　商城肥鲵(彩图见 365 页)

图 5-22　叶氏肛刺蛙(彩图见 365 页)

5.5.3.6　重要两栖动物生物学特征及种群数量

(1)中华蟾蜍 *Bufo gargarizans*

形态特征　身体肥硕，雄性体长 87.39mm(78.81～97.30mm)，雌性体长 93.93mm(63.91～119.34mm)(表 5-3)。头长远小于头宽；吻圆而高，吻棱显著；颊部向外倾斜，略凹陷；鼻间距小于眼间距，且小于上眼睑宽；鼻孔近吻端；鼓膜显著；无颌齿，无犁骨齿；舌长椭圆形，后端无缺刻。

前肢长而粗壮，前臂及手长不及体长之半；指端钝圆，指侧具缘膜，指长顺序 3、1、4、2，指间无蹼，指关节下瘤成对；掌突 2，棕色，圆形，内掌突小，外掌突大。后肢粗短，前伸贴体时胫跗关节达肩后，左右跟部不相遇，胫长小于足长；趾端钝尖，趾侧缘膜明显，在趾基部相连成蹼；关节下瘤多成对；无跗褶；内外跖突均呈游离刃状，内跖突纵斜置，外跖突小。

皮肤极粗糙；体背满布大瘰粒，头顶平滑，上眼睑及头侧具小疣粒；耳后腺长椭圆形，前端接眼后，后端达肩前的连线上，呈“八”字形排列；体侧瘰粒较小，胫部瘰粒大；除掌、跖、跗部外，整个腹面满布大小一致的疣粒。

体色变异大，随不同的季节或不同的性别而有差异。雄蟾体色较深，多为黑绿色、灰绿或黑褐色，少数体侧有浅色花斑；雌蟾体色浅，多为土黄色，瘰粒部位深乳黄色，体侧有黑色与浅棕色相间的斑纹。腹面乳黄色，与黑色或棕褐色相间形成斑纹，多数个体腹后至股基部有深色大斑；指、趾末端棕色。

第二性征　雄性体略小，皮肤松弛而色深；脊部瘰粒圆滑，顶端无角质刺；前肢粗壮，内侧3指上具黑色婚垫；无声囊，无雄性线。雌性个体较大，体背瘰粒多而密，上有不同程度黑色或棕色角质刺。

生态习性　中华蟾蜍多生活在池塘、水沟、河岸、耕地、田埂及住宅附近，栖息于阴湿的草丛、土洞、砖石下，黄昏傍晚外出觅食。该蛙10月下旬多选择池塘、水沟、河滩的土块下、泥窝中、草丛下冬眠越冬，2月底或3月初出蛰后即进入繁殖场，产卵于有水生植物的池塘、沼泽、水沟、水坑内，卵带缠绕附着在水草上。保护区中华蟾蜍出蛰较早，2016年2月26日，在白云保护站附近的池塘，发现正在产卵的中华蟾蜍3对，产卵场选在池塘的西北角的被风向阳处，离岸边大概1m的地方，水里有大量枯死的水草，中华蟾蜍在离水面5cm的水下繁殖，卵带附在枯草上。卵粒小，卵径1.5mm左右；动物极黑色，植物极深棕色；每个卵被有一层薄胶膜，卵呈双行或3~4行交错排列于管状胶质卵带内，卵带长达1m以上，产卵量从数千粒到上万粒不等，产卵数与雌体大小成正比。10天左右孵出蝌蚪，唇齿式Ⅰ：1-1/Ⅲ或Ⅰ：1-1/Ⅱ；蝌蚪笨拙，常聚集成群；尾鳍高而薄，尾末端钝尖；躯体与尾肌基部黑色，尾鳍色浅；口位于吻端下方，两口角处有唇乳突；眼在头背侧；出水孔位体左侧，无游离管；肛孔位尾基中央，不呈短管状。

表5-3　保护区中华蟾蜍的成体量度　　单位：mm

	7♂♂	5♀♀		7♂♂	5♀♀
体长	78.81~97.30 87.39±10.66	63.91~119.34 93.93±20.77	鼓膜	3.73~4.91 4.46±0.67 5.10%	3.24~5.30 4.68±0.84 4.98%
头长	17.65~21.90 19.79±1.91 22.65%	15.13~23.61 20.74±3.34 22.08%	前臂手长	38.41~48.07 43.28±4.49 49.53%	29.44~51.12 43.54±9.18 46.36%
头宽	29.40~34.82 32.29±2.77 36.95%	24.74~44.51 36.85±7.54 39.23%	前臂宽	10.24~12.06 11.95±1.92 13.67%	7.52~14.02 10.84±2.58 11.54%
吻长	9.58~12.79 11.25±1.22 12.88%	9.40~14.54 12.45±1.95 13.25%	腿长	100.71~123.29 111.79±9.92 127.92%	73.70~126.17 106.47±20.12 126.17%
鼻间距	4.22~5.77 5.30±0.60 6.06%	4.32~6.90 5.94±0.97 6.33%	胫长	29.77~37.90 34.55±4.19 39.54%	23.32~43.83 34.64±7.55 43.83%
眼间距	5.93~8.69 7.39±0.77 8.45%	5.28~11.78 8.16±2.50 8.69%	胫宽	7.91~13.65 12.22±2.36 13.98%	8.52~20.25 14.39±4.27 20.25%
眼径	7.93~9.42 8.94±0.77 10.23%	7.45~10.89 9.51±1.35 10.12%	跗足长	52.22~63.99 59.05±5.95 67.58%	39.20~63.89 54.53±9.80 63.89%

（续）

	7♂♂	5♀♀		7♂♂	5♀♀
上眼睑宽	6.26~7.99 7.33±1.04 8.39%	5.72~10.78 7.59±2.10 8.08%	足长	36.75~44.30 40.63±3.48 46.50%	24.70~41.09 34.96±6.20 41.09%

*百分率是各部量度与头体长之比。

地理分布　该物种分布广泛，国内除西藏、新疆、宁夏、青海、云南、海南、台湾等省(自治区)外均有分布。

(2)镇海林蛙 *Rana zhenhaiensis*

形态特征　雄蛙体长 46.09mm(39.28~52.67mm)；雌蛙体长 49.38mm(35.02~62.38mm)(表 5-4)。头长略大于头宽；吻端钝圆而尖，突出于下颌；吻棱显著，颊部向外侧倾斜；鼻孔略近吻端；鼻间距与眼间距及上眼睑宽几相等；颞褶较细；鼓膜圆形，约为眼径的 2/3；犁骨齿 2 短列斜行，位于内鼻孔内后方，由前后斜向中部；舌后端缺刻深。

前臂较粗，前臂及手长小于体长之半；指细长，指端钝圆，指长顺序为 3、1、4、2；关节下瘤明显；掌突 3；内掌突大而突出，外侧 2 掌突较窄；指间无蹼。后肢细长，腿长约为体长的 1.8 倍，胫跗关节达吻端，左右跟部重叠较多，胫粗长超过体长之半，胫长略大于足长；趾细长，趾末端钝圆，趾序为 4、5、3、2、1，第 3、5 指几等长，达第 4 趾的第 2、3 关节下瘤之间；趾间全蹼，第 4 趾蹼达远端关节下瘤，其余各趾的蹼均达趾吸盘基部；外侧跖间蹼几达跖基部；关节下瘤明显；内跖突发达长椭圆形，外跖突弱小；无跗褶。

皮肤较光滑，雌蛙背部及体侧有少数小圆疣，雄蛙一般无疣或仅有少数的小圆疣，多数个体在肩上方的疣粒排列成“八”字形；背侧褶细直，由眼后角稍斜向外侧与颞褶相连，向延伸直达胯部；腹面光滑，仅股基部有扁平疣。

生活时体色变异较大，通常背面及体侧为黄绿、橄榄绿、棕灰及棕褐色，产卵季节雌蛙体背一般为红棕色或棕黄色，具有棕黑、深灰或浅棕色斑点；鼓膜部位三角形黑斑显著；两眼间有深灰色或褐色横纹；四肢背面有黑褐色横纹；前肢后缘及后肢前缘有黑褐色或深棕色线纹；腹面乳黄色，咽胸部有不明显灰色斑点。

第二性征　雄蛙前肢较粗壮，第一指上有灰色或灰白色婚垫，上面有细密白刺粒；婚垫可分为 3~4 团，基部的 2 团大；无声囊，背、腹部均有雄性线。

生态习性　镇海林蛙生活在海拔 200~1000m 低山丘陵地带，多栖息于林木、灌丛、杂草等植被繁盛的山地林区，繁殖季节到山边水坑、水沟以及临时积水坑等静水水域产卵。繁殖时间各地差异很大，安徽南部 8 月底开始产卵，可延续至 10 月上旬；福建产卵期为 11 月至翌年 3 月；浙江杭州、宁波等地产卵期从 1 月下旬至 4 月，产卵高峰集中在 2~3 月。河南大别山区镇海林蛙冬季繁殖，1 月底气温 10℃、水温 6℃，在海拔 400m 静水坑发现卵，卵产出后卵胶膜吸水膨胀相互连接成卵块，含卵量 477 粒，卵径 1.5mm 左右，植物极灰白色、动物极黑褐色，将受精卵带回实验室饲养，2 月底孵化出的蝌蚪全长 12mm，5 月上旬发育至 28 期的蝌蚪全长 37mm，5 月下旬完成变态，幼蛙头体长 14.78mm。

地理分布　该物种在河南大别山区信阳、罗山、固始、商城、新县等地广泛分布。省外分布于安徽、江苏、上海、浙江、江西、湖南、福建、广东等地。

表 5-4　保护区镇海林蛙测量表　　单位：mm

	11♂♂	9♀♀		11♂♂	9♀♀
体长	39.28~52.67 46.09±3.46	35.02~62.38 49.38±7.17	鼓膜	2.86~4.14 3.44±0.34 7.47%	2.37~4.72 3.71±0.60 7.51%
头长	11.84~17.60 15.10±1.52 32.76%	10.10~21.47 16.87±2.75 34.16%	前臂手长	17.74~24.23 20.95±1.57 45.46%	14.68~25.98 20.61±2.86 41.75%
头宽	12.46~17.00 14.69±1.16 31.88%	10.92~19.32 15.50±2.22 31.39%	前臂宽	3.14~5.48 4.44±0.63 9.64%	2.27~5.64 4.01±0.76 8.12%
吻长	5.72~8.08 6.78±0.60 14.71%	5.42~9.08 7.27±0.98 14.72%	腿长	69.90~99.68 82.91±7.30 179.89%	59.72~111.76 89.34±13.77 180.94%
鼻间距	2.76~4.90 3.53±0.44 7.66%	2.92~4.45 3.63±0.46 7.34%	胫长	23.64~33.71 27.16±2.42 58.93%	20.17~37.84 29.75±4.57 60.24%
眼间距	2.68~3.72 3.29±.25 7.14%	2.81~4.94 3.64±0.56 7.36%	胫宽	4.08~8.05 5.40±0.85 11.71%	4.06~8.90 6.09±1.21 12.34%
眼径	4.15~6.50 4.99±0.50 10.82%	3.92~6.10 4.99±0.67 10.11%	跗足长	31.48~44.32 37.81±3.08 82.03%	28.07~50.56 40.20±6.13 81.42%
上眼睑宽	2.94~4.18 3.58±0.29 7.77%	2.48~4.55 3.55±0.46 7.18%	足长	21.92~31.26 26.55±2.22 57.62%	18.53~34.82 27.31±4.21 55.30%

* 百分率是各部量度与头体长之比。

(3)黑斑侧褶蛙 *Pelophylax nigromaculatus*

形态特征　雄蛙成体体长 64.56mm(55.51~74.68mm)，雌蛙成体体长 76.15mm(54.46~94.32mm)(表 5-5)。头长略小于头宽；吻端钝而略尖，突出于下唇；吻棱明显，颊部向外倾斜；鼻孔在吻眼中间，鼻间距与上眼睑宽几相等，远大于眼间距；眼大而突出，眼径约为头长的 1/3；眼间距窄，不及眼径之半；鼓膜大而明显，近圆形，为眼径的 3/4 左右；犁骨齿 2 小团，内鼻孔之间；舌宽厚，后端有深的缺刻。

前肢短，前臂及手长小于体长之半；指末端钝尖，指长顺序 3、1、2、4；指侧缘膜不明显；关节下瘤小而明显。后肢长而肥硕，腿长约为体长的 1.5 倍，前伸贴体时胫跗关节达鼓膜和眼之间，左、右跟部不相遇或仅相遇，胫长不及体长之半；趾末端钝尖，趾长顺序 4、3、5、2、1；第 1、5 趾外侧缘膜不发达；第 4 趾蹼达远端第一关节下瘤，其余蹼达趾端，蹼缘缺刻较深；关节下瘤小而明显；外跖突，内跖突窄长，外跖突短小；无跗褶。

背面皮肤较粗糙；体背两侧有 1 对背侧褶，自眼后直达肛部，背侧褶间有多行长短不一的纵肤棱；后背、肛周及股后下方有圆疣和痣粒；体侧有长疣或痣粒；鼓膜上缘有颞褶细；胫背面有几条由痣粒连缀成的纵肤棱；腹面光滑。

生活时体色变异大，背面为淡绿色、深绿色、黄绿色、灰褐色等杂以许多大小不一、形状不规则的黑斑纹，有的个体黑斑不明显；多数个体自吻端至肛前缘有一条宽窄不一的淡黄色或淡绿色纵脊线；背侧褶金黄色、浅棕色或黄绿色；有些个体沿背侧褶下方有黑纹，或断续成斑纹；唇缘有斑纹；鼓膜灰褐色或浅黄色；四肢背面浅棕色，前臂常有棕黑横纹 1~3 条，股、胫部棕黑横纹 3~5 条，股后侧有酱色云斑。腹面乳白色无斑。

第二性征　雄蛙体较小；前臂较粗壮，第一指内侧灰色婚垫发达；有一对颈侧外声囊；背侧及腹侧都有雄性线。

生态习性　黑斑侧褶蛙生活于平原、丘陵和山地，栖息于池塘、稻田、湖泊、水库、水沟、沼泽等静水和溪沟、小河等流水环境。白天多隐藏在草丛、作物和水生植物基部，晚上出来觅食。春季气温升至 10℃以上，黑斑侧褶蛙开始出蛰，4 月初开始繁殖，可持续至 6 月底。雌蛙的产卵量与个体大小没有明显的相关性，个体间差异很大，少则数千粒，多则上万枚，卵径 1.60mm(1.38~1.91mm，$n=14$)。

地理分布　全省广泛分布。国内主要分布于东部各省区，如黑龙江、吉林、辽宁、河北、北京、天津、河南、山东、山西、陕西、内蒙古、宁夏、甘肃、四川、重庆、云南、贵州、湖北、安徽、江苏、浙江、江西、湖南、福建、广西、广东等省(自治区、直辖市)。

表 5-5　保护区黑斑侧褶蛙的量度　　单位：mm

	9♂♂	6♀♀		9♂♂	6♀♀
体长	55.51~74.68 64.56±6.03	54.46~94.32 76.15±12.32	鼓膜	4.46~6.80 5.63±0.70 8.71%	4.31~8.33 6.47±1.14 8.5%
头长	20.96~24.73 21.54±1.64 33.36%	18.93~31.68 24.71±3.60 32.45%	前臂手长	22.19~30.82 26.86±2.30 41.6%	21.50~37.18 30.14±4.59 39.58%
头宽	19.40~27.38 23.41±2.44 36.25%	18.31~34.15 26.13±4.50 34.31%	前臂宽	3.51~6.98 5.38±0.85 8.33%	3.30~9.33 6.10±1.28 8.01%
吻长	9.60~12.48 10.98±0.89 17.01%	9.24~16.38 12.60±2.00 16.55%	腿长	80.46~117.85 101.57±10.00 157.31%	85.82~145.15 118.75±19.00 155.93%
鼻间距	3.92~5.71 4.91±0.48 7.60%	4.10~6.14 5.35±0.61 7.03%	胫长	27.10~35.80 31.40±2.46 48.63%	26.48~45.74 36.54±6.02 47.98%

（续）

	9♂♂	6♀♀		9♂♂	6♀♀
眼间距	1. 69~4. 03 2. 89±0. 60 4. 47%	2. 33~4. 80 3. 18±0. 64 4. 17%	胫宽	6. 40~13. 21 9. 88±1. 93 15. 30%	7. 15~16. 90 12. 20±2. 81 16. 02%
眼径	6. 57~8. 33 7. 66±0. 58 11. 86%	6. 63~10. 42 8. 63±1. 02 11. 33%	跗足长	40. 29~56. 37 49. 15±3. 96 76. 13%	42. 29~68. 02 57. 34±7. 97 75. 30%
上眼睑宽	4. 07~5. 35 4. 84±0. 40 7. 4%	4. 12~6. 78 5. 50±0. 72 7. 22%	足长	29. 00~39. 55 34. 85±3. 06 53. 97%	30. 17~48. 00 39. 84±5. 88 52. 32%

* 百分率是各部量度与头体长之比。

（4）泽陆蛙 *Fejervarya multistriata*

形态特征　雄蛙成体体长 36. 19mm（31. 33 ~ 39. 91mm），雌蛙成体体长 38. 60mm（30. 21~45. 35mm）（表 5-6）。头长与头宽几相等；吻钝尖，突出于下唇，吻棱圆形；颊部显然向外倾斜；鼻孔位吻眼之间，鼻间距远大于眼间距，略小于上眼睑宽；眼间距窄，约为上眼睑的 1/2；鼓膜明显，约为眼径的 2/3；犁骨齿 2 小团，内侧不相接；舌卵圆形，后端缺刻深。

前肢短，前臂及手长远短于体长之半；指纤弱，末端钝尖，指长顺序 3、1、4、2，指间无蹼；关节下瘤明显，近基部者略大；掌突 3 个。后肢较粗短，前伸贴体时胫跗关节达肩或仅达鼓膜，左、右跟部不相遇或仅相遇，胫长小于体长之半，足长与胫长几乎相等；趾端钝尖；趾间半蹼，第 4 趾蹼只达近端第 1、2 关节之间，趾侧缘膜不明显；关节下瘤小而清晰；内跖突窄长、椭圆形，外跖突小；有内跗褶。

表 5-6　保护区泽陆蛙成体量度　　单位：mm

	11♂♂	7♀♀		11♂♂	7♀♀
体长	31. 33~39. 91 36. 19±2. 05	30. 21~45. 35 38. 60±4. 13	鼓膜	2. 22~3. 43 2. 83±0. 33 7. 83%	2. 25~3. 77 3. 00±0. 37 7. 76%
头长	11. 31~13. 62 12. 54±0. 71 34. 64%	10. 80~16. 19 13. 19±1. 16 34. 17%	前臂手长	12. 94~15. 68 14. 24±0. 70 39. 35%	12. 46~18. 72 15. 67±1. 70 40. 59%
头宽	11. 47~14. 38 12. 60±0. 84 34. 81%	10. 32~16. 70 13. 66±1. 78 35. 39%	前臂宽	2. 68~4. 04 3. 36±0. 38 9. 30%	2. 56~4. 18 3. 24±0. 52 8. 40%
吻长	5. 84~7. 14 6. 35±0. 34 17. 55%	5. 43~8. 94 6. 78±0. 77 17. 57%	腿长	46. 78~55. 70 49. 92±2. 23 137. 95%	42. 39~68. 23 55. 01±6. 20 142. 53%

（续）

	11♂♂	7♀♀		11♂♂	7♀♀
鼻间距	2. 56~3. 59 3. 15±0. 30 8. 72%	2. 23~4. 32 3. 25±0. 45 8. 43%	胫长	16. 11~18. 59 17. 41±0. 71 48. 12%	14. 46~22. 79 19. 13±2. 18 49. 55%
眼间距	1. 42~2. 25 1. 89±0. 23 5. 23%	1. 47~2. 75 2. 07±0. 29 5. 36%	胫宽	4. 81~6. 94 5. 84±0. 59 16. 14%	4. 95~8. 39 6. 49±1. 02 16. 81%
眼径	3. 77~5. 35 4. 56±0. 42 12. 59%	3. 66~6. 29 4. 82±0. 56 12. 49%	跗足长	23. 66~27. 51 25. 48±1. 13 70. 41%	21. 43~33. 59 28. 07±3. 19 72. 72%
上眼睑宽	2. 96~3. 91 3. 41±0. 28 9. 43%	3. 01~4. 41 3. 58±0. 35 9. 27%	足长	15. 72~18. 41 17. 26±0. 91 47. 71%	14. 95~22. 57 18. 92±2. 23 49. 01%

* 百分率是各部量度与头体长之比。

皮肤较光滑，体背有长短不一的纵肤棱，在肤棱之间散布许多小疣粒，少数眼睑上也有疣粒；无背侧褶；少数个体背面有 1 条脊中线；体侧、体后部及后肢背面疣粒圆而明显；肛周及股腹面密布扁平小疣；腹面皮肤光滑；颞褶明显；枕部有一枕肤沟。

生活时体色变异颇大，多为灰棕色、橄榄色或深灰色等，背面杂以赭红色、深绿色或深褐色等醒目斑纹；有的个体从吻端沿背中线至体后有一条清晰的黄色纵纹；上、下唇缘有 7~8 条黑纵纹，两眼间有深色“Λ”形斑，在背部两肩间有近似“><”形斑；鼓膜砖红色；四肢背面有深色横纹，股、胫部各有 3~4 条。腹面乳黄色。液浸标本灰褐色，体背的黑斑纹明显，其他的赭红色、深褐色、深绿色等斑纹全部变浅灰色，脊纹白色；腹面乳白色。

第二性征　雄蛙体型略小；第一指内侧有浅棕色婚垫；具单咽下外声囊，咽喉部深褐色呈皱褶状，具“M”形灰褐色斑；有雄性线；雌性咽部灰白色。

生态习性　泽陆蛙栖息于平原、丘陵、山区的田野、树林、沼泽、水沟、草丛、房屋周围等地，适应性极强。3 月份出蛰，繁殖期从 4 月持续至 9 月，5~6 月为繁殖盛期。雌蛙分多次产卵，每次排卵 20~40 粒后休息片刻又再次产卵，一般连续产卵几批后，停息 3~5 分钟后再产，可连续十几批至二十多批，卵群黏连成片，分散漂浮在水面上；卵径 1mm 左右，动物极棕黑色，植物极灰白色。

地理分布　全省广泛分布。国内分布于东部和东南部各省（自治区、直辖市），如河北、天津、河南、山东、陕西、甘肃、湖北、安徽、江苏、浙江、江西、湖南、福建、台湾、四川、重庆、云南、贵州、西藏、海南、广西、广东、香港、澳门等。

5. 5. 3. 7　保护区新记录两栖动物及其生物学特征

（1）湖北侧褶蛙 *Pelophylax hubeiensis*

形态特征　雄性体长 37. 48mm（34. 44 ~ 41. 45mm）；雌性体长 53. 76mm（43. 52 ~

68.13mm)(表 5-7)。头长略大于头宽；吻端钝尖，吻棱明显，颊部向外倾斜；鼻孔近吻端；眼间距窄，鼻间距大于眼间距，略小于上眼睑宽；雄性鼓膜大于眼径，雌性鼓膜径与眼径几相等；犁骨齿 2 小团，间距宽；舌梨形，后端有深的缺刻。

前肢短，前臂及手长小于体长之半；指末端钝尖，指长顺序为 3、1、4、2，第 1、4 指几等长；关节下瘤小而明显；掌突不明显。后肢粗短，胫跗关节前伸仅达鼓膜，左右跟部不相遇，胫长不及体长之半且小于足长；趾端钝尖，趾间几满蹼，外侧跖间蹼达跖基部；关节下瘤小而明显；跖突 2，内跖突发达，呈刀刃状，略短于第 1 趾，外跖突甚小。

皮肤光滑，体背及体侧散有小疣粒；背侧褶宽厚，从眼后直达身体后端，最宽处与上眼睑几等宽；有外跗褶；胫部有纵行细肤褶；肛部及股后部有小痣粒；腹面皮肤光滑。

生活时体背面绿色或浅褐色，杂以不规则灰褐色或深绿色斑，头侧和体侧绿色；背侧褶棕黄色；四肢背面棕黄色，有 2~3 条绿色横纹；股后正中有 1 条黄色细纵纹，上方为 1 条浅棕色纹，下方有 1 条酱色纵纹。腹面浅黄色或乳白色，有的杂以灰色斑点。

第二性征　雄性个体明显小于雌性，雄性第一指内侧基部具有 1 团灰色婚垫，无声囊，有雄性线。

生态习性　生活在水草丰盛的池塘、稻田等静水水域。白天常匍匐于荷叶或水草上，夜间捕食。繁殖期从 4 月底至 7 月，每年可产卵 2~3 次；卵散生，附于水草、荷叶上；卵径 1.6mm 左右，植物极乳黄色，动物极黑褐色。

地理分布　金线侧褶蛙(*Pelophylax plancyi*)已知广泛分布于河南省桐柏、大别山区、太行山、伏牛山区及豫东黄淮平原。王新卫等(2010)通过对河南大别山区(信阳市、新县、商城县、光山县、固始县)、河南东部周口市、郸城县(豫东)及伏牛山区(南阳内乡县)3 个地理种群金线侧褶蛙性成熟个体进行判别分析和聚类研究，结果显示，分布于大别山丘陵地区的种群属于湖北侧褶蛙。因此，目前省内仅知该物种分布于大别山区信阳、固始、光山、商城、淮滨、罗山、新县；省外分布于湖北、安徽、湖南、重庆等地。

表 5-7　保护区湖北侧褶蛙量度　　单位：mm

	8♂♂	6♀♀		8♂♂	6♀♀
体长	34.44~41.45 37.48±2.59	43.52~68.13 53.76±7.41	鼓膜	4.50~6.08 5.25±0.56 14.10%	4.25~6.25 5.37±0.55 10.08%
头长	12.81~15.46 14.23±0.94 38.20%	16.64~25.38 20.53±2.54 38.49%	前臂手长	15.91~18.52 16.72±0.95 45.38%	19.29~27.37 22.89±2.64 43.00%
头宽	13.12~16.21 14.12±1.05 37.92%	15.42~24.87 19.39±2.69 36.34%	前臂宽	3.12~4.49 3.82±0.45 10.29%	4.16~7.05 5.48±0.90 10.27%
吻长	5.20~6.02 5.73±0.32 15.38%	6.75~9.53 7.99±0.79 15.01%	腿长	53.40~61.42 58.30±2.96 156.46%	66.61~103.01 82.13±10.46 154.22%

（续）

	8♂♂	6♀♀		8♂♂	6♀♀
鼻间距	2.42~3.02 2.73±0.22 7.33%	3.03~4.20 3.63±0.36 6.82%	胫长	15.45~18.53 17.25±1.01 46.33%	19.35~31.62 24.88±3.60 46.63%
眼间距	1.88~2.32 2.06±0.16 5.53%	2.41~3.56 2.97±0.42 5.57%	胫宽	4.90~5.75 5.38±0.30 14.43%	5.96~18.38 8.43±3.07 15.65%
眼径	3.81~5.37 4.65±0.61 12.51%	4.57~7.10 5.79±0.67 10.86%	跗足长	27.09~30.24 28.60±1.15 76.70%	32.71~48.89 40.00±4.87 75.09%
上眼睑宽	2.75~3.79 3.17±0.61 8.54%	3.12~4.69 3.94±0.45 7.41%	足长	19.48~22.72 20.79±1.18 55.75%	23.64~35.92 28.82±3.48 54.12%

* 百分率是各部量度与头体长之比。

(2)阔褶水蛙 *Hylarana latouchii*

形态特征　雄蛙体长38mm，雌蛙体长47mm左右。头长大于宽；吻较短而钝，末端略圆，吻棱，明显；颊部凹陷；鼻孔近吻端，位于吻侧，鼻间距较宽，略大于眼间距；眼位于头侧，上眼睑宽，略小于眼间距；鼓膜明显，与上眼睑等宽，为眼径的3/5~2/3；犁骨齿2小团，在内鼻孔之间；舌长卵圆形，后端缺刻深。

前臂及手长小于体长之半；指纤细而长，末端钝圆略扁，无腹侧沟；指长顺序为3、1、4、2；关节下瘤小而清晰，有指基下瘤；掌突3个；后肢长约为体长的1.5倍，胫长约为体长之半，雄蛙者小于之半；前伸贴体时胫跗关节达眼部，左、右跟部重叠；足略长于胫；趾末端略膨大呈吸盘，其腹侧有沟；趾间半蹼，均不达趾端；关节下瘤小而明显；内、外跖突小，内者长卵圆形，外者圆形；有不明显的跗褶。

皮肤粗糙。自眼后角至胯部有极明显的背侧褶，在后端常断续成疣粒，整个背侧褶宽窄不一，中部最宽，等于或大于上眼睑宽，为4~4.5mm；背面有稠密的小刺粒，液浸标本小白刺很明显，自眼睑开始整个背面，包括背侧褶上以及后肢背面都有刺粒；体侧的疣粒较大；吻端、头侧、后肢及腹面的皮肤光滑；股部近肛周疣粒扁平；两眼前角之间有凸出的小白点；无颞褶；口角后的两团颌腺甚明显；雄蛙的上臂基部前方有不十分明显的臂腺；跗褶2条，褶上也有刺粒，可延续到跖底部。

生活时体背面金黄色夹杂少量的灰色斑，背侧褶上的金黄色更加明显；从吻端开始通过鼻孔沿背侧褶下方有黑带；吻缘淡黄色有灰色斑，颌腺黄色；体侧有形状和大小不等的黑斑，疣粒黄色；四肢背面有黑横纹，股后方有黑斑点及云斑，雄蛙的臂腺及雌蛙的相应部位有灰色斑；体腹部淡黄色，两侧的黄色稍深而无斑，有些标本为灰白色，其上有许多云斑。液浸标本体背面棕黑色、深灰色；背侧褶和体色差不多，其上的灰色斑更为清楚，体侧的黑斑清晰；腹部乳黄色或灰白色。

第二性征 雄蛙体较小；吻端明显，比较尖；有 1 对咽侧内声囊，声囊孔小，长裂形；前臂粗短，基部有光滑小臂腺；第 1 指内侧有浅色婚垫；体背侧有雄性线。

卵及蝌蚪 卵群黏连成堆状；卵径 1.3～1.5mm，动物极深棕色，植物极乳黄色，两极分界明显。第 37～38 期的蝌蚪全长平均 40.4mm，头体长为 14.6mm，尾长为头体长的 175.0%。生活时背面淡绿色，有棕色斑点；背部两侧(即成体背侧褶的相应地方)有许多黄色细粒组成纵行的腺体，腹部有灰色斑，尾部灰色点很多；尾肌弱，尾鳍较宽，上尾鳍大于下尾鳍，末端钝尖；吻端钝圆，鼻孔在吻眼之间，眼位于头背侧，出水孔在左侧，略近于眼，无游离管；肛管在后肢芽之间，末端向右侧倾斜；口位于吻腹面，上唇无乳突，下唇乳突有两排，外排长而疏；口角处有少量副突，唇齿式为Ⅰ：1+1/1+1：Ⅱ，也有少量Ⅰ：1+1/Ⅲ。

生物学资料 该蛙生活在海拔 30～700m 的平原、丘陵、山区。常见于山旁的水田、水沟及其附近，很少在山溪流水内。白天多隐藏在水域附近的草丛、石缝或土穴内，不易被发现，多在夜晚出外觅食或蹲在岸边鸣叫。该蛙跳跃能力不强，常在繁殖季节比较活跃，夜里成对地停留在水草间或水边。繁殖季节 4～5 月，产卵在水边的水草或石块上，卵胶膜大，卵小，卵粒较分散。

地理分布 分布于贵州、河南(信阳)、安徽、江苏、浙江、江西、湖南、湖北、广东、广西以及香港、台湾等地。本次调查，在保护区仅发现 3 只雄性个体。

(3)合征姬蛙 *Microhyla mixtura*

形态特征 体小呈三角形，雄蛙体长 22.67mm，雌蛙体长 26.50mm 左右。头宽略大于头长；吻钝尖，微突出于下唇，吻棱明显，颊部略向外倾斜；鼻孔近吻端，鼻间距小于眼间距而大于上眼睑宽；鼓膜不显；无犁骨齿；舌椭圆形，后端无缺刻。

前肢细弱，前臂及手长不到体长之半；指端钝圆，无吸盘，其背面亦无纵沟；第 1 指短小，第 2 指略短于第四指，达第 3 只指第 2 关节下瘤；关节下瘤发达；掌突 2 个，内掌突椭圆形，略小于外掌突。后肢粗壮，前伸贴体时达胫跗关节达眼和眼后缘，左右跟部重叠，胫长超过体长之半；第 1 趾端钝圆，其余各趾膨大成吸盘，吸盘背面有纵沟，一般以第 3，第 4 趾上的最为明显，有一定的变异；第 5 趾短于第 3 趾；趾侧缘膜窄，基部相连成微蹼；关节下瘤大；内跖突长椭圆形，外跖突小而圆，有外跗褶。

皮肤较粗糙，背面有分散小疣，多呈纵行排列，沿背正中自吻端至肛前方者疣窄长，其两侧者多呈椭圆形或圆形；四肢背面有小圆疣，颞褶明显，其下方的肤沟由眼后角至前趾基部绕至腹面形成环绕咽喉部的肤沟。腹后端与股部交界处及股基部后方有较大扁平疣。

生活时背面灰棕色，有一明显的酱褐色主干，从两眼间的三角形斑开始向后延伸加宽在两肩水平处及后背中部分别向两侧斜出达体侧及胯部，后背到肛前方倒进有 1 个或 2 个“∧”形纹，或“∨”形纹呈断续的斑点状。主干线纹的两外侧常有与之平行的浅色线纹；颊部及体侧略带淡蓝色；体侧有醒目的黑褐色纹，此纹自眼前角至眼后沿颞褶达前肢基部前方中断，在自肩部形成一个角状弯曲，从前向后斜达胯部，当后肢曲向体后时，此线纹与体侧线纹相衔接。股部前方远端及四肢背面具深浅不同酱褐色斑纹，前臂 3 条，股、胫部各 4～5 条，色较浅，胫部横纹内侧末端与跗内测与肛两侧皆为黑褐色。背面所有酱褐色斑的周围都镶有玫瑰黄色的细边。腹面咽喉部紫黑色，胸部灰褐色，腹部灰白和灰色，有密集小黑点，虹彩淡赭色，瞳孔深褐色。

第二性征　雄蛙有单咽下外声囊，声囊孔长裂状；咽喉部色深；淡肉粉色雄性线明显；无婚垫。

卵　动物极棕褐色，植物极乳黄色。

蝌蚪　生活时背面深褐色，前端两侧略带浅绿色；腹面乳白色略透明；尾基部较背面浅，尾鳍乳白色，上下尾鳍边缘由密集深褐色小点组成宽黑边。当蝌蚪后肢 5.2mm(第 34 期)时，头体长 9.9mm，尾长为头体长的 1.7 倍左右。头及背部扁平，体略高；尾肌弱，尾鳍发达，上尾鳍较下尾鳍窄，尾末端细尖；吻端圆，鼻孔位于眼前方中线两侧，眼小位于头的两极侧；出水孔位于肛前方腹中线上，为一宽而薄的肤褶所覆盖，该肤褶达肛部；肛孔位于下尾鳍基部中央。口位于吻端，上唇褶平直，在口的两侧及前下方有较宽的唇褶，褶缘各有 4~5 个乳突，无唇齿，无角质颌。

生物学资料　该蛙生活在海拔 100~1700m 的山区稻田、水坑及其附近的草丛、土穴及泥窝中。在水中时往往仅露出头部，有时浮在水面，不鸣叫也不动；在草丛中或土缝内隐蔽良好，难以被发现。雄蛙鸣声略带弹音，与其他姬蛙鸣声迥异。鸣叫时紫色外声囊膨胀成泡状。据陈晓虹报道，商城金刚台自然保护区，晚间雄蛙的鸣声清脆嘹亮，略带弹音，3 声一个节律。繁殖季节 4~6 月，产卵前有抱对行为，先是雄蛙高声鸣叫，约半小时后选择雌蛙抱对，抱对的雄性个体稍小于雌性，雄性前肢拥抱着雌性的腋部，抱对 4 个小时左右开始产卵。雌蛙一次产卵 200 多粒，卵块片状，卵径约 1mm，植物极黄色，动物极棕褐色。从抱对到产卵期间，雌雄蛙始终不分开，直到雌蛙产卵雄蛙才离开。曾观察到正抱对的一对蛙，因高温缺氧，雌蛙已死亡近 1 小时，然而雄蛙仍紧抱不放。

食性分析　对商城合征姬蛙的食性进行初步分析，结果表明，该成蛙主要捕食昆虫等动物性食物，其中，以鞘翅目、膜翅目昆虫为主，有益系数达 95.08%。

地理分布　河南省内主要分布于信阳大别山区，国内分布于陕西、四川、重庆、贵州、湖北、安徽、浙江等地。

5.5.3.8　两栖动物外来种及其生物学特征

牛蛙 *Lithobates catesbeianus*

保护区科学考察发现，保护区水体内(河流、池塘)，都有牛蛙活动的踪迹，特别是 2016 年 7 月份考察的时候，笔者在保护区的池塘采集到了牛蛙的成体、亚成体以及蝌蚪。在夜间考察的过程中，可以听到牛蛙的标志性鸣叫声，根据声音和蝌蚪的数量估算，保护区牛蛙野外种群数量较大。

形态特征　体型大而粗壮，雄蛙体长 152mm，雌蛙体长 160mm 左右，大者可达 200mm 左右。头长与头宽几乎相等，吻端钝圆，鼻孔近吻端朝向上方，鼓膜甚大，与眼径等大或略大；犁骨齿分左右两团。背部皮肤略显粗糙，有极细的肤棱或疣粒，无背侧褶，颞褶显著。前肢短，指端钝圆，关节下瘤显著，无掌突；后肢较长，前伸贴体时，胫跗关节达眼前方，趾关节下瘤显著，有内跖突，无外跖突，趾间全蹼。

生活时绿色或绿棕色，带有暗棕色斑纹，头部及口缘鲜绿色，四肢具横纹或点状斑；腹面白色，有暗灰色细纹；雄性咽喉部灰白色具深色细纹。卵径 1.2~1.3mm，动物极黑色或黑褐色，植物极乳白色。蝌蚪全长可达 100mm 以上，体背面有深色斑点，尾肌和上尾鳍亦有黑褐色斑点；唇齿式为Ⅰ：2+2/1+1：Ⅱ或Ⅰ：1+1/1+1：Ⅱ。

第二性征　雄蛙鼓膜较雌蛙的大，第一指内侧有婚垫，咽喉部黄色，有一对内声囊。

生态习性　国内引进的牛蛙主要生活于气候温暖地区的沼泽、湖塘、水坑、沟渠、稻田内。产卵时间与地域有关，卵产在静水边的水草间，雌蛙产卵1万~5万余粒。此期，雄蛙常发出似母牛的鸣叫声。蝌蚪在静水塘内生活，70天全长可达90~100mm，76天左右可变成幼蛙。该蛙体型大，能捕食其他身体较小的蛙类和蝌蚪，已成为当地土著蛙类的天敌。在我们实地考察过程中，发现成蛙行动非常敏捷，白天夜间都可以听到叫声，但白天隐藏在水草间，很少能看到成体，夜间即使能看到，也很难抓住。同时，蝌蚪在静水塘的数量多，7月、10月也可以看到，而且10月发现刚变态的幼蛙。

地理分布　牛蛙原产于北美洲落基山脉以东地区，多年来，先后被引种到世界许多地区驯养。中国北京以南地区均有养殖，以南方区域成功者居多，有的已放养到自然环境中，在当地自然繁衍，经查阅资料，有野外自然种群的，目前有浙江、海南、四川、云南等地。

牛蛙对生物多样性危害极大，成体能吞食比它个体小的任何生物，包括昆虫和甲壳动物、蛇、蜥蜴、小型哺乳动物、鸟类、鱼和龟等；牛蛙蝌蚪不但能取食水生植物、细菌、小脊椎动物和死鱼，而且与本地蝌蚪争夺食源，减少它们的取食活动，降低它们的存活率，也改变当地蛙的生存环境。另外，牛蛙还通过传播疾病，降低本地蛙类的适合度和种群数量。由于它们的食性广泛多样，个体适应环境的能力强，寿命长，缺乏天敌控制，种群增长极为迅速，一旦在一个地方建立种群，则极难根除。该蛙已导致世界许多地区蛙类和蛇类种群数量的严重下降、分布区缩小和局部绝灭，并极大地破坏了水生生态系统的结构。

5.6　重要动物资源

保护区位于大别山西段，属桐柏—大别山山系，地势总体南部、西部较高，北部和东部较低，地形以浅山丘陵为主。保护区处于我国南北气候分界线秦岭—淮河一线以南，北亚热带向暖温带过渡的分界线上，具有典型的过渡性特征。独特的地理位置、温和湿润的气候条件和良好的森林生态系统，孕育了保护区丰富多样的生物资源。河南董寨国家级自然保护区被《中国生物多样性保护行动计划》确定为北亚热带地区优先保护的生态系统，同时被世界自然基金会(WWF)列为需要优先保护的有重要意义的生态区域。保护区生态系统典型，生物多样性丰富，珍稀濒危物种众多。

5.6.1　貉

5.6.1.1　概况

貉(*Nyctereutes procyonoides*)又称貉子、狸，是哺乳纲、食肉目、犬科、貉属的动物，被认为是类似犬科祖先的物种。保护区科学考察发现，保护区内多有貉的踪迹。2016年，通过红外相机监测，也记录下了貉的野外照片(图5-23)。2021年2月，国家林业和草原局和农业

图5-23　红外相机记录的貉(彩图见365页)

农村部依据野生资源变动和最新研究成果，发布了新的《国家重点保护野生动物名录》，将貉列为国家二级重点保护野生动物。貉也是保护区内极具代表性的哺乳动物。

5.6.1.2 形态特征

体型短而肥壮，介于浣熊和狗之间，小于犬、狐。被毛通常呈棕灰色或棕黄色，长而蓬松、底绒丰厚。吻部白色，短尖，面颊自眼周至下颌有黑色被毛，两侧淡色长毛横生，形成环状领。背部的毛尖黑色，形成一交叉性图案。尾部被毛黑色或黑褐色，有黑色毛尖。靠近腹部的体侧被色呈灰黄或棕黄色；腹部的毛色最浅，呈黄白或灰白色；四肢的毛色较深，呈黑色或黑褐色。趾行性，以趾着地。前足 5 趾，第 1 趾较短不着地；后足 4 趾，缺第 1 趾。前后足均具发达的趾垫。

头体长 450~660mm；尾长 160~220mm；后足长 75~120mm；耳长 35~60mm；颅全长 100~130mm；体重 3~6kg。

5.6.1.3 生态习性

生活在平原、丘陵及部分山地，兼跨越亚寒带到亚热带地区。常栖息于河谷、溪流、湖泊附近的丛林中，喜穴居。貉常利用其他动物的废弃洞穴或天然石峰、树洞为洞穴，洞穴多露天。其在夏季常栖息于阴凉的洞穴中，而其他除繁殖季以外的季节，一般不利用洞穴。

夜行性，沿着河岸、湖边以及海边觅食，食谱广泛，食性较杂，主要捕食小动物如鸟类、啮齿类、蛇、蛙、昆虫等，也食真菌、根茎、浆果和谷物及其种子等植物。Sutor 等学者对两个不同研究地点的貉的食物成分进行分析，发现貉的食物组成受到景观结构和季节的影响，也证明了貉在进食上的机会主义策略。

其性情相较狐等动物温顺，行为也较为迟钝。通常以成对或临时性的家族群体被发现，少有一雌多雄或一雄多雌现象。临时性家族群体在繁殖季表现明显，在此期间双亲与仔貉同穴而居。仔貉临近断乳前，常由双亲带领到洞穴不远的地方玩闹。仔貉一般在入冬前离开双亲。

貉与大多数犬科动物不同，善爬树，也是唯一一种冬季进行非持续性冬眠的犬科动物。但与真正的冬眠不同，其在融雪天气也出来活动。Asikainen 等人对不同季节的 37 只野生貉进行生理检测，研究发现，貉的体重、体长在不同季节有差异，但冬季体脂率低于其他季节；血浆瘦素和生长激素水平在冬季有所提升，其非持续性冬眠的特性主要由这两种激素主导(表 5-8)。

表 5-8 野生貉群体季节性生理参数

生理参数	秋季	冬季	春季-夏季
体重(kg)	6.54±0.40	5.26±0.28	4.36±0.96
体脂率(kg/m3)	27.30±1.10	22.40±1.20	23.50±2.50
体长(cm)	61.81±0.77	61.73±0.47	55.89±2.27

（续）

生理参数	秋季	冬季	春季-夏季
肝糖原(mg/g)	15. 63±3. 31	7. 31±1. 51	5. 03±0. 95
瘦素(ng/ml)	1. 24±0. 18	3. 00±0. 86	2. 12±0. 14
饥饿素(ng/ml)	2. 33±0. 13	2. 21±0. 37	2. 18±0. 08
饥饿素/瘦素	1. 01±0. 14	1. 82±0. 35	1. 11±0. 08
生长素(ng/ml)	1. 14±0. 21	1. 18±0. 13	0. 87±0. 12
胰岛素(μIU/ml)	22. 94±9. 65	3. 51±1. 06	8. 75±2. 36

5. 6. 1. 4 地理分布、异地引入与种群遗传结构

1. 地理分布与异地引入

貉是东亚特有动物，原产于日本、中国、俄罗斯、蒙古、朝鲜、韩国和越南等国。于1927—1957年间被引入奥地利、捷克、芬兰、法国、德国、波兰、瑞士、乌克兰等国。貉被引入欧洲后，曾在部分地区快速地扩散(图5-24)。日本数量较多。

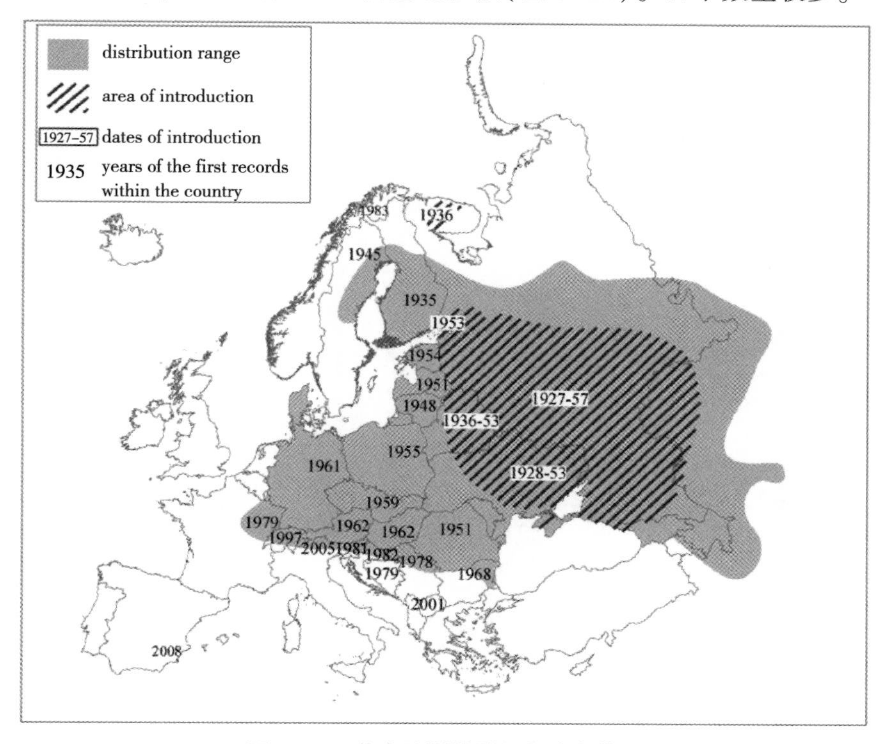

图5-24 貉在欧洲的引入和分布范围

注：灰色：分布范围；斜线：引入区域；时间范围：引入的时间范围；时间：于某国首次发现的时间

有学者对貉在波兰的分布进行调查，发现貉自1955年被引入至2008年，其分布范围已扩散至波兰全境(图5-25)。

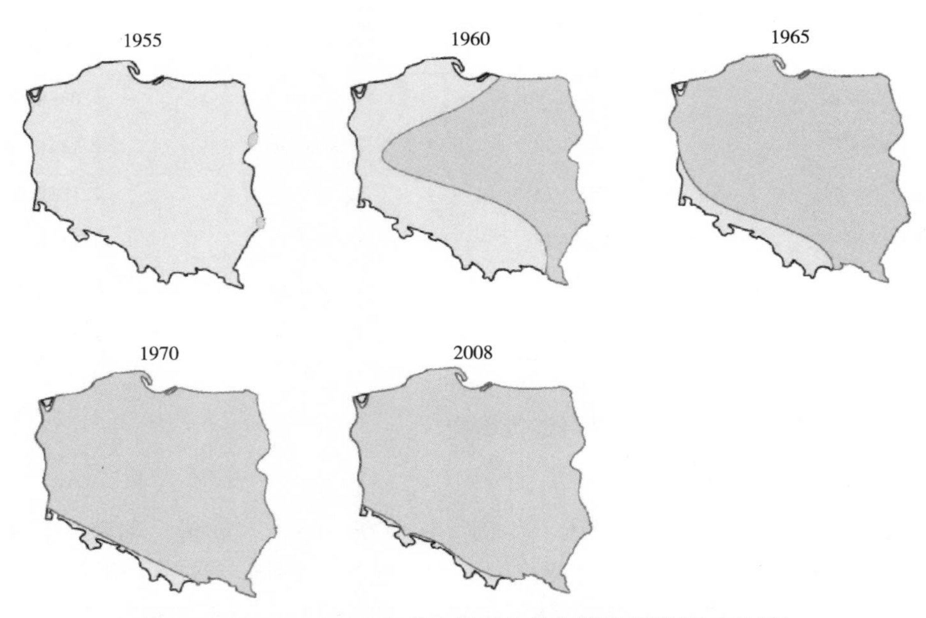

图 5-25　1955—2008 年貉在波兰的分布范围(彩图见 365 页)

2. 种群遗传结构

Hong 等对貉的不同地理种群进行了 16 个微卫星位点的检测，发现了 2 个主要且显著的不同基因簇($F_{st}=0.236$)，即大陆型种群和岛屿型种群(图 5-26，图 5-27A)。对大陆型种群的貉进行深入分析，发现 3 个亚种群，即中国-俄罗斯-芬兰亚种群、韩国亚种群和越南亚种群(图 5-27B)；日本种群则由本州亚种群和北海道亚种群组成(图 5-27C)。东亚地区的貉的遗传多样性和种群结构受到基因流和地理屏障的影响，揭示了典型的遗传多样性中心—边缘趋势[9]。

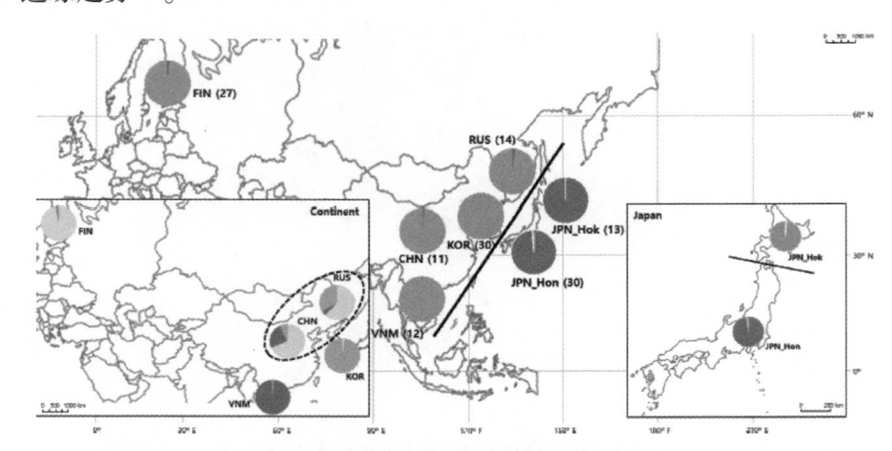

图 5-26　貉的种群遗传结构研究采样地和遗传集群(彩图见 365 页)

注：KOR 为韩国种群；CHN 为中国种群；RUS 为俄罗斯种群；FIN 为芬兰种群；VNM 为越南种群；JPN_Hon 为日本本州种群；JPN_Hok 为日本北海道种群。

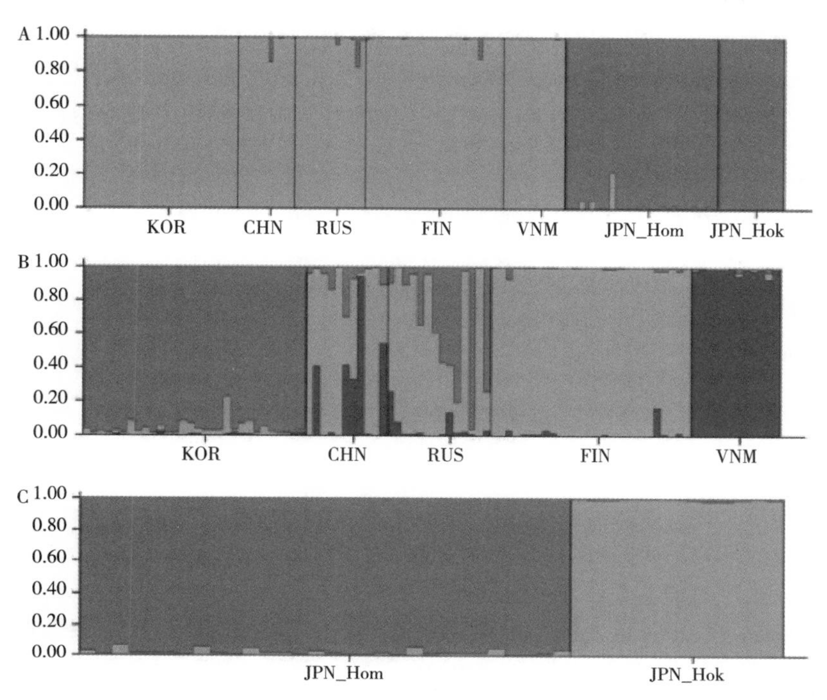

图 5-27 不同地理种群的 Structure 分析结果(彩图见 366 页)

5.6.1.5 亚种分化

貉共有 6 个亚种，分别为指名亚种、日本亚种、东北亚种、韩国亚种、西南亚种和卡里自宁亚种。根据《中国动物志》，貉在中国大陆的分布区为：①指名亚种，分布于华东、华北、华南和华中一带，包括江苏、浙江、安徽、江西、湖北、湖南、广东和广西等地；②东北亚种，分布于黑龙江、辽宁和吉林等地；③滇北亚种(也称西南亚种)，分布于云南、贵州、四川和越南北部等地。但是，貉的亚种分类显然还存在着一些问题，这 3 个亚种仍难以包括我国各地所产的貉，不但华北貉的分类地位未定，而且陕西、甘肃南部等地所产貉的分类地位亦有疑问。对于江、浙、皖群体与两广、福建群体的分类关系也有不同的看法。

赵玮等对我国貉进行了线粒体 DNA 的多态性分析和亚种分化关系研究，发现华北貉与东北亚种遗传距离较远，建议将华北貉单独定为一个亚种；陕西貉与云南、越南北部和广西群体的亲缘关系较之与东北、华北的近，建议单独定为一个亚种；现今分类学家将广西貉划归为指名亚种，云南貉划归为西南亚种，但根据 mtDNA 的 RFLP 分析发现，广西貉与云南貉的遗传距离非常接近，建议将广西貉划归为西南亚种(图 5-28)。

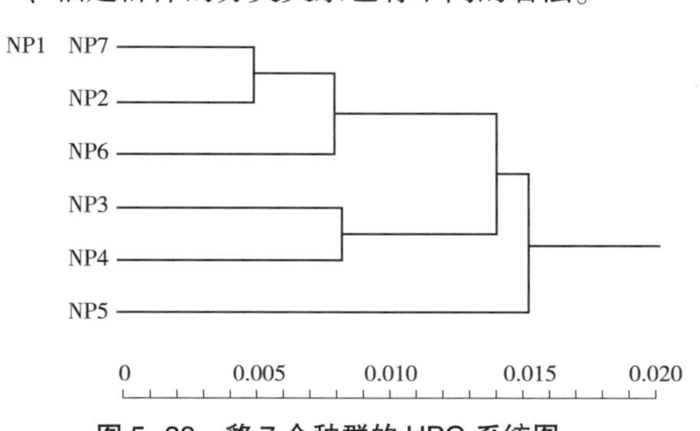

图 5-28 貉 7 个种群的 UPG 系统图

注：NP1-7 分别为：云南群体；广西群体；安徽群体；华北群体；东北群体；陕西群体；越南群体。

陈永久等对我国貉的常染色体 DNA 进行了多态性分析和系统发育研究，发现云南貉和越南貉是一个独立的亚种即西南亚种。如果这个亚种成立，那么按照进化遗传学的观点，陕西貉、安徽貉和广西貉可能与云南貉、越南貉具有同等的分类地位(图 5-29)。

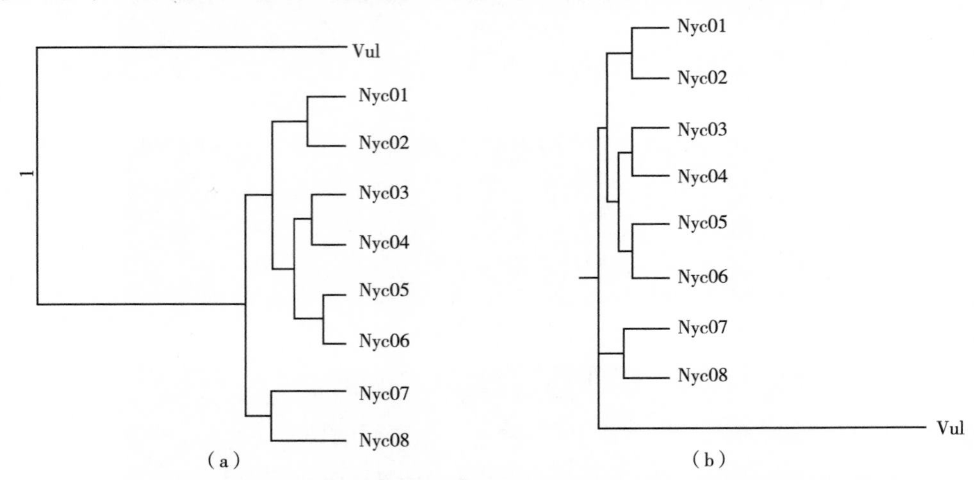

图 5-29 a. UPGMA 法构建的分子系统发育树；b. NJ 法构建的分子系统发育树

注：Nyc01/02 为陕西群体；Nyc03/04 为越南群体；Nyc05/06 为云南群体；Nyc07 为广西群体；Nyc08 为安徽群体。

对于我国貉的亚种分化和系统发育研究，由于受到实验样品采集不全、数量较少的限制，仍需进一步对貉的形态、地理分布和遗传分化进行研究。

国外有学者利用 13 个不同的测量参数对貉的 2 个东亚的不同地理种群和 5 个欧洲的不同地理种群共 532 个个体进行了头骨的测量和分析，利用形态学数据进行建拓扑树分析发现，欧洲种群的貉头骨大小相较东亚种群有所增加(图 5-30)。实验证实了貉由原产地入侵后的形态分化，但在欧洲地区貉的形态分化不显著，貉欧洲种群的头骨变化的主要因素是生态系统的净初级生产、对不同区域生境的适应性、奠基人效应和由人类活动所导致的种群隔离等随机因素的共同作用。

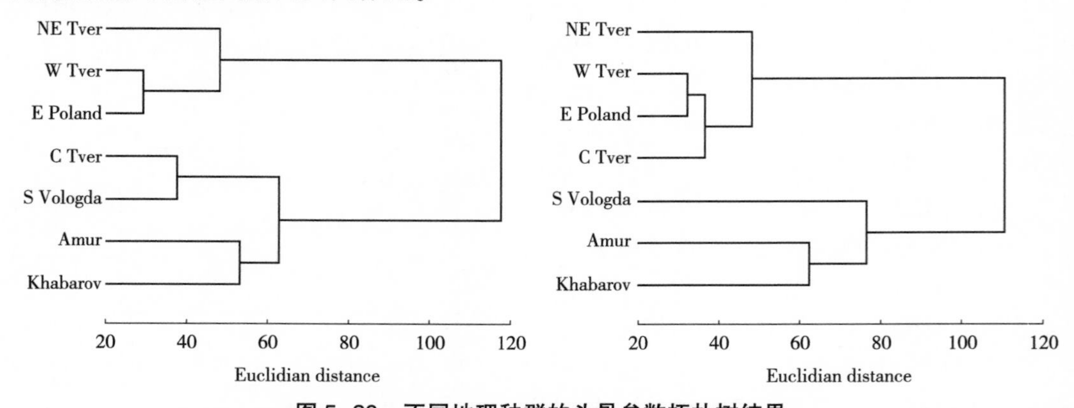

图 5-30 不同地理种群的头骨参数拓扑树结果

注：NE Tver 为东北特佛种群；W Tver 为西特佛种群；C Tver 为中部特佛种群；S Vologda 为南沃洛格达种群；Amur 为阿穆尔种群；Khabarov 为卡哈巴罗夫种群；E Poland 为东部波兰种群。

5.6.1.6　保护级别

列入《世界自然保护联盟濒危物种红色名录》(The IUCN Red List)：无危物种(LC)，2008 年评估。

列入《中国国家重点保护野生动物名录》(2021 年)二级。

5.6.1.7　经济价值

貉是重要的皮毛兽种，绒皮为上好制裘原料，轻暖而耐久，御寒能力强，色泽均匀。针毛弹性好，可用于制造画笔和化妆刷等。貉的皮毛质量因产区、季节和狩猎剥制技术等方面条件的影响而异。产区的不同自然条件，对貉皮质量的影响甚大。按质量差异，貉皮分为南貉、北貉两大类。

现如今，对貉的养殖利用研究较为充分。何兰花、张少忱等对褪黑素对貉的毛皮生长效应进行研究，结果发现，埋植褪黑素后可促进貉的新陈代谢和生长能力，使皮毛早熟、增强体质和抵抗力，提高免疫力，降低死亡率，诱发短日照生理反应，刺激脑垂体前叶的 MSH 分泌，反馈性影响毛皮的色泽和更换。高志光等对光照对貉的毛皮生长影响进行研究发现，光照能够改变貉的换毛及冬毛生长进程，但不改变其生长规律；也有学者对貉在不同季节期间内的睾丸大小和血清睾酮水平进行研究发现，雄貉血清睾酮水平和睾丸大小呈显著正相关，但睾丸在不同时期合成血清睾酮的速率不同，可通过测定繁殖季节初期的貉血清睾酮水平来估算雄貉繁殖期到来的时间。

貉经济价值除毛皮外，貉肉可食。

5.6.1.8　病理及治疗研究

貉作为种群数量较大的哺乳动物，带有大量的细菌、真菌及病毒等病原体微生物，对貉的病理学研究和治疗研究十分必要。有学者对貉的犬瘟热、细小病毒性肠炎和脑(肝)炎流行病学进行调查，发现 1994—1998 年间 3 种疾病均呈不同程度的流行，主要于 8~10 月流行。其中，犬瘟热发生频率最高，细小病毒性肠炎和脑(肝)炎发生频率低，在人工饲养、利用的过程中应当加强饲养管理、有效防疫等工作。有学者对 2006—2007 年间貉的主要疾病发生和流行情况进行了调查与分析，发现除犬瘟热外，细菌病、寄生虫病和饲料及营养代谢病也是貉常见的致病类型(表 5-9)。张蕾等学者通过对貉血液 DNA 的分型研究，发现并证实了貉感染水貂阿留申病毒的案例；刘先菊等学者对貉血清 IgG 纯化和抗血清的制备进行了详尽的研究。

表 5-9　2006—2007 年我国貉不同季节主要疾病发病情况

月份	死亡总数	犬瘟热	细菌病	寄生虫病	饲料及营养代谢病
2~4	0				
5~7	31	19	1	7	4
8~10	75	24	19	5	18
11~1	2		2		

5.6.2 朱鹮

5.6.2.1 朱鹮概况

朱鹮(*Nipponia nippon*)隶属于鹳形目(Pelecaniformes)鹮科(Threskiornithidae)鸟类，是IUCN红色名录濒危等级物种，国家一级重点保护野生动物。

朱鹮是一种中型涉禽，体长67~69cm，体重1.4~1.9kg。头部只有脸颊是裸露的，呈朱红色；黑色的嘴细长而向下弯曲；羽毛洁白如雪，两翼下及尾羽的一部分呈朱红色。

朱鹮生活在山地森林和丘陵地带，大多邻近水稻田、河滩、池塘、溪流和沼泽等湿地环境。喜欢在高大树木栖息和筑巢，主要以泥鳅、黄鳝、蝌蚪、蟹、虾、贝类等为食。

在繁殖季节，朱鹮羽毛变成铅灰色。每窝产卵2~4枚，卵重70g左右，孵化期大约28天。雏鸟在孵化60天后就能自由飞翔。性成熟年龄为3岁左右，寿命最长的纪录为37年。

5.6.2.2 种群分布与国际交流

历史上，朱鹮曾广泛分布于中国、日本、朝鲜半岛和俄罗斯东部。20世纪初，由于人为猎杀、栖息地丧失和生态环境的破坏，该物种野外种群数量锐减至几近灭绝，直至1981年被重新发现。40多年来，朱鹮种群数量逐渐恢复，在国内主要分布于陕西、河南、浙江、四川等省份。

朱鹮在中国被发现，日本政府迅即向中国政府表达了两国协力拯救朱鹮的良好意愿。1992年，中国政府正式向世界宣布实施朱鹮“拯救工程”。1994年，世界自然保护联盟理事会通过《国际濒危物种等级新标准》，朱鹮被列入《极度濒危物种名录》。1998年，国家主席江泽民访问日本期间，代表中国人民向日本人民赠送了1对朱鹮“友友”和“洋洋”。2000年10月，访日的朱镕基总理又将一只雌性朱鹮“美美”“借”给了日本，开展合作繁殖。当时中日双方约定“其生下的幼鸟由日中两国共享，奇数只返还给中国”。2007年4月，国务院总理温家宝出访日本，代表中国政府再向日本赠送1对朱鹮，名为“华阳”和“溢水”。2013年6月，国家主席习近平与来华访问的韩国总统朴槿惠签订谅解备忘录(MOU)，向韩国赠送1对名叫“金水”和“白石”的朱鹮。

5.6.2.3 保护区朱鹮人工饲养现状

中国政府将朱鹮列为“全国野生动植物保护及自然保护区建设工程”优先保护物种，采取多种措施加强保育。由于现存朱鹮种群单一，导致繁殖成活率低，抵抗灾害性天气或传染性疾病能力差，种群灭绝风险较高。为加快推进朱鹮种群复壮，国家林业局(现国家林业和草原局)在全国选择适合朱鹮生存繁育条件的保护区作为其迁地保护和野化放归地，河南省林业厅(现河南省林业局)综合考虑全省保护区情况，把董寨作为唯一项目承办单位进行了推荐。2004年9月，国家林业局组织专家来董寨进行了实地考察和评估，批准董寨为全国首个迁地保护研究基地。

2007年，保护区先后引进17只朱鹮种源进行人工饲养，开展人工繁殖研究。保护区管理局成立了专业的繁育团队，编制了系统、科学的繁育技术规程。每日2次对笼舍水池、地面进行清扫和换水。根据不同季节和气温来调整朱鹮喂食种类及成鸟和幼鸟的投食量，确保了每只朱鹮能在投食时间内足量取食。成鸟每天每只投喂230~280g，幼鸟280~340g。与原产地相比，成鸟每天食量增加40~55g，幼鸟每天增加约100g。

在人工繁殖方面，每年2~5月，选取发育成熟朱鹮个体进行交叉配对，运用视频监控系统对配对朱鹮的交尾、产卵、孵化等行为进行观察记录。利用朱鹮的补卵习性，加强营养，促进配对朱鹮产第二窝卵。2008—2021年，先后有118对亲鸟配对繁殖，产卵408枚，出雏290只，成活261只(表5-10)。

表5-10 年人工繁殖朱鹮数量表

年份	配对数	产卵数(枚)	受精数	出雏数(只)	成活数(只)	自然繁殖(只)
2008	2	5	5	5	5	
2009	4	19	19	17	17	2
2010	6	26	22	21	21	
2011	9	45	42	37	36	3
2012	10	31	27	23	22	1
2013	12	36	29	24	23	
2014	12	34	28	27	25	
2015	9	32	22	22	19	
2016	11	35	29	28	24	
2017	10	32	26	23	22	
2018	8	24	17	15	13	
2019	10	34	19	17	16	
2020	8	26	18	16	8	
2021	7	29	16	15	10	
合计	118	408	319	290	261	6

在人工繁育方面，首先对孵化出的雏鸟做标识登记。分别于7:00、10:00、13:00、16:00、19:00、22:00喂食，每天喂食6次。食具单鸟单用，对雏鸟每天每次进食量进行称重和登记。对雏鸟不同日龄的体态特征进行观察，从雏鸟体重、体长、翅长、喙长、跗跖长、尾长等身体参数变化态势来评估雏鸟发育情况。1~41日龄各器官发育状况一直呈上升趋势(图5-31，图5-32，图5-33)，至41日龄平均体重最高达1391g(洋县繁育的雏鸟，41日龄平均为1247.8g)。同时，体长为630mm、翅长330mm、跗跖96mm、嘴峰115mm、中趾99mm、尾长137mm。发育速度达到国际先进水平。

5.6.2.4 保护区朱鹮野化训练情况

2012年，董寨朱鹮野化大网笼建成，笼内有树林、水渠、湿地等，环境条件较好。野化笼面积约2850m^2，顶部距地面高度约32m，四周高度约19.5m，朱鹮可活动空间约72100m^3，笼内有山坡(约占总面积的20%)、树林(松树1、杉树24、枫杨1)、池塘(面积约480m^2、水深15~20cm)、沼泽(面积约180m^2、水深5~10cm)、草地(约占总面积

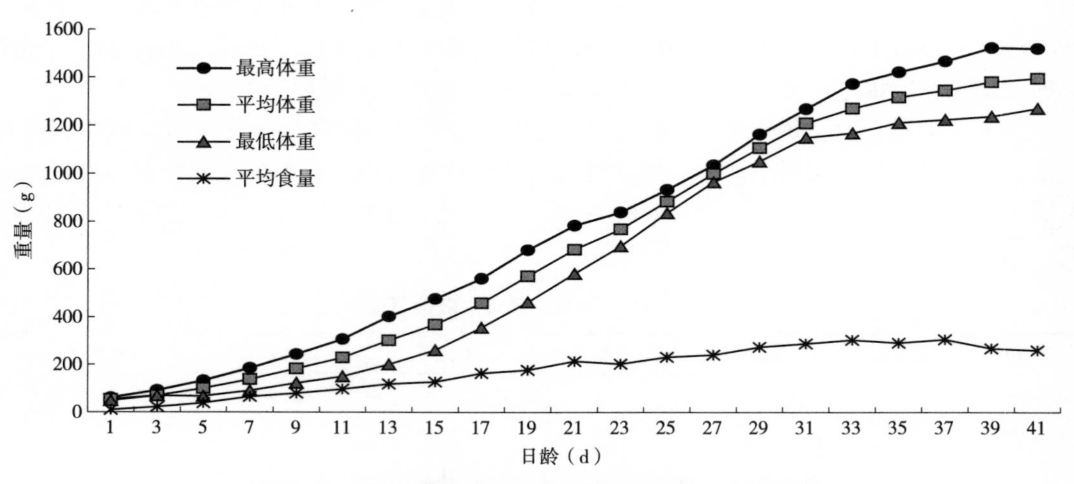

图 5-31　河南董寨朱鹮人工繁育雏鸟体重、食量曲线

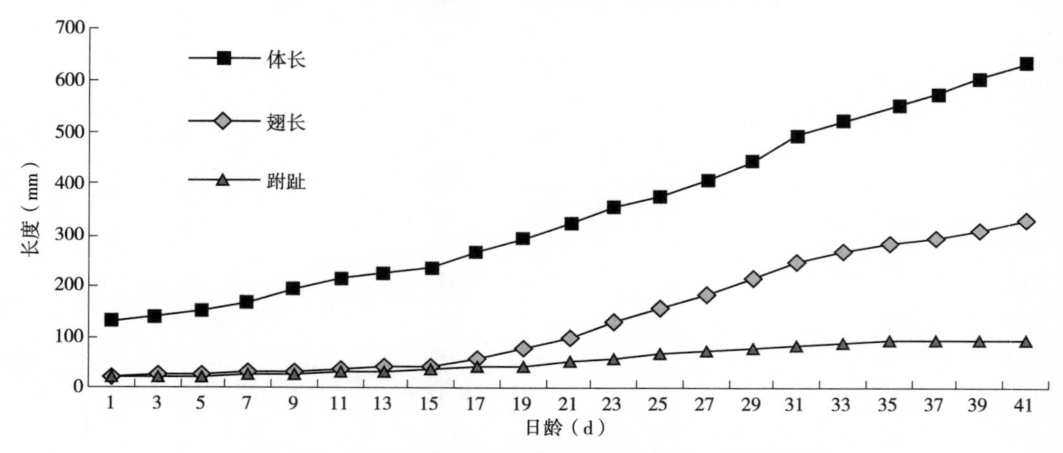

图 5-32　在引入朱鹮人工育雏体长、翅长、跗跖曲线

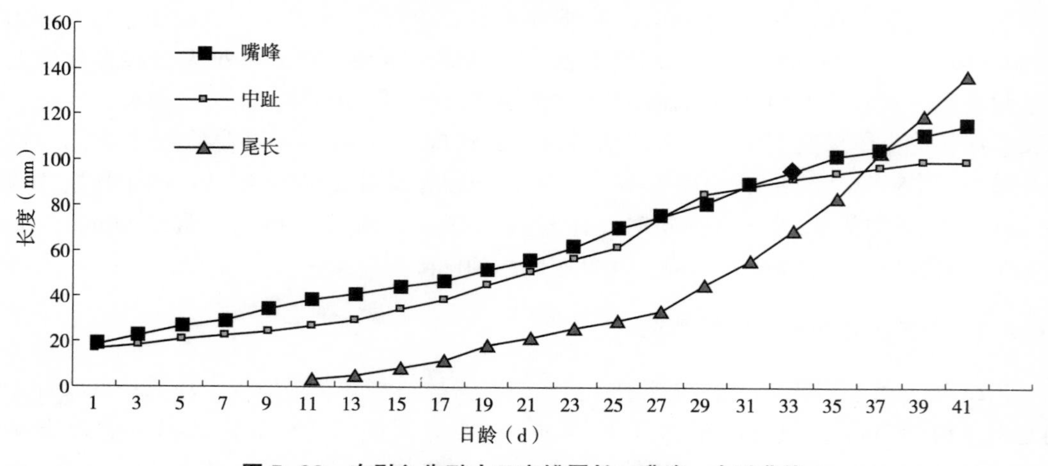

图 5-33　在引入朱鹮人工育雏尾长、嘴峰、中趾曲线

50%)、小溪(面积约 $55m^2$),人工架设栖杠 6 根,巢框 7 个,并从山间引入山泉水。此野化网笼为朱鹮提供了较为充足的飞行、觅食、夜宿和繁殖的空间。

按照世界自然保护联盟(IUCN)、物种存活委员会(SSC)制定的再引入规程,保护区成功实施了朱鹮的再引入试验。2013—2021 年,保护区挑选了 144 只血缘关系较远、身体健康、无病史,而且具有繁殖能力的个体开展野化训练。野化个体由成鸟、亚成体和幼鸟 3 种类型组成:即 2~5 岁成鸟占总数 68. 8%;亚成体占 23. 2%;幼鸟占 8%。雌雄比例约为 1 : 1。为了便于野外观察,给所有放飞朱鹮佩带红底白字数字腿环。

野化训练内容包括飞翔能力、觅食能力、耐受能力以及获取各种食物的能力。结果显示,朱鹮的飞行技巧和飞行能力在野化过程中得到显著改善。放入网笼的最初几天,朱鹮多采取直线飞行,飞行中转折技巧较差,碰撞网笼侧网的现象很多。一周之后,朱鹮的飞行技巧大为改善,可以熟练地环绕网笼飞行,并有效地避免碰撞侧网,但受到干扰后仍然会发生碰撞现象。朱鹮连续飞翔的距离也由开始的 3 圈左右增加到一周后的 10 圈左右(长约 1500m),飞行能力显著提升;夜宿方面,朱鹮的夜宿栖息地选择随着野化天数的增加呈现出显著变化,野化的第 1 天全部朱鹮在地面上夜宿,第 2 天朱鹮开始到人工栖杠上夜宿,第 3 天朱鹮开始到树上夜宿,第 10 天共有 32 只(94%)朱鹮到树上夜宿,完成了从地面到人工栖杠再至树上的转变;觅食地选择,朱鹮在 2 个月内循序渐进地完成了“草地—沟渠—沼泽—浅水池塘”的适应过程。野化第 1~4 天,朱鹮表现出对旱地的显著依赖性,主要在草地和沟渠觅食。其中,在沟渠的觅食适应过程中,初期是站在岸上向水中探取食物,而后逐步进入水中。第 5 天,朱鹮开始进入浅水沼泽中觅食,随后浅水沼泽逐渐成为其主要的觅食地。第二周,朱鹮开始逐步适应到水相对较深的池塘中觅食。在深水区,当朱鹮的喙部够不着基底时,朱鹮非常罕见地用喙左右划动寻找食物,有时甚至整个头部扎入水中。一旦捕获食物,即到岸上进行吞咽,以防食物逃脱。第 2 个月后,朱鹮对浅水池塘、沼泽、草地和沟渠 4 种觅食地的选择已经趋于稳定。

观察发现,栖木的设置有利于朱鹮快速学习从地面夜栖到树栖的能力,是野化过程的关键;即时投食不是朱鹮野化训练期间的最佳投食方式。应在夜间投放,让泥鳅有时间潜入泥质基底,从而训练朱鹮利用喙部触觉捕获食物的能力;在飞行方面,野化朱鹮表现出较强的学习能力。野化 1 周后即可飞行约 1. 5km,这一距离与野生朱鹮的单次觅食飞行距离相当,达到野外释放的标准。

5. 6. 2. 5 保护区野外朱鹮种群的建立及监测

2013 年 10 月至 2021 年 5 月,保护区分 5 批共放飞 120 只朱鹮(表 5-11)。前 2 批各自挑选了 6 只健壮个体朱鹮佩戴了 GPS 卫星追踪器和无线电发射器。朱鹮放飞后,保护区组建了一支专业的野外监测、宣传队伍。释放后通过监测发现,2013 年、2014 年、2015 年和 2017 年释放的 4 批朱鹮在一年内野外存活率分别为 51%(雄性 26. 1%、雌性 24. 9%)、46%(雄性 22. 6%、雌性 23. 4%)、66. 7%(雄性 32. 7%、雌性 33. 8%)和 91%(雄性 44. 1%、雌性 46. 9%)。其中,2017 年释放的 22 只朱鹮野外存活率最高,只有 4. 5%个体因体弱被救治和 4. 5%个体失踪;2014 年野放的 26 只朱鹮野外存活率最低,有 30%的个体死亡或因体弱等原因被救护,23%的个体失踪;2013 年首批野放的 34 只个体中,有

19%死亡或被救护，30%的个体失踪。从4次释放野外成活的朱鹮年龄结构来看，2岁和3岁这两个年龄组的朱鹮在野外成活率相对较高，雌雄成活率差别不明显。

表 5-11　保护区朱鹮 5 次野外放飞情况

批次	放飞时间	放飞数(♂/♀)	监测数	失踪数	死亡数	放飞方式
1	2013. 10. 10	34(17/17)	17	11	6	驱赶出飞
2	2014. 08. 12	26(12/14)	12	6	8	驱赶与引诱
3	2015. 11. 08	18(10/8)	10	7	1	引诱出飞
4	2017. 10. 17	22(12/10)	20	2		引诱出飞
5	2021. 5. 23	20(9/11)	17	3		引诱出飞
合计		120	76	29	15	

在野外自然繁殖方面，2014年放飞后不到半年，朱鹮就在野外成功繁殖出1只幼鸟。其后，2015年成功出飞14只、2016年19只、2017年23只、2018年27只、2019年31只、2020年46只、2021年63只，共计224只(表5-12，图5-34)。截至2021年6月，野外监测到朱鹮个体280余只，主要活动在保护区境内的罗山县、青山、朱堂、彭新、灵山、山店、铁铺等7个乡镇，面积约520km^2。另外，在浉河平桥、罗山县楠杆、高店、潘新、定远、湖北大悟县的大新三里城也监测到朱鹮活动。2021年6月，通过鸟类卫星跟踪器发现一只朱鹮在驻马店正阳的王勿桥乡铜钟镇活动，主要在稻田、荒田、河流、水沟觅食泥鳅、田螺、河虾、昆虫等动物。

夜宿地主要在放飞地东南11.5km的彭新高岗和戴岗(51~63只)、放飞地以西6.4km的朱堂乡保安村倒石桥组(3~7只)、放飞地以南2.8km的灵山镇董桥村张小湾组(5~7只)、西南9.8km的灵山镇的同心村(4~5只)、东南10.6km的茶山村东湾组(5~11只)、东南11.7km的彭新镇红堂村元洼组(3~7只)，形成了7个不同数量的夜宿集群。夜宿树种以松树、榆树和枫杨树为主。朱鹮已在大别山地区初步建立野生种群，标志着保护区朱鹮再引入工作取得了重大进展。

表 5-12　野外朱鹮繁殖数量表

年份	配对数(对)	成功巢(窝)	出雏数(只)	出飞数(只)
2014	1	1	2	1
2015	8	7	17	14
2016	7	4	10	19
2017	12	9	24	23
2018	17	9	30	27
2019	20	14	31	31
2020	22	14	48	46
2021	26	21	64	63
合计		79	226	224

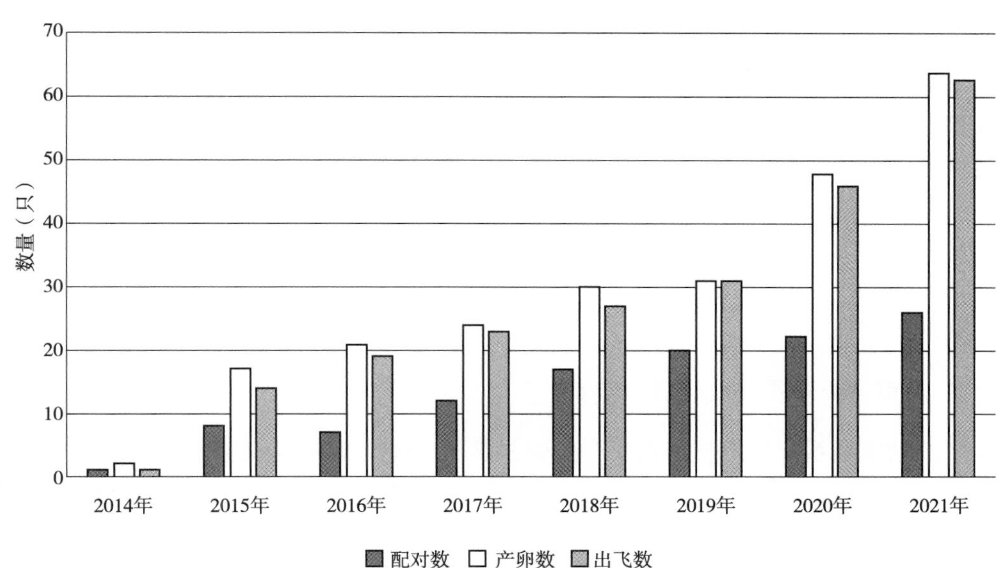

图 5-34　朱鹮野外繁殖情

2016 年，在灵山镇附近发现了编号为 088 和 099 的朱鹮个体配对。其中，编号 088 的个体是 2013 年 4 月人工繁殖、2015 年 8 月 12 日第三批放归野外的雄性朱鹮；编号 099 的个体是 2015 年野外 010 和 018 两只亲鸟配对繁殖的子一代朱鹮，2016 年 4 月满 1 岁，尚属亚成体，雌性，体羽已染铅灰色，为繁殖期羽色。

2016 年 4 月 3 日因孵化期间人为的干扰而弃巢，4 月 19 日又在长山村大洼组松树林中一棵马尾松上第二次筑巢产卵繁殖，5 月 16 日孵化出一只雏鸟，6 月 28 日成功离巢。据文献记载，曾有 2 岁朱鹮成功繁殖的案例，此次野外子一代 1 岁朱鹮成功配对繁殖，目前尚属首次记录。其后，这对亲鸟连续 5 年都繁殖出四胞胎雏鸟并且全部成功离巢。这一案例充分证明保护区拥有适于朱鹮栖息的良好生态环境，对朱鹮保育、生态及行为学研究意义重大。

5.6.2.6　朱鹮的保护策略及发展思路

随着董寨野外朱鹮种群的不断扩大，近年来保护区内的朱鹮逐渐向外自然扩散，为了保证朱鹮分布区具有良好的生态和社会环境，保护区和当地政府要采取一系列保护措施，调动当地群众特别是巢区群众保护朱鹮的积极性。国家和地方政府大力开展环境治理，加大养殖场治理力度，引导种植业开展环保种植，既发展了社区经济又保护了朱鹮赖以生存的生态环境，促进社区群众改善生活条件。积极协调朱鹮保护与当地发展的关系，在朱鹮保护中开展多种多样的社区扶持工作，如在经济落后的社区兴建公益设施、改善群众的生产、生活条件，增强保护区和社区群众的亲和力等。

积极推动当地政府实施朱鹮品牌绿色产业经济发展的战略，可以既提高产品知名度，打通顶级消费市场，增加产品附加值，又提高了农田中水生生物多样性，为野生朱鹮解决食物资源短缺的问题，使朱鹮保护与农业增收相得益彰、相互促进。

由于保护区及周边地区朱鹮会越来越多，活动范围也越来越广，仅仅依靠现有保护力量是远远不够的。特别是朱鹮新扩散地，宣传及保护力度非常薄弱，单纯靠当地群众的觉悟和付出还是远远不够，需要发动群众和志愿者一起参与来保护朱鹮。

朱鹮保护工作是一项社会性、科学性极强的系统生态工程。国家实施野生动植物保护和自然保护区建设工程中，朱鹮即为其中重点保护的物种之一。林业主管部门要结合朱鹮保护工作和发展制定一个详细、全面、长远的总体规划，加强野外朱鹮的保护监测，恢复朱鹮栖息地的环境，把当地农民纳入朱鹮保护体系，聘用农户来当信息员，协助收集周边朱鹮活动的情况，形成“保护区+社区+农户”的保护模式，实现朱鹮种群复壮和社区经济共同发展的双赢局面。

5.6.2.7　目前需要开展其他科研工作

利用地理信息系统分析整个董寨自然保护区及周边地区作为朱鹮栖息地的质量(宏栖息地)，探索利用量化指标进行空间精确性生境评价的方法(微栖息地)。根据朱鹮繁殖期、越冬期和游荡期的不同栖息地要求，从植被、地形、地貌、湿地生境、人为活动干扰等方面提取评价指标，构建朱鹮栖息地量化评价模型，寻找朱鹮分布适宜度阈值，了解和掌握朱鹮栖息地的面积及空间分布特征，完成董寨自然保护区及周边地区作为朱鹮栖息地的生境质量评价，探讨董寨自然保护区及周边地区朱鹮的环境容量，为进一步确定和划分河南省朱鹮潜在分布区奠定理论基础。

5.6.3　白冠长尾雉概况

白冠长尾雉(*Syrmaticus reevesii*)属鸡形目(Galliformes)雉科(Phasianidae)长尾雉属(*Syrmaticus*)，为中国特有种。历史上白冠长尾雉曾广泛分布于我国河北、甘肃、陕西及西南、华南等省、自治区。然而，20世纪70年代以来，白冠长尾雉的分布区大为缩小，分布区多呈破碎岛屿化，种群数量也显著下降。2019年在瑞士日内瓦进行的第18届《濒危野生动植物种国际贸易公约》缔约方大会(CITES CoP18)中，将白冠长尾雉列入CITES附录Ⅱ，我国也已将白冠长尾雉列为国家一级重点保护野生物种，有效提高了白冠长尾雉的保护级别。

5.6.3.1　我国白冠长尾雉的分布

当前白冠长尾雉的潜在分布区大致可分为东西两部分，这与20世纪80年代的调查结果基本一致。东部的分布区域集中在大别山地区，西部分布区的面积较大，包括秦岭、大巴山、神农架、武陵山、大娄山以及乌蒙山(图5-35)。

白冠长尾雉的潜在分布区内共有63个国家级自然保护区，如河南董寨国家级自然保护区、湖北神农架国家级自然保护区、陕西佛坪国家级自然保护区等(图5-35)。现有国家级自然保护区内潜在栖息地面积仅占白冠长尾雉潜在分布区总面积的6.99%，而且国家级自然保护区在空间分布上非常离散。结合适宜的植被图和野外调查，依据目前该区域的国家级自然保护区空间分布格局，目前国家级自然保护区之间至少存在4个空缺(图5-35)。

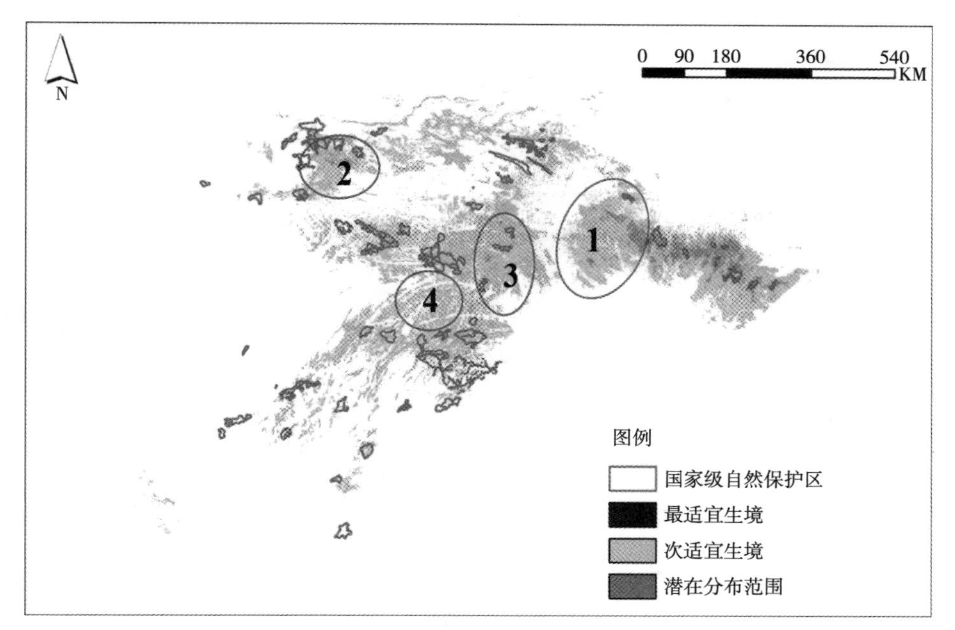

图 5-35 白冠长尾雉适宜栖息地存在的保护空缺(GAP，彩图见 366 页)

注：标号 1~4 为保护空缺。

5.6.3.2 我国白冠长尾雉的种群现状

2018—2019 年调查发现，自然保护区域内白冠长尾雉的种群密度要显著高于自然保护区域外的种群密度(t=2.05，df=41，$P<0.05$)。对白冠长尾雉种群密度(图 5-36)进行分析发现，河南董寨国家级自然保护区是白冠长尾雉现存密度最高的区域(12.01 只/km^2)，其次是河南黄柏山林场(11.47 只/km^2)。

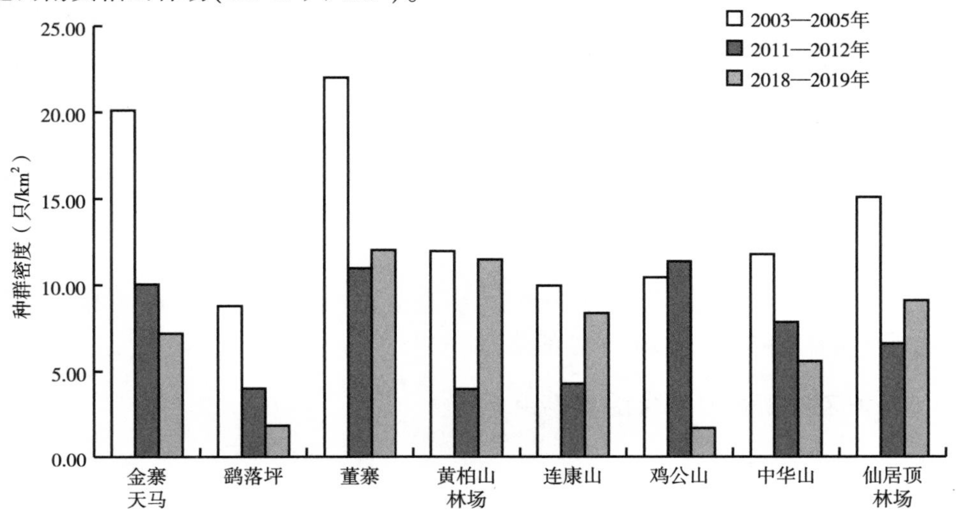

图 5-36 8 个保护区域前期(2003—2005 年)、中期(2011—2012 年)、后期(2018—2019 年)种群密度比较

5.6.3.3 保护区内的栖息地类型

在保护区，白冠长尾雉的栖息地类型主要有7种。

针阔混交林：海拔600m以下主要由马尾松与栓皮栎(*Quercus variabilis*)、麻栎(*Q. acutissima*)、枫香(*Liquidambar formosana*)、化香(*Platycarya strobilaceae*)等形成混交林；海拔600m以上则由黄山松(*Pinus taiwanensis*)与栓皮栎、槲栎(*Q. aliena*)等形成混交林。林下残落物丰富，灌木层发育良好，但草本较少。常见草本有蕨(*Pteridium aquilinum*)、薹草(*Carex* spp.)、隐子草(*Kengia hackeli*)、野青茅(*Deyeuxia sylvatica*)等。由于研究区内竹林面积较小，且结构上与混交林相似，因此并入此植被类型。

落叶阔叶林：乔木层主要由栗属(*Castanea*)、栎属(*Quercus*)、朴属(*Celtis*)、枫香属(*Liquidambar*)、化香树属(*Platycarya*)及枫杨属(*Pterocarya*)等植物组成，树木高大。灌木层主要由杜鹃(*Rhododendron simissi*)、小叶女贞(*Ligustrum quihoui*)、山莓(*Rubus corchorifolius*)、山胡椒、多腺悬钩子(*R. phoenicolasius*)、枸骨(*Ilex cornuta*)、油茶(*Camellia oleifera*)等组成。林下草本主要有薹草、求米草(*Oplismenus undulatifolius*)、中华鳞毛蕨(*Dryopteris chinensis*)、贯众(*Cyrtomium fortunei*)等。乔木层郁闭度季节变化显著。板栗林等人工阔叶林面积也比较大。

松林：主要是马尾松林，部分为人工林。多分布于海拔600m以下的低山丘陵地带。成林结构整齐，林下灌木种类稀少，草本主要为一些蕨类植物。

杉木林：主要为人工林。多分布于海拔600m以下的低山丘陵地带。成林结构整齐，林下灌木种类较多，多为荆棘类植物。由于杉木林生长迅速，材质优良，因此其面积在保护区呈逐年扩大趋势。

幼林：多呈斑块状分布于山坡和沟谷。栽植的树种以杉木、檫木(*Sassafras tzumu*)、香椿(*Toona sinensis*)、银杏(*Ginkgo biloba*)居多。幼林生长的早期阶段(<5a)，植被结构接近低矮稀疏灌丛。由于缺乏乔木层和灌木层，光照一般比较充分，不少喜光性植物等在冬季和早春也能生长，如小飞蓬(*Erigeron canadenisis*)、一年蓬(*E. annus*)、四籽野豌豆(*Vicia tetrasperma*)。

灌丛：在森林植被遭破坏后发展起来的次生性植被类型，主要由麻栎、栓皮栎、茅栗(*Caslanea seguinii*)、白鹃梅(*Exochoda racemosa*)、黄荆(*Vitex negundo*)、山胡椒(*Lindera glauca*)等植物组成。本地的茶地由于面积较小，而且在结构上与灌丛相似，因此也被并入这一植被类型。

农田：多分布在保护区边缘山势平缓的沟谷和山坡，结构整齐，面积有限，季节性被利用。主要作物有水稻(*Oryza* spp.)、油菜(*Brassica campestris*)等。

5.6.3.4 保护区内白冠长尾雉栖息地利用

(1)育雏栖息地

白冠长尾雉育雏家族群主要是在针阔混交林中活动，树种主要有马尾松、杉木、麻栎及枫香等，活动的地方一般为坡度较缓的阳坡，选择隐蔽条件、食物资源及水源较好的区域，家族群在幼林地中出现的频率很低，而活动区域中乔木胸径相对较大。根据逐步判别分析的结果，灌木盖度、草本种类、最近林缘、草本均高、与水源的距离、乔木胸径和乔木盖度等7个因子是影响家族群栖息地选择的关键因子。白冠长尾雉家族群活动的地区，一般需要比较成熟的树林、有适中的乔木和灌木盖度、较多的草本种类但较低的草本高度、与水源距离较近而距林缘相对较远。

(2)巢址选择

对保护区38个白冠长尾雉巢进行了分析。在该自然保护区的7种栖息地中，除马尾松林外，其余都有白冠长尾雉营巢。其中，幼林地、阔叶林和灌丛内有较多的巢，混交林和杉木林中的巢较少，而农田中的巢仅有1例。χ^2 检验表明，白冠长尾雉在选择巢址时对栖息地类型有极显著的选择性($\chi^2=62.622$，df=6，P<0.001)，显著地选择幼林地而避开针阔混交林、落叶阔叶林和马尾松林。

5.6.3.5 繁殖期白冠长尾雉活动区

从2007年到2013年，遥测位点数大于30的白冠长尾雉个体共有67只，排除同一个体的连续遥测，还有52只(29♀23♂)独立个体，其中，董寨保护区内有26只(13♀13♂)，位于非保护区的个体有26只(16♀10♂)。

(1)雌雄差异

繁殖期雄性白冠长尾雉活动区面积为39.01±4.52ha(MCP)、42.75±5.61ha(95%FK)，核心区面积为8.86±1.35ha(60%FK)、5.75±0.85ha(50%FK)，核心区面积占相应个体活动区(95%FK)面积的19.86±1.25%(60%FK)、13.13±0.95%(50%FK)，雄性活动能力为274.35±16.76m。繁殖期雌性白冠长尾雉活动区面积为44.50±7.94ha(MCP)、45.59±8.48ha(95%FK)，核心区面积为8.98±1.72ha(60%FK)、5.99±1.04ha(50%FK)，核心区面积占相应个体活动区面积的19.33±1.07%(60%FK)、13.39±0.84%(50%FK)，雌性活动能力为256.14±17.63m。虽然雌雄间没有显著差异，但雌性个体的活动区与核心区都比雄性偏大，而活动能力则小于雄性。雌雄个体核心区占其活动区面积比例差别很小。

(2)保护区内外的差异

对比自然保护区和非保护区两种背景下的活动区，保护区内雌性个体50%FK核心区(Independent t test，$t_{27}=2.295$，$P=0.038$)、60% FK核心区(Independent t test，$t_{27}=2.138$，$P=0.051$)、MCP活动区(Independent t test，$t_{27}=2.236$，$P=0.044$)均大于保护区外的个体；95%FK活动区(Independent t test，$t_{27}=2.080$，$P=0.059$)、活动能力之间无显著差异；雄性个体的活动区和核心区大小无显著差异，但非保护区内的个体活动能力要大于保护区内的个体。

(3)活动区稳定性

有13只个体有连续2个繁殖季节的遥测位点数据(4♀9♂)。雌雄个体95%FK活动区占后一年活动区的比例都较大，分别为62.76±16.36%、64.00±8.3%。50% FK核心区占后一年核心区的面积则相对较小，分别为26.73±10.94%、18.56±7.23%。雌雄个体后一年遥测位点数在前一年活动区内的比例分别为82.18±5.27%、52.07±12.30%，而前后两年活动区中心的距离则分别为192.79±72.23m、242.52±60.04m。除雌性遥测位点比例大于雄性外(Independent t test，$t_{11}=2.250$，$P=0.047$)，两性之间其他各重叠率均无显著差异。

5.6.3.6 保护区白冠长尾雉的集群行为

红外相机多年的监测数据表明，白冠长尾雉种群利用空间资源的方式多为集群利用领域。董寨保护区白冠长尾雉集群群体个体数在 2~7 只、2~5 只的群体所占比例最大(98%)，集群遇见率分别在秋季和春季最大。白冠长尾雉类型分为雄性集群、雌性集群和混合集群三种方式。单性集群是主要的集群方式，混合群出现次数很少，尤其在冬季，均为单性集群，性别隔离现象明显。两性在集群差异显著，有可能是捕食压力和繁殖行为双重影响的结果。由于雄性体色艳丽，群体中个体数量往往较少，以减少被天敌捕食的风险，而繁殖季雄性需要占区繁殖，因此雄性个体之间存在强烈的竞争关系。而雌性由于羽色暗淡，没有类似雄性的竞争关系，因此集群倾向明显高于雄性。保护区内白冠长尾雉的夏季集群行为频次明显低于冬季，可能与夏季植物、果类等食物资源丰富有关。

5.6.3.7 保护区人类活动对白冠长尾雉分布的影响

保护区境内包含多个乡镇和居民居住点，人类生产和活动与保护区内白冠长尾雉的生存状况密切相关。当地社区的生产生活主要包括农田、茶园、板栗林的耕作，常住居民点和林区护林员居住点的居民生活，社区居民放牧、护林员巡护、人工林的经营、薪柴砍伐等形式。这些场所也是白冠长尾雉在当地的主要栖息地，如人工林或者灌丛是其重要的繁殖地。

社区活动与白冠长尾雉年活动节律之间存在重叠情况。每年 4~6 月是当地主要的采茶叶和水稻种植的季节，此时期正好与白冠长尾雉繁殖和活动的高峰季节重叠；8~10 月是板栗的采摘季节，处于白冠长尾雉繁殖后期，重叠影响程度略有降低；12 月至次年 1 月是集中采伐薪柴的季节，皆为当地人为活动较为频繁的阶段，而此时白冠长尾雉已进入越冬期，越冬集群活动强度较高，此时上山采集薪柴对其影响较大。白冠长尾雉每天开始出巢活动时间为早上 6:00~6:30，人为活动的增加达到 22.4%。早上人为活动和白冠长尾雉活动时间重叠较少，而 6:50~9:20 和 14:30~17:30 的白冠长尾雉活动时间段与人类上山劳作时间存在明显冲突。78.4%的受访者曾在野外目击过白冠长尾雉，平均每年见到 8.9 次；13.6%的受访者曾见过白冠长尾雉的卵，其中，35.3%的人取走过卵，其余 64.7%能有意识地尽量不干扰白冠长尾雉的繁殖巢。

5.6.3.8 加强白冠长尾雉保护管理的建议

(1)开展白冠长尾雉栖息地优化与恢复试点

栖息地破坏和丧失是白冠长尾雉面临的最大威胁。根据白冠长尾雉对栖息地的需求，在河南伏牛山区域恢复白冠长尾雉栖息地，打通白冠长尾雉现存种群及栖息地之间的交流通道。在保护区内，开展白冠长尾雉栖息地优化试点，建立生态走廊，对其现存分布区内的大面积人工林、薪炭林、灌丛等进行改造，适度调整自然保护区功能分区，使之满足白冠长尾雉生活的需求。

(2)加强白冠长尾雉种群及栖息地监测基地建设

以保护区为依托，建设白冠长尾雉及其栖息地监测基地。借助红外相机、卫星遥感等设施设备，构建“天—空—地一体化”监测体系，及时掌握其种群及栖息地现状和发展趋势。

(3)推进白冠长尾雉繁育与野外放归

以保护区为重点，联合北京、河南、陕西等省重点国家级自然保护区、动物园，建立稳定的人工种群。通过人工种群扩繁、野化训练等措施，实现白冠长尾雉的野化放归，构建稳定的重引入种群，扩大种群分布区域，促进自然种群的增长，并减少捕猎对野生种群的威胁。

(4)探讨“人—白冠长尾雉冲突”生态管理

协调农林生产与白冠长尾雉栖息需求之间的关系，开展白冠长尾雉对当地农林生产影响的补偿试点。规范社区活动形式，严格限制对白冠长尾雉带来严重影响的行为，如偷挖药材及当地养猪场和茶叶加工厂的废弃物排放，并加强对保护区内各种社区活动行为的监测。合理安排人类活动的时间。对于双方活动冲突时段，应通过农田和经济林置换等方式，将人类活动集中区域尽量迁到自然保护区实验区或外围，通过科学宣教和经济补偿方式，减少人类生活和鸟类活动的冲突。

(5)加强白冠长尾雉及其栖息地保护公众教育

编制白冠长尾雉及其栖息地保护公众教育教材，依托保护区、大中小学校，结合“小手牵大手”，开展白冠长尾雉及其栖息地保护的公众教育。同时，通过专家访谈、专题讨论，向社会各方面普及白冠长尾雉及其栖息地的保护知识，引导全社会理解并支持白冠长尾雉及其栖息地保护工作。

5.6.4 赤腹鹰

5.6.4.1 赤腹鹰概况

赤腹鹰属鹰形目鹰科，其繁殖区主要在中国境内，由于数量相对稀少而被我国列为国家二级重点保护野生动物。在我国，赤腹鹰主要繁殖于南方地区和辽东半岛。保护区是赤腹鹰的重要繁殖地。在国外，赤腹鹰繁殖于朝鲜半岛南部。秋季南迁至我国华南地区、南亚(印度)、东南亚(缅甸、泰国、马来半岛、菲律宾群岛、印度尼西亚、新几内亚)越冬。在迁徙过程中，该物种经过我国台湾及东南亚诸国。

赤腹鹰主要栖息于山地森林和林缘地带，也见于低山丘陵和山麓平原地带的小块丛林、农田边缘和村屯附近。常单独或集小群活动，栖止时多停留在树木或电杆的顶端，发现猎物后则迅速俯冲而下进行捕食。食物以蜥蜴、小鸟、蛙类为主，也吃啮齿类和大型昆虫。

5.6.4.2 赤腹鹰在保护区的迁徙规律

赤腹鹰在我国大部分地区为夏候鸟，一般4~5月迁到繁殖地，其繁殖期5~8月。营巢于高大乔木上，巢呈盘状，主要由枯枝筑成。9~10月随着气温下降，赤腹鹰陆续迁往南方，除部分留在云南、广西、广东、福建和海南等地越冬，其余大部分个体迁徙到东南亚越冬。

野外观察发现，在保护区，赤腹鹰是夏候鸟。该种鸟一般在春季4月底或5月初迁到保护区。最早到达保护区的日期存在年际变化，但变化幅度较小(4月30日至5月2日)；

最晚抵达保护区的个体于5月末到达繁殖地。秋季，赤腹鹰南迁离开保护区的时间一般为9月下旬，最晚的记录是2009年9月28日。在董寨地区赤腹鹰每年的居留时间约5个月。

5.6.4.3 领域的建立与防卫

赤腹鹰春季迁来时，雄鸟先行迁到，随即开始占区行为。一般在其选择的领域内短距离飞行或在树上停栖警戒。在大树上停栖时，常发出长声鸣叫，多为4声一度，类似"jia-jiajiajia"。鸣叫数声后，飞到附近的大树上继续鸣叫。在此期间，若有其他雄鸟接近则予以驱逐。

约1周后，雌鸟迁到繁殖地，雄鸟随即开始求偶炫耀飞行和配对，在此过程中常伴有鸣叫。配对后的赤腹鹰成鸟经常成对活动。清晨，一般在所占领的领域上空进行炫耀飞行。其炫耀飞行可分为两种类型：第一种是翱翔，雌雄鸟共同在领域上空盘旋，偶尔鸣叫；另一种是在领域内短距离飞行。雌雄鸟先前后相随进行短距离飞行，然后在大树上停栖并长声鸣叫，随后再飞行，如此循环。如遇有其他赤腹鹰飞到领域内则进行驱赶。

赤腹鹰的领域防卫行为主要包括3种类型：巡飞、鸣叫及驱逐。防卫行为贯穿了其整个繁殖期，包括求偶期、筑巢期、孵卵期、育雏期、离巢后育雏期，但每个时期的防卫行为类型及其出现的比例有所不同。巡飞和鸣叫行为主要出现于求偶期和筑巢期。在这两个时期，相邻繁殖对的领域界线尚不十分稳定，领域占领者常借助巡飞和鸣叫等行为宣示自己对领域的所有权，阻止其他个体的进入。在占区后的求偶期，保护领域的主要是赤腹鹰雄鸟。雌鸟并没有明显的领域防卫行为，只有雄鸟会对闯入其领域的其他雄鸟立即予以驱逐，且对其他雄鸟的叫声也非常敏感。在筑巢期，赤腹鹰的配对关系已经稳定下来，雌雄鸟都表现出领域防卫行为，一般表现为在领域上空的盘旋、在领地内的飞行鸣叫等。

在孵卵期和育雏期，雌鸟承担了大部分的孵卵、喂食和保卫工作，雄鸟则主要负责捕猎和领域保卫，为雏鸟和雌鸟提供食物。领域防卫主要由雄鸟承担，但雌鸟也表现出对巢区的积极防卫行为，而且其防卫对象不仅是赤腹鹰，对进入巢区的松鸦(*Garrulus glandarius*)、噪鹃(*Eudynamys scolopaceus*)、卷尾(*Dicrurus* spp.)等鸟类也十分警觉，若这些鸟类停留时间稍长，赤腹鹰雌鸟则离巢发起攻击，将其驱离。

巢后育雏期，雏鸟已经离巢且已经有了较好的飞行及自卫能力，成鸟的领域防卫行为逐渐变弱。雌鸟仍在巢区附近活动，保护并为幼鸟提供食物。无线电遥测显示，雏鸟离巢约1周后，雌鸟离开其领域开始游荡，领域行为从此消失。离巢后，雏鸟在巢区周围生活约15天，然后离开并开始游荡。但也部分雄鸟($n=4$)仍停留在原来的领域范围内活动，直到秋季迁徙开始才离开。

5.6.4.4 巢树选择与筑巢行为

赤腹鹰倾向于选择在高大阔叶乔木上筑巢繁殖。根据对133个鹰巢的统计，91.73%的巢筑在阔叶树上，只有8.27%的巢是在针叶树上。在所有被赤腹鹰用作巢树的树种中，利用最多的有板栗(*Castanea mollissima*)、枫杨(*Pterocarya stenoptera*)和马尾松(*Pinus massoniana*)(表5-13)。巢树平均高度为14.21±4.13m($n=88$)，平均胸径40.3±11.6cm($n=88$)。巢位多在树冠的中下部。

表 5-13　赤腹鹰巢树种类组成统计

树种中文名	树种英文名(学名)	数量	百分比(%)
板栗	Chestnut(*Castanea mollissima*)	79	59.4
枫杨	Chinese Wingnut(*Pterocarya stenoptera*)	26	19.5
马尾松	Masson Pine(*Pinus massoniana*)	9	6.8
麻栎	Sawtooth Oak(*Quercus acutissima*)	7	5.3
加拿大杨	Canadian Poplar(*Populus X canadensis*) *Moench*)	4	3.0
枫香	Beautiful Sweetgum(*Liquidambar formosana*)	4	3.0
水杉	Waterfir(*Metasequoia glyptostroboides*)	2	1.5
栓皮栎	Oriental Oak(*Quercus variabilis*)	1	0.8
梨	Pear(*Pyrus* spp.)	1	0.8

在研究区，赤腹鹰的筑巢活动开始于5月初，持续到6月初，有57.44%($n=47$)的繁殖对在5月中旬开始筑巢(图5-37)。筑巢行为开始最早的记录是在2012年5月5日。筑巢期持续约14天。每天的筑巢活动开始于05:00，6:00~10:00为一天中筑巢活动的高峰。其后，赤腹鹰回巢次数逐渐减少，而14:00以后，则没有记录到赤腹鹰携带巢材回巢(图5-38)。巢材主要来自巢树周围的树上，包括枯树枝和带有鲜叶的活的细树枝。枯枝构成鹰巢的主体结构，而细嫩的枝叶加强了巢材之间的联结，使鹰巢的结构更为紧固。

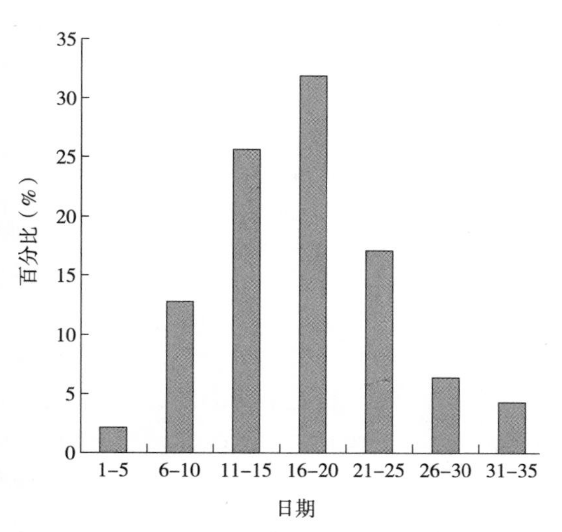

图5-37　赤腹鹰筑巢开始时间的分布

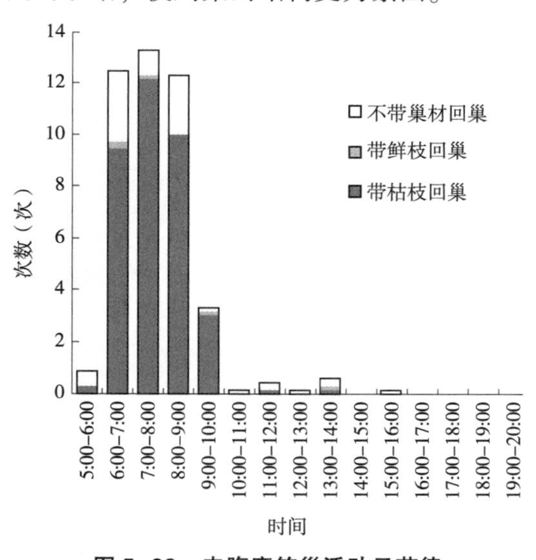

图5-38　赤腹鹰筑巢活动日节律

笔者对54个巢进行了测量，结果显示，巢的平均内径为(14.81±1.82)×(16.5±2.0)cm，外径(36.0±6.9)×(44.1±7.4)cm，平均巢深5.6±1.1cm，巢高为18.8±6.9cm。

赤腹鹰极少利用旧巢，在6年的研究过程中，仅有八斗眼的赤腹鹰巢(31°57′08.7″N；114°14′37.2″E)被重复利用。新繁殖季开始时，亲鸟往旧巢上添加巢材并进行修整，然后开始产卵。另外，还记录到一只被标记的雄鸟回到上一年的巢区，在原来巢树30m外的一棵大枫杨树上筑巢繁殖，但雌鸟不是上一年的配偶。

5.6.4.5 产卵时间与窝卵数

赤腹鹰的筑巢工作完成后，会在巢底铺垫带树叶的嫩树枝或单片的新鲜树叶，随后便开始产卵。在我们的研究中，使用红外监控相机对115个赤腹鹰巢进行了监控拍摄(2009年17巢，2010年30巢，2011年39巢，2012年29巢)。其中，能够确定产卵时间的有45巢，绝大多数(95.56%)的赤腹鹰雌鸟在6月10日之前产卵(5月17日至6月17日，n=45，图5-39)。红外监控数码相机准确地记录到了66枚卵的确切产出时间。产卵时间遍及一天当中的任何时间段，但中午是产卵的高峰(n=66，图5-40)。赤腹鹰的窝卵数为3.16±0.75枚，其中，产3枚卵的巢在所有的巢(1~4 eggs，n=129)中出现频次最高，窝卵数的年际变化不显著(ANOVA，$F_{4,124}=1.077$，P=0.371)。新鲜的赤腹鹰卵为白色，有些卵表面有大小不一的不规则的暗褐色斑块。在孵卵期间，赤腹鹰卵会被来自巢材的色素逐渐染成棕色。下雨之后，卵的颜色变化更为明显。我们共测量了57巢的182枚卵，平均卵长径为36.02±1.35mm(32.73~39.69mm)，卵短径29.55±0.93mm(27.26~31.53mm)。平均卵重15.88±1.64g(12.10~20.00g)。

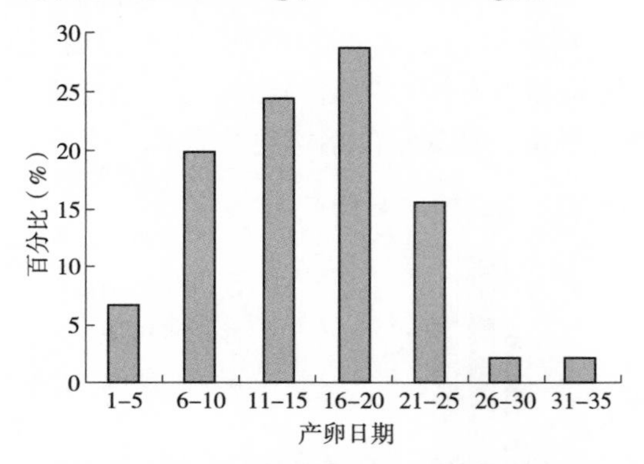

图5-39 赤腹鹰产卵开始时间的季节分布

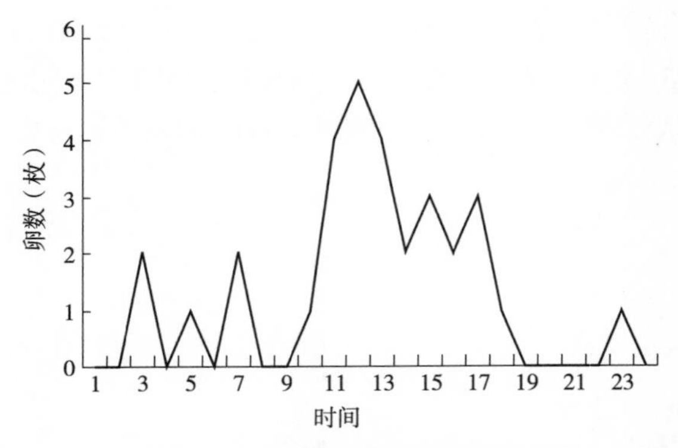

图5-40 赤腹鹰产卵时间的分布规律

5.6.4.6 孵卵节律与出雏

我们共观察了20对赤腹鹰的孵卵行为，累计观察51天，涵盖了孵卵的各个时期，总观察时间为657.90小时，平均每个观察日的观察时长为12.90±2.80h(4.48~15.05h)。赤腹鹰的孵卵方式为异步孵化，雌鸟在产下第一枚卵(n=4)或第二枚卵(n=8)之后开始孵卵。虽然雌雄鸟都参与孵化，但夜晚的孵卵工作完全由雌鸟承担。对8对赤腹鹰的孵卵时间进行了统计，雌鸟白天卧巢孵卵时间为167.25±113.68min，而雄鸟只孵卵167.75±74.93min。在孵卵期间，雌鸟上午坐巢孵卵的时间较长，只偶尔离巢觅食或站在巢边理羽；下午站在巢边休息理羽的时间变长，而坐巢孵卵的时间缩短。若遇下雨或大风天，则全天孵卵时间延长(图5-41)。雄鸟在此期间通常离开巢区捕猎，给雌鸟提供食物。在雌鸟进食时，代替其孵卵。赤腹鹰的孵卵期为29.5±0.89天(28~31天，n=16)。在研究区，多数卵在6月下旬至7月上旬的这段时间出雏(图5-42)。卵色会随着孵化过程的推进而改变(图5-43)。

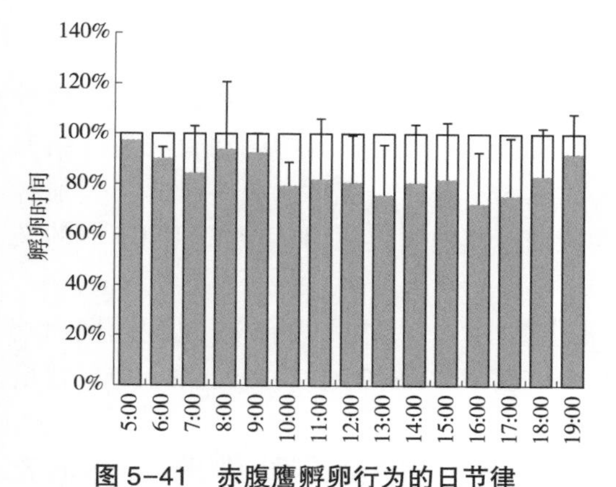

图 5-41 赤腹鹰孵卵行为的日节律

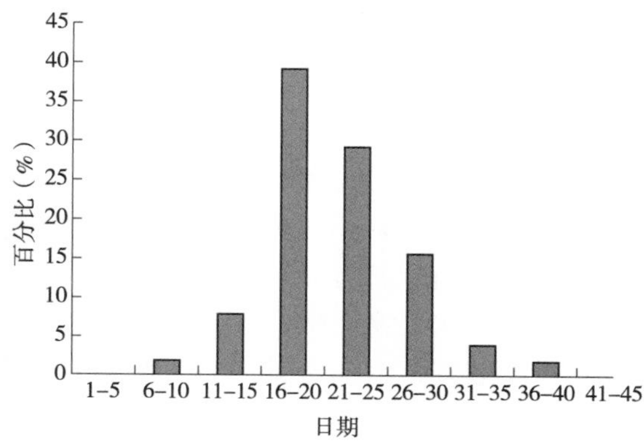

图 5-42 赤腹鹰出雏日期分布情况

新鲜赤腹鹰卵

孵化1周后的赤腹鹰卵

孵化2周后的赤腹鹰卵

图 5-43 赤腹鹰卵色在孵化过程中的变化(彩图见 367 页)

5.6.4.7 雏鸟发育

赤腹鹰雏鸟的跗跖、翅长、体长、体重的发育情况符合逻辑斯蒂模型(图 5-44)。雏鸟的体温调节能力发育很快，至 11 日龄即获得比较稳定的体温，而且已经接近成鸟的体温 42.5±0.7℃(40.8~44.2℃，n=42)(图 5-45)

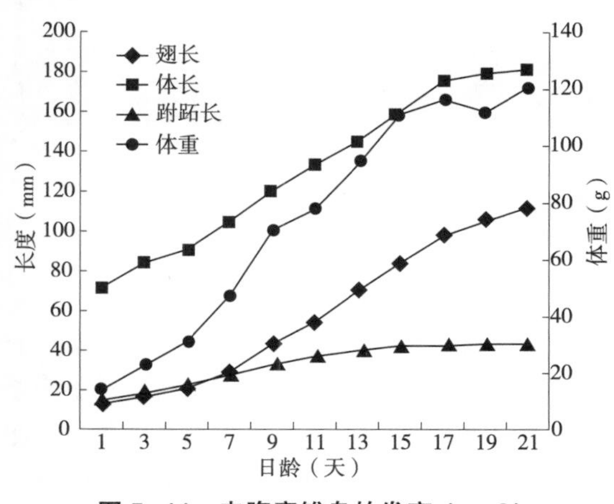

图 5-44 赤腹鹰雏鸟的发育（n=6）

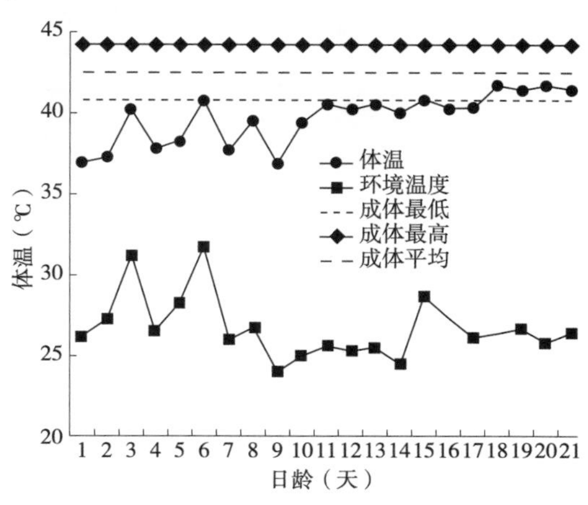

图 5-45 雏鸟体温调节能力的发育

5.6.4.8 繁殖成功率及其影响因素

从2008年到2012年，共研究了133个赤腹鹰的繁殖巢。使用红外监控数码相机对其中的115巢进行了监控拍摄，得到资料照片2 126 833张，涵盖了孵卵期和育雏期。结果显示，蛇类(74.07%)、松鸦(*Garrulus glandarius*)(5.56%)(图5-46，图5-47)和其他猛禽(3.70%)的捕食是导致赤腹鹰繁殖失败的主要原因。其他失败原因还包括原因不明的亲鸟弃巢(5.56%)和恶劣天气(1.85%)。

使用MARK软件对孵卵期数据完整的108巢进行分析，其中，只有15巢在此期间繁殖失败，其表观存活率为86.2%，巢日存活率为99.3%±0.2%(98.9%~99.6%，95%置信区间)，30天孵卵期巢存活率的总估计值为82.1%。

对命运确定的105巢进行雏鸟存活率分析，其中，有32巢在育雏期间失败，其余的73巢的雏鸟成功离巢。雏鸟表观存活率为69.5%，日存活率为98.7%±0.3%(97.4%~98.7%，95%置信区间)。在持续20天的育雏期中，育雏成功率的总估计值为68.4%。

红嘴蓝鹊破坏鹰卵

松鸦吃掉鹰卵

噪鹛叼走鹰卵

图5-46 赤腹鹰卵被其他鸟类损坏(彩图见367页)

雌鸟照顾雏鸟

松鸦来到鹰巢

松鸦杀死雏鸟

图5-47 松鸦杀死赤腹鹰雏鸟(彩图见367页)

5.6.4.9 保护区赤腹鹰的繁殖密度

笔者曾在保护区对白云保护站核心区的一个3.04km^{2}的区域进行了5年的连续监测(2008—2012)，结果显示，每年在该区域内繁殖的赤腹鹰巢数介于4~9巢之间，平均繁殖密度介于1.32~2.96巢/km^{2}之间。平均相邻巢最小间距介于328.9~510.0m之间，年际差异不显著(ANOVA，$F_{4,28}=1.104$，$P=0.374$)。而相邻巢间距的最小值仅为98.0m，说明在生境保护状况较好的保护区核心区，赤腹鹰的繁殖密度是相当高的。

5.6.5　发冠卷尾研究

5.6.5.1　发冠卷尾概况

发冠卷尾(*Dicrurus hottentottus*)隶属于雀形目(Passeriformes)卷尾科(Dicruridae)卷尾属(*Dicrurus*)，是一种常见的食虫性鸟类，广泛分布于东亚东部和南部、南亚、中南半岛和东南亚诸岛屿。在我国分布有2个亚种，即指名亚种 *D. hottentottus* 和普通亚种 *D. brevirostris*，其中，前者仅分布于我国云南的西部，后者则广泛分布在我国东部和南部。在我国繁殖的种群被认为是在东南亚地区越冬。该物种栖息于2400m以下的常绿阔叶林、针叶林、人工林或竹林，是典型的森林鸟类。常筑巢于远离山脊的山沟或深山洼地的高大乔木上，倾向于选择林下较为空旷，或靠近林缘、距离水源较近的生境。

目前国内外对发冠卷尾仅有少量研究报道，主要涉及其繁殖习性、巢址选择、食物选择、生态位扩张、地理变异、新分布等，对该物种的生活史特征和繁殖行为等缺乏全面而深入的了解。其中，杜军和张俊范对四川夹江种群的迁到时间、活动生境、繁殖参数、幼鸟生长发育以及食性进行了报道；王培潮和钱国桢对浙江午潮山种群的亲鸟恋巢性和人工饲养下雏鸟的生长发育进行了描述；高振建等对河南董寨种群的巢址选择进行了研究。

笔者通过对河南董寨国家级自然保护区发冠卷尾种群基于个体标记的长期研究，对其繁殖参数及相关繁殖行为进行全面系统的观测和记录。主要研究内容包括发冠卷尾的繁殖时间、窝卵数、各阶段的亲代抚育行为、繁殖成功率和配偶关系的维持等繁殖参数，后代性比以及婚外配后代的比例。我们希望能够对该物种的生活史特征进行较为全面和深入的了解。

5.6.5.2　繁殖时间

观察发现，发冠卷尾最早于四月下旬到达董寨国家级自然保护区。雄鸟首先抵达繁殖地，之后出现较多的晨鸣行为。该物种采取的是雄鸟占据领域、吸引配偶的繁殖策略。在繁殖季的早期，有小群个体相互追逐的现象，可能与竞争配偶有关。最早到达的发冠卷尾个体，多在抵达繁殖地约1周后(即5月上旬)开始营巢繁殖，多数个体是在5月中上旬开始繁殖，同时亦有较晚的个体于5月底开始繁殖。

5.6.5.3　营巢

发冠卷尾从开始营巢到产卵之间的时间跨度为15.9±4.8天($n=38$，区间：10~30天)。雌雄鸟均参与筑巢，且所承担的比例较为接近。巢多筑于枫杨(*Pterocarya stenoptera*)、水杉(*Metasequoia glyptostroboides*)、麻栎(*Quercus acutissima*)、板栗(*Castanea mollissima*)等高大乔木树冠中层的树枝末端，悬挂在树枝分叉部，呈深盘状。在选择营巢树种时，有选择在树皮较为光滑的树上筑巢的倾向。与此同时，亦有观察到亲鸟对巢树的树干表皮进行修理，啄去较为突出的部分(啄树皮)。巢高为8.28±3.9m($n=50$)，距离地面高度波动较大，低至2m，亦可高达20m。巢主要由禾本科枯草茎、细草根、根须以及藤枝等编制而成，巢基部的巢材较为粗大，巢内壁的巢材则较为柔软细小。在居民区附近的巢，可能有塑料丝带、细绳等非自然巢材。发冠卷尾邻居之间有偷巢材的现象，但频率很低。筑巢期间对人为干扰反应较为敏感，当受到较为强烈的干扰后会弃巢并选择更高的位置，或到附近人为干扰强度较低的位置重新筑巢。但在居民区附近繁殖的个体则表现出对人为干扰较强的忍耐性，较少弃巢。弃巢后重新筑巢时，该物种有利用旧巢巢材的习性。发冠卷尾具有较强的领域性，巢主会一同对入侵的同种个体进行驱逐。巢与巢之间的距离为 88. 8±65. 2m(n=121)，两个最近巢的距离为 18m。

5. 6. 5. 4　产卵和孵化

发冠卷尾最早产卵于 5 月中旬，集中产卵期是在 5 月下旬和 6 月上旬。多是在上午产卵，每天产一枚卵。窝卵数为 3~5 枚，多为 4 枚(75. 64%，n=275)。卵的底色为乳白色或淡粉色，布满大小不一的浅赭红色、淡紫灰色或灰褐色的细点、斑块或渍斑，且在钝端较为密集(图 5-48)。卵的底色和斑点模式在同巢内的卵之间几乎一致，但是在巢与巢之间的差异较大。卵重 5. 39±0. 28g(n=9)，长径为 28. 75±0. 92mm(n=5)，短径为 21. 9±0. 35mm(n=5)。

图 5-48　发冠卷尾的卵和巢(彩图见 367 页)

亲鸟在产卵期间会有在巢孵卵的行为，但持续时间一般较短，且多为雌鸟孵。在产完满窝卵之后，双亲开始轮流坐巢孵卵。孵卵期间，白天雌鸟孵卵较雄鸟多，夜晚多为雌鸟单独孵卵。雄鸟白天坐巢率为 34. 75±17. 53%，雌鸟为 52. 51±18. 20%，双亲为 87. 82±12. 53%(n=128)。雄鸟单次孵卵均长为 24. 94±15. 46min(n=52)，雌鸟为 40. 60±46. 26min(n=56)。雌鸟单次孵卵的时间较雄鸟更长(*T*-test：t=−2. 394，P=0. 019)。雌雄鸟每次孵卵时长均具有可重复性，但雌鸟的可重复性更高(R_{male}=0. 154±0. 084，n=52，P=0. 023；R_{female}=0. 649±0. 056，n=56，P<0. 001)。在孵卵过程中，雌鸟的繁殖投入更高。这可能与其身体构造有关。发冠卷尾的雄鸟虽然有孵卵斑，但较雌鸟小很多。因此，雌鸟可能比雄鸟在孵卵上有更好的效果。与此同时，可能是由于雌鸟在孵卵期有较多的投入，其在育雏期的投入较雄鸟少。这亦反映了该物种在繁殖上的分工。在孵卵过程中经常出现雌雄鸟轮流孵卵的换孵行为，且换孵的个体有时会携带食物回巢，但在孵的个体很少接受食物，多为携带食物的个体自己吞食。孵化期为 18~21 天，平均为 19. 32±0. 82 天(n=55)。对 79 巢 308 枚卵的监测结果表明，孵化成功率高达 95. 4%。

5. 6. 5. 5　育雏

在繁殖较早的年份，发冠卷尾雏鸟最早出壳是在 5 月底，而其他年份则是在 6 月上旬。雏鸟集中出壳期为6月中上旬。雏鸟为晚成雏，雌雄亲鸟均参与育雏，且喂食比例较为接近。雄鸟喂食占总喂食次数的53.89±18.58%，雌鸟占46.06±18.56%(n=140)。双亲单次喂食间隔为6.99±4.86min(n=140)。育雏时，多为单只亲鸟回巢喂食，双亲一同回巢喂食频次较少。食物多为半翅目、鞘翅目、鳞翅目、直翅目、膜翅目等昆虫。在育雏早期，亲鸟会将雏鸟的粪便吞食，后期则叼到离巢较远的地方丢弃。雏鸟多在17或18日龄时出飞。出飞时，雏鸟从开始站在巢边，然后站在远离巢的巢枝上，之后扩散到巢树其他树枝或附近树上。雏鸟出飞后以家族群的形式活动，此时亲鸟仍会给雏鸟喂食。喂食一般会持续到雏鸟出飞后1个月左右。之后雏鸟开始单独活动并有长距离扩散的现象(图5-49)。9月下旬和10月上旬发冠卷尾开始南迁，最晚的个体于10月中上旬迁走。

图5-49　发冠卷尾不同日龄的雏鸟(彩图见368页)

5.6.5.6　繁殖成功率和二次繁殖

发冠卷尾首次繁殖巢的成功率为67.5%(至少出飞1只雏鸟，n=366)，平均每巢出飞3.19±0.96只雏鸟(1~5只)。繁殖失败的主要原因是松鸦等鸟类在孵卵期对卵的捕食，以及松雀鹰等猛禽对雏鸟的捕食。观察发现，繁殖失败主要集中出现在育雏期(70.3%，n=101)。

繁殖失败后有至少18.3%的繁殖对(n=120)会进行第2次繁殖(n=22)或第3次繁殖(n=2)。再次繁殖可能会直接利用旧巢，但多为重新在巢树上或领域内其他树上筑巢繁殖。首次繁殖失败后再次繁殖巢(n=28)的窝卵数比首次繁殖巢(n=242)显著减少(再次繁殖3.54±0.51枚，首次繁殖3.98±0.49枚；曼-惠特尼u检验：Z=-4.561，P<0.001)，卵存活到雏鸟出飞的比例有显著减小的趋势(再次繁殖：0.41±0.39，首次繁殖0.57±0.43；曼-惠特尼u检验：Z=-1.933，P=0.053)，出飞雏鸟数亦显著减少(再次繁殖：1.43±1.37只，首次繁殖：2.25±1.74只；曼-惠特尼u检验：Z=-2.462，P=0.014)。

由于其较强的防御天敌的能力，发冠卷尾的繁殖成功率相对较高。各个繁殖对在繁殖失败后亦可能进行再次繁殖，但再次繁殖巢的成功率较首次繁殖的巢要低。这可能与繁殖季末期食物资源减少、巢捕食压力增加有关，但亦可能是由于繁殖对在首次繁殖中投入了较多的能量，在进行第2次繁殖时身体状态下降，进而导致繁殖成功率减低。在发冠卷尾中，再次繁殖巢的窝卵数比首次繁殖巢减少，这可能反映了雌鸟身体状态的下降。与此同时，卵存活到雏鸟出飞的比例亦有减少的趋势。由于导致该物种繁殖失败的主要原因是巢捕食，这表明繁殖季后期的捕食压力可能更大。因此，发冠卷尾再次繁殖成功率低，可能是个体质量与繁殖环境的相互作用。

5.6.5.7 繁后代性比和婚外配后代

笔者利用引物对243个巢的731只雏鸟进行了性别鉴定，发现种群水平上，发冠卷尾首次繁殖巢的初级性比为0.503(93巢，362只雏鸟)，次级性比为0.510(116巢，431只雏鸟)，均不存在种群水平上的显著性比偏倚(二项检验，$P>0.700$)。在个体水平上的初级性比为0.502±0.270，次级性比为0.513±0.275，也均未显著偏离0.5(威尔科克森符号秩检验，$P>0.557$)。首巢失败后再次繁殖巢的初级性比为0.448(8巢，29只雏鸟)，次级性比为0.500(11巢，36只雏鸟)，均不存在种群水平上的显著性比偏倚(二项检验，$P>0.711$)。在个体水平上的初级性比为0.458±0.252，次级性比为0.530±0.269，亦未显著偏离0.5(威尔科克森符号秩检验，$P>0.671$)。首次繁殖巢和再次繁殖巢在初级性比上无显著差异($N_{首次繁殖}=93$，$N_{再次繁殖}=8$；曼-惠特尼u检验：$Z=-0.513$，$P=0.608$)，次级性比亦无显著差异($N_{首次繁殖}=116$，$N_{再次繁殖}=11$；曼-惠特尼u检验：$Z=-0.065$，$P=0.948$)。

在对228巢双亲均环志的690只雏鸟的亲子鉴定中发现，有38巢(16.7%)的64只雏鸟(9.28%)为婚外配后代。其中，35只(54.68%)婚外配后代的父权被成功地指定到13只其遗传上的雄性亲鸟。其中，仅有1只雄鸟在取得婚外配父权时，本巢的父权亦被其他雄鸟掠夺。婚外配后代出飞时性比为0.508，并不存在种群水平上的显著性比偏倚(二项检验，$P=1.000$)。

后代性比在发冠卷尾的种群水平上和个体水平上均未有显著的偏倚。这可能是由于雌性和雄性在种群中的比例较为均衡，在雌雄后代所需的繁殖投入相等时，亲鸟对不同性别后代的投资取得的适合度收益相似所导致。这在对婚外配后代的性比分析中亦得到了证实，即婚外配后代亦没有显著的性比偏倚。雌鸟在选择婚外配对象时，可能会倾向于选择性吸引力高的异性，以提高自身后代的遗传质量。由于遗传质量高的后代可能在种内同性竞争中更有优势，而雄鸟可以通过额外的交配取得更多的后代，雌性亲鸟可能会对婚外配后代进行性比调控导致婚外配的后代性比偏雄。然而，这种根据雄鸟性吸引力进行性比调控的选择压力可能较弱，同时易受到其他生态因素的限制，因此导致在自然种群中发现婚外配后代性比偏倚的例子较少。

5.6.5.8 拆巢行为

发冠卷尾在繁殖失败或雏鸟出飞后会表现出一种特殊的拆巢行为，即多数亲鸟会在繁殖后的两周内将巢全部拆除。由于巢较为坚固，亲鸟需要花费较多的时间和能量来拆巢。拆巢行为可能是为了减少其他同种个体由于巢的存在，在翌年竞争利用该巢址的可能性，即巢址竞争假说。因为发冠卷尾的繁殖鸟对领域忠实度很高，多数会重复利用前一年的巢址。同时，有些未繁殖的一龄个体在其第二年在其之前出现地方的附近获得了巢址。巢的存在可能提示了同种其他个体该位置是一个适合筑巢的巢址。因此，通过拆巢，发冠卷尾的巢主或许能够对其他同种个体隐藏其繁殖成功的优质巢址，从而减少在下一年针对巢址所引发的竞争及其为此所付出的代价。笔者通过研究发现，大多数未拆除的发冠卷尾巢在下一个繁殖季仍然保持完整($n=10$)。因此，巢有可能是向其他个体指示合适巢址的信息。

此外，发冠卷尾在下一个繁殖季倾向于再次利用原巢址时，更有可能拆巢，且拆巢的速度更快($n=241$)。这与巢址竞争假说的预测一致。尽管在对繁殖成功巢址的巢进行实验加固持续存在后会吸引同种其他个体，并有导致巢址在第二年的利用率高于自然拆巢的繁殖成功的巢址，原巢主在第 2 年的替换率并未受到影响。此外，巢主并未因挂巢所引起的可能的激烈巢址竞争造成繁殖晚或出飞雏鸟数降低。因此，笔者的研究结果仅部分支持拆巢是发冠卷尾减少第 2 年来自同种其他个体巢址竞争的适应性行为。

5.6.5.9　繁殖扩散和出生扩散

笔者通过对标记个体的观察发现，发冠卷尾对领域具有较高的忠实性，91.7%的雄鸟($n=134$)和 82.5%的雌鸟($n=120$)在第二年返回后仍会继续利用先前的领域。雌鸟比雄鸟更有可能更换领域(费希尔精确检验，$P=0.036$)。更换领域的个体多选择距离原领域较近的地方繁殖。雄鸟的扩散距离(前后巢间距)为 163.9±204.4m($n=9$)，雌鸟为 155.1±136.0m($n=21$)。雌雄鸟繁殖扩散距离并无显著差异(T-test，$t=-0.147$，$P=0.884$)。

所有已知年龄的个体($n=15$)在一龄时均不参与繁殖，但有些个体仍出现在繁殖地。雄鸟首次繁殖巢距离其出生巢 1450.5±431.2m($n=8$，范围=1~2.1km)，雌鸟为 1037.9±395.1m($n=7$，范围=0.5~1.6km)。雄鸟出生扩散距离有比雌鸟远的趋势(T-test，$t=1.921$，$P=0.077$)。

5.6.5.10　配偶关系的维持

通过对标记个体的观察得知，发冠卷尾对配偶忠实度高，繁殖季内的配偶关系较为紧密，在同一繁殖季内更换配偶仅有 1 例记录，且未留守原领域繁殖的个体可能是个体死亡(未在当年其他领域发现，第 2 年未出现在繁殖地)。在新的繁殖季，当雌雄鸟均返回繁殖地后，仅有 13.1%的繁殖对($n=107$)会离婚更换配偶。该研究种群平均维持原配偶的年数为 2.69±0.13 年($n=61$，范围=2~6 年)。由于种群中已知年龄的个体很少，已记录的维持原配偶年数往往低于真实维持原配偶年数。由于发冠卷尾的返回率较高，对配偶忠实程度高，其配对模式多为维持原配偶关系，并多数利用原领域繁殖。因此，该物种在到达繁殖地后，会在很短的时间内开始繁殖，尤其是那些维持原配偶关系的繁殖对。观察发现，同一繁殖对的个体到达繁殖地的时间有一定差异，因此可能并非一起返回繁殖地。首先到达的个体往往是雄鸟，在到达后多在原领域附近活动，并鸣唱宣誓领域。在原配雌鸟到达后，开始进入繁殖。而当先前配偶长时间未返回，此时个体可能会选择重新与其他个体配对繁殖。新形成繁殖对亦多在原领域繁殖。

5.6.6　红头长尾山雀和银喉长尾山雀研究

5.6.6.1　两种长尾山雀概况

红头长尾山雀(*Aegithalos concinnus*)和银喉长尾山雀(*A. glaucogularis*)同属于雀形目(Passeriformes)长尾山雀科(Aegithalidae)长尾山雀属(*Aegithalos*)。红头长尾山雀共有 7 个亚种，在我国有 *A. c. concinnus*、*A. c. talifuensis*、*A. c. iredalei* 3 个亚种，主要分布于秦岭-淮

河以南广大地区，在甘肃南部、陕西中南部、河南等地也有稳定分布。银喉长尾山雀为我国特有种，分布于我国华北、华中、华东以及我国西南部分区域，包括 *A. g. glaucogularis* 和 *A. g. vinaceus* 2 个亚种。银喉长尾山雀曾被作为北长尾山雀(*A. caudatus* 原银喉长尾山雀)的亚种，但近年来基于形态学和分子生物学等证据，将 *A. g. glaucogularis* 和 *A. g. vinaceus* 两个亚种独立为银喉长尾山雀。红头长尾山雀和银喉长尾山雀在董寨自然保护区同域分布，常见于针阔混交林、针叶林、阔叶林和灌丛等生境，为留鸟。

5.6.6.2 巢址选择及营巢行为

两种长尾山雀一般在每年 1 月下旬或 2 月初开始筑巢，其雌雄亲鸟皆参与筑巢。从开始营巢到产卵之前的筑巢时间跨度可以长达 1 个月。筑巢较早的个体的筑巢速度较缓慢，而较晚筑巢的个体后期明显加快筑巢速度。巢一般筑于杉木、马尾松、柳杉、茶树、枸骨、山胡椒、蔷薇、悬钩子等植物上，其中，大部分都筑于杉树、马尾松、茶树等常绿植物上，但红头长尾山雀比银喉长尾山雀利用茶树更多。二者的巢距地面高度可低至 0.15 米，也可高于 10 米。

两种长尾山雀巢的外形都呈囊状，巢开口于上部侧面(图 5-50)。外层由蛛丝、虫茧、苔藓、细的草茎叶、树皮、地衣等构成，虽然营巢植物多种多样，但所选外层巢材的颜色一般与营巢环境一致，因而隐蔽性较好；巢内层则以羽毛填衬。两种长尾山雀的巢材在外层略有差异，银喉长尾山雀的外层巢材多蛛丝、虫茧和地衣，质地更绵软，而红头长尾山雀的外层巢材则多苔藓、草茎或禾本科的草叶，质地略粗糙于银喉长尾山雀的巢。

正面

侧面

图 5-50　银喉长尾山雀巢(上排)和红头长尾山雀巢(下排)的外观对比(彩图见 368 页)

5.6.6.3 产卵及孵卵行为

两种长尾山雀一般于 3 月上旬或中旬开始产卵，但在较温暖年份的 2 月下旬即已产卵。一般每天产 1 枚卵，但也见个别个体可能会隔天产卵。产卵时间多在夜间或者清晨。两种长尾山雀的卵类似，呈椭圆形，钝端带少许的砖红色斑点(图 5-51)。

图 5-51 红头长尾山雀卵(左)和银喉长尾山雀卵(右)(彩图见 368 页)

红头长尾山雀的窝卵数一般为 5~8 枚，而银喉长尾山雀一般为 6~9 枚，且二者的窝卵数均以 7 枚最为常见，但银喉长尾山雀的卵比红头长尾山雀的卵略大(表 5-14)。

表 5-14 两种长尾山雀窝卵数和卵的大小的比较

	红头长尾山雀		银喉长尾山雀		T 检验	
	n	平均标准方差	n	平均标准方差	t	P
重(g)	50	0. 72±0. 07	29	0. 85±0. 06	-7. 76	<0. 001
长径(mm)	62	13. 09±0. 50	35	13. 59±0. 32	-6. 09	<0. 001
短径(mm)	62	10. 14±0. 34	35	10. 65±0. 32	-7. 27	<0. 001

两种长尾山雀一般在产完满窝卵后开始孵卵。红头长尾山雀的雌雄亲鸟皆参与孵卵，而银喉长尾山雀仅雌鸟孵卵。孵卵期间，两种长尾山雀都存在雄鸟给孵卵雌鸟喂食的现象，但红头长尾山雀中该现象相对较少。孵卵时，巢中亲鸟对周围环境的异常声音(如树叶响动、脚步声、人的说话声等)以及同类和其他鸟类的报警声音有很高的警惕性，听到声音时会探头观察，直到确定危险消除或者不会对其构成威胁时才会将头缩回。如果可疑声音离巢近且持续时间较长，则亲鸟会较长时间不缩回头，甚至离巢而去。红头长尾山雀和银喉长尾山雀的孵化期均约为 14 天。卵的孵化成功率分别为 95. 6%($n_{卵}=160$；$n_{巢}=24$)和 95. 0%($n_{卵}=138$；$n_{巢}=20$)。

5. 6. 6. 4 育雏行为

长尾山雀的雏鸟一般于 3 月底至 4 月初出壳。雌雄亲鸟均参与育雏，在育雏早期，雌性亲鸟还具有暖雏的行为，此时雄性亲鸟承担主要的喂食任务。此后的育雏过程中，亲鸟大多一同携带食物回巢，喂完食物后再一同离去。偶有个别情况下，单只亲鸟回巢喂食。使用摄像机对雏鸟大于 10 日龄的巢的育雏行为进行记录，发现红头长尾山雀亲鸟的喂食频率为 18. 8±5. 6 次/h($n=11$ 巢)，银喉长尾山雀亲鸟的喂食频率为 19. 7±7. 0 次/h($n=15$ 巢)。两种长尾山雀育雏的食物类似，记录到有鳞翅目(Lepidoptera)昆虫的成虫及其幼虫，此外还有蜉蝣科(Ephemeridae)、大蚊科(Tipulidae)、食蚜蝇科(Syrphidae)、竹节虫科(Phasmatidae)的昆虫以及蜘蛛等节肢动物。成鸟喂完食物后，一般会在巢边停留片刻，等待雏鸟排便，然后叼到离巢较远地方。排便的雏鸟一般为得到食物的雏鸟，而且雏鸟排便一般在每次成鸟喂完食物之后。在两次喂食的间隙、成鸟不在巢边时，雏鸟通常不排便。

雏鸟一般在 14~16 日龄时出飞，出飞时间多在早上 6:30~9:30 之间。出飞前，亲鸟通常会在巢边叼食物引诱雏鸟离开巢。离开巢后的雏鸟常在附近树上聚集到一起，排成一排，继续由成鸟喂食。

5.6.6.5 合作繁殖行为

红头长尾山雀和银喉长尾山雀均存在合作繁殖行为，其帮手都一般出现在育雏阶段，但也有个别帮手出现在孵卵期。两种长尾山雀每个巢的帮手数目多为 1~2 个，偶有 3 个及以上的情况，其中帮手大多为雄性，雌性比例较低。

5.6.6.6 繁殖成功率及其影响因素

早期(2008—2010 年)研究发现，红头长尾山雀和银喉长尾山雀平均巢成功率分别为 33.6%和 30.4%，不同年份间的繁殖成功率略有差异。在筑巢阶段，两种长尾山雀巢失败的主要原因是弃巢(>90%)；进入产卵阶段以后，逐渐开始有天敌破坏巢，在产卵期和孵化期仍然偶有弃巢现象；至育雏阶段，一般不再弃巢，此时天敌捕食成为繁殖失败的首要原因。红头长尾山雀的巢与银喉长尾山雀的巢相比，遭受蛇捕食更多，涉及的蛇的种类有乌梢蛇、王锦蛇和黑眉锦蛇等。此外，松鸦、斑头鸺鹠、红嘴蓝鹊等也是长尾山雀巢的主要捕食者。

近年来通过对银喉长尾山雀多年研究的数据积累发现，银喉长尾山雀的营巢成功率约为 24.1%，且高度较高的巢的成功率显著低于高度较低的巢，天敌捕食是巢失败的主要原因。随着季节的推进，个体所筑的巢的高度显著升高而营巢成功率和日存活率随季节推进而逐渐降低(图 5-52)。在亲鸟的喂食行为与营巢成功率的关系上，喂食频率及雌雄亲鸟喂食的同步性对营巢成功率没有显著影响。

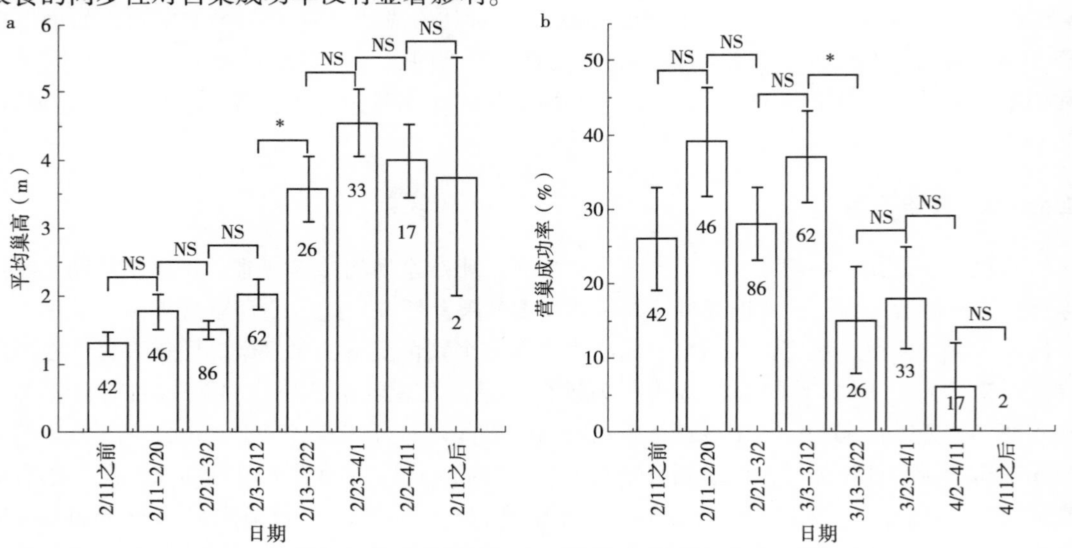

图 5-52 不同营巢时间的巢的高度(a)与成功率(标准误)(b)差异

注：条形图中的数字表示样本量；NS 表示没有显著差异；* 表示有显著差异。

对银喉长尾山雀在 2011—2018 年监测的 266 个高度较低的巢的存活情况分析发现，虽然低巢在研究者查巢和拍摄巢过程中因研究者触碰巢而更多地受到干扰，但无论是卵期还是雏鸟期，研究者的拍摄和查巢活动均对巢的日存活率无显著影响(表 5-15)，说明研究活动对巢的存活率不存在明显的负面影响。此外，随繁殖季的推进或随巢日龄的增加，银喉长尾山雀巢的日存活率都显著下降，且不同年份的巢的日存活率也存在一定差异(表 5-15)。

表 5-15 利用广义线性混合模型分析各因素对银喉长尾山雀卵期和雏鸟期巢的日存活率的影响的结果

因素	卵期		雏鸟期	
	预估	95%置信区间	预估	95%置信区间
截距	6.429	(4.695，8.163)	3.944	(2.810，5.078)
繁殖日期	-0.031*	(-0.056，-0.007)	-0.039*	(-0.067，-0.011)
巢日龄	-0.047*	(-0.086，-0.008)	-0.038	(-0.090，0.013)
巢高	-0.159	(-0.724，0.406)	0.337	(-0.219，0.894)
拍巢事件	0.151	(-1.378，2.501)	-0.175	(-1.501，1.150)
查巢事件	0.045	(-0.566，0.868)	0.525	(-0.466，1.517)
2012 年[a]	-1.345	(-3.152，0.463)	-1.556*	(-2.586，-0.527)
2013 年[a]	-1.470*	(-2.985，-0.044)	-0.501	(-1.411，0.408)
2014 年[a]	-2.071*	(-3.580，-0.562)	-0.925	(-1.864，0.014)
2015 年[a]	-1.402	(-2.944，0.140)	-0.203	(-1.215，0.808)
2016 年[a]	-1.076	(-2.689，0.536)	-0.742	(-1.623，0.138)
2017 年[a]	-1.537*	(-3.036，-0.037)	-0.126	(-1.060，0.808)
2018 年[a]	-2.102*	(-3.580，-0.625)	-1.117	(-2.037，0.197)

注：a 表示以 2011 年为参照；* 表示当 95%的置信区间不包含 0 时认为具有显著效应。

5.6.6.7 红头长尾山雀后代的出生扩散及成鸟的繁殖扩散

对保护区白云保护站内红头长尾山雀的 79 只雌性成年个体和 105 只雄性成年个体的空间遗传结构的分析发现，雄性红头长尾山雀在 300 米范围内存在显著的遗传结构，而雌性则没有，说明在这一地理尺度上存在偏雌性的基因流，即偏雌扩散的现象。对 11 只雌性个体和 19 只雄性个体在不同年份的 35 次繁殖记录的分析发现，尽管雌雄个体的繁殖扩散距离没有显著差异，但雌性个体的平均扩散距离要长于雄性个体。同时，对 336 只出飞的红头长尾山雀后代的存活个体的分析表明，雌雄后代($n=7$)的出生扩散距离显著长于雄性后代($n=13$)。综合上述结果，保护区的红头长尾山雀种群的扩散模式为偏雌扩散。此外，研究中曾发现 2 只在白云保护站标记的雄性红头长尾山雀在灵山保护站被重捕的现象，两地相距达 4.8km，这种雄性个体偶然出现的长距离扩散现象仍有待进一步探究。

5.6.7 黄缘闭壳龟

5.6.7.1 黄缘闭壳龟概况

黄缘闭壳龟(*Cuora flavomarginata*)又名黄缘盒龟、夹板龟、断板龟，隶属于龟鳖目(Testudines)地龟科(Geoemydidae)闭壳龟属(*Cuora*)，中国特有种，在河南仅分布于大别山

图 5-53　黄缘闭壳龟(彩图见 368 页)

区，国内分布于安徽、重庆、福建、广西、湖北、湖南、江苏、江西、上海、浙江、台湾和香港等省份。常栖息于丘陵山区的林缘、杂草、灌木之中，白天多隐匿于安静、阴暗潮湿的树根下及石头缝中，但离清洁水源不远(图 5-53)。

5.6.7.2　保护状况及濒危等级

黄缘闭壳龟为国家二级重点保护野生动物；IUCN 红色名录等级为濒危(EN)，《中国脊椎动物红色名录》为极危(CR)；也是 CITES 附录Ⅱ等级物种。

2004 年河南省人民政府批准建立(豫政〔2004〕31 号)信阳黄缘闭壳龟省级自然保护区，以保护黄缘闭壳龟以及其生境、森林生态系统为主，保护区跨信阳市浉河、罗山、新县、商城、固始 5 县(区)。此次保护区野外考察中并没有发现黄缘盒龟的踪迹。

5.6.7.3　种群数量及濒危原因

黄缘闭壳龟有极高的经济价值及医药价值，由于国内和国际贸易需求导致过度猎捕、成熟个体数持续衰退；农业生活和环境污染致使黄缘闭壳龟的栖息地严重破碎化，野外种群数量稀有。因此，黄缘闭壳龟是保护区唯一被 CITES 列为附录Ⅱ等级的爬行类，《中国脊椎红色名录》也将其濒危级别提升为极危(CR)。

5.6.7.4　保护措施

严禁猎捕野生黄缘闭壳龟；加强黄缘闭壳龟保护区的建设和管理；开展科学研究，有组织地开展黄缘闭壳龟的养殖试验，扩大养殖规模，形成新兴产业，促进黄缘闭壳龟资源的保护和持续利用。

5.6.8　乌龟

5.6.8.1　乌龟概况

乌龟(*Mauremys reevesii*)(图 5-54)又名金龟、草龟，隶属于龟鳖目(Testudines)地龟科(Geoemydidae)拟水龟属(*Mauremys*)。除东北、西北、海南及西藏外，全国、全河南省都有分布。常栖于江、河、湖泊、沼泽等地，营半水栖生活。

图 5-54　乌龟(彩图见 368 页)

5.6.8.2　保护状况及濒危等级

乌龟为国家二级重点保护野生动物，IUCN

红色名录濒危等级和《中国脊椎动物红色名录》濒危等级均为濒危（EN），同时也是 CITES 附录Ⅲ等级物种。

5.6.8.3　种群数量及濒危原因

乌龟在保护区内数量稀少，此次保护区野外考察中没有发现乌龟的踪迹。

濒危原因：20 世纪 70 年代以前龟在河南全省广泛分布，由于被大量捕杀食用、过度猎捕，种群数量急剧下降，现在自然环境中很难见到野生乌龟，已是极端濒危物种。

5.6.8.4　保护措施

严禁猎捕，大力开展野生龟的研究保护工作，推广人工养殖技术，扩大养殖规模，满足市场需求。

5.6.9　大鲵

5.6.9.1　大鲵概况

大鲵（*Andrias davidianus*）（图 5-55）又名娃娃鱼，隶属于有尾目（Urodela）隐鳃鲵科（Cryptobranchidae）大鲵属（*Andrias*）。该物种主要分布河南、山西、陕西、甘肃、四川、重庆、贵州、云南、安徽、江苏、浙江、江西、湖南、湖北、福建、广西等省份。在河南省分布于伏牛山、太行山和大别山区，现在大别山较容易观察到。大鲵多栖息于山区水流较急、水质清澈、水温低、多深潭的溪流上游。白天常隐居于洞穴内，夜间外出捕食，多以虾、蟹等各种无脊椎动物为食，也捕水栖小型脊椎动物，如鱼、蝌蚪、蛙、蛇以及水鸟。秋季为繁殖盛期，成熟卵径约 8mm，外包以多层胶质膜，吸水膨胀后可达 15~20mm；卵在卵带内形成念珠状，带内每两粒卵之间相隔约 10~20mm。卵刚从母体产出时为乳白色；卵外胶膜吸水后膨胀，呈透明状。

图 5-55　大鲵（彩图见 369 页）

5.6.9.2　保护状况及濒危等级

大鲵为国家二级重点保护野生动物，IUCN 红色名录濒危等级为极危（CR）；也是 CITES 附录Ⅰ等级物种。

5.6.9.3　种群数量及濒危原因

大鲵是现生最大的两栖动物，具有较高的经济价值，由于无节制的偷捕、滥捕和旅游开发、建设，导致其分布区面积缩小，栖息地破坏、退化，种群数量急剧下降。为保护大鲵和其栖息环境，河南省建立5个以大鲵及其生境为主要保护对象的保护区：青要山自然保护区、栾川大鲵自然保护区、嵩县大鲵自然保护区、卢氏大鲵自然保护区、西峡大鲵自然保护区。近20年的野外资源调查显示，野生大鲵种群数量极少，个别保护区有零星报道。

5.6.9.4 保护措施

严禁猎捕野生大鲵，加强对该物种及其栖息地的保护、恢复种群数量。

5.6.10 虎纹蛙

5.6.10.1 虎纹蛙概况

虎纹蛙(*Hoplobatrachus chinensis*)(图5-56)别名黄狗、土墩子、涨水蛤蟆，隶属于无尾目(Anura)叉舌蛙科(Dicroglossidae)虎纹蛙属(*Hoplobatrachus*)。该物种主要分布于长江以南安徽、江苏、上海、浙江、江西、湖南、福建、台湾、四川、云南、贵州、湖北、广东、香港、澳门、海南、广西等省份。河南大别山区固始、商城、新县有分布。虎纹蛙栖息于丘陵、平原地区稻田、鱼塘、水塘、沟渠等静水水域。繁殖时间主要集中在5月中旬至7月中旬，繁殖场一般选择水田、池塘等水域。与虎纹蛙同域分布的有黑斑侧褶蛙、湖北侧褶蛙、饰纹姬蛙等。

图5-56 虎纹蛙(彩图见369页)

5.6.10.2 保护状况及濒危等级

虎纹蛙野外种群被列为为国家二级重点保护野生动物；IUCN红色名录濒危等级为无危(LC)，《中国脊椎动物红色名录》濒危等级为濒危(EN)；CITES附录未收录。

5.6.10.3 种群数量及濒危原因

虎纹蛙个体较大，具有较高的食用价值，由于无节制的偷捕、滥捕和化肥农药的过度施用，导致其分布区面积缩小，栖息地破坏、退化，种群数量急剧下降。而适于虎纹蛙生活的栖息地则有大量牛蛙成体、幼体和蝌蚪分布。牛蛙因食量大、食性广泛、生长快、繁殖力惊人(一只雌蛙年产卵2~3次，每次产卵1万余枚)、适应能力极强。由于缺乏有效的管理和制约，流入自然环境的牛蛙对本地土著蛙类的生存和种群造成很大影响。另外，虎纹蛙和牛蛙体色、形态、大小相似，当地老百姓把虎纹蛙当作牛蛙误捕贩卖，也是造成虎纹蛙种群减少的原因。

5.6.10.4 保护措施

严禁猎捕野生虎纹蛙，加强对该物种及其栖息地的保护、恢复种群数量；此外，还应猎捕牛蛙以减少其对虎纹蛙的生存压力。

5.6.11　叶氏肛刺蛙

5.6.11.1　叶氏肛刺蛙概况

叶氏肛刺蛙(*Yeirana yei*)(图 5-57)隶属于无尾目(Anura)叉舌蛙科(Dicroglossidae)肛刺蛙属(*Yeirana*)。叶氏肛刺蛙仅分布在大别山区的信阳商城、新县、固始、罗山，省外分布于安徽大别山区。叶氏肛刺蛙栖息于海拔 300~1100m 山涧溪流回水凼处，水底为大小不等的鹅卵石，山上生有白蜡树、栎树、枫树、松树、竹子等针叶阔叶林及灌木和杂草。夏季成蛙伏在水底石块或岸边岩壁上，受惊则钻入石缝中；秋、冬季则潜入深水大石下冬眠。4 月初水温 12℃左右时叶氏肛刺蛙开始出蛰，4 月中旬达到出蛰高峰期，出蛰后即进入繁殖场，繁殖期自 4 月下旬至 5 月上旬。产卵场所一般选择在水流较缓、石块众多的溪流水凼处，选择在溪流大石块下产卵，繁殖水域面积大约为 16m^2，水深 10~100cm。参与繁殖的叶氏肛刺蛙雌雄性比约为 1∶1，雄蛙通过鸣叫吸引雌蛙，雌蛙根据雄蛙的鸣叫声，选择合适的配偶。求偶、鸣叫一般从 19:00 到 22:00，一对雌雄的相互识别时间持续 30~50 分钟，识别后雄蛙先跳入水中或隐蔽处，雌蛙随后跟着雄蛙到产卵场，没有抱对现象。一年四季在水中都能见到蝌蚪，蝌蚪附在石块上或钻入落叶下。8 月初采到正在变态的蝌蚪，10 月初采到大量幼体，因此该蛙应在夏季完成变态。根据蝌蚪的长度和发育分期，该蛙蝌蚪需要 2~3 年才能完成变态。

图 5-57　叶氏肛刺蛙(彩图见 369 页)

5.6.11.2　保护状况及濒危等级

叶氏肛刺蛙 2021 年被为国家二级重点保护野生动物；IUCN 红色名录濒危等级未评估，《中国脊椎动物红色名录》濒危等级为易危(VU)；CITES 附录也未将其列入。

5.6.11.3　种群数量及濒危原因

叶氏肛刺蛙具有较高的食用价值，由于无节制的偷捕、滥捕，导致其种群数量急剧下降。此外，由于其栖息地破坏、退化，导致其分布区面积缩小，严重威胁其种群数量的增长。叶氏肛刺蛙在保护区内的山间溪流环境较为常见，但种群数量小。

5.6.11.4　保护措施

严禁猎捕野生叶氏肛刺蛙，加强对该物种及其栖息地的保护、恢复种群数量；此外，加大对叶氏肛刺蛙的人工培育，掌握其有效繁殖的参数，一旦叶氏肛刺蛙的野外种群数量急剧下降，可通过人工繁育、野外放生的方法补充野外种群数量。

第6章 昆虫资源

6.1 昆虫种类组成

根据2016年调查结果，并查阅历史调查数据及文献资料，整理可知保护区有昆虫24目233科1187属1741种(表6-1)。

表6-1 保护区昆虫种类组成

目	科		属		种	
	数量	百分比(%)	数量	百分比(%)	数量	百分比(%)
衣鱼目	1	0.43	1	0.08	1	0.06
蜉蝣目	3	1.29	3	0.25	3	0.17
蜻蜓目	9	3.86	31	2.61	42	2.41
革翅目	2	0.86	2	0.17	2	0.11
襀翅目	3	1.29	5	0.42	5	0.29
直翅目	13	5.58	68	5.73	91	5.23
蛩目	2	0.86	4	0.34	4	0.23
螳螂目	2	0.86	5	0.42	9	0.52
蜚蠊目	3	1.29	3	0.25	4	0.23
等翅目	2	0.86	4	0.34	10	0.57
虫齿目	1	0.43	1	0.08	2	0.11
缨翅目	1	0.43	2	0.17	3	0.17
半翅目	41	17.60	158	13.31	194	11.14
蛇蛉目	1	0.43	1	0.08	1	0.06
广翅目	1	0.43	2	0.17	4	0.23
脉翅目	4	1.72	6	0.51	9	0.52
鞘翅目	36	15.45	242	20.39	340	19.53
捻翅目	1	0.43	1	0.08	1	0.06
双翅目	26	11.16	94	7.92	201	11.55
长翅目	1	0.43	1	0.08	1	0.06
蚤目	3	1.29	5	0.42	5	0.29
毛翅目	4	1.72	6	0.51	6	0.34
鳞翅目	46	19.74	436	36.73	615	35.32
膜翅目	27	11.59	106	8.93	188	10.80
合计	233	100.00	1187	100.00	1741	100.00

结果显示，保护区昆虫科数较多的目为鳞翅目、半翅目、鞘翅目、膜翅目和双翅目，这5个目的科数占总科数的75.54%；种数较多的目为鳞翅目、鞘翅目、双翅目、膜翅目和半翅目，这5个目的种数占总种数的88.34%。可见，这5个目是董寨保护区昆虫的优势目。

6.2 昆虫属、种多样性

6.2.1 优势目的属、种多样性

从属级阶元上分析，多样性较高的科分别是：鳞翅目裳蛾科(57属)、尺蛾科(39属)、螟蛾科(38属)；鞘翅目天牛科(61属)、叶甲科(30属)、金龟科(28属)；双翅目麻蝇科(12属)、蝇科(11属)、蚜蝇科(10属)；半翅目叶蝉科(27属)、蚜科(25属)、蝽科(19属)；膜翅目姬蜂科(26属)、叶蜂科(18属)、茧蜂科(8属)。

从种级阶元上分析，多样性较高的科分别是：鳞翅目裳蛾科(93种)、尺蛾科(53种)、蛱蝶科(51种)；鞘翅目天牛科(84种)、步甲科(40种)、金龟科(39种)；双翅目蚊科(53种)、蝇科(26种)、麻蝇科(26种)；半翅目蚜科(38种)、叶蝉科(31种)、蝽科(22种)；膜翅目姬蜂科(35种)、叶蜂科(33种)、胡蜂科(24种)。

6.2.2 所有目的属、种多样性

属级阶元分为1~10属、11~20属、21~30属、31~40属和40属以上等5个类别，统计每个类别的科数量。结果表明，包含1到10个属的科有204个，占总科数的87.55%；包含11到20个属的科有14个，占6.01%；包含21到30个属的科有8个，占3.43%；包含31到40个属的科有5个，占2.15%；包含41个属及以上的科仅有2个，占0.86%(图6-1)。

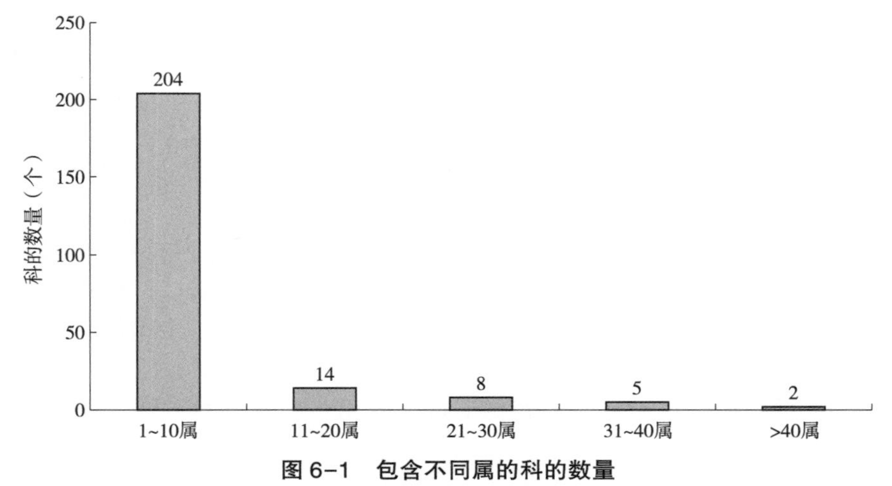

图6-1 包含不同属的科的数量

对包含1~10个属的204个科分析，包含1个属的科有107个，占总科数的45.92%；包含2个属的科有42个，占18.03%(图6-2)。可见，将近一半的科是单属科，将近2/3的科仅包含1个或2个属。大量的科所包含属的数量并不多。

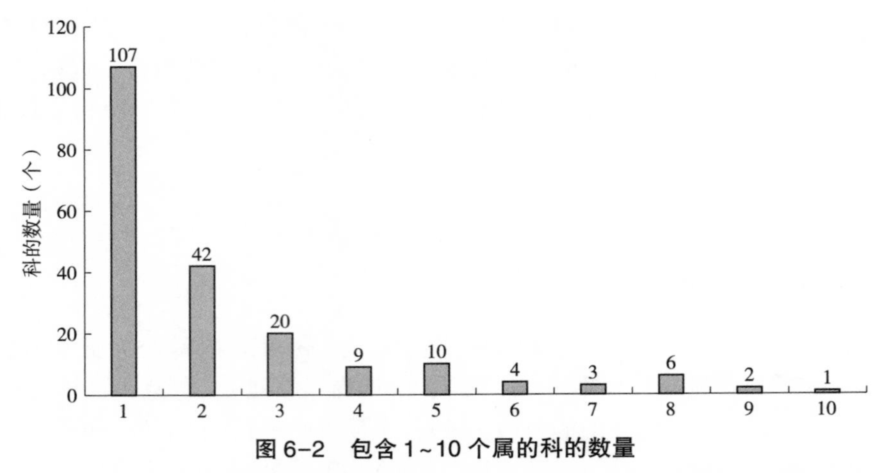

图 6-2　包含 1~10 个属的科的数量

种级阶元分为 1~10 种、11~20 种、21~30 种、31~40 种、40~50 种和 50 种以上等 6 个类别，统计每个类别的科数量。结果表明，包含 1~10 种的科有 193 个，占总科数的 82.83%；包含 11~20 种的科有 12 个，占 5.15%；包含 21~30 种的科有 9 个，占 3.86%；包含 31~40 种的科有 10 个，占 4.29%；包含 41~50 种的科有 4 个，占 1.72%；包含 50 种以上的科有 5 个，占 2.15%(图 6-3)。

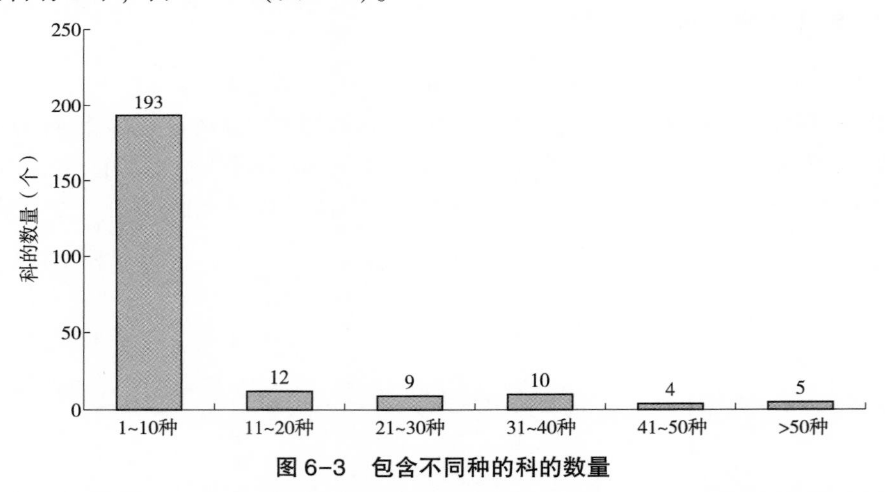

图 6-3　包含不同种的科的数量

对包含 1~10 种的 193 个科分析，包含 1 个种的科有 87 个，占总科数的 37.34%；包含 2 个种的科有 42 个，占 18.03%；包含 3 个种的科有 26 个，占 11.16%(图 6-4)。可见，超过 1/3 的科是单种科，超过 2/3 的科仅包含不超过 3 个种。大量的科所包含的种并不多。

属、种的数量分析结果表明，随着科下包含的属、种数量的递增，科的数量急剧下降，呈现明显的偏态分布。

6.2.3　与邻近保护区的种类比较

与保护区同处大别山系的国家级自然保护区还有位于信阳市南部的鸡公山保护区(31°46′~31°52′N，114°01′~114°06′E)和位于商城县的大别山保护区(31°41′~31°48′N，115°

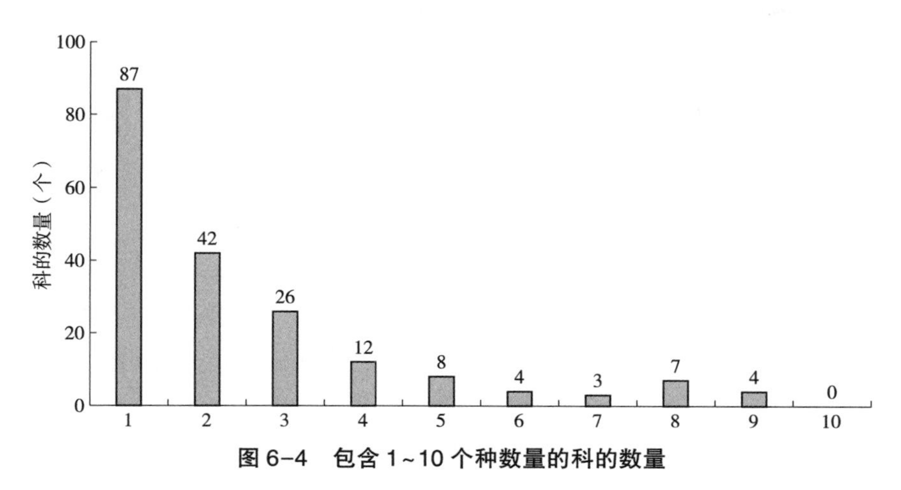

图 6-4 包含 1～10 个种数量的科的数量

20′～115°38′E)。这三个保护区基本处于同一纬度区域(31°～32°N)，最远距离不超过110km，具有类似的地理环境(低山丘陵区)、气候条件(温暖湿润、春雨充沛区)和植被类型(北亚热带常绿落叶阔叶林带)，昆虫种类应大体相当。

从三个保护区的昆虫种类组成的对比(表 6-2)可以看出，董寨保护区与大别山保护区的昆虫种类接近，目、科、属的数量大致相当，而鸡公山保护区昆虫的目、科数量明显偏小，应与其没有进行更全面的调查而导致数据不足有关。

表 6-2 董寨国家级自然保护区昆虫种类与邻近保护区的比较

	目	科	属	种
董寨保护区	24	233	1187	1741
鸡公山保护区	18	161	—	1589
大别山保护区[1,2]	22	234	1306	1973

注：1. 剔除了弹尾纲、双尾纲、原尾纲、蛛形纲等非昆虫纲的数据。

2. 将同翅目合并入半翅目。

6.3 昆虫区系

从动物地理分布看，保护区属于古北界和东洋界的过渡地带。其中，古北界种类 194 种，占 11.14%，代表种有单刺蝼蛄 *Gryllotalpa unispina*、东北姬蝉 *Cicadetta chahrensis*、华北大黑鳃金龟 *Holotrichia oblita*、淡色库蚊 *Culex pipiens pallens*、松梢斑螟 *Dioryctria splendidella*、中华马蜂 *Polistes chinensis* 等；东洋界种类 598 种，占 34.35%，代表种有褐尾黄蟌 *Ceriagrion rubiae*、浙江襟虫责 *Togoperla tricolor*、黄树蟋 *Oecanthus rufescens*、大别山散白蚁 *Reticulitermes dabieshanensis*、华凹大叶蝉 *Bothrogonia sinica*、中华星齿蛉 *Protohermes sinensis*、松墨天牛 *Monochamus alternatus*、异色口鼻蝇 *Stomorhina discolor*、黄褐球须刺蛾 *Scopelodes testacea*、印度侧异腹胡蜂 *Parapolybia indica indication* 等；广布种 932 种，占 53.53%，代表种有二色异痣蟌 *Ischnura lobata*、短额负蝗 *Atractomorpha sinensis*、中华大刀螳 *Tenodera sinensis*、德国小蠊 *Blattella germanica*、日本履绵蚧 *Drosicha corpulenta*、神农洁

蜣螂 *Catharsius molossus*、白纹伊蚊 *Aedes albopiictus*、梨小食心虫 *Grapholitha molesta*、日本弓背蚁 *Camponotus japonicus* 等；另有 17 种不确定。

总体上，保护区昆虫区系呈现出既有古北种，也有东洋种，广布种类过半，东洋种多于古北种的特点，符合大别山区昆虫区系兼有古北、东洋种，而偏于东洋种的判断。

6.4 昆虫资源保护与利用

6.4.1 昆虫资源

保护区的昆虫资源主要包括传粉昆虫、天敌昆虫、环境昆虫、食用昆虫、药用昆虫、观赏昆虫等几类。

6.4.1.1 传粉昆虫

昆虫是植物的主要传粉媒介，自然界中传粉昆虫种类繁多，超过 20 万种。传粉昆虫具有重要的生态价值和经济价值。

保护区常见的传粉昆虫有蜜蜂、熊蜂等蜂类，苍蝇等蝇类，蝴蝶和蛾类，甲虫、蚂蚁等约 940 种，主要分布于膜翅目、双翅目、鳞翅目、鞘翅目，此外，直翅目、半翅目、缨翅目昆虫也有传粉作用。

6.4.1.2 天敌昆虫

肉食性的昆虫在自然界中通过捕食和寄生其他昆虫维持生存，这类昆虫称为天敌昆虫，包括捕食性昆虫和寄生性昆虫。天敌昆虫是农林生产中控制病虫害的生物防治的重要组成部分，具有重要的生态价值和经济价值。

保护区常见的捕食性天敌昆虫有蜻蜓、螳螂、瓢虫、步甲、食蚜蝇、草蛉、猎蝽、胡蜂、蚂蚁等约 190 种，主要分布于蜻蜓目、螳螂目、革翅目、半翅目、脉翅目、鞘翅目、双翅目和膜翅目。常见的寄生性天敌昆虫有姬蜂、茧蜂、寄蝇等约 80 种，主要分布于双翅目、膜翅目、捻翅目、鳞翅目。

6.4.1.3 环境昆虫

环境昆虫分为 2 个类型，一类是在生态系统中扮演分解者角色的腐食性昆虫，起到清洁环境、促进生态系统营养循环等作用；一类是对环境敏感且具有特殊适应性的昆虫，可为监测环境质量、预测气候变化等提供可能。

保护区常见的腐食性昆虫有金龟、葬甲、隐翅甲、皮蠹、麻蝇等约 80 种，分布于鞘翅目、双翅目。常见的环境监测型昆虫有蜉蝣、石蝇、石蛾、蜻蜓、摇蚊、龙虱等约 60 种，分布于蜉蝣目、蜻蜓目、襀翅目、毛翅目、广翅目、鞘翅目、双翅目等。

6.4.1.4 食用昆虫

昆虫含有丰富的蛋白质、氨基酸、脂肪、无机盐、微量元素、碳水化合物、维生素等，作为食品蛋白和饲料蛋白具有广阔的应用前景。全世界可食用昆虫超过 3000 种。在中国，可食用昆虫有200多种。

保护区常见的食用昆虫有蝗虫、蝽、白蚁、蝉类、甲虫、蚂蚁、蜂类、蛾类等约100种，分布于直翅目、等翅目、半翅目、鞘翅目、鳞翅目和膜翅目。

6.4.1.5 药用昆虫

自然界几乎所有的昆虫都是虫类药物，昆虫入药主要是用昆虫体或其他衍生物质、分泌物、病理产物等。昆虫活性物质主要有蛋白多肽类、多糖类、生物碱类、醌类、甾类、萜类、脂质、无机元素和其他有机物类。

保护区重要的药用昆虫包括：地鳖、芫菁、蝼蛄、僵蚕、螵蛸等。

6.4.1.6 观赏昆虫

观赏昆虫是指具有绚丽色彩、美丽姿态、奇特形状，能给人带来感官上的享受的一类昆虫。其在文学、音乐、艺术、宗教、哲学、心理学等方面扮演着十分重要的角色，具有很高的艺术性和观赏性，以及巨大的商业开发价值。

保护区常见的观赏昆虫有蝴蝶、蛾类、甲虫、螳螂、竹节虫、螽斯、蝉类等。

6.4.2 国家保护的昆虫

根据国家林业和草原局、中华人民共和国农业农村部颁布的《国家重点保护野生动物名录》(2021年)和《国家保护的有益的或者有重要经济、科学研究价值的陆生野生动物名录》(2000年，以下简称《三有保护名录》)，整理出董寨保护区的保护昆虫种类6种。其中，国家二级重点保护野生动物2种，《三有保护名录》动物5种。

6.4.2.1 国家二级重点保护野生动物

拉步甲 *Carabus lafossei*(Feisthamel，1845)属鞘翅目步甲科。体长3~4cm，体宽1~6cm。体色变异大，有多种色型，通常全身金属绿色，前胸背板及鞘翅外缘泛金红色光泽。每个鞘翅上由黑色、蓝黑色或蓝绿色瘤突组成6列纵线，3条较粗，3条较细。足细长，善急走，雄虫前足跗节基部3节膨大，从外观上可与雌虫区分。腹部各节基部有一横沟。

金裳凤蝶 *Troides aeacus*(Felder et Felder，1860)，属鳞翅目凤蝶科。翅展125~170mm。体背黑色，头颈、胸侧有红毛，腹部背面黑色，节间黄色，腹面黄色。前翅黑色，具天鹅绒般光泽，脉纹两侧灰白色。雌、雄异型：雄蝶后翅金黄色，外缘区每翅室各有1个钝三角形黑斑，斑的内侧有黑色鳞片形成的阴影纹，外缘波状、黑色，内缘具1条窄的黑色纵带及很宽的褶，褶内有灰白色长毛；雌蝶体稍大，前翅中室内有4条纵纹较雄蝶明显，后翅中室的端半部、各室的基部、亚外缘区及脉纹两侧均呈金黄色，其余则大部分呈黑色。翅反面与正面相似。

6.4.2.2 《三有保护名录》动物

《三有保护名录》动物有：怪螳 *Amorphoscelis* sp.、绿步甲 *Carabus smaragdinus* Fischer von (Waldheim，1823)、伊步甲 *Carabus elysii*(Thompson，1856)、冰清绢蝶 *Parnassius gla-*

cialis(Butler，1866)，东方蜜蜂 *Apis cerana*（Fabricius，1865）。

6.5 昆虫名录

本名录依据最新的昆虫分类系统整理。与过去的分类系统相比，主要有以下几点不同：①目级阶元的排序依照 Misof et al.(2014)的研究结果确定；②将虱目合并到虫齿目下；③剑角蝗科包含了过去的斑腿蝗科、斑翅蝗科、网翅蝗科等；④蚜科包含了过去的绵蚜科、大蚜科、斑蚜科、毛蚜科等；⑤金龟科包含了过去的丽金龟科、花金龟科、犀金龟科、鳃金龟科等；⑥叶甲科包括了过去的豆象科、铁甲科等；⑦凤蝶科包含了过去的绢蝶科；⑧蛱蝶科包含了过去的眼蝶科、喙蝶科、灰蝶科等；⑨裳蛾科包含了过去的灯蛾科、毒蛾科等；⑩胡蜂科包含了过去的马蜂科、蜾蠃科等。昆虫名录详见附件六。

第 7 章　社会经济状况

7.1　行政区域

保护区位于信阳市罗山县境内，分布范围涉及罗山县的青山镇、朱堂乡、灵山镇、彭新镇、铁铺镇、山店乡等 6 个乡(镇)。

7.2　人口数量与民族组成

保护区涉及的 6 个乡(镇)共有 82 个行政村 1197 个村民组 39365 户，总人口 161280 人，大部分为汉族，有少量回族。

保护区内涉及 6 个乡(镇)55 个行政村，户籍人口 78290 人，其中，核心区涉及 19 个行政村 8830 人，缓冲区涉及 34 个行政村 17825 人，实验区涉及 43 个行政村 51635 人。

7.3　公共基础设施

7.3.1　交通

保护区管理局位于河南省罗山县灵山镇，西距信阳市 39km，北距郑州市 346km，东北距罗山县城 50km，南距武汉市 177km，地理位置优越。保护区周边有 107 国道、312 国道、京广高铁、宁西铁路，已经形成了省道、国道、高速公路、铁路纵横交错的路网体系。京港澳高速公路从保护区的实验区通过，并在管理局所在地灵山镇和保护区南部设有出入口，正在建设的鸡公山至商城的大别山红色旅游高速公路横穿东西，对外交通便捷。

保护区管理局与各保护站、点之间均有林区公路相通，但是多为砂石路，被洪水冲刷，破损严重，通行能力较差。

7.3.2　通讯

保护区周边无线通讯网络发达，移动通讯信号已覆盖大部分林区，保护区管理局、站、点之间联系主要使用无线通讯。因资金所限，仅保护区管理局和部分保护站接入宽带网络，保护点尚未接入宽带网络。

7.3.3　供水

保护区管理局接入镇区自来水，各保护站采用自备井供水，保护点采取就近拦蓄方式供水，站点饮用水源不稳定且质量不高。

7.3.4 供电

保护区管理局、站、点均已就近接入国家电网，可以满足日常供电需要。

7.4 社会发展情况

7.4.1 文化教育

保护区周边社区的教育文化基础设施比较落后，农民文化生活贫乏，群众文化教育程度普遍偏低。保护区周边乡(镇)所在地均建有初中，灵山镇还设有高中。所有行政村均建有小学，但由于地处偏远，生源较少，交通不便，师资力量薄弱。大部分农户通过地面卫星接收设备收看电视，其他文化娱乐方式较少。

7.4.2 医疗卫生

保护区涉及的乡镇均设有卫生院，区内55个行政村设有卫生所，主要解决社区居民的看病吃药问题。社区已初步建立了农村医疗卫生体系，但医疗条件简陋，医疗技术水平不高，还不能满足群众求医的基本需要，医疗服务体系亟待完善。

7.4.3 劳动就业和社会保障

近几年来，国家陆续出台了许多扶持“三农”的优惠政策，如国家种粮补贴、种植养殖业扶持、新型农村合作医疗和农村养老保险、义务教育“两免一补”、精准扶贫、公益林生态补偿等惠农政策，农村经济面貌有了较大改善。保护区周边社区农民除了享受国家的一系列优惠政策外，在保护区的帮扶下，还利用自身优势积极开展多种经营活动，如食用菌的生产加工、特色养殖、家庭宾馆、旅游运输、餐饮服务、农特产品加工等，收入有所增长。

7.5 土地利用状况

7.5.1 土地资源的权属

保护区总面积46800hm²。其中，国有土地面积为4700hm²，占保护区总面积的10.04%；集体土地面积为42100hm²，占保护区总面积的89.96%。国有土地归自然保护区管理局所有，集体土地归当地行政村集体所有。按照国家有关规定，集体土地在不改变土地权属的情况下，由保护区管理机构统一管理。

7.5.2 土地利用现状

保护区总面积46800hm²，其中，林地面积33940hm²，占保护区总面积的72.52%；园地面积1367hm²，占保护区总面积的2.92%；草地面积125hm²，占保护区总面积的0.27%；耕地面积6646hm²，占保护区总面积的14.20%；商服用地面积37hm²，占保护区总面积的0.08%；工矿仓储用地面积143hm²，占保护区总面积的0.31%；住宅用地面积

1113hm^2，占保护区总面积的 2. 38%；公共管理与公共服务用地面积 61hm^2，占保护区总面积的 0. 13%；特殊用地面积 24hm^2，占保护区总面积的 0. 05%；交通运输用地面积 755hm^2，占保护区总面积的 1. 61%；水域及水利设施用地面积 2518hm^2，占保护区总面积的 5. 38%；其他用地面积 70hm^2，占保护区总面积的 0. 15%。

7. 6　经济状况

保护区所在的罗山县 2020 年末居民 226322 户，总人口 784715 人。全年实现生产总值 2348437 万元，地方公共财政预算收入 75633 万元，地方公共财政预算支出 448525 万元，农林牧副渔服务业总产值 1063497 万元。粮食作物种植面积 143. 31 万亩，粮食总产量 71. 87 万吨。城镇居民人均可支配收入 30039 元，农村居民人均可支配收入 14827 元。当地经济产业以林业、农业为主，运输业、建筑业、服务业占有较大比重，板栗、茶叶是农民主要经济收入来源。

第8章 自然保护区管理

8.1 历史沿革

保护区的前身是国营罗山县董寨林场，始建于1954年11月，时称罗山县林场董寨分场，面积300多亩①。场址在现在的白云保护站。

1957年冬，董寨分场改称国营罗山县林场，隶属县农林局，辖鸡笼、董寨两个分场，面积扩大到5万多亩。

1958年，将2.8万亩的集体山林并入林场，面积扩大到11.8万亩。

1959年，农林局拆分农业局和林业局，该场隶属林业局。

1962年，退还原并入的集体山林后，面积为67886亩。

1963年，林场场部迁至董寨山下董桥塆北头大塘角，场名改为国营罗山县董寨林场。

1964年，将彭新公社黑庵一片0.4万余亩的荒山划归董寨林场。1966年，将定远公社万店几片共0.5万余亩的荒山划归董寨林场。1968年，将彭新公社箭杆山一片1万余亩的荒山划归董寨林场。1970年，将面积0.37亩的原罗山县畜牧场并入林场。1974年，将灵山寺僧、尼10人所属的山林划归林场。林场总面积扩大到8.67万亩。

1982年，退还原属集体的山林5575亩，所辖面积7.4万余亩。是年6月，河南省政府豫政〔1982〕87号文批准建立"河南罗山董寨省级鸟类自然保护区"，总面积1万hm^2。

1991年，场部由董桥迁至现在的灵山镇西北张家塆。

2001年6月，国务院批准晋升为河南董寨国家级自然保护区，是以山区森林珍稀野生鸟类及其栖息地为主要保护对象的野生动物类型的保护区，保护区面积扩大到4.68万hm^2。

2001年，成立董寨国家级自然保护区管理局，为罗山县人民政府直属事业单位。

8.2 机构设置

保护区为罗山县机构编制委员会设立的独立核算的副处级事业单位，行政上隶属于河南省罗山县人民政府，业务上接受河南省林业局和信阳市林业和茶产业局的指导。主要职责为：

(1)贯彻执行国家有关法律、法规和方针政策。

(2)保护和培育森林资源，维护国家生态安全和木材安全。

(3)编制国有林场发展规划。

---

① 1亩=1/15hm^2。以下同。

(4)制定国有林场防火预案，加强森林防火建设，预防和及时扑救森林火灾；开展森林病虫害的预测预报工作，预防和及时防治森林病虫害。

(5)组织或参与国际、国内教学科研单位开展的生态观测、引种驯化、资源利用等方面的科学研究，推广应用全国林业重大科技成果；建设林业公益事业，为科学实验、教学实习、参观考察提供服务。

(6)利用国有林场资源开展森林科普旅游；开展国有林场保护自然资源的宣传教育工作，提高社会公众保护自然的自觉性和参与意识。

(7)协助、配合林业执法部门查处破坏森林资源和野生动植物资源的案件。

根据上述职责，罗山县董寨国家级自然保护区管理局内设6个股室、7个派出机构、3个二级机构。

6个股室为办公室、计财与规划股、人事教育股、科技宣传股、森林资源管理股、森林防火办公室。

7个派出机构(保护站)为七里冲、朱堂、荒田、白云、灵山、鸡笼、万店保护站。

3个二级机构为科普馆(内含环志站及疫病疫源站)、白冠长尾雉繁育站、朱鹮育站。

本单位事业编制108名，为县政府全额拨款事业单位。其中，党组书记1名，局长1名，副局长3名，纪检组长1名，工会主任1名，总工程师1名，股级干部16名。现有职工137人，按文化结构划分：本科学历7人，大专学历22人，高中或中专学历78人，初中学历30人。按职称结构划分：专业技术人员25人，其中，高级工程师2人，工程师11人，助理工程师11人，技术员1人；技术工人112人，其中，技师4人，高级工29人，中级工67人，初级工12人。

8.3 保护管理

8.3.1 制度建设

保护区管理局积极贯彻国家有关自然保护区管理的法律法规，结合自然保护区的工作实际，出台了《森林防火管理办法》《森林火灾处置预案》《森林防火行政责任追究规定》《野外巡护人员管理办法》《野外巡护工作方案》等一系列规章制度。根据保护区森林资源分布现状，成立了资源管理工作领导小组、护林防火领导小组、突发生态事件应急领导小组等。管理局与所属各单位签订目标责任状，确定保护目标，划分责任区，责任落实到人，采用定期和不定期相结合的方式进行检查，建立了监督检查和责任追究制度。

8.3.2 资源管护队伍建设

加强对护林员的培训和管理，加强对保护区巡山护林、森林防火等工作，充分发挥护林员主动性和创造性。年初和每一位护林员签订《护林合同》，将森林管护分片包干到人，落实责任到人。制定了《护林员岗位责任制》《董寨国家级自然保护区重点公益林护林员管理细则》《董寨国家级自然保护区护林员日常工作管理考核办法》等一系列规章制度，使资源管护步入制度化、规范化的轨道。每年对护林员分片、分批进行巡护技能培训，参加人数达80人次，不断提高护林员的业务技能水平，有效保证了巡护质量。

8.3.3 强化日常管护与巡护

对野外巡护人员实行“一日一记录、一月一例会、一季一考核、半年一培训、一年一评聘”的工作机制，尝试 GPS 护林等科学管理方法，建立良好的野外巡护管理体制。保护区还与相邻乡村建立了资源保护联合组织，签订共管协议，共同保护森林和野生动物资源。通过上述一系列行之有效的保护管理措施，保护区的自然资源得到了有效的保护。保护区管理局成立专门机构，以定期和不定期的方式对巡护人员进行检查，对擅离工作岗位和履行职责不到位的人员进行责任追究。重点时段如防火、疫源疫病监测期实行 24 小时值班制，通过领导带队值班，及时发现情况并报告。

8.4 科学研究

保护区坚持“资源是根本、保护是基础、科技是支撑”的管理方针，不断加强生物多样性和野生动植物保护的科学研究。

8.4.1 益鸟招引

保护区鸟类研究起步早，20 世纪 60 年代，在我国鸟类学家郑作新教授的指导下开始益鸟人工招引，50 多年未间断，累计人工悬挂鸟巢 3 万多只。

8.4.2 饲养繁殖工作

国宝朱鹮安居河南董寨以来，截至 2021 年底，人工饲养繁育朱鹮 261 只，5 次野化放飞 120 只，野外繁殖 224 只，野外个体存量超过 300 只。尤为可喜的是，野外朱鹮子一代(2016 年)、子二代(2018 年)、子三代(2020 年)相继出生，已具备自我繁衍扩群能力。这是迁地朱鹮保护取得成功的关键性指标，表明人工放飞的朱鹮后代在野生状态下能够生长繁衍，扩大规模，进而形成较为稳定的野外种群。与此同时，成立朱鹮工程技术研究中心，发表论文 20 多篇，获得市级科技成果 2 项。

8.4.3 鸟类环志

保护区鸟类环志站是 2006 年建立的国家级鸟类环志站点，2006 年至 2017 年共环志鸟类 58140 只，隶属于 10 目 39 科 109 种。回收 1 只俄罗斯环志的栗鹀，环号为 XR95893；1 只环号为 B182-8185 的红肋蓝尾鸲被东北林业大学帽儿山环志站回收；1 只环号为 B169-6692 的黄喉鹀被辽宁营口市环志站回收。

8.4.4 陆生野生动物疫源疫病监测

董寨陆生野生动物疫源疫病监测站是全国首批国家级站点。认真贯彻落实《重大动物疫情应急条例》，做好候鸟疫源疫病监测工作，主要采取措施有：一是加强领导，野生动物疫源疫病监测站全面启动防控工作应急预案；二是周密部署，以保护站、点为基层单位，建立完善野生动物监测网络，强化监测、预防工作；三是把握重点，加强调查，严格执行疫情日报告制度。根据鸟类分布和候鸟过境线路，采用样点观测法和样线观测法对保护区范围内的鸟类资源进行了监测，实行24小时零报告制度，在鸟类监测、候鸟迁徙保护等方面发挥着重要作用。

8.4.5 教学科研基地建设

先后与北京师范大学、北京林业大学生态与自然保护学院、河南师范大学、河南农业大学、信阳师范学院签订教学实习协议，共同开展多项课题研究，实现互利双赢。目前，董寨国家级自然保护区已经被列为“国家大学生校外实践教育基地”。

8.5 自然体验与公众教育

为更好地开展宣传教育工作，保护区先后建设完成标本展示室、科普展示厅、珍稀鸟类展示区和珍稀植物展示区，购置了宣教设备和标本制作展示设备，制作保存230多种1000余件野生动物实体标本，配套建设了观鸟步道、小型停车场、安全防护栏杆、蓄水池、环保公厕、垃圾箱等基础设施，初步完善了保护区科普和环境教育体系。

近年来，保护区以自然资源为平台，通过编制科普环境教育资料、与电视台等新闻媒体合作拍摄专题片、举办专题活动、设立保护区专门网站等方式，增加保护区对外宣传频次，特别是重点做好朱鹮野化训练、信阳大别山朱鹮野外放飞、朱鹮野外监测等工作的材料准备及信息宣传，河南电视台在保护区完成的3集大型纪录片《放飞朱鹮》曾登录央视三套，且第3次朱鹮放飞在央视《新闻直播间》播出时间长达数十秒。同时，围绕人与朱鹮和谐共存地区环境建设项目，与日本国际协力机构项目组成员到社区学校进行宣传，通过给学生分发朱鹮宣传小册子、朱鹮海报，展示朱鹮模型，讲解保护知识，开展朱鹮绘画比赛活动等手段，提高他们对朱鹮的认知度。经过长期卓有成效的宣传教育，董寨自然保护区的社会知名度得到大幅度提升，先后被评为“全国野生动物保护科普教育基地”“未成人生态道德教育先进单位”“中国白冠长尾雉之乡”“河南省生态文明教育先进单位”等荣誉称号。2006年，被国家林业局授予国家级示范自然保护区；2014年，获批为“信阳市朱鹮人工繁育工程技术研究中心”。2016年11月，加入《中国人与生物圈保护区网络》；2016年5月，被国家林业局等七部委被授予“全国自然保护区建设管理工作先进集体”；2016年10月，被中国动物学会鸟类学分会授予“中国濒危雉类研究基地”；2014年10月，社区灵山小学被中国野生动物保护协会授予“未成年人生态道德教育示范学校”称号。2006年10月，被授予林业系统国家级示范自然保护区。保护区每年接待大中专院校、青年学生及社会各界游览观光人数超过5万人次。

8.6 生态旅游

近年来，董寨国家级自然保护区在国家林业和草原局、河南省林业局的支持下，积极开展生态旅游，增强保护区活力。在保护区实验区开展以观鸟为特色的生态旅游，展示了自然保护区丰富多样的生物资源和优美的自然风光，同时也为自然保护区发展带来了新的活力。

为了合理开发利用自然资源，规范保护区生态旅游活动，董寨自然保护区管理局与罗山县旅游局共同组建了灵山旅游股份公司，负责灵山景区合理利用保护区内的自然景观、人文景观和动植物资源，以资源入股，出资占有该公司16%股份，参与保护区内景区的开发和管理工作，保护区生态旅游已经步入了良性发展轨道。

8.7 对外交流

保护区生态环境良好，鸟类资源丰富，交通便利，保护、科研、宣教、生态旅游等基础设施比较完善，是理想的科学课题研究基地、教学实习基地和生态旅游观光地，每年都吸引了大量国内外科研工作者、高校师生、野生动物爱好者和游客来到保护区。郑光美院士、张正旺教授等国内知名鸟类学专家多次来保护区进行实地考察。北京师范大学常年有2名以上的硕、博士研究生在保护区开展学术研究。保护区管理局还通过举办中国大陆野外鸟类摄影年会、中国濒危野生动物论坛(2007年)等活动，主动扩大对外交流，提高保护区的知名度和影响力。2007年开展朱鹮野外放飞项目以来，保护区派人出国考察6人次，并多次接受美国、芬兰、德国等国外志愿者服务和日本、澳大利亚等国鸟类专家来访，形成较为稳定的业务合作机制。

8.8 能力建设

保护区自建立以来，始终将能力建设放在中心的位置。切实加强职工的业务技能培训，聘请专家和专业技术人员，每月对林区职工开展野生动植物识别、公益林管理、森林病虫害防治和疫源疫病监测等培训；其次，对专业技术人员和管理人员进行知识更新的培训，采用以会代训的方式，支持技术人员参加国内外的研讨会、培训会等。10年来，董寨保护区开展了“重点公益林监测技术培训”“白冠长尾监测技术培训”“朱鹮监测技术培训”“野生动物疫源疫病监测技术培训”“鸟类环志技术培训”“白冠长尾雉繁育技术培训”“朱鹮繁育技术培训”“科学观鸟与生态旅游研讨会”“中国珍稀濒危动物保护董寨论坛”等林业行业培训项目，参加培训人员超过480人次；每季度聘请专家、教授对保护区的技术人员、管理人员和护林员开展管理技能培训，累计培训人员达960人次；组织社区群众开展有机农业示范技术、经济林种植、食用菌栽培、森林防火、特色养殖等致富实用技术培训，累计培训人员达2600人次。

第9章　自然保护区评价

9.1　自然属性评价

9.1.1　物种多样性

保护区位于大别山北麓，地处我国南北气候分界线秦岭—淮河一线以南，北亚热带向暖温带过渡的分界线上，拥有针叶林、阔叶林、针阔混交林、灌丛、草丛、草甸等在内8个植被型，分属16个植被亚型115个群系。独特的地理位置和森林生态系统，孕育了丰富的生物多样性。现有维管植物172科797属1903种，分别占河南植物总科数的92.2%和总种数的53.4%，包括蕨类植物23科59属140种、裸子植物4科11属21种、被子植物145科727属1742种。保护区内动物资源也十分丰富。现有哺乳类39种，隶属7目17科31属；鸟类334种，隶属于19目65科187属；爬行动物36种，隶属于2目9科29属，其中，龟鳖目2科3属3种，有鳞目7科26属33种；两栖动物17种(含外来种)，隶属于2目8科14属，其中，有尾目3科3属3种，无尾目5科11属14种。并且，这些野生动植物中还有大量珍稀濒危物种，如两栖动物中的大鲵、虎纹蛙、叶氏肛刺蛙和爬行动物中的乌龟、黄缘闭壳龟被列为国家II级重点保护物种；有国家级保护植物37种。

9.1.2　环境自然性

保护区森林覆盖率高达70%左右，天然次生林占有林地面积的16%，人工林占有林地面积的84%。保护区内分布着一些古老的动植物种类，如孑遗植物香果树、水青树等，离心皮类及柔荑花序类等古老、原始的科属众多。保护区内苔藓、蕨类遍布，老藤缠绕，结构复杂，自然环境和谐。

9.1.3　生态脆弱性

保护区地处中原，耕作历史悠久，人为活动较频繁，野生花卉、中草药采集等人为破坏现象较为突出，又处于京珠高速路旁，距京广铁路、107国道较近，近年来本地区经济社会和旅游业发展迅猛。保护区的生态环境较为脆弱，需要严加保护。

9.1.5　典型性

保护区处在我国第二阶梯向第三阶梯过渡地带，又是我国自然地理区划的暖温带与北亚热带的过渡地，是南北植物交错、渗透的汇集地带，具有较强的代表性。地理成分多样，区系联系广泛。分布有众多的古老科属及单型属，保存了一部分第四纪冰川幸存的孑遗植物，特有种较为丰富，山体海拔不高，森林生态系统保存良好，植被群落区系复杂，水平地带性突出，垂直分布明显，为野生动物提供了良好的生存环境条件，是我国南北候鸟重要的迁徙停歇地和栖息繁殖地。保护区也是我国动物区划中古北界和东洋界的分界线，南北共有种成分较多，保护区内动物具有明显的过渡特征。

9.2 生态效益

保护区在保护区域自然资源、生物资源和发挥涵养水源、调节气候的生态功能上具有突出效益。

第一，有利于保护白冠长尾雉、朱鹮等珍稀鸟类和其他动植物及其生存环境。保护区为我国重要的鸟类繁殖栖息地。通过有效的综合保护，保护区森林生态系统处于更加协调的良性状态，促使森林生态结构、功能不断完善。鸟类栖息环境得到更大改善，种群数量不断增加，控制了森林病虫害的发生，促进森林生态系统的健康演替，为以白冠长尾雉、朱鹮为代表的珍稀鸟类提供丰富的食料和良好的栖息场所，使整个生态系统内部动物之间、植物之间、动植物之间处于协调增长和平衡发展的良好状态。

第二，有利于保护北亚热带向暖温带过渡的典型森林生态系统。这为研究过渡带的自然生态系统提供重要基地，可以探索过渡带的自然生态系统的演变规律，逐步恢复人为破坏的自然植被和森林生态系统，监测自然植被在净化空气、涵养水源、保持水土、调节气候、减缓地表径流、防止有害辐射等方面的重要功能，提高人们对保护自然的认识，增强维护和保持生态平衡的自觉性。同时，良好的森林生态系统促使保护区及周围环境向着良性循环发展，对加快淮河流域的治理，减轻自然灾害发生的程度，保证周围地区农业的稳产高产，保障人们的身心健康，有着极其重要的意义

第三，有利于保护丰富的物种基因。在保护区这个巨大的物种基因库里，动植物种类丰富，随着科学技术的发展，将为农作物新品种的培育、林木良种的优化、工业原料的扩大、药材的开发利用、野生动物的饲养、有益昆虫的繁殖，以及生物工程等提供优越条件。

9.3 社会效益

保护区物种资源丰富，自然环境优越，为开展科普公众教育和科研教学提供了理想基地，同时还可以满足人们进行艺术创作、丰富文化生活的需求，促进社会风尚的纯洁和推进生态文明建设。保护区丰富多样的物种和良好的生态环境为科学研究提供了理想的科研基地，保护区鸟类资源的有效保护提升了保护区在国内的知名度，使保护区成为了我国著名的观鸟和鸟类摄影的胜地，在提升人们生态保护意识方面起到了重要的作用，为人们爱鸟护鸟、参与保护事业创造了条件。保护区景观资源的良好保护，为周边市民提供了良好的休闲娱乐场所，为当地生态旅游的发展创造了良好的条件，对促进当地旅游业和整体社会经济的协调发展都起着重要的作用。当地社会经济的良好发展对促进周边居民生活水平和保护意识也有着积极影响。保护区在与日本等发达国家的国际交流合作中积极学习引进国外先进管理办法和保护理念，对促进保护区有效保护与发展起着重要作用。

9.4 经济效益

随着保护区对生态旅游业、野生动植物资源开发利用的重视，保护区的有效保护将会

产生巨大的直接经济效益。仅以生态旅游为例，根据保护区旅游规划预测，近年，年进入保护区游览人数可达 55 万人，按人均区内消费(包括门票、文化活动、住宿、食品和当地交通费用)150 元，则可使当地年旅游收入达到 8250 万元，按 20%的利润计算，保护区旅游年纯收入达到 1650 万元。同时，生态旅游等多种经营项目的建立，需要大批直接为游客提供服务的人员，例如，导游人员、环卫人员、管理人员，以及所需要的建筑工人、农副产品供应者、手工艺工人等，能为当地居民提供更多就业机会，其收入用于自然保护事业建设和发展中，使自然资源得到永续利用，让当地居民从保护中受益，真正实现绿水青山就是金山银山。

9.5　综合评价

保护区地处北亚热带和暖温带的天然过渡带，被列入具有全球和国家重要意义的优先保护地域。经过多年的建设与发展，保护区在机构编制、保护管理制度、科研监测、巡护管理、公众教育、生态旅游以及对外交流等方面均取得令人瞩目的成就，该保护区已经成为森林生态系统和野生生物物种的保存基地、科研监测基地以及对外交流的重要窗口。特别是保护区具有丰富的生物资源、可持续发展的良好基础，是国内外知名的观鸟胜地。将观鸟活动与幽雅的森林生态环境和自然景观、神奇的人文景观、浓郁的佛教氛围、灿烂的红色文化融为一体，给人们提供一个别具特色的休憩场所，感受回归自然、放松身心的愉悦，必将使保护区成为区域性生态旅游热点、践行“两山理论”的重要基地。

参考文献

丁宝章，等，1981. 河南植物志：第一册[M]. 郑州：河南人民出版社.
丁宝章，等，1988. 河南植物志：第二册[M]. 郑州：河南科学技术出版社.
丁宝章，等，1997. 河南植物志：第三册[M]. 郑州：河南科学技术出版社.
丁宝章，等，1998. 河南植物志：第四册[M]. 郑州：河南科学技术出版社.
段文科，张正旺，2017. 中国鸟类图志：上卷 非雀形目[M]. 北京：中国林业出版社.
段文科，张正旺，2017. 中国鸟类图志：下卷 雀形目[M]. 北京：中国林业出版社.
郭冬生，张正旺，2015. 中国鸟类生态大图鉴[M]. 重庆：重庆大学出版社.
国家林业和草原局，农业农村部，2021. 国家重点保护野生植物名录[EB/OL]：http：//www.gov.cn/zhengce/zhengceku/2021-09/09/content_5636409.htm.
河南省林业局，2018. 河南省重点保护植物名录[EB/OL]：http：//lyj.henan.gov.cn/2019/07-29/965951.html.
刘阳，陈水华，2021. 中国鸟类观察手册[M]. 长沙：湖南科学技术出版社.
刘宗才，曹振强，2001. 河南植物区系分区研究[J]. 河南农业大学学报，35(2)：145-148.
马克·布拉齐尔，2020. 东亚鸟类野外手册[M]. 朱磊，等译. 北京：北京大学出版社.
汪松，解焱，2004. 中国物种红色名录[M]. 北京：高等教育出版社.
王健，杨秋生，2019. 河南植物志：补修编[M]. 郑州：河南科学技术出版社.
约翰·马敬能，卡伦·菲利普斯，何芬奇，2010. 中国鸟类野外手册[M]. 卢和芬，译. 长沙：湖南教育出版社.
郑光美，2017. 中国鸟类分类与分布名录[M]. 3版. 北京：科学出版社.
中国科学院植物研究所. 中国植物志[M/OL]. http：//www.iplant.cn/frps.
中国科学院植物研究所. Flora of China[M/OL]. http：//www.iplant.cn/foc.
Angiosperm Phylogeny Group，2009. An update of the Angiosperm Phylogeny Group classification for the orders and families of flowering plants：APG III[J]. Botanical Journal of the Linnean Society，161 (2)：105-121，DOI：10.1111/j.1095-8339.2009.00996.x.
Angiosperm Phylogeny Group，2016. An update of the Angiosperm Phylogeny Group classification for the orders And families of flowering plants：APG IV[J]. Botanical Journal of the Linnean Society，181 (1)：1-20，DOI：10.1111/boj.12385.
CHRISTENHUSZ MAARTEN J M，REVEAL JAMES L，FARJON ALJOS，et al.，2011. A new classification and linear sequence of extant gymnosperms. Phytotaxa，19：55-70，DOI：10.11646/phytotaxa.19.1.3.
PPG. 2016. A community-derived classification for extant lycophytes and ferns[J]. Journal of Systematics and E-volution. 54 (6)：563-603，DOI：10.1111/jse.12229.

附　录

附录一　维管植物名录

石松类和蕨类植物 Lytophytes & Ferns
（按 PPGI 分类系统排列）

一　石松科 Lycopodiaceae

（一）石杉属 *Huperzia*

1. 长柄石杉 *H. javanica* (Sw.) Fraser-Jenk.　产于灵山保护站（以下简称灵山站）、鸡笼保护站（以下简称鸡笼站）、万店保护站（以下简称万店站）。生于林下。

（二）石松属 *Lycopodium* L.

1. 石松 *L. clavatum* L.　产于鸡笼站、白龙池。生于林下、沟谷、溪旁。

2. 扁枝石松 *L. complanatum* L.　产于白云保护站（以下简称白云站）、荒冲保护站（以下简称荒冲站）、鸡笼站、灵山站。生于山坡、林缘、灌丛。

3. 多穗石松 *L. annotinum* L.　产于白云站、鸡笼站、万店站。生于林下、沟谷、溪旁。

二　卷柏科 Selaginellaceae

（一）卷柏属 *Selaginella* Spring

1. 卷柏 *S. tamariscina* Spring　产于鸡笼、万店、灵山各站。生于山坡、林缘、灌丛。

2. 垫状卷柏 *S. tamariscina* Spring var. *pulvinata* Alston.　产于鸡笼保护站、香椿树沟、黑龙潭。生于沟谷、溪旁。

3. 江南卷柏 *S. moellendorffii* Hieron.　产于保护区各地。生于阴坡杂木林。

4. 中华卷柏 *S. sinensis* Spring　产于保护区各地。生于阴坡杂木林。

5. 兖州卷柏 *S. involvens* Spring　产于鸡笼站、朝天山、灵山站、中垱。生于阴坡杂木林。

6. 伏地卷柏 *S. niponica* Franch. et Sav　产于灵山、鸡笼、万店各站。生于林下。

7. 细叶卷柏 *S. labordei* Hieron. ex Christ　产于滴水岩、黑龙潭。生于阴坡杂木林。

三　木贼科 Equisetaceae

（一）木贼属 *Equisetum* L.

1. 问荆 *E. arvense* L.　产于各地。生于旷野、路旁、山坡、林缘、灌丛。

2. 草问荆 *E. pratense* Ehrh.　产于各地。生于旷野、路旁、山坡、草地。

3. 木贼 *E. hiemale* L.　产于各地。生于旷野、路旁、山坡、草地。

4. 节节草 *E. ramosissimum* Desf.　产于各地。生于山坡、草地、旷野、路旁。

5. 犬问荆 *E. palustre* L.　产于保护区各地。生于旷野、路旁、山坡、草地。

四　瓶尔小草科 Ophioglossaceae

(一) 阴地蕨属 *Botrychium*

1. 蕨萁 *B. virginianum* Sw.　产于鸡笼站——大天寺、东沟。生于山坡、林缘、灌丛。

2. 阴地蕨 *B. ternatum* Sw.　产于鸡笼站——朝天山、大天寺；万店站——箭杆山、黑龙潭。生于沟谷、溪旁、阴坡杂木林。

(二) 瓶尔小草属 *Ophiogossum* L.

1. 狭叶瓶尔小草 *O. thermale* Kom.　产于鸡笼站——王坟顶、大天寺；灵山站——马放沟。生于阴坡杂木林。

2. 瓶尔小草 *O. vulgatum* L.　产于万店站、白龙池、前锋、鸡笼站、朝天山。生于阴坡杂木林。

五　紫萁科 Osmundaceae

(一) 紫萁属 *Osmunda* L.

1. 紫萁 *O. japnica* Thunb.　产于万店站——白龙池、黑龙潭；鸡笼站——黑庵；灵山站——大路沟。生于阴坡杂木林。

六　膜蕨科 Hymenophyllaceae

(一) 膜蕨属 *Hymenophyllum* Sm.

1. 华东膜蕨 *H. barbatum* Bak.　产于万店站——香椿树沟；灵山站——马放沟、大风凹。生于阴坡杂木林。

七　凤尾蕨科 Pteridaceae

(一) 铁线蕨属 *Adiantum*

1. 团羽铁线蕨 *A. capillus-junonis* Rupr.　产于灵山站、鸡笼站、万店站、白云站、东门沟、凉亭。生于阴坡杂木林。

2. 普通铁线蕨 *A. edgeworthii* Hokk.　产于岭南、中垱、小风凹、六斗尖、大天寺、田冲。生于阴坡杂木林、山谷、岩石上。

3. 铁线蕨 *A capilus-veneris* L.　产于保护区各地。生于阴坡杂木林、山谷、岩石上。

4. 白背铁线蕨 *A. davidii* Franch.　产于鸡笼站、万店站、白云站、荒冲站、凉亭。生于阴坡杂木林。

5. 掌叶铁线蕨 *A. pedatum* L.　产于大风凹、岭南、中垱、香椿树沟、长竹林、滴水岩。生于沟谷、溪旁。

6. 灰背铁线蕨 *A. rnyriosorum* Bak.　产于蚂蚁岗、东门沟、大天寺、前锋。生于阴坡杂木林。

(二) 粉背蕨属 *Aleuritopteris* Fee

1. 银粉背蕨 *A. argentea* Fee　产于灵山站、鸡笼站、万店站、白云站。生于阴坡杂木林。

2. 无银粉背蕨(陕西粉背蕨) *A. argentea* Fee var. *obscura* Ching　产于朝天山、白龙池、前锋。生于山坡、林缘、灌丛。

3. 陕西粉背蕨 *A. shensiensis* Ching　产于大风凹、中垱、黑庵、大天寺、箭杆山。生于阴坡杂木林。

（三）水蕨属 *Ceratopteris* Brongn.

1. 水蕨 *C. thalictroides* Brongn.　产于鸡笼站、万店站。生于沟谷、溪旁。

（四）碎米蕨属 *Cheilanthes*

1. 旱蕨 *C. nitidula* Bak.　产于中垱、大路沟、东沟、六斗尖、黑龙潭。生于山谷、岩石上。

2. 毛轴碎米蕨 *C. chusana* Hook.　生于鸡笼站各地、八斗眼、马鞍山。生于沟谷、溪旁、阴坡杂木林。

（五）凤了蕨属 *Coniogramme*

1. 疏网凤丫蕨 *C. wilsollii* Hieron.　产于保护区各地。生于阴坡杂木林、沟谷、溪旁。

2. 凤丫蕨 *C. japonica* Diels　产于保护区各地。生于阴坡杂木林、山谷、岩石上。

3. 普通凤丫蕨 *C. intermedia* Hieron.　产于保护区各地。生于沟谷、溪旁、阴坡杂木林。

4. 紫柄凤丫蕨 *C. sinensis* Ching　产于鸡笼站、万店站、灵山站。生于阴坡杂木林。

5. 乳头凤丫蕨 *C. rosthornii* Hieron　产于灵山站、万店站、鸡笼站、白云站、塘洼。生于阴坡杂木林、山坡、草地。

（六）金粉蕨属 *Onychium*

1. 野雉尾金粉蕨 *O. japonicum* Kze.　产于鸡笼站、万店站。生于阴坡杂木林。

（七）金毛裸蕨属 *Paragymnopteris*

1. 金毛裸蕨 *P. vestita* Underw.　产于王坟顶、大天寺、箭杆山。生于阴坡杂木林。

2. 耳羽金毛裸蕨 *P. bipinnata* Christ var. *auriculata* Ching　产于白龙池、大天寺、六斗尖、中垱。生于阴坡杂木林。

（八）凤尾蕨属 *Pteris* L.

1. 蜈蚣凤尾蕨 *P. vittata* L.　产于灵山站、鸡笼站、万店站、白云站、荒冲站及田冲站、凉亭。生于沟谷、溪旁、阴坡杂木林。

2. 井栏边草 *P. multifida* Poir.　产于灵山、鸡笼、田冲。生于沟谷、溪旁、山谷、岩石上。

3. 狭叶凤尾蕨 *P. henryi* Christ　产于白云站、万店站、鸡笼站、荒冲站、凉亭、灵山、辽竹沟。生于山谷、岩石上、阴坡杂木林。

4. 欧洲凤尾蕨（大叶井口边草）*Pteris cretica* L.　产于保护区各地。生于山谷、岩石上、阴坡杂木林。

5. 猪鬣凤尾蕨 *P. actiniopteroides* Christ　产于东门沟、长竹林、箭杆山、铁铺、灵山站、塘洼。生于沟谷、溪旁。

6. 欧洲凤尾蕨 *P. cretica* L.　产于保护区各地。山谷、岩石上、沟谷、溪旁。

7. 半边旗 *P. semipnnata* L.　产于八斗眼、毛竹园、滴水岩、铁铺、辽竹沟、肖家沟、犁湾沟。生于沟谷、溪旁、山谷、岩石上。

八 里白科 Gleicheniaceae

(一)芒萁属 *Dicranopteris* Bernh.

1. 芒萁 *D. dichotoma* Bernh. 产于万店站：箭杆山、前锋；七里冲站：凉亭；鸡笼站：东沟。生于山坡、林缘、灌丛。

九 海金沙科 Lygodiaceae

(一)海金沙属 *Lygodium* Sw.

1. 海金沙 *L. japonicum* Sw. 产于保护区各地。生于杂木林。

十 槐叶苹科 Salviniaceae

(一)满江红属 *Azolla* Lam.

1. 满江红 *A. imbricata*(Roxb.)Nakai 产于各地。生于水田、沼泽地、池塘、沟渠。

(二)槐叶苹属 *Salvinia* Adans

1. 槐叶苹 *S. natans*(L.)All. 产于各地。生于水田、沼泽地、池塘、沟渠。

十一 苹科 Marsileaceae

(一)苹属 *Marsilea* L.

1. 苹 *M. quadrifolia* L. 产于各地。生于水田、沼泽地、水边、沟旁。

十二 鳞始蕨科 Lindsaeaceae

(一)乌蕨属 *Odontosoria* Fee

1. 乌蕨 *O. chinensis* Ching 产于万店站：香椿树沟；鸡笼站：六斗尖、朝天山。生于山坡、林缘、灌丛。

十三 碗蕨科 Dennstaedtiaceae

(一)碗蕨属 *Dennstaedtia* Bernh.

1. 溪洞碗蕨 *D. wilfordii* Christ 产于白云站：滴水岩、破砦；鸡笼站：东沟、六斗尖；万店站：箭杆山。生于沟谷、溪旁

2. 细毛碗蕨 *D. pilosella* Ching 产于灵山站：马放沟、小风凹；鸡笼站：东沟；白云站：蚂蚁岗。生于沟谷、溪旁。

(二)蕨属 *Pteridium*

1. 欧洲蕨 *P. aguilinum*（L.）Kuhn 产于保护区各地。生于山坡、林缘、灌丛。

十四 冷蕨科 Cystopteridaceae

(一)冷蕨属 *Cystopteris* Bernh.

1. 冷蕨 *C. fragilis* Bernh. 产于王坟顶、大天寺、平心寨、中垱、香椿树沟。生于阴坡杂木林。

(二)羽节蕨属 *Gymnocarpium* Newman

1. 东亚羽节蕨 *G. oyamense* Ching 产于大天寺、箭杆山、白龙池、破砦、塘洼。生于阴坡杂木林。

十五 铁角蕨科 Aspleniaceae

(一)铁角蕨属 *Asplenium* L.

1. 虎尾铁角蕨 *A. incisum* Thunb. 产于大天寺、香椿树沟、十八墩。生于阴坡杂

木林。

2. 北京铁角蕨 *A. pekinense* Hance　产于平心寨、中垱、大路沟、大天寺、王坟顶。生于阴坡杂木林。

3. 长叶铁角蕨 *A. prolongatum* Hook.　产于王坟顶、朝天山、箭杆山。生于杂木林。

4. 华中铁角蕨 *A. sarelii* Hook.　产于鸡笼站、灵山站、万店站、白云站。生于阴坡杂木林。

5. 过山蕨 *C. sibiricus* Rupr.　产于东沟、马放沟、白龙池、黑龙潭、田冲。生于山谷、岩石上。

6. 铁角蕨 *A. trichoanes* L.　产于灵山站、鸡笼站、万店站、白云站。生于沟谷、溪旁。

7. 三翅铁角蕨 *A. tripteropus* Nakai　产于白龙池、大天寺、毛竹园、凉亭。生于阴坡杂木林。

十六　岩蕨科 Woodsiaceae

(一)膀胱蕨属 *Protowoodsia* Ching

1. 膀胱蕨 *W. manchuriensis* (Hook.) Ching　产于岭南、中垱、黑庵、箭杆山、滴水岩、破砦。生于山谷、岩石上。

(二)岩蕨属 *Woodsia* R. Br.

1. 耳羽岩蕨 *W. polystichoides* Eaton　产于大路沟、大风凹、王坟顶、香椿树沟、长竹林、犁湾沟。生于山谷、岩石上、杂木林。

十七　球子蕨科 Onocleaceae

(一)东方荚果蕨属 *Pentarhizidium* Hayata

1. 东方荚果蕨 *M. orientalis* (Hook.) Trev.　产于灵山站、鸡笼站、万店站。生于山坡、草地、阴坡杂木林。

十八　乌毛蕨科 Blechnaceae

(一)狗脊属 *Woodwardia* Sm.

1. 狗脊 *W. japonica* Sm.　产于鸡笼站、万店站、白云站、犁湾沟。生于山坡、林缘、灌丛。

2. 顶芽狗脊蕨 *W. unigemmata* Nakai　产于王坟顶、大天寺、香椿树沟、黑龙潭。生于沟谷、溪旁。

十九　蹄盖蕨科 Athyriaceae

(一)双盖蕨属 *Diplazium* Sw.

1. 鳞柄双盖蕨 *Diplazium squamigerum* (Mett.) Matsum　产于王坟顶、大天寺、大风凹、平心寨。生于灵山站。

(二)安蕨属 *Anisocampium* Presl

1. 华东安蕨 *A. sheareri* Ching　产于大路沟、马放沟、六斗尖、箭杆山。生于阴坡杂木林。

2. 日本安蕨 *A. niponicum* (Mettenius) Yea C. Liu, W. L. Chiou et M. Kato　产于灵山站、鸡笼站、万店站、白云站、荒冲站、凉亭。生于阴坡杂木林。

（三）蹄盖蕨属 *Athyrium* Roth

1. 大叶假冷蕨 *A. atkinsoni* Ching　产于朝天山、王坟顶、黑龙潭。生于阴坡杂木林。

2. 禾秆蹄盖蕨 A. yokoscense Christ　产于岭南、中垱、大路沟、铁铺、箭杆山、蚂蚁岗。生于林下、沟谷、溪旁。

（四）角蕨属 *Cornopteris* Nakai

1. 角蕨 *C. decurrenti-alata* Nakai　产于平心寨、岭南、大天寺、铁铺、香椿树沟。生于阴坡杂木林。

（五）对囊蕨属 *Deparia* Hook. & Grev.

1. 东洋对囊蕨 *D. japonica*（Thunberg）M. Kato　产于岭南、中垱、大路沟、白龙池。生于阴坡杂木林。

2. 单叶对囊蕨 *D. lancea*（Thunberg）Fraser-Jenkins　产于鸡笼站。生于阴坡杂木林。

3. 大久保对囊蕨 *D.* okuboana Kato　产于鸡笼站各地、箭杆山、十八墩。生于沟谷、溪旁。

4. 毛叶对囊蕨 *D. petersenii*（Kunze.）M. Kato　产于鸡笼站各地、小风凹、东门沟、十八墩。生于阴坡杂木林。

5. 华中对囊蕨 *D. shennongensis*（Ching，Boufford & K. H. Shing）X. C. Zhang　产于平心寨、中垱、毛竹园、犁湾沟。阴坡杂木林。

二十　金星蕨科 Thelyptcridaceae

（一）毛蕨属 *Cyclosorus*

1. 渐尖毛蕨 *C. acuminatus* Nakai　产于王坟顶、大天寺、大路沟、中垱。生于阴坡杂木林

2. 毛蕨 *C. revolutum* Nakai　产于保护区各地。生于山坡、林缘、灌丛。

（二）茯蕨属 *Leotogramma* J. Sm.

1. 峨眉茯蕨 *L. scallani* Ching　产于鸡笼站、大天寺、六斗尖。生于山谷、岩石上。

（三）针毛蕨属 *Macrothelypteris*（H. Ito）Ching

1. 针毛蕨 *M. oligophlebia* Ching　产于岭南、大天寺、王坟顶、八斗眼、田冲、犁湾沟。生于杂木林。

2. 雅致针毛蕨 *M. oligophlebia* Ching var. *elegans* Ching　产于辽竹沟、岭南、六斗尖、大天寺、凉亭。生于杂木林。

（四）金星蕨属 *Parathelypteris*（H. Ito）Ching

1. 金星蕨 *P. glanduligera* Ching　产于鸡笼站、万店站、灵山站、白云站、荒冲站、七里冲站。生于阴坡杂木林。

2. 中日金星蕨 *P. nipponica* Ching　产于灵山站、鸡笼站、万店站、白云站、荒冲站、凉亭。生于阴坡木林。

（五）卵果蕨属 *Phegopteris* Fee

1. 延羽卵果蕨 *P. decursive-pinnata* Fee　产于朝天山、白龙池、前锋、黑龙潭。生于杂木林。

（六）假毛蕨属 *Pseudocyclosorus* Ching

1. 普通假毛蕨 *P. subochthodes* Ching　产于朝天山、东沟、大天寺、王坟顶、中垱。生于阴坡杂木林。

（七）紫柄蕨属 *Pseudophegopteris* Ching

1. 紫柄蕨 *P. pyrrhorachis* Ching　产于大路沟、大风凹、大天寺、箭杆山、长竹林、塘洼。生于阴坡杂木林。

（八）新月蕨属 *Pronephrium* Fee

1. 披针新月蕨 *P. penangianum* Ching　产于王坟顶、大天寺、白龙池、前锋。生于林下。

（九）沼泽蕨属 *Thelypteris* Schmidel

1. 沼泽蕨 *T. palustris*（Salisb.）Schott　产于灵山站、鸡笼站、万店站、白云站、荒冲站、凉亭。生于沟谷、溪旁、阴坡杂木林。

二十一　肿足蕨科 Hypodematiaceae

（一）肿足蕨属 *Hypodematium*

1. 肿足蕨 *H. crenatum* Kuhn　产于辽竹沟、中垱、王坟顶、大天寺。生于阴坡杂木林。

2. 光轴肿足蕨 *H. eriocapum* Ching　产于天朝寺、朝天山、白龙池。生于杂木林。

二十二　鳞毛蕨科 Dryopteridaceae

（一）复叶耳蕨属 *Arachniodes* Bl.

1. 长尾复叶耳蕨 *A. simplicior* Ohwi　产于白龙池、香椿树沟、大天寺、朝天山。生于阴坡杂木林。

2. 刺头复叶耳蕨 *A. exilis* Ching　产于六斗尖、东沟、白龙池、前锋。生于林下。

3. 细裂复叶耳蕨 *A. festina* Ching　产于岭南、王坟顶、十八墩、破砦、塘洼。生于林下。

（二）贯众属 *Cyrtomium* Presl

1. 贯众 *C. fortunei* J. Sm.　产于保护区各地。生于沟谷、溪旁、阴坡杂木林。

2. 多羽贯众 *C. fortunei* J. Sm. f. *polytenum* Ching　产于鸡笼站、万店站、白云站、灵山站。生于阴坡杂木林、山谷、岩石上。

3. 宽羽贯众 *C. fortunei* J. Sm. f. *latipinna* Ching　产于东沟、大天寺、大路沟、马放沟、十八墩。生于杂木林。

4. 阔羽贯众 *C. yamamotoi* Tagawa　产于大路沟、马放沟、大天寺、香椿树沟、长竹林。生于阴坡杂木林。

5. 粗齿阔羽贯众 *C. yamamotoi* Tagawa var. *intermedium* Ching et Shing　产于大路沟、东沟、大风凹、东门沟、毛竹园、白龙池。生于阴坡杂木林。

（三）耳蕨属 *Polystichum Roth*

1. 对马耳蕨 *P. tsus-simense*（Hook.）J. Sm.　产于鸡笼站、万店站、灵山站、白云站。生于阴坡杂木林。

2. 革叶耳蕨 *P. neolobatum* Nakai　产于万店站、朝天山、大风凹、小风凹、长竹林。

生于阴坡杂木林。

3. 黑鳞耳蕨 *P. makinoi* Tagawa　产于马放沟、小风凹、大天寺、王坟顶、凉亭。生于阴坡杂木林。

（四）鳞毛蕨属 *Dryopteris* Adans

1. 远轴鳞毛蕨 *D. dickinsii* C. Chr.　产于大天寺、白云站、中垱、平心寨、马鞍山。生于阴坡杂木林。

2. 暗鳞鳞毛蕨 *D. atrata* Ching　产于小风凹、大风凹、辽竹沟、大天寺、王坟顶、前锋、白龙池。生于林下。

3. 半岛鳞毛蕨 *D. peninsulae* Kitag　产于马放沟、岭南、中垱、箭杆山、八斗眼、破砦、塘洼。生于杂木林。

4. 中华鳞毛蕨 *D. chinensis*(Bak.)Koidz.　产于鸡笼保护站各地、箭杆山、岭南。生于阴坡杂木林。

5. 两色鳞毛蕨 *D. bissetiana*(Bak.)C. Chr.　产于中垱、平心寨、王坟顶、大天寺。生于阴坡杂木林。

6. 假异鳞毛蕨 *D. immixta* Ching　产于天朝山、大天寺、铁铺、前锋、塘洼。生于阴坡杂木林。

7. 稀羽鳞毛蕨 *D. sparsa* O. Ktze.　产于中垱、大风凹、小风凹、鸡笼保护站各地。生于杂木林。

8. 阔鳞鳞毛蕨 *D. championii* C. Chr.　产于平心寨、中垱、辽竹沟、王坟顶、白龙池。生于林下。

二十三　水龙骨科 Polypodiaceae

（一）棱脉蕨属 *Goniophlebium*（Blume）C. Presl

1. 友水龙骨 *G. amoenum* Wall.　产于东沟、王坟顶、铁铺、前锋、蚂蚁岗。生于山谷、岩石上。

2. 日本水龙骨 *G. nipponicum* Mett.　产于灵山、鸡笼、万店、白云、荒冲及凉亭。生于阴坡杂木林。

3. 中华水龙骨 *G. chinense*（*Christ*）X. C. Zhang　产于保护区各地。生于山谷、岩石上、沟谷、溪旁。

（二）伏石蕨属 *Lemmaphyllum* C. Presl

1. 抱石莲 *L. drymoglossoides*(Bak.)Ching　产于鸡笼站、万店站、灵山站、滴水岩。生于沟谷、溪旁、山谷、岩石上。

2. 伏石蕨 *L. microphyllum* Presl　产于王坟顶、大天寺、中垱、白龙池。生于山谷、岩石上。

（三）瓦韦属 *Lepisorus* Ching

1. 二色瓦韦 *L. bicolor*(Takeda)Ching　产于灵山站、鸡笼站、万店站、白云站、田冲、凉亭。生于阴坡杂木林、山谷、岩石上。

2. 大瓦韦 *L. macrosphaerus* Ching　产于中垱、岭南、大天寺、白龙池、香椿树沟、毛竹园、大风凹、六斗尖、箭杆山、长竹林。生于杂木林、山谷、岩石上。

3. 鳞瓦韦 *L. oligolepidus*(Bak.)Ching　产于保护区各地。杂木林、山谷、岩石上。

4. 瓦韦 *L. thunbergiauns*(Kaulf.)Ching　产于灵山、鸡笼、万店、滴水岩、蚂蚁岗、田冲、马鞍山、凉亭。生于林下、山谷、岩石上。

5. 扭瓦韦 *L. contortus* Ching　产于中蝇垱、岭南、前锋、毛竹园、王坟顶。生于林下、山谷、岩石上。

(四)剑蕨属 *Loxogramme*

1. 匙叶剑蕨 *L. grammitoides* C. Chr.　产于大天寺、王坟顶、白龙池。生于林下。

2. 柳叶剑蕨 *L. salicifolia* Makino　产于朝天山、王坟顶、前锋、黑龙潭、白龙池。生于林下。

(五)星蕨属 *Microsorum* Link

1. 江南星蕨 *M. fortunei* Ching　产于大天寺、王坟顶、六斗尖、白龙池。生于林下。

(六)盾蕨属 *Neolepisorus* Ching

1. 卵叶盾蕨 *N. ovatus* Ching　产于东沟、王坟顶、马鞍山、毛竹园、塘洼、小风凹。生于阴坡杂木林、山谷、岩石上。

(七)石韦属 *Pyrrosia* Mirbel

1. 相似石韦 *P. assimilis* Ching　产于中垱、平心寨、大路沟、白马沟、十八墩。生于山谷、岩石上。

2. 华北石韦 *P. davidii*(Bak.)Ching　产于马放沟、中垱、大路沟、长竹林、箭杆山。生于山谷、岩石上。

3. 石韦 *P. lingua* Farw.　产于辽竹沟、岭南、八斗眼、蚂蚁岗、凉亭、黑龙潭。生于杂木林、山谷、岩石上。

4. 有柄石韦 *P. petiolosa*(Christ)Ching　产于小风凹、大路沟、破砦、犁湾沟、田冲、王坟顶。生于山谷、岩石上。

5. 毡毛石韦 *P. drarkeana* Ching　产于大天寺、王坟顶、中垱。生于山谷、岩石上。

6. 庐山石韦 *P. sheareri* Ching　产于朝天山、大天寺、六斗尖、白龙池。生于山谷、岩石上。

(八)石蕨属 *Saxiglossum* Ching

1. 石蕨 *S. angustissimum* Ching　产于灵山、鸡笼、万店、白云各站。生于阴坡杂木林、山谷、岩石上。

(九)修蕨属 *Selliguea* Bory

1. 金鸡脚假瘤蕨 *S. hastata* (Thunberg) Fraser-Jenkins　产于大天寺、王坟顶、大路沟、马放沟、香椿树沟。生于阴坡杂木林。

2. 陕西假瘤蕨 *S. shensiensis* Ching　产于大天寺、中垱、辽竹沟、王坟顶。生于林下。

3. 交连假瘤蕨 *S. conjuncta* Ching　产于平心寨、岭南、六斗尖、破砦、东门沟。生于杂木林。

裸子植物 Gymnospermae

（按 Christenhusz 分类系统排列）

二十四　银杏科 Ginkgoaceae

（一）银杏属 *Ginkgo* L.

1. 银杏 *G. biloba* L.　本区广泛栽培。

二十五　柏科 Cupressaceae

（一）柳杉属 *Cryptomeria* D. Don

1. 日本柳杉 *C. japonica* D. Don　本区有栽培。

2. 柳杉 *Cryptomeria japonica* var. *sinensis* Miquel　本区有栽培。

（二）杉木属 *Cunninghamia* R. Br

1. 杉木 *C. lanceolata* Hook.　本区广泛就培。

2. 灰叶杉木 *C. lanceolata* Hook. var. *glauca* Dallimore et Jackson　本区有栽培。

（三）柏木属 *Cupressus* L.

1. 柏木 *C. funebris* Endl.　本区有栽培。

（四）刺柏属 *Juniperus* Mill.

1. 圆柏 *J. chinensis* L.　本区有栽培。

（五）水杉属 *Metasequoia* Miki

1. 水杉 *M. glyotroboides* Hu et Cheng　本区有栽培。

（六）侧柏属 *Platycladus* Spach.

1. 侧柏 *P. orientalis* Franch.　本区有栽培。

（七）落羽杉属 *Taxodium* Rich.

1. 落羽杉 *T. distichum* Rich.　本区有栽培。

2. 池杉 *Taxodium distichum* var. *imbricatum*（Nuttall）Croom　本区有栽培。

二十六　红豆杉科 Taxaceae

（一）三尖杉属 *Cephalotaxus* Siebold et Zucc. ex Endl.

1. 粗榧 *C. sinensis* Li　产于朝天山、大天寺、白龙池、前锋。生于沟谷、溪旁、阴坡杂木林。

2. 三尖杉 *C. fortunei* Hook. f.　产于马放沟、东沟、鸡笼保护站、保护区各地、十八墩。生于阴坡杂木林、沟谷、溪旁。

（二）红豆杉属 *Tsxus* L.

1. 红豆杉 *T. wallichiana* var. *chinensis*（Pilger）Florin　产于王坟顶、大天寺、白龙池。生于杂木林、沟谷、溪旁。

2. 南方红豆杉 *T. wallichiana* var. *mairei*（Lemee et H. Léveillé）L. K. Fu et Nan Li　产于朝天山、东沟、白龙池。生于杂木林。

二十七 松科 Pinaceae

（一）松属 *Pinus* L.

1. 马尾松 *P. massoniana* Lamb. 产于保护区各地。
2. 油松 *P. tabulaeformis* Carr. 本区有栽培。
3. 黄山松 *P. taiwanensis* Hsia 产于中垱、鸡笼、王坟顶、大天寺。
4. 黑松 *P. thunbergii* Parl. 本区有栽培。
5. 火炬松 *P. taeda* L. 本区有栽培。
6. 湿地松 *P. elliottii* Engelm. 本区有栽培。

被子植物 Angiospermae

（按 APG III 分类系统排列）

二十八 睡莲科 Nymphaeaceae

（一）萍蓬草属 *Nuphar* Smith

1. 萍蓬草 *N. pumilum* Smith 产于各地。生于水边、沟旁。

（二）睡莲属 *Nymphaea* L.

1. 睡莲 *N. tetragoma* Georgi 产于鲁洼、凉亭、塘洼、铁铺。生于池塘、沟渠。

二十九 五味子科 Schisandraceae

（一）冷饭藤属 *Kadsura* Kaempf. ex Juss.

1. 南五味子 *K. longipedunculata* Finet et Gagnep. 产于灵山、鸡笼、万店各站。生于山坡、林缘、灌丛。

（二）八角属 Illicium

1. 野八角 *I. lanceolatum* A. Smith 产于铁铺、六斗尖、白龙池。生于沟谷、溪旁、阴坡杂木林。
2. 红茴香 *I. henryi* Diels 产于鸡笼站。生于沟谷、溪旁、阴坡杂木林。

（三）五味子属 *Schisandra* Michx.

1. 合蕊五味子 *S. propinqua* Baill. var. *sinensis* Oliv. 产于鸡笼、万店、白云各站。生于向阳山坡、山坡、林缘、灌丛。
2. 五味子 *S. chinensis* Baill. 产于保护区各地。生于山坡、林缘、灌丛、杂木林。
3. 华中五味子 *S. sphenanthera* Rehd. et Wils. 产于大天寺、王坟顶。生于阴坡杂木林。

三十 木兰科 Magnoliaceae

（一）厚朴属 *Houpoea*

1. 厚朴 *H. officinalis* Rehd. Et Wils. 本区有栽培。

（二）玉兰属 *Yulania* L.

1. 望春玉兰 *Y. biondii* Pamp. 产于小风凹、马放沟、辽竹沟。生于杂木林。
2. 玉兰 *Y. denudata* Desr. 产于大天寺、王坟顶、东沟。生于阴坡杂木林。
3. 黄山玉兰 *Y. cylindrica* Wils.

三十一　樟科 Lauraceae

（一）黄肉楠属 *Actinodaphne* Nees

1. 红果黄肉楠 *A. cupularis* Gamble　产于大天寺、王坟顶、六斗尖。生于杂木林。

（二）樟属 *Cinnamomum* Bl.

1. 川桂 *C. wilsonii* Gamble　产于王坟顶、六斗尖。生于沟谷、溪旁、阴坡杂木林。

2. 天竺桂 *C. japonicum* Sieb.　产于王坟顶、大天寺、白龙池。阴坡杂木林。

（三）山胡椒属 *Lindera* Thunb.

1. 三桠乌药 *L. obtusiloba* Bl.　产于大天寺、王坟顶、滴水岩。生于山坡、林缘、灌丛。

2. 绿叶甘橿 *L. fruticosa* Hemsl.　产于保护区各地。生于向阳山坡、林下。

3. 大叶钓樟 *L. umbellata* Thunb.　产于大天寺、六斗尖、中垱、犁湾沟。生于山坡、林缘、灌丛。

4. 山胡椒 *L. glauca* Bl.　产于保护区各地。生于山坡、林缘、灌丛。

5. 香叶子 *L. fragrans* Oliv.　产于白龙池、前锋。生于阴坡杂木林。

6. 乌药 *L. aggregata*（Sims）Kosterm.　产于白云站、箭杆山。生于杂木林。

7. 川钓樟 *L. pulcherrima* var. *hemsleyana*（Diels）H. P. Tsui　产于前锋、白龙池、大天寺。生于沟谷、溪旁、山坡、林缘、灌丛。

8. 红果山胡椒 *L. erythrocarpa* Makino　产于王坟顶、大天寺。生于阴坡杂木林。

9. 山橿 *L. reflexa* Hemsl.　产于保护区各地。生于山坡、林缘、灌丛。

10. 红脉钓樟 *L. rubronervia* Gamble　产于王坟顶、大天寺、中垱、六斗尖。生于山坡、林缘、灌丛。

11. 黑壳楠 *L. megaphylla* Hemsl.　产于马放沟、东沟、白龙池。生于沟谷、溪旁、向阳山坡。

（四）木姜子属 *Litsea* Lam.

1. 绢毛木姜子 *L. sericea* Hook. f.　产于马放沟、凉亭、马鞍山、八斗眼、大天寺、生于阴坡杂木林。

2. 黄丹木姜子 *L. elgata* Beneth et Hook. f.　产于鸡笼、灵山各站，香椿树沟。生于杂木林。

3. 木姜子 *L. pungens* Hemsl.　产于大风凹、岭南、东沟。生于杂木林。

4. 天目木姜子 *L. auriculata* Chen et Cheng

5. 豺皮樟 *L. rotundifolia* var. *oblongifolia*（Nees）Allen　产于鸡笼、灵山各站及蚂蚁岗。生于杂木林。

（五）润楠属 *Machilus* Nees

1. 宜昌润楠 *M. ichangensis* Rehd. et Wils.　产于大路沟、马放沟、平心寨、岭南。生于山坡、林缘、灌丛。

2. 小果润楠 *M. microcarpa* Hemsl.　产于马放沟、大天寺、铁铺、白龙池。生于杂木林。

（六）新木姜子属 *Neolitsea* Merr.

1. 簇叶新木姜子 *N. confertifolia* Merr.　产于马放沟、大路沟、小风凹、白龙池、前锋。生于阴坡杂木林。

（七）楠属 *Phoebe* Nees

1. 闽楠 *P. bournei* Yang　产于大路沟、中垱、东沟、毛竹园。生于杂木林。

2. 白楠 *P. neurantha* Gamble　产于马放沟、岭南、辽竹沟。生于杂木林。

3. 紫楠 *P. sheareri* Gamble　产于大天寺、前锋、白龙池。生于杂木林。

4. 山楠 *P. chinensis* Chun　产于马放沟、岭南、大风凹、东沟、滴水岩。生于杂木林。

5. 竹叶楠 *P. faberi* Chun　产于灵山、鸡笼、万店各站。生于杂木林。

（八）檫木属 *Sassafras*Trew

1. 檫木 *S. tzumu* Hemsl.　产于灵山、前锋、白龙池。生于杂木林。

三十二　三白草科 Saururaceae

（一）蕺菜属 *Houttuynia* Thunb.

1. 蕺菜 *H. cordata Thunb.*　产于灵山、鸡笼、万店、白云、荒冲、七里冲各站。生于沟谷、溪旁、水田、沼泽地。

（二）三白草属 *Saururus* L.

1. 三白草 *S. chinensis* Lour.　产于鸡笼站、东沟、滴水岩、塘洼、犁湾沟。生于沟谷、溪旁。

三十三　马兜铃科 Aristolochiaceae

（一）马兜铃属 *Aristolochia* L.

1. 北马兜铃 *A. contorta* Bge.　产于保护区各地。生于向阳山坡。

2. 马兜铃 *A. debilis* Siab.　产于保护区各地。生于向阳山坡、旷野、路旁。

3. 木通马兜铃 *A. manshuriensis* Komar.　产于塘洼、肖家沟、破砦、前锋、黑庵。生于山坡、林缘、灌丛。

4. 寻骨风 *A. mollissima* Hancce　产于灵山、鸡笼、万店、白云、荒冲、七里冲各站。生于山板、林缘、灌丛。

（二）细辛属 *Asarum* L.

1. 细辛 *A. sieboldii* Miq.　本区有栽培或野生。

2. 辽细辛 *A. heterotropoides* Fr. Schmidt var. *mandshuricum* Kitag.　产于马放沟、大路沟、蚂蚁岗、大竹园。生于阴坡杂木林。

三十四　金粟兰科 Chloranthaceae

（一）金粟兰属 *Chloranthus* Swartz

1. 银线草 *C. iaponicus* Sieb.　产于鸡笼、王坟顶、大天寺、香椿树沟、辽竹林、破砦、凉亭。生于阴坡杂木林、沟谷、溪旁。

2. 多穗金粟兰 *C. multistachys* Pei　产于黑龙潭、长竹林、肖家沟、塘洼、铁铺。生于阴坡杂木林、沟谷、溪旁 .

3. 及己 *C. serratus*(Thunb.)Roem et Schult.　产于大路沟、白马沟、鸡笼保护站各地、八斗眼。生于阴坡杂木林 .

4. 宽叶金粟兰 *C. henrui* Hemsl.　产于大路沟、东沟、白马沟、香椿树沟、田冲。生于阴坡杂木林、沟谷、溪旁。

三十五　菖蒲科 Acoraceae

（一）菖蒲属 *Acorus* L.

1. 菖蒲 *A. calamus* L.　产于东沟、马放沟。生于沟谷、溪旁。

2. 金钱蒲 *A. gramineus* Schott　产于东沟、黑龙潭、白龙池。生于沟谷、溪旁。

三十六　天南星科 Araceae

（一）芋属 *Colocasia* Schott

1. 野芋 *C. antiquorum* Schott　本区有栽培。

（二）斑龙芋属 *Sauromatum* Schott

1. 独角莲 *S. giganteum*（Engler）Cusimano et Hetterscheid　产于鸡笼站、前锋、长竹林。生于山坡、草地。

（三）天南星属 *Arisaema* Mart.

1. 长须天南星 *A. consanguineum* Schott　产于保护区各地。生于山坡、草地、林缘、灌丛。

2. 天南星 *A. heterophyllum* Blume　产于保护区各地。生于山坡、草地。

3. 一把伞南星 *A. erubescens* Schott　产于保护区各地。生于山坡、草地、林下。

4. 细齿南星 *A. serratum*（Thunb.）Schott　产于保护区各地。生于林下、山坡、草地。

5. 灯台莲 *A. bockii* Engler　产于保护区各地。生于山坡、草地、林缘、灌丛.

6. 蛇头草 *A. japonicum* Bl.　产于保护区各地。生于林下、沟谷、溪旁。

（四）浮萍属 *Lemna* L.

1. 品藻 *L. trisulca* L.　产于各地。生于池塘、沟渠、水边、沟旁。

2. 浮萍 *L. minor* L.　产于各地。生于池塘、沟渠、水田、沼泽地。

（五）半夏属 *Pinellia* Tenore

1. 虎掌 *P. pedatisecta* Schott　产于各地。生于旷野、路旁、向阳山坡。

2. 半夏 *P. ternata* Breit.　产于各地。生于旷野、路旁、向阳山坡.

（六）紫萍属 *Spirodela* SchLeid.

1. 紫萍 *S. polyrhiza* Schleid.　产于各地。生于池塘、沟渠。

（七）无根萍属 *Wolffia* Horkel ex Schleid.

1. 无根萍 *W. arrhiza* Wimm.　产于各地。生于杂木林。

三十七　泽泻科 Alismataceae

（一）泽泻属 *Alisma* L.

1. 泽泻 *A. orientalis* Juzepcz.　产于各地。生于水田、沼泽地、水边、沟旁。

2. 窄叶泽泻 *A. canaliculatum* A. Braun et Bouche　产于各地。生于水田、沼泽地、水边、沟旁。

（二）慈姑属 *Sagittaria* L.

1. 矮慈姑 *S. pygmaea* Miq.　产于各地。生于水田、沼泽地、水边、沟旁。

2. 野慈姑 *S. trifolia* L.　产于各地。生于水田、沼泽地、水边、沟旁。

三十八 花蔺科 Butomaceaeus

(一)花蔺属 *Butomus* L

1. 花蔺 *B. umbellatus* L. 产于凉亭、肖家沟、荒冲。生于水田、沼泽地、水边、沟旁。

三十九 水鳖科 Hydrocharitaceae

(一)水鳖属 *Hydrocharis* L.

1. 水鳖 *H. asiatica* Miq. 产于各地。生于水田、沼泽地、池塘、沟渠。

(二)黑藻属 *Hydrilla* Richard

1. 黑藻 *H. verticillata* Royle 产于各地。生于池塘、沟渠。

(三)茨藻属 *Najas* L.

1. 大茨藻 *N. marina* L. 产于各地。生于池塘、沟渠。
2. 小茨藻 *N. minor* All. 产于各地。生于池糖、沟渠。

(四)水车前属 *Ottelia* Pers.

1. 龙舌草 *O. alismoides* Pers. 产于万店、鸡笼、白云各站。生于池塘、沟渠。

(五)苦草属 *Vallisneria* L.

1. 苦草 *V. spiralis* L. 产于万店、鸡笼各站。生于池塘、沟渠。

四十 眼子菜科 Potamogetonaceae

(一)眼子菜属 *Potamogeton* L.

1. 眼子菜 *P. distinctus* A. Bennett 产于各地。生于水田、沼泽地、池塘、沟渠。
2. 菹草 *P. crispus* L. 产于各地。生于池塘、沟渠。
3. 鸡冠眼子菜 *P. cristatus* Regel et Macck 产于各地。生于池塘、沟渠。
4. 竹叶眼子菜 *P. malaianus* Miq. 产于各地。生于池糖、沟渠。
5. 穿叶眼子菜 *P. perfoliatus* L. 产于各地。生于池塘、沟渠。
6. 浮叶眼子菜 *P. natans* L. 产于各地。生于池塘、沟渠。
7. 微齿眼子菜 *P. maackianus* A. Benn. 产于各地。生于池塘、沟渠。
8. 异叶眼子菜 *P. heterophyllus* Schreber 产于各地。生于池塘、沟渠。

(二)蓖齿眼子菜属 *Stuckenia* Borner

1. 蓖齿眼子菜 *S. pectinata* L. 产于各地。生于池糖、沟渠。

(三)角果藻属 *Zannichellia* L.

1. 角果藻 *Z. palustris* L. 产于保护区各地。生于池塘、沟渠。

四十一 百部科 Stemonaceae

(一)百部属 *Stemona* Lour.

1. 百部 *S. japonica* Miq. 产于毛竹园、塘洼、犁湾沟。生于山坡、草地、林下。
2. 直立百部 *S. sessilifolia* Miq. 产于万店、白云、鸡笼、荒冲各站。生于山坡、草地。

四十二 沼金花科 Nartheciaceae

(一)肺筋草属 *Aletris* L.

1. 粉条儿菜 *A. spicata* Franch. 产于保护区各地。生于山坡、草地。

四十三　薯蓣科 Dioscoreaceae

（一）薯蓣属 *Dioscorea* L.

1. 黄独 *D. bulbifera* L.　产于前锋、白龙池、朝天山。生于山坡、林缘、灌丛。

2. 日本薯蓣 *D. japonica* Thunb.　产于保护区各地。生于林下。

3. 穿龙薯蓣 *D. nipponica* Makino　产于保护区各地。生于林下。

4. 山萆薢 *D. tokoro* Makino　产于大天寺、王坟顶、中垱。生于林下。

四十四　藜芦科 Melanthiaceae

（一）重楼属 *Paris* L.

1. 七叶一枝花 *P. polyphylla* Smith.　产于大天寺、王坟顶、中垱。生于林下。

2. 北重楼 *P. verticillata* Rieb.　产于东沟、大风凹、小风凹。生于林下。

（二）藜芦属 *Veratrum* L.

1. 藜芦 *V. nigrum* L.　产于大天寺、王坟顶。生于林下。

四十五　菝葜科 Smilacaceae

（一）菝葜属 *Smilax* L.

1. 牛尾菜 *S. riparia* A. DC.　产于保护区各地。生于山坡、林缘、灌丛。

2. 尖叶牛尾菜 *S. riparia* var. *acuminata* Wang et Tang　产于保护区各地。生于山坡、林缘、灌丛。

3. 光叶菝葜 *S. glabra* Roxb.　产于保护区各地。生于林下、山坡、林缘、灌丛。

4. 鞘柄菝葜 *S. stans* Maxim.　产于保护区各地。生于山坡、林缘、灌丛。

5. 托柄菝葜 *S. discotis* Warb.　产于前锋、鸡笼站、中垱。生于林下、山坡、林缘、灌丛。

6. 黑果菝葜 *S. glaucochina* Warb.　产于保护区各地。生于林下、山坡、林缘、灌丛。

7. 菝葜 *S. china* L.　产于保护区各地。生于山坡、林缘、灌丛、林下。

8. 华东菝葜 *S. sieboldii* Miq.　产于前锋、王坟顶、香椿树沟、毛竹园。生于林下。

9. 白背牛尾菜 *S. nipponica* Miq.　产于保护区各地。生于山坡、林缘、灌丛。

10. 小叶菝葜 *S. microphylla* C. H. Wright　产于保护区各地。生于林下。

四十六　百合科 Liliaceae

（一）油点草属 *Tricyrtis* Wall.

1. 油点草 *T. macropoda* Miq.　产于保护区各地。生于山坡、草地。

2. 黄花油点草 *T. bakeri* Koidz.　产于保护区各地。生于山坡、草地、林下。

（二）贝母属 *Fritillaria* L.

1. 天目贝母 *F. monantha* Migo.　本区有栽培。

2. 黄花贝母 *F. verticillata* Willd.　本区有栽培。

（三）老鸦瓣属 *Tulipa* L.

1. 老鸦瓣 *T. edulis* Baker　产于大天寺、王坟顶。生于林下。

（四）百合属 *Lilium* L.

1. 百合 *L. brownii* var. *viridulum* Baker　产于保护区各地。生于山坡、草地。

2. 野百合 *L. brownie* F. E. Brown ex Miellez　产于保护区各地。生于山坡、草地。

3. 卷丹 *L. lancifolium* Thunb.　产于保护区各地。生于沟谷、溪旁、山坡、草地。

4. 川百合 *L. davidii* Duchartre　产于保护区各地。生于山坡、草地。

5. 线叶百合 *L. callosum* Sieb. et Zucc.　产于保护区各地。生于山坡、草地。

(五)大百合属 *Cardiocrinum* Endl.

1. 荞麦叶大百合 *C. cachayanum* Stearn　产于大路沟、马放沟、东沟、黑龙潭、白龙池。生于沟谷、溪旁。

(六)郁金香属 *Tulipa* L.

1. 二叶郁金香 *T. erythronioides* Baker　本区栽培。

四十七　兰科 Orchidaceae

(一)杓兰属 *Cypripedium* L.

1. 扇脉杓兰 *C. japonicum* Thunb.　产于大天寺、王坟顶、白龙池。生于山坡、草地、林下。

(二)天麻属 *Gastrodia* R. Br.

1. 天麻 *G. elata* Bl.　产于保护区各地。生于林下。

(三)石斛属 *Dendrobium* Bl.

1. 细茎石斛 *D. moiliforme* Sw.　产于东沟、大天寺、黑龙潭。生于山谷沟谷、溪旁岩石上。

(四)朱兰属 *Pogonia* Juss.

1. 朱兰 *P. japonica* Rchb. f.　产于大天寺、白龙池。生于林下。

(五)独蒜兰属 *Pleione* D. Don

1. 独蒜兰 *P. bulbodioides* Rolfe　产于大风凹、岭南、六斗尖、铁铺。生于林下。

(六)头蕊兰属 *Cephalanthera* Rich.

1. 金兰 *C. falcata* Blume　产于六斗尖、前锋、白龙池。生于林下。

(七)兰属 *Cymbidum* Sw.

1. 蕙兰 *C. faberi* Rolfe　产于保护区各地。生于林下。

2. 春兰 *C. goeringii Rehb*. f.　产于保护区各地。生于林下。

3. 建兰 *C. ensifolium* Sw.　产于鸡笼站、万店站。生于林下。

(八)白及属 *Bletilla Rwichb*. f.

1. 白及 *B. striata Rechb*. f.　产于田冲、毛竹园、马鞍山。生于林下。

(九)斑叶兰属 *Goodyera* R. Br.

1. 斑叶兰 *G. repens* R. Br.　产于大风凹、大路沟、大天寺。生于林下。

(十)羊耳蒜属 *Liparis* Rich.

1. 福建羊耳蒜 *L. dunnii* Rolfe　产于王坟顶、大天寺、白龙池。生于林下。

(十一)无柱兰属 *Amitostigma* Schltr.

1. 无柱兰 *A. gracile* Schltr.　产于大风凹、中珰、朝天山、十八墩。生于林下。

(十二)杜鹃兰属 *Cremastra* Lindl.

1. 杜鹃兰 *C. appendiculata* Makino　产于前锋、白龙池、鸡笼站。生于林下。

(十三)独花兰属 *Changnienia* Chien

1. 独花兰 *C. amoena* Chen　产于白龙池、大天寺。生于林下。

(十四)舌唇兰属 *Platanthera* Rich.

1. 舌唇兰 *P. japonica* Lindl.　产于保护区各地。生于林下。
2. 小叶舌唇兰 *P. minor* Reichb. f.　产于保护区各地。生于林下。
3. 蜻蜓舌唇兰 *P. souliei* Kraenzl.　产于大天寺、王坟顶、白龙池。生于林下。

(十五)绶草属 *Spiranthes* Rich.

1. 绶草 *S. sinensis* Ames　产于保护区各地。生于向阳山坡。

(十六)角盘兰属 *Herminium* Guett.

1. 角盘兰 *H. monorchis* Willd.　产于白云、万店、鸡笼各站。生于林下。

(十七)玉凤花属 *Habenaria* Willd.

1. 鹅毛玉凤花 *H. dentata* Schltr.　产于王坟顶。生于林下。

(十八)钻柱兰属 *Pelatantheria* Ridl.

1. 蜈蚣兰 P. *scolopendrifolia* (Makino) Averyanov　产于大天寺、王坟顶。生于林下。

四十八　鸢尾科 Iridaceae

(一)鸢尾属 *Iris* L.

1. 鸢尾 *I. tectotum* Maxim.　产于王坟顶、大天寺、平心寨。生手向阳山坡、草地。
2. 蝴蝶花 *I. japonica* Thunb.　产于大天寺、马鞍山、滴水岩。生于向阳山坡。
3. 马蔺 *I lactea* Pall.　产于鸡笼、灵山、白云各站。生于向阳山坡。
4. 小花鸢尾 *I. speculatrix* Maxim.　产于大天寺、王坟顶。生于山坡、草地。

(二)射干属 *Belameanda* Adans.

1. 射干 *B. chinensis* DC.　产于保护区各地。生于向阳山坡、草地。

四十九　阿福花科 Asphodelaceae

(一)萱草属 *H emerocallis* L.

1. 萱草 *H. fulva* L.　产于前锋、白龙池、王坟顶。生于山坡、草地。
2. 黄花菜 *H. citrina* Baroni　产于保护区各地。生于山坡、草地。

五十　石蒜科 Amaryllidaceae

(一)石蒜属 *Lycoris* Herb.

1. 忽地笑 *L. aurea* Herb　产于保护区各地。生于沟谷、溪旁、山坡、草地。
2. 石蒜 *L. radiata* Hewrb.　产于保护区各地。生于沟谷、溪旁、山坡、草地。

(二)葱属 Allium L.

1. 韭 *A. tuberosum* Rottler ex Spreng.　本区广泛栽培。
2. 薤白 *A. macrostemon* Bumge　产于保护区各地。生于向阳山坡。
3. 细叶韭 *A. tenuissimum* L.　产于保护区各地。生于向阳山坡、草地。
4. 球序韭 *A. thunbergii* G. Don　产于保护区各地。生于向阳山坡。

5. 多叶韭 *A. plurifoliatum* Rendle　产于保护区各地。生于向阳山坡。

五十一　天门冬科 Asparagaceae

(一) 山麦冬属 *Liriope* Lour.

1. 阔叶山麦冬 *L. muscari* (Decaisne) L. H. Bailey　产于小风凹、岭南、大天寺、滴水岩。生于林下。

2. 禾叶山麦冬 *L. graminifolia* Baker.　产于大天寺、王坟顶、前锋。生于林下。

3. 山麦冬 *L. spicata* Lour.　产于中垱、大风凹、六斗尖。生于林下。

(二) 沿阶草属 *Ophiopogon* Ker. -Gawl

1. 麦冬 *O. japonicus* Ker. -Gawl.　产于保护区各地。生于林下。

2. 沿阶草 *O. bodinieri* Levl.　产于大天寺、六斗尖、朝天山。生于林下。

(三) 绵枣儿属 *Scilla* L.

1. 绵枣儿 *S. scilloides* Druce　产于保护区各地。生于向阳山坡、草地。

(四) 玉簪属 *Hosta* Tratt.

1. 紫玉簪 *H. ventricosa* Stearn　产于鸡笼、万店、白云各站。生于山坡、草地、林下。

(五) 天门冬属 *Asparagus* L.

1. 羊齿天门冬 *A. filicinus* D. Don　产于小风凹、岭南、塘洼、长竹林。生于林下。

2. 天门冬 *A. cochinchinensis* Merr.　产于保护区各地。生于林下。

铃兰属 Convallaria L.

1. 铃兰 *C. majalis* L.　产于王坟顶、平心寨。生于林下。

(六) 吉祥草属 *Reineckia* Kunth

1. 吉祥草 *R. carnea* Kunth　产于大天寺、王坟顶、朝天山。生于山坡、草地、林下。

(七) 开口箭属 Tupistra Ker. -Gawl.

1. 开口箭 *T. chunensis* Baker　产于王坟顶、大天寺。生于林下。

(八) 黄精属 Polygonatum Adans.

1. 玉竹 *P. odoratum* Druce　产于保护区各地。生于林下、山坡、草地。

2. 湖北黄精 *P. zanlanscianense* Pamp.　产于保护区各地。生于林下。

3. 多花黄精 *P. cyrtonema* Hua　产于保护区各地。生于林下、山坡、草地。

4. 黄精 *P. sibiricum* Delar. ex Redoute　产于保护区各地。生于山坡、草地、林下。

5. 卷叶黄精 *P. cirrhifolium* Royle　产于八斗眼、黑龙潭、凉亭。生于林下。

(九) 舞鹤草属 *Maianthemum* F. H. Wigg.

1. 鹿药 *M. japonica A.* Gray　产于大天寺、王坟顶、大风凹、六斗尖。生于山坡、草地、林下。

五十二　香蒲科 Typhaceae

(一) 黑三棱属 *Sparganium* L.

1. 黑三棱 *S. stoloniferum* Buch. -Ham.　产于各地。生于水田、沼泽地、水边、沟旁。

(二) 香蒲属 *Typha L.*

1. 香蒲 *T. orientalis* Presl　产于七里冲站、荒冲站。生于池塘、沟渠。

2. 水烛 *T. angustifolia* L.　产于七里冲、荒冲、万店各站。生于池塘、沟渠。

3. 长苞香蒲 *T. domingensis* Persoon　产于七里冲、荒冲、万店各站。生于池塘、沟渠。

五十三　谷精草科 Eriocaulaceae

（一）谷精草属 *Eriocaulon*

1. 白药谷精草 *E. sieboldianum* Sieb. et Zucc. ex Steud.　产于马放沟、大路沟、凉亭、肖家沟、鸡笼各站。生于水田、沼泽地。

2. 谷精草 *E. buergerianum* Koern.　产于保护区各地。生于水田、沼泽地。

五十四　灯芯草科 Juncaceae

（一）灯心草属 *Juncus* L.

1. 小灯心草 *J. bufonius* L.　产于各地。生于水田、沼泽地、水边、沟旁。

2. 翅茎灯心草 *J. alatus* Franch. et Sav.　产于各地。生于水田、沼泽地、水边、沟旁。

3. 野灯心草 *J. setchuensis* Buch.　产于各地。生于水田、沼泽地、水边、沟旁。

4. 笄石菖 *J. prismatocarpus* R. Brown　产于各地。生于水田、沼泽地、水边、沟旁。

5. 小花灯心草 *J. articulatus* L.　产于各地。生于水田、沼泽地、水边、沟旁。

6. 细茎灯心草 *Juncus gracilicaulis* A. Camus　产于各地。生于水田、沼泽地、水边、沟旁。

7. 灯心草 *J. effusus* L.　产于各地。生于水田、沼泽地、水边、沟旁。

8. 贴苞灯心草 *J. triglumis* Linnaeus　产于保护区各地。生于水田、沼泽地、水边、沟旁。

五十五　莎草科 Cyperaceae

（一）藨草属 *Scirpus* L.

1. 华东藨草 *S. karuisawensis* Makino　产于各地。生于旷野、路旁、水田、沼泽地。

2. 庐山藨草 *S. lushanensis* Ohwi　产于各地。生于水边、沟旁、水田、沼泽地。

3. 百球藨草 *S. rosthornii* Diels　产于保护区各地。生于水田、沼泽地、水边、沟旁。

4. 球穗藨草 *S. wichurae* Boeckeler　产于保护区各地。生于水田、沼泽地、水边、沟旁。

（二）水葱属 *Schoenoplectus*（Rchb.）Palla

1. 水毛花 *S. mucronatus* subsp. *robustus*（Miquel）T. Koyama　产于各地。生于水田、沼泽地、水边、沟旁。

2. 水葱 *S. tabernaemontani*（C. C. Gmelin）Palla.　产于各地。生于水田、沼泽地、水边、沟旁。

3. 萤蔺 *S. juncoides*（Roxburgh）Palla　产于各地。生于旷野、路旁、水田、沼泽地。

4. 三棱水葱 *S. triqueter*（Linnaeus）Palla　产于各地。生于水田、沼泽地、水边、沟旁。

（三）蔺藨草属 *Trichophorum* Pers.

1. 玉山针蔺 *T. subcapitatum*（Thwaites et Hooker）D. A. Simpson　产于各地。生于水田、沼泽地。

（四）三棱草属 *Bolboschoenus*（Asch.）Palla

1. 荆三棱 *B. yagara*（Ohwi）Y. C. Yang & M. Zhan　产于各地。生于水田、沼泽地、水边、沟旁。

2. 扁秆荆三棱 *B. planiculmis*（F. Schmidt）T. V. Egorova　产于各地。生于旷野、路旁、水田、沼泽地。

（五）荸荠属 *Eleocharis* R. Br.

1. 渐尖穗荸荠 *E. attenuata* Palla　产于保护区各地。生于水田、沼泽地、水边、沟旁。

2. 牛毛毡 *E. yokoscensis* Tang et Wang　产于各地。生于水田、沼泽地、水边、沟旁。

3. 龙师草 *E. tetraquetra* Kom.　产于各地。生于水田、沼泽地、水边、沟旁。

4. 荸荠 *E. dulcis* Trin. ex Henschel　产于各地。生于水田、沼泽地。

5. 紫果蔺 *E. atropurpurea* Presl　产于各地。生于水田、沼泽地、水边、沟旁。

6. 具槽秆荸荠 *E. valleculosa* Ohwi　产于各地。生于水田、沼泽地。

（六）球柱草属 *Bulbostylis* Kunth

1. 球柱草 *B. barbata* Clarke　产于东沟、马放沟。生于水田、沼泽地。

2. 丝叶球柱草 *B. densa* Hand. -Mazz.　产于马放沟、前锋、肖家沟。生于水田、沼泽地。

（七）飘拂草属 *Fimbristylis* Vahl

1. 烟台飘拂草 *F. stauntonii* Debeaux et Franch.　产于各地。生于水田、沼泽地、旷野、路旁。

2. 水虱草 *F. miliacea* Vahl　产于各地。生于水回、沼泽地、水边、沟旁。

3. 宜昌飘拂草 *F. henryi* Clarke　产于保护区各地。生于水田、沼泽地、水边、沟旁。

4. 双穗飘拂草 *F. subbbispicata* Nees. et Meyen.　产于各地。生于水田、沼泽地。

5. 两歧飘拂草 *F. d ichotoma* Vahl　产于各地。生于水田、沼泽地。

6. 东南飘拂草 *F. pierotii* Miq.　产于各地。生于水田、沼泽地。

7. 扁鞘飘拂草 *F. complanata* Link　产于各地。生于水田、沼泽地。

8. 结状飘拂草 *F. rigidula* Nees.　产于各地。生于水田、沼泽地。

9. 两歧飘拂草 *F. diphylla* Vahl　产于各地。生于水田、沼泽地。

10. 拟二叶飘拂草 *F. diphylloides* Makino　产于保护区各地。生于水田、沼泽地。

11. 复序飘拂草 *F. bisumbellata* Bubani　产于各地。生于水田、沼泽地。

（八）莎草属 *Cyperus* L.

1. 具芒碎米莎草 *C. microiria* Steud.　产于保护区各地。生于旷野、路旁。

2. 阿穆尔莎草 *C. amuricus* Maxim.　产于各地。生于旷野、路旁、水田、沼泽地。

3. 扁穗莎草 *C. compressus* L.　产于各地。生于旷野、路旁、水田、沼泽地。

4. 旋鳞莎草 *C. michelianus* Link　产于各地。生于向阳山彼、旷野、路旁。

5. 头状穗莎草 *C. glomeratus* L.　产于各地。生于旷野、路旁、水田、沼泽地。

6. 异型莎草 *C. difformis* L.　产于保护区各地。生于旷野、路旁、水田、沼泽地。

7. 碎米莎草 *C. iria* L.　产于各地。生于旷野、路旁、向阳山坡。

8. 香附子 *C. rotundus* L.　产于各地。生于旷野、路旁、水田、沼泽地。

9. 水莎草 *C. serotinus* Rottb. 产于各地。生于旷野、路旁、水田、沼泽地、水边、沟旁。

10. 砖子苗 *M. umbellatus* Vahl 产于马放沟、东沟、前锋。生于水田、沼泽地。

(九)扁莎属 *Pycreus* Beauv.

1. 球穗扁莎 *P. flavidus*(Retzius) T. Koyama 产于各地。生于旷野、路旁、水田、沼泽地。

2. 红鳞扁莎 *P. sanguinolentus* Nees. 产于各地。生于旷野、路旁、水田、沼泽地。

(十)水蜈蚣属 *Kyllinga* Rottb.

1. 水蜈蚣 *K. brevifolia* Rottb. 产于保护区各地。生于沟谷、溪旁、水边、沟旁。

2. 光鳞水蜈蚣 *K. brevifolia* var. *leiolepis*(Franch. et Savat.) Har 产于保护区各地。生于水边、沟旁、水田、沼泽地。

(十一)湖瓜草属 *Lipocarpha* R. Br.

1. 湖瓜草 *L. microcephala* Kunth 产于灵山、鸡笼、万店各站。生于沟谷、溪旁、水田、沼泽地。

(十二)薹草属 *Carex* L.

1. 单性薹草 *C. unisexualis* Clarke 产于保护区各地。生于山坡、草地、水田、沼泽地。

2. 翼果薹草 *C. neurocarpa* Maxim. 产于保护区各地。生于山坡、草地。

3. 云雾薹草 *C. nubigena D.* Don 产于大天寺、六斗尖、箭杆山、小风凹。生于林下。

4. 乳突薹草 *C. maximowiczii Miq.* 产于万店、鸡笼、灵山各站。生于林下。

5. 相仿薹草 *C. simulans* Clarke 产于大天寺、王坟顶、中垱。生于林下。

6. 青绿薹草 *C. breviculmis* R. Br. 产于保护区各地。生于林下、山坡、草地。

7. 短尖薹草 *C. brevicuspis* C. B. Clarke 产于保护区各地。生于林下、山坡、草地。

8. 大披针薹草 *C. lanceolata* Boott 产于保护区各地。生于林下、山坡、草地。

9. 弯喙薹草 *C. laticeps* Clarke 产于大天寺、王坟顶、白龙池。生于林下。

10. 松叶薹草 *C. rara* Boott 产于灵山、鸡笼、荒冲、七里冲各站。生于林下。

11. 糙叶薹草 *C. scabrifolia* Steud. 产于东门沟、塘洼、肖家沟、黑龙潭。生于林下。

12. 阿齐薹草 *C. argyi* Levl. et Vant. 产于万店、鸡笼、白云各站。生于林下。

13. 弓喙薹草 *C. capricornis* Meinsh. 产于王坟顶、六斗尖、大竹园。生于林下。

14. 寸草 *C. duriuscula* C. A. Mey. 产于保护区各地。生于林下。

15. 三穗薹草 *C. tristachya* Thunb. 产于白龙池、香椿树沟、大路沟、平心寨。生于林下。

16. 截鳞薹草 *C. truncatigluma* Clarke 产于长竹林、毛竹园、十八墩、香椿树沟、黑庵。生于林下。

17. 白颖薹草 *C. duriuscula* subsp. *rigescens*(Franch) S. Y. Liang et Y. C. Tang 产于保护区各地。生于林下。

18. 穹隆薹草 *C. gibba* Wahlenb. 产于保护区各地。生于林下、山坡、草地。

19. 书带薹草 *C. rochebrunii* Franchet et Savatier 产于保护区各地。生于林下、山坡、草地。

20. 灰化薹草 *C. cinerascens* Kukenth. 产于大天寺、王坟顶、岭南。生于林下。

21. 粉被薹草 *C. pruinosa* Boott 产于保护区各地。生于沟谷、溪旁、林下。

22. 青绿薹草 *C. breviculmis* R. Br. 产于保护区各地。生于林下、山坡、草地。

23. 舌叶薹草 *C. ligulata* Nees. ex Wight 产于保护区各地。生于山坡、草地、林下。

24. 亚澳薹草 *C. brownii* Tuckerm 产于保护区各地。生于林下。

25. 发秆薹草 *C. capillacea* Boott 产于保护区各地。生于林下、山坡、草地。

26. 柄果薹草 *C. stipitinux* Clarke 产于前锋、鸡笼站、朝天山。生于林下。

27. 亨氏薹草 *C. henryi* Clarke 产于鸡笼、东沟、白龙池、香椿树沟。生于林下、山坡、草地。

五十六 禾本科 Gramineae

(一)箬竹属 *Indocalamus* Nakai

1. 阔叶箬竹 *I. latifolius* Mc Clure 产于前锋及鸡笼站、灵山站。生于向阳山坡、林缘、灌丛。

2. 箬竹 *I. tessellatus* Keng f. 产于灵山、鸡笼、万店各站。生于山坡、林缘、灌丛。

(二)苦竹属 *Pleioblasyus* Nakai

1. 苦竹 *P. amarus* Keng f. 本区有栽培。

(三)刚竹属 *Phyllostachys* Sieb. et Zucc.

1. 桂竹 *P. bambusoides* Sieb. et Zucc. 本区有栽培。

2. 人面竹 *P. aurea* Carr. ex A. et C. Riv 本区有栽培。

3. 淡竹 *P. glauca* McClure 本区有栽培。

4. 水竹 *P. heteroclada* Oliv. 本区有栽培。

5. 早园竹 *P. propinqua* McClure 本区有栽培。

6. 紫竹 *P. nigra* Munro 本区有栽培。

7. 篌竹 *P. nidularia* Munro 本区有栽培。

8. 毛竹 *P. edulis* (Carriere) J. Houzeau 本区广泛栽培。

(四)菰属 *Zizania* Gronov. ex L.

1. 菰 *Z. latifolia* Turcz. 产于各地。生于水田、沼泽地、水边、沟旁。

(五)假稻属 *Leersia* Soland ex Swartz

1. 假稻 *L. japonica* Makino 产于鸡笼站、前锋、白龙池。生于山坡、草地。

(六)淡竹叶属 *lophatherum* Brongn.

1. 淡竹叶 *L. gracile* Brongn. 产于蚂蚁岗、长竹林、田冲、香椿树沟。生于山坡、草地。

2. 中华淡竹叶 *L. sinense* Rendle 产于大路沟、大风凹、岭南。生于山坡、草地。

(七)芦苇属 *Phragmites* Trin.

1. 芦苇 *P. australis* Trin. ex Steud. 产于各地。生于旷野、路旁、水边、沟旁。

(八)雀麦属 *Bromus* L.

1. 雀麦 *B. japonicus* Thunb 产于各地。生于旷野、路旁、向阳山坡。

2. 疏花雀麦 *B. remotifiorus* Ohwi　产于各地。生于旷野、路旁、向阳山坡。

(九)短柄草属 *Beachypodium* Beauv.

1. 短柄草 *B. sylvaticum* Beauv.　产于鸡笼站、大风凹、箭杆山、塘洼。生于山坡、草地。

(十)甜茅属 *Glyceria* R. Br.

1. 甜茅 *G. acutifiora* Torr.　产于万店、鸡笼、荒冲各站。生于山坡、草地。

2. 假鼠妇草 *G. leptolepis* Ohwi　产于鸡笼站、前锋、箭杆山、滴水岩。生于山坡、草地。

(十一)臭草属 *Melica* L.

1. 大花臭草 *M. nutans* L.　产于各地。生于旷野、路旁、山坡、草地。

2. 臭草 *M. scabrosa* Trin.　产于各地。生于旷野、路旁、山坡、草地。

(十二)羊茅属 *Festuca* L.

1. 小颖羊茅 *F. parvigluma* Steud.　产于中垱、岭南、王坟顶。生于向阳山坡、杂木林。

(十三)鼠茅属 *Vulpia* C. C. Gmel.

1. 鼠茅 *V. myurus* L.　产于马鞍山、箭杆山、长竹林。生于山坡、草地。

(十四)鸭茅属 *Dactylis* L.

1. 鸭茅 *D. glomerata* L.　产于保护区各地。生于山坡、草地。

(十五)早熟禾属 *Poa* L.

1. 华东早熟禾(法氏早熟禾)*P. faberi* Rendle　产于保护区各地。生于山坡、草地。

2. 早熟禾 *P. annua* L.　产于各地。生于旷野、路旁、山坡、草地。

3. 硬质早熟禾 *P. sphondylodes* Trin. ex Bunge　产于保护区各地。生于山坡、草地。

4. 白顶早熟禾 *P. acroleuca* Steud.　产于保护区各地。生于山坡、草地。

5. 法氏早熟禾 *P. faberi* Rendle　产于保护区各地。生于山坡、草地。

6. 林地早熟禾 *P. nemoralis* L.　产于保护区各地。生于山坡、草地、林下。

(十六)披碱草属 *Elymus* L.

1. 纤毛鹅观草 *E. ciliaris* Nevski　产于各地。生于旷野、路旁、山坡、草地。

2. 竖立鹅观草 *E. japonensis* Keng　产于保护区各地。生于山坡、草地、向阳山坡。

3. 鹅观草 *E. kamoji* Ohwi　产于各地。生于旷野、路旁、山坡、草地。

(十七)落草属 *Koeleria* Pers.

1. 落草 *K. cristata* Pers.　产于万店站、鸡笼站及马鞍山、滴水岩。生于向阳山坡、草地。

(十八)三毛草属 *Trisetum* Pers.

1. 湖北三毛草 *T. henryi* Rendle　产于王坟顶、大天寺、六斗尖、白龙池。生于林下、山坡、草地。

(十九)燕麦属 *Avena* L.

1. 野燕麦 *A. fatua* L.　产于各地。生于旷野、路旁、山坡、草地。

（二十）虉草属 *Phalaris* L.

1. 虉草 *P. arundinacea* 产于中垱、岭南、大天寺、十八墩。生于山坡、草地。

（二十一）梯牧草属 *Phleum* L.

1. 鬼蜡烛 *P. paniculatum* Huds. 产于各地。生于旷野、路旁、向阳山坡。

2. 梯牧草 *P. pratense* L. 产于各地。生于旷野、路旁、山坡、草地。

（二十二）看麦娘属 *Alopecurus* L.

1. 看麦娘 *A. aequalis* Sobo1. 产于各地。生于旷野、路旁、水田、沼泽地。

2. 日本看麦娘 *A. japonicus* Stend. 产于各地。生于旷野、路旁、水田、沼泽地。

（二十三）菵草属 *Beckmannia* Host.

1. 菵草 *B. syzigachne* Fernald 产于鸡笼、万店、白云、荒冲各站。生于山坡、草地。

（二十四）野青茅属 *Deyeuxia* Clar.

1. 湖北野青茅 *D. hupehensis* Rendle 产于保护区各地。生于草地、向阳山坡。

2. 纤毛野青茅 *D. arundinacea* var. *ciliata*（Honda）P. C. Kuo et S. L. Lu 产于保护区各地。生于山坡、草地。

3. 野青茅 *D. pyramidalis*（Host）Veldkamp 产于保护区各地。生于山坡、草地、林下。

（二十五）拂子茅属 *Calamagrostis* Adans.

1. 拂子茅 *C. epigeios* Roth 产于各地。生于旷野、路旁、水田、沼泽地。

2. 密花拂子茅 *C. epigejes* Roth var. *densiflora* Griseb. 产于各地。生于旷野、路旁。

（二十六）剪股颖属 *Agrostis* L.

1. 西伯利亚剪股颖 *A. stolonifera* L. 产于保护区各地。生于山坡、草地。

2. 巨序剪股颖 *A. gigantea* Roth 产于保护区各地。生于旷野、路旁、山坡、草地。

3. 台湾剪股颖 *A. sezanensis* Hayata 产于保护区各地。生于旷野、路旁、向阳山坡。

4. 华北剪股颖 *A. clavata* Trin. 产于保护区各地。生于山坡、草地。

（二十七）棒头草属 *Polypogon* Desf.

1. 长芒棒头草 *P. monspeliensis* Desf. 产于各地。生于旷野、路旁、水田、沼泽地。

2. 棒头草 *P. fugax* Ness ex Steud. 产于各地。生于旷野、路旁、水田、沼泽地。

（二十八）芨芨草属 *Achnatherum* Beauv.

1. 京芒草 *A. pekinense* Ohwi 产于王坟顶、中垱。生于山坡、草地。

2. 大叶直芒草 *A. grandifolium* Keng 产于鸡笼站及前锋、十八墩。生于山坡、草地。

3. 湖北落芒草 *A. henryi*（Rendle）S. M. Phillips & Z. L. Wu 产于万店、白云、七里冲各站。生于草地、向阳山坡。

（二十九）粟草属 *Milium* L.

1. 粟草 *M. effusum* L. 产于大天寺、王坟顶、朝天山。生于山坡、草地。

（三十）画眉草属 *Eragrostis* Beauv.

1. 秋画眉草 *E. autumnalis* Keng 产于各地。生于山坡、草地、旷野、路旁。

2. 大画眉草 *E. cilianensis* Link ex Vjfndo-Lutati 产于各地。生于旷野、路旁、向阳山坡。

3. 知风草 *E. ferruginea* Beauv.　产于保护区各地。生于旷野、路旁、向阳山坡。

4. 画眉草 *E. pilosa* Beauv.　产于各地。生于旷野、路旁、向阳山坡。

5. 无毛画眉草 *E. pilosa* Beauv. var. *imberbis* Franch.　产于保护区各地。生于山坡、草地。

6. 小画眉草 *E. minor* Host　产于各地。生于旷野、路旁、向阳山坡。

7. 鲫鱼草 *E. tenella* Beauv.　产于保护区各地。生于旷野、路旁、向阳山坡。

(三十一) 穇属 *Eleusine* Gaertn.

1. 牛筋草 *E. indica* Gaertn.　产于各地。生于旷野、路旁。

(三十二) 隐子草属 *Cleistogenes* Keng

1. 朝阳隐子草 *C. hackelii* (Honda) Honda　产于保护区各地。生于山坡、林缘、灌丛、草地。

(三十三) 千金子属 *Leptochloa* Beauv.

1. 千金子 *L. chinensis* Ness.　产于各地。生于旷野、路旁、山坡、草地。

2. 虮子草 *L. panicea* Ohwi　产于各地。生于旷野、路旁、向阳山坡。

3. 双稃草 *L. fusca* Beauv.　产于保护区各地。生于山坡、草地。

(三十四) 虎尾草属 *Chloris* Swartz

1. 虎尾草 *C. Virgata* Swartz　产于各地。生于旷野、路旁、沟谷、溪旁。

(三十五) 狗牙根属 *Cynodon* Rich.

1. 狗牙根 *C. dactylon* Pers.　产于各地。生于旷野、路旁、山坡、草地。

(三十六) 鼠尾粟属 *Sporobolus* R. Br.

1. 鼠尾粟 *S. elongatus* R. Br.　产于各地。生于旷野、路旁、水田、沼泽地。

(三十七) 乱子草属 *Muhlenbergia* Schreb.

1. 乱子草 *M. hugelii* Trin.　产于各地。生于旷野、路旁。

2. 日本乱子草 *M. japonica* Steud.　产于保护区各地。生于旷野、路旁、山坡、草地。

(三十八) 显子草属 *Phaenisperma* Munro ex Benth et Hook. f.

1. 显子草 *P. globosa* Munro ex Benth.　产于保护区各地。生于山坡、草地、旷野、路旁。

(三十九) 结缕草属 *Zoysia* Willd.

1. 结缕草 *Z. japonica* Steud.　产于各地。生于旷野、路旁、水田、沼泽地、水边、沟旁。

2. 中华结缕草 *Z. sinica* Hance　产于各地。生于水田、沼泽地、水边、沟旁。

(四十) 柳叶箬属 *Isachne* R. Br.

1. 柳叶箬 *I. globosa* Kuntze　产于保护区各地。生于草地、向阳山坡。

(四十一) 野古草属 *Arundinella* Raddi

1. 毛秆野古草 *A. hirta* Tanaka　产于保护区各地。生于草地、向阳山坡。

(四十二) 狗尾草属 *Setaria* Beauv.

1. 莩草 *S. chondrachne* Honda　产于保护区各地。生于山坡、草地。

2. 大狗尾草 *S. faberi* Herrm　产于鸡笼站及前锋、塘洼、毛竹园。生于山坡、草地。

3. 金色狗尾草 *S. glauca* Beauv.　产于保护区各地。生于山坡、草地。

4. 狗尾草 *S. viridis* Beauv.　产于各地。生于旷野、路旁、山坡、草地。

（四十三）狼尾草属 *Pennisetum* Rich.

1. 狼尾草 *P. alopecueoides* Spreng　产于保护区各地。生于草地、向阳山坡。

2. 白草 *P. flaccidum* Griseb.　产于保护区各地。生于向阳山坡、草地。

（四十四）囊颖草属 *Sacciolepis* Nasn

1. 囊颖草 *S. indica* A. Chase　产于朝天山、六斗尖、黑龙潭。生于山坡、草地。

（四十五）黍属 *Panicum* L.

1. 糠稷 *P. bisulcatum* Thunh.　产于保护区各地。生于山坡、草地。

（四十六）求米草属 *Oplismenus* Beauv.

1. 求米草 *O. undulatifolius* Roem. et Schult　产于保护区各地。生于林下、山坡、草地。

（四十七）稗属 *Echinochloa* Beauv.

1. 稗 *E. crusgalli* Beauv.　产于各地。生于水田、沼泽地、旷野、路旁。

2. 无芒稗 *E. crusgalli* Beauv. var. *mitis* Peterm.　产于各地。生于水田、沼泽地。

3. 西来稗 *E. crusgalli* Beauv. var. *zelayensis*（Kunth）Hitchcock　产于各地。生于旷野、路旁、水田、沼泽地。

4. 光头稗 *E. colonum* Link.　产于各地。生于旷野、路旁、水田、沼泽地。

（四十八）臂形草属 *Bracharia* Griseh.

1. 毛臂形草 *B. villosa* A. Camus　产于王坟顶、大天寺、中垱。生于山坡、草地。

（四十九）野黍属 *Eriochloa* Kunth.

1. 野黍 *E. villosa* Kunth.　产于保护区各地。生于山坡、草地、旷野、路旁。

（五十）雀稗属 *Pasoalum* L.

1. 雀稗 *P. thunbergii* Kunth.　产于保护区各地。生于旷野、路旁、水田、沼泽地。

2. 圆果雀稗 *P. orbiculare* G. Forst.　产于各地。生于旷野、路旁。

3. 双穗雀稗 *P. distichum* L.　产于各地。生于水田、沼泽地、水边、沟旁。

（五十一）马唐属 *Digitaria* Haller

1. 紫马唐 *D. violascens* Link.　产于各地。生于旷野、路旁、山坡、草地。

2. 止血马唐 *D. ischaemum* Schreh.　产于各地。生于旷野、路旁、水田、沼泽地。

3. 马唐 *D. sanguinalis* Scop.　产于各地。生于旷野、路旁、山坡、草地。

4. 毛马唐 *D. sanguinalis* Scop. var. *ciliaris* Parl.　产于各地。生于旷野、路旁、山坡、草地。

5. 升马唐 *D. adsoendens* Henrard.　产于各地。生于旷野、路旁、向阳山坡。

（五十二）白茅属 *Imperata* Cyr.

1. 白茅 *I. cylindrica* var. *major* C. E. Huhh.　产于保护区各地。生于向阳山坡。

（五十三）芒属 *Miscanthus* Anderss.

1. 五节芒 *M. floridulus* Warh.　产于前锋、白龙池、八斗眼、田冲。生于山坡、草地。

2. 荻 *M. sacchariflorus* Benrh. et hook. f.　产于保护区各地。生于向阳山坡、草地。

3. 芒 *M. sinensis* Anderss.　产于各地。生于向阳山坡。

(五十四) 莠竹属 *Microstegium* Nees

1. 竹叶茅 *M. nudum* A. Camus　产于鸡笼站及香椿树沟、犁湾沟、毛竹园、岭南。生于山坡、草地。

2. 柔枝莠竹 M. *vimineum* A. Carnus　产于保护区各地。生于山坡、草地。

(五十五) 黄金茅属 *Eulalia* Kunth.

1. 金茅 *E. speciesa* Kuntze　产于保护区各地。生于向阳山坡、草地。

(五十六) 甘蔗属 *Saccharum* L.

1. 甜根子草 *S. spontaneum* L.　产于保护区各地。生于向阳山坡、旷野、路旁。

2. 斑茅 *S. arundnaceum* Retz.　产于保护区各地。生于向阳山坡、山坡、草地。

(五十七) 大油芒属 *Spodopogon* Trin.

1. 大油芒 *S. sibiricus* Trin.　产于保护区各地。生于山坡、草地。

2. 油芒 *S. cotulifer* A. Camus　产于王坟顶、大天寺、平心寨、岭南。生于山坡、草地。

(五十八) 牛鞭草属 *Hemarthria* R. Br.

1. 牛鞭草 *H. altissima* Stapf et C. E. hubb.　产于保护区各地。生于旷野、路旁、向阳山坡。

(五十九) 蜈蚣草属 *Eremochloa* Buese

1. 假俭草 *E. ophiuroides* Hack.　产于保护区各地。生于向阳山坡、旷野、路旁。

(六十) 荩草属 *Arthraxon* Beauv.

1. 荩草 *A. hispidus* Makino　产于保护区各地。生于向阳山坡、草地、林下。

2. 茅叶荩草 *A. Prionodes* Dandy　产于保护区各地。生于林下、山坡、草地。

(六十一) 孔颖草属 *Bothriochloa* Kuntze

1. 白羊草 *B. ischaemum* Keng　产于保护区各地。生于向阳山坡、草地。

(六十二) 细柄草属 *Capillipedium* Stapf

1. 细柄草 *C. parviflorum* Stapf　产于朝天山、六斗尖、大竹园、岭南。生于山坡、草地。

(六十三) 黄茅属 *Heteropogon* Pers.

1. 黄茅 *H. contortus* Beauv.　产于保护区各地。生于山坡、草地。

(六十四) 菅属 *Themeda* Forsk.

1. 阿拉伯黄背草 *T. triandra* Forsk.　产于保护区各地。生于向阳山坡、草地。

(六十五) 裂稃草属 *Schizachyrium* Nees.

1. 裂稃草 *S. brevifoliztm* Nees. ex Buse　产于箭杆山、长竹林、马鞍山。生于山坡、草地。

(六十六) 香茅属 *Cymbpopgon* Spreng.

1. 橘草 *C. goeringii* Steud.　产于大天寺、六斗尖、朝天山。生于山坡、草地。

(六十七)锋芒草属 *Tragus* Haller

1. 虱子草 *T. berteronianus* A. Camus　产于各地。生于旷野、路旁、向阳山坡。

2. 锋芒草 *T. racemosus* All.　产于各地。生于旷野、路旁、山坡、草地。

(六十八)草沙蚕属 *Tripogon* Roem. et Schult.

1. 中华草沙蚕 *T. chinensis* Hack　产于各地。生于旷野、路旁。

(六十九)落芒草属 *Oryzopsis* Michx.

1. 钝颖落芒草 *O. kuoi* S. M. Phillips et Z. L. Wu　产于大风凹、六斗尖、铁铺。生于山坡、草地。

(七十)三芒草属 *Aristida* L.

1. 三芒草 *A. adscensionis* L.　产于保护区各地。生于林下。

五十七　鸭跖草科 Commelinaceae

(一)竹叶子属 *Streptolirion* Edgew.

1. 竹叶子 *S. volubile* Edgew.　产于各地。生于水边、沟旁、沟谷、溪旁。

(二)杜若属 *Pollia* Thunb.

1. 杜若 *P. japonica* Thunb.　产于保护区各地。生于沟谷、溪旁、水田、沼泽地。

(三)鸭跖草属 *Commelina* L.

1. 鸭跖草 *C. communis* L.　产于各地。生于水田、沼泽地、旷野、路旁、林下。

2. 饭包草 *C. benghalensis* L.　产于各地。生于旷野、路旁。

(四)水竹叶属 *Murdannia* Royle

1. 水竹叶 *Murdannia triquetra* (Wall.) Bruckn.　产于各地。生于沟谷、溪旁、水田、沼泽地。

2. 疣草 *M. keisak* Hand. -Maack.　产于保护区各地。生于水田、沼泽地。

五十八　雨久花科 Pontederiaceae

(一)雨久花属 *Monochoria* Presl

1. 鸭舌草 *M. vaginalis* Presl ex Kunth　产于各地。生于水田、沼泽地、水边、沟旁。

2. 雨久花 *M. korsakowii* Regel et Maack　产于各地。生于池塘、沟渠。

五十九　姜科 Zingiberaceae

(一)姜属 *Zingiber* Adans.

1. 蘘荷 *Z. mioga* Rosc.　产于马放沟、大路沟、东沟。生于山坡、草地、沟谷、溪旁。

六十　金鱼藻科 Ceratophyllaceae

(一)金鱼藻属 *Ceratophyllum* L.

1. 金鱼藻 *C. demersum* L.　产于各地。生于池塘、沟渠。

六十一　罂粟科 Papaveraceae

(一)白屈菜属 *Chelidonium* L.

1. 白屈菜 *C. majus* L.　产于保护区各地。生于山坡、草地。

(二)紫堇属 *Corydalis* Vent.

1. 刻叶紫堇 *C. incisa* Pers.　产于保护区各地。生于山坡、草地。

2. 夏天无 *C. decumbens*（Thunb.）Pers.　产于保护区各地。生于林下、山坡、草地。

3. 延胡索 *C. yanhustto* W. T. Wang　产于鸡笼、灵山、万店、白云各站。生于林下。

4. 黄堇 *C. allida* Pers.　产于保护区各地。生于林下、山坡、林缘、灌丛。

5. 蛇果黄堇 *C. ophiocarpa* Hook. f. et Thoms.　产于保护区各地。生于向阳山坡。

6. 小花黄堇 *C. racemosa* Pers.　产于保护区各地。生于山坡、林缘、灌丛。

7. 地丁草 *C. bungeana* Turcz.　产于保护区各地。生于山坡、草地。

8. 紫堇 *C. sdulis* Maxim.　产于保护区各地。生于山坡、草地。

（三）秃疮花属 *Dicranostigma* Hook. f. et. Thoms.

1. 秃疮花 *D. leptopodum* Fedde　产于各地。生于旷野、路旁。

（四）血水草属 *Eomecon* Hance

1. 血水草 *E. chionantha* Hance　产于鸡笼、王坟顶、朝天山。生于阴坡杂木林。

（五）荷青花属 *Hylomecon* Maxim.

1. 荷青花 *H. japonica* Prantl et Kundig　产于灵山、中垱、马放沟、鸡笼、万店各站。生于山坡、林缘、灌丛。

（六）角茴香属 *Hyecoutn* L.

1. 角茴香 *H. erectum* L.　产于各地。生于向阳山坡、旷野、路旁。

（七）博落回属 *Macleaya* R. Br.

1. 博落回 *M. cordata* R. Br.　本区有栽培。生于山坡、林缘、灌丛。

2. 小果博落回 *M. microcarpa* Fedde　产于白云、鸡笼、荒冲、灵山各站。生于山坡、林缘、灌丛。

（八）绿绒蒿属 *Meconopsis* Vig.

1. 柱果绿绒蒿 *M. oliveriana* Franch. et Prain ex Prain　产于鸡笼、灵山、万店各站。生于山坡、林缘、灌丛。

六十二　木通科 Lardizabalaceae

（一）木通属 *Akebia* Decne.

1. 三叶木通 *A. trifoliata* Koidz.　产于保护区各地。生于杂木林。

2. 白木通 *A. rifoliata* subsp. australis（Diels）T. Shimizu　产于东沟、马放沟、前锋。生于沟谷、溪旁。

3. 木通 *A. quinata* Decne.　产于马放沟、大路沟、王坟顶、黑龙潭。生于杂木林、沟谷、溪旁。

（二）猫儿屎属 *Decaisnea* Hook. f. et Thoms.

1. 猫儿屎 *D. fargesii* Franch.　产于朝天山、六斗尖、白龙池。生于阴坡杂木林。

（三）八月瓜属 *Holboellia* Wall.

1. 鹰爪枫 *H. coriacea* Diels　产于铁铺、白龙池、东沟、马放沟。生于杂木林。

2. 牛姆瓜 *H. grandiflora* Reaub.　产于东沟、马放沟、箭杆山、王坟顶。生于阴坡杂木林。

（四）大血藤属 *Sargentodoxa* Rehd. et Wils.

1. 大血藤 *S. cneata* Rehd. et Wils　产于王坟顶、大天寺、黑龙潭。生于山坡、林缘、灌丛。

（五）串果藤属 *Sinofranchetia* Hemsl.

1. 串果藤 *S. chinensis* Hemsl.　产于东沟、白龙池、前锋。生于阴坡杂木林、林下。

六十三　防己科 Menispermaceae

（一）木防己属 *Cocculus* DC.

1. 木防己 *C. orbiculatus*（L.）DC.　产于各地。生于沟谷、溪旁、山坡、林缘、灌丛。

（二）轮环藤属 *Cyclea* Arn.

1. 轮环藤 *C. racemosa* Oliv.　产于大天寺、东沟。生于沟谷、溪旁。

（三）蝙蝠葛属 *Menispermum* L.

1. 蝙蝠葛 *M. dauricum* DC.　产于保护区各地生于沟谷、溪旁、杂木林。

（四）风龙属 *Sinomenium* Diels

1. 风龙 *S. acutum* Rehd. et Wils.　产于各地。生于向阳山坡、沟谷、溪旁。

（五）千金藤属 *Stephania* Lour.

1. 千金藤 *S. japonica* Miers　产于各地。生于向阳山坡、沟谷、溪旁。

2. 汝兰 *S. sinica* Diels　产于保护区各地。生于沟谷、溪旁、山坡、林缘、灌丛。

（六）青牛胆属 *Tinospora* Miers

1. 青牛胆 *T. sagittata* Gagnep.　产于东沟、大天寺、白龙池。生于山坡、林缘、灌丛。

六十四　小檗科 Berberidaceae

（一）小檗属 *Berberis* L.

1. 少齿小檗 *B. potaninii* Maxim.　产于王坟顶、中垱、朝天山。生于山坡、林缘、灌丛。

（二）红毛七属 *Caulophyllum* Michx.

1. 红毛七 *C. robustum* Maxim.　产于保护区各地。生于林下、阴坡杂木林。

（三）鬼臼属 *Dysosma* Woodson

1. 六角莲 *D. pleiantha* Woodson　产于大天寺、王坟顶、白龙池。生于林下、阴坡杂木林。

2. 八角莲 *D. versipellis* M. Cheng　产于大天寺、王坟顶、大路沟、蚂蚁岗。生于阴坡杂木林。

（四）淫羊藿属 *Epimedium* L.

1. 三枝九叶草 *E. sagittatum* Maxim.　产于保护区各地。生于阴坡杂木林。

2. 柔毛淫羊藿 *E. pubescens* Maxim.　产于鸡笼、灵山、万店、白云、荒冲各站。生于阴坡杂木林。

3. 湖南淫羊藿 *E. hunanense* Hand. -Mazz.　产于保护区各地。生于阴坡杂木林。

（五）十大功劳属 *Mahonia* Nutt.

1. 阔叶十大功劳 *M. bealei* Carr.　产于马放沟、东沟、白龙池。生于山坡、林缘、灌丛。

2. 十大功劳 *M. fortunei* Fedde　产于大路沟、白龙池、东沟、铁铺。生于山坡、林缘、灌丛。

（六）南天竹属 *Nandina* Thunb.

1. 南天竹 *N. dosestica* Thunb.　产于白云站、大天寺。生于林下。

六十五　毛茛科 Ranunculaceae

（一）乌头属 *Aconitum* L.

1. 乌头 *A. carmichaelii* Debx.　产于保护区各地。生于山坡、草地。

2. 瓜叶乌头 *A. hemsleyanum* Prita.　产于王坟顶、大天寺、白龙池。生于山坡、林缘、灌丛。

3. 花莛乌头 *A. scaposum* Franch.　产于王坟顶、大天寺。生于杂木林。

4. 聚叶花莛乌头 *A. scaposum* var. *vaginatum*（Pritz.）Papaics　产于中垱、王坟顶。生于林下。

5. 高乌头 *A. sinomontanum* Nakai　产于王坟顶。生于山坡、草地

（二）类叶升麻属 *Actaea* L.

1. 类叶升麻 *A. asiatica* Hara　产于王坟顶、大天寺。生于阴坡杂木林。

（三）银莲花属 *Anemone* L.

1. 鹅掌草 *A. flaccida* Fr. Schmidt　产于王坟顶、大天寺、中垱、白龙池。生于阴坡杂木林。

（四）耧斗菜属 *Aquilegia* L.

1. 华北耧斗菜 *A. yabeana* Kitag.　产于鸡笼、灵山、万店、白云各站。生于沟谷、溪旁、山坡、草地。

2. 无距耧斗菜 *A. ecalcarata* Maxim.　产于王坟顶、平心寨。生于山坡、草地。

（五）铁破锣属 *Bessia* Balf. f. et W. W. Sm.

1. 铁破锣 *B. calthifolia*（Maxim.）Ulbr.　产于王坟顶、小风凹、中垱。生于阴坡杂木林。

（六）铁线莲属 *Clematis* L.

1. 短尾铁线莲 *C. brevicaudata* DC.　产于辽竹沟、平心寨、东沟、马放沟、白龙池。生于山坡、林缘、灌丛。

2. 大叶铁线莲 *C. heracleifolia* DC.　产于大路沟、中垱、东沟、前锋。生于林下。

3. 圆锥铁线莲 *C. terniflora* DC.　产于东沟、朝天山、铁铺。生于山坡、林缘、灌丛。

4. 钝萼铁线莲 *C. peterae* Hand. -Mazz.　产于保护区各地。生于山坡、林缘、灌丛。

5. 毛果铁线莲 *C. peterae* Hand. -Mazz. var. *trichocarpa* W. T. Wang　产于万店、鸡笼、灵山各站及凉亭。生于山坡、林缘、灌丛。

6. 圆锥铁线莲 *C. terniflora* DC.　产于保护区各地。生于山坡、林缘、灌丛。

7. 铁线莲 *C. florida* Thunb.　产于保护区各地。生于林下、山坡、林缘、灌丛。

8. 柱果铁线莲 *C. uncinata* Charnp.　产于灵山站、铁铺、肖家沟。生于山坡、林缘、灌丛。

9. 小木通 *C. armandii* Franch.　产于鸡笼、万店、灵山、荒冲、七里冲各站。生于杂

木林、山坡、林缘、灌丛。

10. 山木通 *C. finetiana* Levl et Vant. 产于朝天山、东沟、马放沟、白龙池。生于阴坡杂木林。

11. 绣球藤 *C. montana* Buch. -Ham. 产于东沟、六斗尖、铁铺、香椿树沟、破砦。生于阴坡杂木林。

12. 钝齿铁线莲 *C. obtusidentata* H. Echler 产于前锋、蚂蚁岗、犁湾沟、马鞍山、辽竹沟。生于山坡、林缘、灌丛。

13. 毛蕊铁线莲 *C. lasiandra* Maxim. 产于保护区各地。生于山坡、林缘、灌丛。

14. 粗齿铁线莲 *C. argentilicida* W. T. Wang 产于中垱、岭南、东沟、黑龙潭、毛竹园。生于山坡、林缘、灌丛。

15. 威灵仙 *C. chinensis* Osbeck. 产于鸡笼站、东沟、六斗尖、长竹林。肖家沟。生于山坡、林缘、灌丛。

16. 光柱铁线莲 *C. longistyla* Hand. -Mazz. 产于东沟、前锋、中鸡垱、辽竹沟。生于山坡、林缘、灌丛。

（七）升麻属 *Cimicifuga* L.

1. 小升麻 *C. japonica*（Thunb.）Spreng 产于中垱、东沟、大路沟、白龙池。生于阴坡杂木林。

（八）翠雀属 *Delphinium* L

1. 全裂翠雀花 *D. trisectum* W. T. Wang 产于朝天山、长竹林、田冲、前锋。生于阴坡杂木林。

2. 还亮草 *D. anthriscifolium* Hance 产于灵山站、鸡笼站、前锋。生于山坡、林缘、灌丛。

3. 无距还亮草 *D. ecalcaratum* S. Y. Wang et K. F. Zhou 产于保护区各地。生于山坡、林缘、灌丛。

4. 河南翠雀花 *D. honanense* W. T. Wang

（九）人字果属 *Dichocarpum* W. T. Wang et P. K. Hsiao

1. 纵肋人字果 *D. fargesii* W. T. Wang et P. K. Hsiao 产于保护区各地。生于山坡、林缘、灌丛、林下。

（十）獐耳细辛属 *Hepatica* Mill.

1. 獐耳细辛 *H. nobilis* Gars. var. *asiatica* Hara 产于大路沟、中垱、大天寺、蚂蚁岗。生于林下。

（十一）白头翁属 *Pulsatilla* L.

1. 白头翁 *P. chinensis*(Bge) Regel. 产于保护区各地。生于山坡、林缘、灌丛。

（十二）天葵属 *Semiaquilegia* Makino

1. 天葵 *S. adoxoides* Makino 产于保护区各地。生于林下、山坡、林缘、灌丛。

（十三）毛茛属 *Ranunculus* L.

1. 茴茴蒜 *R. chinensis* Bge. 产于各地。生于水田、沼泽地。

2. 石龙芮 *R. sceleatus* L.　产于各地。生于水边、沟旁、水田、沼泽地。

3. 猫爪草 *R. ternatus* Thunb.　产于各地。生于水边、沟旁、水田、沼泽地。

4. 肉根毛茛 *R. polii* Franch.　产于各地。生于水田、沼泽地。

5. 禺毛茛 *R. cantoniensis* DC.　产于阴坡杂木林。生于水田、沼泽地、水边、沟旁。

6. 扬子毛茛 *R. sieboldii*. Miq　产于保护区各地。生于沟谷、溪旁、水田、沼泽地。

7. 毛茛 *R. japonicus* Thunb.　产于各地。生于旷野、路旁、水边、沟旁。

(十四)唐松草属 *Thalictrum* L.

1. 盾叶唐松草 *T. ichangense* Lec. ex Oliv.　产于大路沟、中垱、香椿树沟、毛竹园、东门沟、马鞍山、荒冲。生于阴坡杂木林。

2. 唐松草 *T. aquilegifolium* L. var. *sibiricum* Regel et Tiling　产于保护区各地。生于山坡、林缘、灌丛、林下。

3. 长喙唐松草 *T. brevisericeum* W. T. Wang　产于小风凹、白龙池。生于山坡、林缘、灌丛。

4. 粗壮唐松草 *T. robustum* Maxim.　产于王坟顶、朝天山。生于杂木林。

5. 东亚唐松草 *T. minus* var. *hypoleucum*（Siebold et Zucc.）Miq.　产于大天寺、朝天山。生于杂木林。

6. 河南唐松草 *T. honanense* W. T. Wang　产于中垱、大风凹、蚂蚁岗。生于林下。

7. 华东唐松草 *T. fortunei* S. Moore　产于王坟顶、中垱、平心寨。生于山坡、林缘、灌丛。

六十六　清风藤科 Sabiaceae

(一)泡花树属 *Meliosma* Bl.

1. 泡花树 *M. cuneifolia* Franch.　产于大天寺、中垱。生于杂木林。

2. 光叶泡花树 *M. cuneifolia* Franch. var. *glabriucula* Cuf.　产于大天寺、王坟顶、中垱。生于杂木林。

3. 异色泡花树 *M. myriantha* Sieb. et Zucc. var. *discolor* Dunn　产于中垱、大天寺。生于杂木林。

4. 细花泡花树 *M. parviflora* Lecomte　产于白龙池、前锋。生于杂木林。

5. 珂南树 *M. alba*（Schlechtendal）Walpers　产于大路沟、大风凹、中垱、岭南。生于杂木林。

6. 红柴枝 *M. oldhamii* Maxim.　产于小风凹、大路沟、大天寺。生于杂木林。

7. 暖木 *M. veitchiorum* Hemsl.　产于王坟顶、大天寺。生于山坡、林缘、灌丛。

(二)清风藤属 *Sabia* Colebr.

1. 清风藤 *S. japonica* Maxim.　产于东沟、六斗尖、铁铺、前锋。生于向阳山坡、山谷、岩石上。

2. 四川清风藤 *S. schumanniana* Diels.　产于白龙池、箭杆山、八斗眼。生于山坡、林缘、灌丛。

3. 云南清风藤 *S. yunnanensis* Franch.　产于东沟、大天寺、平心寨。生于山坡、林缘、灌丛。

4. 阔叶清风藤 *S. latifolia* Rehd. et Wils.　产于岭南、辽竹沟、肖家沟。生于山坡、林缘、灌丛。

六十七　悬铃木科 Platanaceae

(一)悬铃木属 *Platanus* L.

1. 二球悬铃木 *P. acerifolia* Willd.　本区有栽培。

2. 一球悬铃木 *P. occidentalis* L.　本区有栽培。

六十八　昆栏树科 Trochodendraceae

(一)水青树属 *Tetracentron* Oliv.

1. 水青树 *T. sinense* Oliv.　产于六斗尖、东沟、大天寺。生于阴坡杂木林。

六十九　黄杨科 Buxaceae

(一)黄杨属 *Buxus* L.

1. 锦熟黄杨 *B. sempervirens* L.　产于东沟、马放沟、黑龙潭。生于沟谷、溪旁。

2. 雀舌黄杨 *B. bodinieri* Lévl.　本区有栽培。

(二)板凳果属 *Pachysandra* Michx.

1. 顶花板凳果 *P. terminalis* Sieb. et Zucc.　产于王坟顶、大天寺。生于阴坡杂木林。

(三)野扇花属 *Sarcococca* Lindl.

1. 野扇花 *S. ruscifolia* Stapf.　产于鸡笼、万店各站。生于山坡、林缘、灌丛。

七十　芍药科 Paeoniaceae

(一)芍药属 *Paeonia*

1. 牡丹 *P. suffruticosa* Andr.　产于本区有栽培。

2. 草芍药 *P. obovata* Maxim.　产于王坟顶、白龙池。生于山坡、草地。

七十一　蕈树科 Altingiaceae

(一)枫香树属 *Liquidambar* L.

1. 枫香树 *Liquidambar formosana* Hance　产于灵山站、大路沟、大风凹、白云站及鸡笼站。生于杂木林。

七十二　金缕梅科 Hamamelidaceae

(一)蜡瓣花属 *Corylosis* Sieb. et Zucc.

1. 蜡瓣花 *C. sinensis* Homsl.　产于鸡笼东沟、大天寺、万店香椿树沟、箭杆山。生于杂木林。

(二)牛鼻栓属 *Fortuneria* Rehd. et Wils.

1. 牛鼻栓 *F. sinensis* Rehd. et Wils.　产于万店黑龙潭、箭杆山、鸡笼东沟、灵山中垱、大路沟。生于沟谷、溪旁。

(三)檵木属 *Loropetalum* R. Br.

1. 檵木 *L. chinense* Oliv.　产于鸡笼朝天山、东沟、六斗尖、万店白龙池。生于向阳山坡。

(四)金缕梅属 *Hamamelis* L.

1. 金缕梅 *H. mollis* Oliv.　产于灵山马放沟、大路沟、长竹林。生于阴坡杂木林。

（五）山白树属 *Sinowilsonia*

1. 山白树 *S. henryi* Hemsl.　产于鸡笼、万店各站。生于阴坡杂木林中。

七十三　茶藨子科 Grossulariaceae

（一）茶藨子属 *Ribes* L.

1. 华蔓茶藨子 *R. fasciculatum* Sieb. et Zucc. var. *chinense* Maxim.　产于灵山、鸡笼、万店各站。生于杂木林。

七十四　虎耳草科 Saxifragaceae

（一）落新妇属 *Astilbe* Buch. -Ham.

1. 落新妇 *A. chinensis* Franch. et Sav.　产于保护区各地。生于阴坡杂木林、沟谷、溪旁。

（二）金腰属 *Chrysosplenium* L.

1. 大叶金腰 *C. macrophyllum* Oliv.　产于中垱、鸡笼站、东沟、黑庵、前锋。生于沟谷、溪旁。

（三）虎耳草属 *Saxifraga* L.

1. 虎耳草 *S. stolonifera* Merrb.　产于保护区各地。生于沟谷、溪旁。

（四）黄水枝属 *Tiarella* L.

1. 黄水枝 *T. polyphylla* D. Don　产于王坟顶、平心寨、鸡笼站各地、田冲。生于沟谷、溪旁。

七十五　景天科 Crassulaceae

（一）八宝属 *Hylotelephium*

1. 紫花八宝 *H. mingjinianum*（S. H. Fu）H. Ohba　产于灵山站、大风凹、平心寨、白龙池。生于阴坡杂木林。

（二）瓦松属 *Oroslachys* Fisch.

1. 瓦松 *O. fimbriatus* Berger　产于保护区各地。生于向阳山坡。

（三）费菜属 *Phedimus*

1. 费菜 *P. aizoon* L.　产于荒冲站、鸡笼站、大风凹、白云站。生于阴坡杂木林。

（四）景天属 *Sedum* L.

1. 火焰草 *S. stellariifolium* Franch.　产于灵山、鸡笼、万店各站。生于山谷、岩石上。

2. 珠芽景天 *S. bulbiferum* Makino　产于鸡笼、万店、白云、灵山各站。生于阴坡杂木林。

3. 叶花景天 *S. phyllanthum* Lévl. et Vant.　产于灵山、白云、万店、鸡笼各站。生于山坡、林缘、灌丛。

4. 轮叶景天 *S. verticillalum* L.　产于马放沟、东沟、六斗尖、箭杆山。生于山坡、林缘、灌丛。

5. 凹叶景天 *S. emarginatum* Migo　产于香椿树沟、滴水岩、东门沟、犁湾沟。生于向阳山坡。

6. 佛甲草 *S. linoare* Thunb.　产于小风凹、朝天山、六斗尖、前锋、田冲。生于山坡、林缘、灌丛。

7. 垂盆草 *S. sarmentosum* Sunge　产于田冲、破砦、黑龙潭、辽竹沟。生于阴坡杂木林。

8. 小山飘风 *S. filipes* Hemsl.

(五) 石莲属 *Sinocrassula* Berger

1. 石莲 *S. indica.* Berger　产于中垱、王坟顶、六斗尖。生于山谷、岩石上。

七十六　扯根菜科 Penthoraceae

(一) 扯根菜属 *Penthorum* L.

1. 扯根菜 *P. chinense* Pursh.　产于马放沟、辽竹沟、黑庵、凉亭、肖家沟。生于沟谷、溪旁。

七十七　小二仙草科 Haloragidaceae

(一) 狐尾藻属 *Myriophyllum* L.

1. 狐尾藻 *M. verticillatum* L.　产于各地。生于池塘、沟渠。

2. 穗状狐尾藻 *M. spicatum* L.　产于各地。生于水田、沼泽地。

(二) 小二仙草属 *Haloragis* J. R. et G. Forst.

1. 小二仙草 *H. micralltha*　产于各地。生于池塘、沟渠。

七十八　葡萄科 Vitaceae

(一) 蛇葡萄属 *Ampelopsis* Michx.

1. 东北蛇葡萄 *A. glandulosa* var. *brevipedunculata* (Maximowicz) Momiyama　产于各地。生于山坡、林缘、灌丛、旷野、路旁。

2. 蛇葡萄 *A. sinica* W. T. Wang　产于保护区各地。生于旷野、路旁、向阳山坡。

3. 蓝果蛇葡萄 *A. bodiniori* Rehd.　产于灵山、鸡笼、万店、白云各站。生于沟谷、溪旁。

4. 葎叶蛇葡萄 *A. humulifolia* Bunge　产于保护区各地。生于旷野、路旁、山坡、林缘、灌丛。

5. 白蔹 *A. japonica* Makino　产于保护区各地。生于旷野、路旁、沟谷、溪旁。

6. 乌头叶蛇葡萄 *A. aconitifolia* Bunge　产于保护区各地。生于旷野、路旁。

7. 掌裂草葡萄 *A. aconitifolia* Bunge var. *glabra* Diels et Gilg.　产于万店、白云、荒冲、七里冲各站。生于山坡、林缘、灌丛。

8. 三裂蛇葡萄 *A. delavayana* Planch.　产于灵山、鸡笼、万店各站。生于阴坡杂木林、沟谷、溪旁。

(二) 乌蔹莓属 *Cayratia* Juss.

1. 乌蔹莓 *C. japonica* Cagnep.　产于各地。生于旷野、路旁、山坡、林缘、灌丛。

(三) 地锦属 *Parthenocissus* Planch.

1. 地锦 *P. tricuspidata* Planch.　产于保护区各地。生于山谷、岩石上。

2. 异叶地锦 *P. dalzielii* Gagnep.　产于灵山、鸡笼、万店、荒冲各站。生于山谷岩石上。

3. 三叶地锦 *P. semicordata* Planch.　产于大路沟、小风凹、大风凹、东沟、白龙池。生于山谷、岩石上。

4. 花叶地锦 *P. henryana* Diels et Gilg.　产于东沟、马放沟、白龙池、大天寺。生于山谷、岩石上。

5. 绿叶地锦 *P. laetevirens* Rehd.　产于六斗尖、蚂蚁岗、东门沟。生于沟谷、溪旁、山谷、岩石上。

(四)崖爬藤属 *Tetrastigma* Planch.

1. 崖爬藤 *T. obtectum*(Wall.)Planch.　产于东沟、马放沟。生于山谷、岩石上、杂木林。

2. 毛叶崖爬藤 *T. obtectum*(Wall.)Planch. var. *pilosum* Gagn.　产于黑龙潭、白龙池、东沟。生于山谷、岩石上。

(五)葡萄属 *Vitis* L.

1. 刺葡萄 *V. davidii* Foex.　产于凉亭、东门沟、破砦。生于沟谷、溪旁。

2. 秋葡萄 *V. romantii* Roman.　产于保护区各地。生于山坡、林缘、灌丛、沟谷、溪旁。

3. 桑叶葡萄 *V. ficifolia* Bunge　产于大天寺、中垱、八斗眼、犁湾沟。生于山坡、林缘、灌丛。

4. 蘡薁 *V. adstricta* Hance　产于肖家沟、马鞍山、荒冲。生于旷野、路旁、沟谷、溪旁。

5. 小叶葡萄 *V. sinocinerea* W. T. Wang　产于七里冲、东门沟、毛竹园、十八墩。生于山坡、林缘、灌丛。

6. 毛葡萄 *V. quinquangularis* Rehd.　产于大天寺、王坟顶、平心寨。生于山坡、林缘、灌丛。

7. 葛藟葡萄 *V. flexuosa* Thunb.　产于荒冲、七里冲、白云各站。生于旷野、路旁沟谷、溪旁。

8. 网脉葡萄 *V. wilsonae* Veitch　产于保护区各地。生于沟谷、溪旁、向阳山坡。

9. 华东葡萄 *V. pseudoreticulata* W. T. Wang　产于马放沟、大风凹、王坟顶、大天寺、箭杆山。生于沟谷、溪旁。

(六)俞藤属 *Yua* C. L. Li

1. 俞藤(粉叶爬山虎)*Y. thomsonii*(M. A. Lawson)C. L. Li　产于东沟、马放沟、黑龙潭。生于山谷、岩石上。

七十九　蒺藜科 Zygophyllaceae

(一)蒺藜属 *Tribulus* L.

1. 蒺藜 *T. terrestris* L.　产于保护区各地。生于旷野、路旁、向阳山坡。

八十　豆科 Leguminosae

(一)合欢属 *Albizia* Durazz.

1. 山槐 *A. kalkora* Prain　产于保护区各地。生于杂木林。

2. 合欢 *A. julibrissin* Durazz.　产于保护区各地。生于杂木林。

（二）紫荆属 *Cercis* L.

1. 紫荆 *C. chinensis* Bunge　产于鸡笼、万店各站。生于杂木林。

（三）山扁豆属 *Chamaecrista*

1. 大叶山扁豆 *C. leschenaultiana*（Candolle）O. Degener　产于鸡笼、万店各站。生于山坡、草地。

（四）云实属 *Caesalpinia* L.

1. 云实 *C. sepiaria* Roxb.　产于东沟、马放沟、蚂蚁岗。生于山谷、岩石上。

（五）肥皂荚属 *Gymnocladus* L.

1. 肥皂荚 *G. chinensis* Baill.　产于保护区各地。生于阴坡杂木林。

（六）皂荚属 *Gleditsia* L.

1. 皂荚 *G. sinensis* Lam.　产于保护区各地。生于阴坡杂木林。

2. 山皂荚 *G. melanacantha* Tang et Wang　产于保护区各地。生于向阳山坡、杂木林。

（七）槐属 *Sophora* L.

1. 苦参 *S. fiavescens* Ait.　产于保护区各地。生于旷野、路旁。

2. 苦豆子 *S. alopecuroides* L.　产于保护区各地。生于旷野、路旁。

3. 槐 *S. japonica* L.　本区有栽培。

（八）红豆属 *Ormosia* Jacks.

1. 花榈木 *O. henryi* Prain　产于鸡笼、万店各站。生于阴坡杂木林。

2. 红豆树 *O. hosiei* Hemsl. et Wils.　产于鸡笼、万店各站。生于阴坡杂木林。

（九）马鞍树属 *Maackia* Rupr. et Maxim.

1. 光叶马鞍树 *M. tenuifolia* Hand. -Mazz.　产于灵山、鸡笼、万店各站。生于杂木林。

2. 马鞍树 *M. hupehensis* Takeda　产于岭南、大风凹、朝天山、前锋。生于向阳山坡、杂木林。

（十）香槐属 *Cladrastis* Raf.

1. 翅荚香槐 *C. platycarpa* Makino　产于万店站、鸡笼站、大路沟。生于杂木林。

2. 香槐 *C. wilsonii* Takeda　产于大路沟、马放沟、朝天山、六斗尖。生于杂木林。

3. 小花香槐 *C. sinensis* Hemsl.　产于中垱、平心寨、大风凹、马鞍山。生于山坡、林缘、灌丛。

（十一）猪屎豆属 *Crotalaria* L.

1. 紫花野百合 *C. sessiliflora* L.　产于保护区各地。生于山坡、草地。

2. 假地蓝 *C. ferruginea* Grah.　产于保护区各地。生于旷野、路旁、山坡、草地。

3. 响铃豆 *C. albida* Heyne　产于保护区各地。生于旷野、路旁、山坡、草地。

（十二）百脉根属 *Lotus* L.

1. 细叶百脉根 *L. tenuis* Kit.　产于保护区各地。生于旷野、路旁、向阳山坡。

2. 百脉根 *L. Corniculatus* L.　产于保护区各地。生于向阳山坡、旷野、路旁。

（十三）车轴草属 *Trifolium* L.

1. 白车轴草 *T. repells* L.　产于保护区各地。生于旷野、路旁。

2. 草莓车轴草 *T. fragiferum* L.　产于保护区各地。生于旷野、路旁、山坡、草地。

3. 红车轴草 *T. pratense* L.　产于保护区各地。生于旷野、路旁、山坡、草地。

(十四)苜蓿属 *Medicago* L.

1. 野苜蓿 *M. falcata* L.　产于保护区各地。生于旷野、路旁、向阳山坡。

2. 天蓝苜蓿 *M. lupulina*. L.　产于保护区各地。生于旷野、路旁、山坡、草地。

3. 小苜蓿 *M. minima* Lamk.　产于保护区各地。生于向阳山坡、旷野、路旁。

(十五)草木樨属 *Melilotus* Adans.

1. 白花草木樨 *M. albus* Desr.　产于保护区各地。生于山坡、草地、旷野、路旁。

2. 印度草木樨 *M. indicus* All.　产于保护区各地。生于山坡、草地、旷野、路旁。

3. 草木樨 *M. officinalis*（L.）Pall.　产于保护区各地。生于山坡、草地、旷野、路旁。

4. 细齿草木樨 *M. dentatus* Pers.　产于保护区各地。生于山坡、草地、旷野、路旁。

(十六)两型豆属 *Amphicarpaea* Ell.

1. 两型豆 *A. edgeworthii* Benth.　产于灵山、鸡笼、万店各站。生于山坡、草地。

(十七)山黑豆属 *Dumasia* DC.

1. 山黑豆 *D. truncata* Sieb. et Zucc.　产于保护区各地。生于山坡、林缘、灌丛。

2. 柔毛山黑豆 *D. villosa*. DC.　产于保护区各地。生于山坡、林缘、灌丛。

(十八)大豆属 *Glycine L.*

1. 野大豆 *G. soja* Sieb. et Zucc.　产于保护区各地。生于山坡、林缘、灌丛、旷野、路旁。

(十九)野扁豆属 *Dunbaria*. Wight et Arn.

1. 野扁豆 *D. villosa* Makino　产于保护区各地。生于山坡、林缘、灌丛。

(二十)鹿藿属 *Rhynchosia* Lour.

1. 鹿藿 *R. volubilis* Lour.　产于灵山、鸡笼、万店、白云、荒冲各站。生于阴坡杂木林。

2. 菱叶鹿藿 *R. dielsii* Harms.　产于鸡笼、万店、灵山、白云、荒冲各站及凉亭。生于阴坡杂木林。

(二十一)决明属 *Senna* L.

1. 豆茶决明 *S. nomame*（Makino）T. C. Chen　本区有栽培。

(二十二)土圞儿属 *Apios* Moench.

1. 土圞儿 *A. fortunei* Maxim.　产于保护区各地。生于向阳山坡、草地。

(二十三)葛属 *Pueraria* DC.

1. 葛 *P. montana*（Loureiro）Merrill　产于保护区各地。生于向阳山坡。

(二十四)豇豆属 *Vigna* Savi

1. 野豇豆 *V. vexillata* Benth.　产于万店、鸡笼各站。生于山坡、草地。

2. 贼小豆 *V. minima*（Roxb.）Ohwi et Ohashi　产于保护区各地。生于山坡、草地。

3. 赤小豆 *V. umbellata*（Thunb.）Ohwi et Ohashi　本区有栽培。

(二十五)野豌豆属 *Vicia* L.

1. 歪头菜 *V. unijuga* A. Br.　产于保护区各地。生于林下、山坡、林缘、灌丛。

2. 牯岭野豌豆 *V. kulingiana* Bailey　产于保护区各地。生于山坡、林缘、灌丛。

3. 窄叶野豌豆 *V. angustifolia* L.　产于保护区各地。生于山坡、林缘、灌丛。

4. 救荒野豌豆 *V. sativa* L.　产于保护区各地。生于山坡、林缘、灌丛。

5. 大花野豌豆 *V. bungei* Ohwi　产于保护区各地。生于山坡、林缘、灌丛。

6. 长柔毛野豌豆 *V. villosa* Roth.　产于保护区各地。生于山坡、林缘、灌丛。

7. 四籽野豌豆 *V. tetrasperma* Moench.　产于保护区各地。生于山坡、林缘、灌丛。

8. 小巢菜 *V. hirsuta* S. F. Gray　产于保护区各地。生于山坡、林缘、灌丛。

9. 确山野豌豆 *V. kioshanica* Bailey　产于保护区各地。生于山坡、林缘、灌丛、旷野、路旁。

10. 山野豌豆 *V. amoena* Fisch.　产于保护区各地。生于山坡、草地、林缘、灌丛。

11. 广布野豌豆 *V. cracca* L.　产于保护区各地。生于旷野、路旁、山坡、林缘、灌丛。

（二十六）木蓝属 *Indigofera* L.

1. 华东木蓝 *I. fortunei* Craib　产于保护区各地。生于山坡、林缘、灌丛。

2. 兴山木蓝 *I. decora* var. *chalara*（Craib）Y. Y. Fang et C. Z. Zheng　产于保护区各地。生于山坡、林缘、灌丛。

3. 花木蓝 *I. kirilowii* Maxim. ex Palibin　产于保护区各地。生于山坡、林缘、灌丛。

4. 苏木蓝 *I. cralesii* Craib　产于保护区各地。生于山坡、林缘、灌丛。

5. 宜昌木蓝 *I. ichangensis* Craib　产于保护区各地。生于林缘、灌丛、向阳山坡。

6. 野青树 *I. suffruticosa* Mill.　产于保护区各地。生于向阳山坡、林缘、灌丛。

7. 河北木蓝 *I. bungeana* Steud.　产于保护区各地。生于山坡、林缘、灌丛。

（二十七）紫穗槐属 *Amorpha* L.

1. 紫穗槐 *A. fruticosa* L.　本区有栽培。

（二十八）紫藤属 *Wisteria* Nutt.

1. 多花紫藤 *W. floribunda* DC.　本区有栽培。

2. 紫藤 *W. sinensis* Sweet　本区有栽培。

3. 藤萝 *W. villosa* Rehd. et Wils.　产于鸡笼、万店各站。生于阴坡杂木林。

（二十九）刺槐属 *Robinia* L.

1. 刺槐 *R. pseudoacacia* L.　本区有栽培。

（三十）锦鸡儿属 *Caragana* Lam.

1. 锦鸡儿 *C. sinica* Rehd.　产于保护区各地。生于杂木林、山坡、林缘、灌丛。

（三十一）黄芪属 *Astragalus* L.

1. 紫云英 *A. sinicus* L.　本区有栽培。

（三十二）米口袋属 *Gueldenstaedtia* Fisch.

1. 少花米口袋 *G. verna*（Georgi）Boriss.　产于保护区各地。生于向阳山坡。

（三十三）黄檀属 *Dalbergia* L. f.

1. 黄檀 *D. hupeana* Hance　产于保护区各地。生于向阳山坡、杂木林。

(三十四)合萌属 *Aeschynomene* L.

1. 合萌 *A. indica* L.　产于保护区各地。生于林下、旷野、路旁。

(三十五)山蚂蝗属 *Desmodium* Desv.

1. 小叶三点金 *D. microphyllum* DC.　产于保护区各地。生于山坡、林缘、灌丛。

2. 长波叶山蚂蝗 *D. sequax* Wall.　产于保护区各地。生于杂木林、山坡、林缘、灌丛。

(三十六)小槐花属 *Ohwia* H. Ohashi

1. 小槐花 *D. caudatum* DC.　产于保护区各地。生于山坡、林缘、灌丛。

(三十七)长柄山蚂蝗属 *Hylodesmum* H. Ohashi et R. R. Mill

1. 长柄山蚂蝗 *H. podocarpum*（Candolle）H. Ohashi et R. R. Mill　产于保护区各地。生于山坡、林缘、灌丛。

2. 尖叶长柄山蚂蝗 *H.* subsp. *oxyphyllum*（Candolle）H. Ohashi et R. R. Mill　产于保护区各地。生于山坡、林缘、灌丛。

(三十八)鸡眼草属 *Kummerowia* Schindl.

1. 鸡眼草 *K. striata* Schindl.　产于保护区各地。生于山坡、草地、旷野、路旁。

2. 长萼鸡眼草 *K. stipulacea* Makino　产于保护区各地。生于山坡、草地、旷野、路旁。

(三十九)胡枝子属 *Lespedeza* Michx.

1. 胡枝子 *L. bicolor* Turcz.　产于保护区各地。生于旷野、路旁、山坡、林缘、灌丛、林下。

2. 美丽胡枝子 *L. formosa* Koehne　产于保护区各地。生于林下、向阳山坡。

3. 短梗胡枝子 *L. cyrtobotrya* Miq.　产于保护区各地。生于林下、山坡、草地。

4. 绿叶胡枝子 *L. buergeri* Miq.　产于保护区各地。生于杂木林、山坡、林缘、灌丛。

5. 细梗胡枝子 *L. virgata* DC.　产于保护区各地。生于向阳山坡、林缘、灌丛。

6. 绒毛胡枝子 *L. tomentosa* Sieb.　产于保护区各地。生于山坡、林缘、灌丛、草地。

7. 多花胡枝子 *L. floribunda* Bungge　产于保护区各地。生于山坡、草地、林缘、灌丛。

8. 长叶胡枝子 *L. caraganae* Bunge　产于保护区各地。生于林缘、灌丛、向阳山坡。

9. 尖叶铁扫帚 *L. juncea*（L. f.）Pers.　产于保护区各地。生于向阳山坡、林缘、灌丛。

10. 截叶铁扫帚 *L. cuneata* G. Don　产于保护区各地。生于向阳山坡。

11. 阴山胡枝子 *L. inschanica* Schindl.　产于保护区各地。生于向阳山坡。

12. 铁马鞭 *L. pilosa* Sieb. et Zucc.　产于保护区各地。生于向阳山坡。

13. 中华胡枝子 *L. chinensis* G. Don　产于保护区各地。生于向阳山坡。

(四十)山黧豆属 *Lathyrus* L.

1. 大山黧豆 *L. davidii* Hance　产于鸡笼站、万店站。生于杂木林。

(四十一)杭子梢属 *Campylotropis* Bunge

1. 杭子梢 *C. macrocarpa* Rehd.　产于保护区各地。生于向阳山坡、林缘、灌丛。

八十一　远志科 Polygalaceae

(一)远志属 *Polygala* L.

1. 荷包山桂花 *P. arillata* Buch. -Ham.　产于保护区各地。生于向阳山坡。

2. 远志 *P. tenuifolia* Willd.　产于保护区各地。生于向阳山坡、草地。

3. 瓜子金 *P. japonica* Houtt.　产于保护区各地。生于草地、向阳山坡。

八十二　蔷薇科 Rosaceae

(一)桃属 *Amygdalus*

1. 山桃 *A. vulgaris* Lam.　产于保护区各地。生于杂木林。

2. 桃 *A. persica* Batsch.　本区有栽培。

(二)杏属 Armeniaca

1. 杏 *A. armeniaca* L.　产于保护区各地。生于向阳山坡。

(三)假升麻属 *Aruncus* Adans.

1. 假升麻 *A. sylvester* Kostel.　产于王坟顶、中垱、滴水岩、马放沟。生于阴坡杂木林。

(四)唐棣属 *Amelanchier* Medic.

1. 唐棣 *A. sinica* Chun　产于东沟、白龙池、前锋。生于杂木林。

(五)山楂属 *Crataegus* L.

1. 湖北山楂 *C. hupehensis* Sarg.　产于灵山、鸡笼、万店、白云、荒冲各站及凉亭。生于山坡、林缘、灌丛。

2. 野山楂 *C. cunaeta* Sieb. et Zucc.　产于保护区各地。生于向阳山坡。

3. 华中山楂 *C. wilsonii* Sarg.　产于灵山、鸡笼、万店、白云各站。生于杂木林。

(六)樱属 Cerasus

1. 毛樱桃 *C. tomentosa* Thunb.　产于鸡笼、灵山、万店各站。生于杂木林。

2. 郁李 *C. japonica* Thunb.　产于保护区各地。生于向阳山坡、旷野、路旁。

3. 毛叶欧李 *C. dictyoneura* (Diels) Holub.　产于保护区各地。生于山坡、林缘、灌丛。

4. 欧李 *C. humilis* Bunge　产于保护区各地。生于山坡、林缘、灌丛。

5. 麦李 *C. glandulosa* (Thunb.) Lois.　产于保护区各地。生于向阳山坡。

6. 山樱花 *C. serrulata* Lindl.　产于王坟顶、大天寺。生于杂木林。

7. 樱桃 *C. pseudocerasus* Lindl.　本区有栽培。

(七)白鹃梅属 *Exochorda* Lindl.

1. 白鹃梅 *E. racemosa* Rehd.　产于灵山、鸡笼、万店、白云、荒冲各站。生于向阳山坡。

2. 红柄白鹃梅 *E. giraldii* Hesse　产于鸡笼六斗尖、朝天山、王坟顶、大风凹、小风凹。生于山坡、林缘、灌丛。

3. 红柄白鹃梅绿柄变种 *E. giraldii* Hesse var. *wilsonii* Rehd.　产于灵山、鸡笼、万店各站。生于向阳山坡。

(八)绣线梅属 *Neillia* D. Don

1. 绣线梅 *N. sinensis* Oliv.　产于大天寺、王坟顶。生于沟谷、溪旁。

(九)小米空木属 *Stephanandra* Sieb. et Zucc

1. 华空木 *S. chinensis* Hance　产于灵山、鸡笼各站及凉亭、白龙池、蚂蚁岗、东门沟。

生于沟谷、溪旁、山坡、林缘、灌丛。

（十）绣线菊属 *Spiraea* L.

1. 华北绣线菊 *S. fritschiana* Schneid.　产于中垱、王坟顶、朝天山、黑龙潭、八斗眼。生于山谷、岩石上、向阳山坡。

2. 南川绣线菊 *S. rosthornii* Pritz.　产于灵山、鸡笼、万店各站及蚂蚁岗、马鞍山。生于山坡、林缘、灌丛。

3. 李叶绣线菊 *S. prunifolia* Sieb. et Zucc.　产于鸡笼站各地、辽竹沟、田冲。生于山坡、林缘、灌丛。

4. 土庄绣线菊 *S. pubescens* Turcz.　产于马放沟、东沟、黑龙潭、东门沟、肖家沟。生于沟谷、溪旁。

5. 毛花绣线菊 *S. dasyantha* Bunge　产于大风凹、铁铺、白龙池、滴水岩、马鞍山。生于沟谷、溪旁。

6. 中华绣线菊 *S. chinensis* Maxim.　产于鸡笼、灵山、万店、白云、荒冲各站。生于山坡、林缘、灌丛。

7. 疏毛绣线菊 *S. hirsuta* Schneid.　产于小风凹、东沟、箭杆山。生于山坡、林缘、灌丛。

8. 麻叶绣线菊 *S. cantoniensis* Lour.　产于岭南、朝天山、六斗尖、前锋、破砦。生于向阳山坡。

9. 三裂绣线菊 *S. trilobata* L.　产于平心寨、灵山金顶、大风凹、王坟顶、朝天山。生于山坡、林缘、灌丛。

10. 绣球绣线菊 *S. blume* G. Don　产于中垱、大天寺、黑龙潭、田冲、蚂蚁岗。生于沟谷、溪旁。

（十一）珍珠梅属 *Sorbaria* A. Br.

1. 高丛珍珠梅 *S. arborea* Schneid.　产于鸡笼、万店各站及马放沟。生于沟谷、溪旁。

2. 珍珠梅 *S. sorbfolia* Br.　产于王坟顶、中垱、鸡笼站各地。生于山坡、林缘、灌丛。

（十二）栒子属 *Cotoneaster* B. Ehrhart

1. 水栒子 *C. multiftorus* Bunge　产于东沟、王坟顶、箭杆山、八斗眼。生于杂木林。

2. 华中栒子 *C. silvestrii* Pamp.　产于灵山、鸡笼、万店、白云、灵山各站。生于阴坡杂木林。

3. 灰栒子 *C. acutifolius* Turcz.　产于大天寺、王坟顶。生于山坡、林缘、灌丛。

（十三）火棘属 *Pyracantha* Roem.

1. 全缘火棘 *P. atalantioides* Stapf　产于塘洼、东沟、白龙池。生于沟谷、溪旁。

2. 细圆齿火棘 *P. erenulata* Roem.　产于灵山马放沟、东沟、犁湾沟。生于沟谷、溪旁。

3. 火棘 *P. fortuneae* H. L. Li　产于东门沟、黑庵、前锋。生于向阳山坡。

（十四）枇杷属 *Eriobotrya* Lindl.

1. 枇杷 *E. japonica* Lindl.　本区有栽培。

（十五）花楸属 *Sorbus* L.

1. 水榆花楸 *S. almifolia* K. Koch　产于白云站、东门沟、大天寺、大路沟。生于杂木林。

2. 石灰花楸 *S. folgneri* Rehd.　产于鸡笼、万店、荒冲各站。生于阴坡杂木林。

3. 湖北花楸 *S. hupehensis* Schneid.　产于鸡笼站、万店站及大风凹。生于杂木林。

4. 江南花楸 *S. hemsleyi* Rehd.　产于鸡笼、万店、白云各站及小风凹。生于杂木林。

（十六）石楠属 *Photinia* Lindl.

1. 椤木石楠 *P. davidsoniae* Rehd. et Wils.　产于鸡笼、万店各站。生于阴坡杂木林。

2. 光叶石楠 *P. glabra* Maxim.　产于马放沟、东沟、白龙池。生于杂木林。

3. 小叶石楠 *P. parvifolia* Schneid.　产于灵山、鸡笼、万店各站。生于杂木林。

4. 中华石楠 *P. beauverdiana* Schneid.　产于鸡笼、万店、白云各站及东门沟。生于阴坡杂木林。

5. 中华石楠厚叶变种 *P. beauverdiana* Schneid. var. *notabilis* Rehd. et Wils.　产于鸡笼、万店各站。生于阴坡杂木林。

6. 毛叶石楠 *P. villosa* DC.　产于万店站、鸡笼站及岭南、辽竹沟。生于林下。

7. 无毛石楠 *P. villosa* DC. var. *sinica* Rehd. et Wils.　产于鸡笼站。生于阴坡杂木林。

（十七）梨属 *Pyrus* L.

1. 豆梨 *P. calleryana* Decne　产于保护区各地。生于向阳山坡。

2. 杜梨 *P. betulaefolia* Bunge　产于保护区各地。生于向阳山坡。

（十八）苹果属 *Malus* Mill.

1. 苹果 *M. pumila* Mill.　本区有栽培。

2. 湖北海棠 *M. hupehensis* Rehd.　产于灵山、鸡笼、万店、白云、荒冲各站。生于杂木林。

3. 山荆子 *M. baccata* Borkh　产于大天寺、大路沟、大风凹、香椿树沟、箭杆山。生于杂木林。

（十九）蔷薇属 *Rosa* L.

1. 金樱子 *R. laevigata* Michx.　产于鸡笼、万店各站。生于向阳山坡、沟谷、溪旁。

2. 木香 *R. banksiae* Aiton　产于灵山、鸡笼、万店、白云各站。生于向阳山坡。

3. 小果蔷薇 *R. cymosa* Tratt.　产于保护区各地。生于向阳山坡、沟谷、溪旁。

4. 蔷薇 *R. multiflora* Thunb. var. *cathayensis* Rehd. et Wils.　本区有栽培。

5. 湖北蔷薇 *R. henryi* Boul.　产于鸡笼、万店各站。生于山坡、林缘、灌丛。

6. 悬钩子蔷薇 *R. rubus* Levl. et Vant.　产于东沟、马放沟、箭杆山、十八墩。生于向阳山坡。

7. 卵果蔷薇 *R. helenae* Rehd. et Vant.　产于灵山、鸡笼、万店各站。生于山坡、林缘、灌丛。

8. 黄刺玫 *R. xanthina* Lindl.　产于白云、万店、鸡笼、荒冲各站。生于山坡、林缘、灌丛。

9. 伞房蔷薇 *R. corymbulosa* Rolfe　产于保护区各地。生于向阳山坡、沟谷、溪旁。

10. 缫丝花 *R. roxburghii* Tratt. 产于鸡笼、万店、白云、荒冲各站。生于山坡、林缘、灌丛。

11. 山刺玫 *R. davidii* Crep. 产于灵山、鸡笼、白云、荒冲各站。生于山坡、林缘、淄丛。

12. 拟木香 *R. banksiopsis* Baker 产于灵山、鸡笼、万店各站。生于山坡、林缘、灌丛。

13. 华西蔷薇 *R. moyesii* Hemsl. et Eils. 产于鸡笼、万店各站。生于山坡、林缘、灌丛。

14. 钝叶蔷薇 *R. sertata* Rolfe 产于马放沟、岭南、朝天山、前锋。生于山坡、林缘、灌丛。

(二十)龙牙草属 *Agrimonia* L.

1. 龙牙草 *A. pilosa* Ledeb. var. *japonica* Nakai 产于保护区各地。生于山坡、林缘、灌丛。

2. 黄龙尾 *A. pilosa* Ledeb. var. *nepalensis* Nakai 产于保护区各地。生于山坡、林缘、灌丛。

(二十一)地榆属 *Sanguisorba* L.

1. 地榆 *S. officinalis* L. 产于保护区各地。生于山坡、草地。

2. 长叶地榆 *S. officinalis* var. *longifolia* Yu 产于保护区各地。生于山坡、林缘、灌丛、向阳山坡。

(二十二)棣棠花属 *Kerria* DC.

1. 棣棠花 *K. japonica* DC. 产于鸡笼、万店、白云、荒冲各站及凉亭。生于沟谷、溪旁。

(二十三)鸡麻属 *Rhodotypos* Sieb. et Zucc.

1. 鸡麻 *R. scandens* Makino 产于鸡笼、灵山、白云各站。生于山坡、林缘、灌丛。

(二十四)悬钩子属 *Rubus* L.

1. 高粱泡 *R. lambertianus* Ser. 产于保护区各地。生于山坡、林缘、灌丛。

2. 光滑高粱泡 *R. lambertianus* Ser. var. *glaber* Hemsl. 产于保护区各地。生于山坡、林缘、灌丛。

3. 灰白毛莓 *R. tephrodes* Hance 产于保护区各地。生于山坡、林缘、灌丛、向阳山坡。

4. 木莓 *R. swinhoei* Hance 产于保护区各地。生于林下。

5. 山莓 *R. corchorifolius* L. f. 产于保护区各地。生于林下。

6. 盾叶莓 *R. peltatus* Maxim. 产于保护区各地。生于林下、山坡、林缘、灌丛。

7. 掌叶覆盆子 *R. chingii* Hu 产于保护区各地。生于山坡、林缘、灌丛、向阳山坡。

8. 粉枝莓 *R. biflorus* Buch. Ham. ex J. E. Smith 产于保护区各地。生于山坡、林缘、灌丛、向阳山坡。

9. 蓬蘽 *R. hirsutus* Thunb. 产于鸡笼、万店、白云各站。生于山坡、林缘、灌丛。

10. 多腺悬钩子 *R. phoenicolasius* Maxim. 产于中划垱、岭南、白龙池、王坟顶。生于林下。

11. 茅莓 *R. parvifolius* L. 产于保护区各地。生于山谷、岩石上、山坡、林缘、灌丛。

12. 腺花茅莓 *R. parvilolius* L. var. *adenochlamys* Migo 产于保护区各地。生于山坡、林缘、灌丛。

13. 腺毛莓 *R. adenophorus* Rolfe 产于保护区各地。生于山坡、林缘、灌丛。

14. 白叶莓 *R. innominatus* S. Moore 产于保护区各地。生于山坡、林缘、灌丛、林下。

15. 红泡刺藤 *R. niveus* Thunb. 产于保护区各地。生于山坡、林缘、灌丛。

16. 插田泡 *R. coreanus* Miq. 产于保护区各地。生于山坡、林缘、灌丛、山谷、岩石上。

17. 华中悬钩子 *R. cockburnianus* Hemsl. 产于保护区各地。生于山坡、林缘、灌丛、山谷、岩石上。

（二十五）路边青属 *Geum* L.

1. 柔毛路边青 *G. japonicum* Thunb. var. *chinense* F. Bolle 产于保护区各地。生于山坡、草地。

（二十六）蛇莓属 *Duchesnea* Smith.

1. 蛇莓 *D. indica* Focke 产于保护区各地。生于山坡、草地、旷野、路旁。

（二十七）草莓属 *Fragaria* L.

1. 五叶草莓 *F. pentaphylla* A. Los. 产于保护区各地。生于杂木林。

2. 野草莓 *F. vesca* L. 产于保护区各地。生于杂木林。

（二十八）委陵菜属 *Potentilla* L.

1. 皱叶委陵菜 *P. ancistrifolia* Bunge 产于保护区各地。生于山谷、岩石上、向阳山坡。

2. 蛇莓委陵菜 *P. centigrana* Maxim. 产于保护区各地。生于沟谷、溪旁、向阳山坡。

3. 委陵菜 *P. chinensis* Seringe 产于保护区各地。生于向阳山坡。

4. 翻白草 *P. discolor* Bunge 产于保护区各地。生于向阳山坡。

5. 莓叶委陵菜 *P. fragarioides* L. 产于保护区各地。生于山坡、林缘、灌丛。

6. 三叶委陵菜 *P. freyniana* Bornm. 产于保护区各地。生于山谷、岩石上、山坡、草地。

7. 蛇含委陵菜 *P. kleiniana* Wight et Arn. 产于保护区各地。生于旷野、路旁、山坡、草地。

8. 绢毛匍匐委陵菜 *P. reptans* L. var. *sericophylla* Franch. 产于保护区各地。生于向阳山坡。

9. 朝天委陵菜 *P. supina* L. 产于保护区各地。生于旷野、路旁、水边、沟旁。

（二十九）臭樱属 *Maddenia* Hook. f. et Thoms.

1. 臭樱 *M. hypoleuca* Koehne 产于王坟顶、东沟、香椿树沟、白云站。生于阴坡杂木林。

（三十）稠李属 *Padus*

1. 橉木 *P. buergeriana*（Miq.）Yü et Ku 产于鸡笼、灵山站。生于杂木林。

2. 绢毛稠李 *P. wilsonii* Koehne　产于灵山、鸡笼、万店各站。生于杂木林。

3. 毛叶稠李 *P. avium* L. var. *pubescens* Regel et Tiling　产于鸡笼、万店各站及大风凹。生于杂木林。

4. 细齿稠李 *P. obtusata*（Koehne）Yü et Ku　产于东沟、王坟顶、黑龙潭、香椿树沟。生于阴坡杂木林。

（三十一）李属 *Prunus* L.

1. 李 *P. salicina* Lindl.　产于保护区各地。生于阴坡杂木林。

八十三　胡颓子科 Elaeagnaceae

（一）胡颓子属 *Elaeagnus* L.

1. 牛奶子 *E. umbeuata* Thunb.　产于保护区各地。生于山坡、林缘、灌丛。

2. 胡颓子 *E. pungens* Thunb.　产于东沟、大风凹、岭南、长竹林、塘洼、马鞍山。生于山坡、林缘、灌丛。

3. 披针叶胡颓子 *E. lanceolata* Warb.　产于大天寺、东沟、白龙池。生于沟谷、溪旁。

4. 长叶胡颓子 *E. bockii* Diels.　产于东沟、马放沟、灵山。生于沟谷、溪旁。

5. 蔓胡颓子 *E. glabra* Thunb.　产于白龙池、铁铺、犁湾沟、大路沟。生于沟谷、溪旁。

6. 木半夏 *E. multiflora* Thunb.　产于保护区各地。生于山坡、林缘、灌丛。

7. 佘山羊奶子 *E. argyi* Levl.　产于马放沟、大路沟、朝天山。生于沟谷、溪旁。

八十四　鼠李科 Rhamnaceae

（一）勾儿茶属 *Berchemia* Neck.

1. 多花勾儿茶 *B. floribunda* Brongn.　产于保护区各地。生于沟谷、溪旁、山谷、岩石上。

2. 勾儿茶 *B. sinica* Schneid.　产于保护区各地。生于沟谷、溪旁、山谷、岩石上。

3. 黄背勾儿茶 B. *flavescens*（Wall.）Brongn.　产于东沟、大风凹、大路沟、香椿树沟、长竹林。生于沟谷、溪旁。

（二）枳椇属 *Hovenia* Thunb.

1. 北枳椇 *H. duleis* Thunb.　产于大天寺、鸡笼、大路沟。生于杂木林。

2. 枳椇 *H. acerba* Lindl.　产于大天寺、东沟、大路沟。生于杂木林。

（三）马甲子属 *Paliurus* Mill.

1. 铜钱树 *P. hemsleyanus* Rehd.　产于前锋、鸡笼、岭南。生于沟谷、溪旁、阴坡杂木林。

2. 马甲子 *P. hirsutus* Hemsl.　产于东沟、马放沟、前锋。生于沟谷、溪旁。

（四）鼠李属 *Rhamnus* L.

1. 小叶鼠李 *R. parvifolius* Bunge　产于犁湾沟、马鞍山、蚂蚁岗。生于向阳山坡。

2. 长叶鼠李 *R. crenatus* Sieb. et Zucc.　产于灵山、鸡笼、万店、白云各站。生于山坡、林缘、灌丛。

3. 圆叶鼠李 *R. gloeasa* Bunge　产于保护区各地。生于山坡、林缘、灌丛。

4. 薄叶鼠李 *R. leptephylla* Schneid.　产于荒冲、白云、万店、灵山各站。生于山坡、林缘、灌丛。

5. 皱叶鼠李 *R. ruguiesus* Hemsl.　产于大路沟、中垱、六斗尖、滴水岩。生于林下。

6. 鼠李 *R. davurica* Pall.　产于保护区各地。生于山坡、林缘、灌丛。

7. 冻绿 *R. utilis* Ddecne　产于保护区各地。生于山坡、林缘、灌丛。

（五）雀梅藤属 *Sageretia* Brongn.

1. 雀梅藤 *S. thea* Johnst.　产于东沟、灵山站、六斗尖。生于山谷、岩石上。

2. 尾叶雀梅藤 *S. subcaudata* Schneid.　产于东沟、白龙池、黑龙潭。生于沟谷、溪旁。

（六）猫乳属 *Rhamnella* Miq.

1. 猫乳 *R. franguloides* Wcherb.　产于保护区各地。生于山坡、林缘、灌丛。

（七）枣属 *Zizypus* Mill.

1. 枣 *Z. jujuba* Mill.　本区有栽培。

2. 酸枣 *Z. spinosus* Schneid.　产于各地。

八十五　榆科 Ulmaceae

（一）刺榆属 *Hemiptelea* Planch.

1. 刺榆 *H. davidii*（Hance）Planch.　产于王坟顶、大天寺、朝天山、平心寨。生于杂木林。

（二）榆属 *Ulmus* L.

1. 榆树 *U. pumila* L.　本区有栽培。

2. 黑榆 *U. davidiana* Planch.　本区有栽培。

3. 大果榆 *U. macrocarpa* Hance　产于灵山、鸡笼、万店各站，香椿树沟，箭杆山。生于阴坡杂木林。

4. 榔榆 *U. parvifolia* Jacq.　产于保护区各地。生于山坡、林缘、灌丛。

5. 春榆 *U. propinqua* var. *japonica*（Rehd.）Nakai　本区广泛栽培。

6. 兴山榆 *U. bergmanhiana* Schneid.　产于鸡笼、灵山、万店各站。生于沟谷、溪旁、杂木林。

（三）榉属 *Zelkova* Spach

1. 榉树 *Z. serrata* Thunb.　产于大路沟、小风凹、大风凹、东沟、蚂蚁岗、黑龙潭。生于沟谷、溪旁。

2. 大果榉 *Z. sinica* Schneid.　产于马放沟、大路沟、白马沟、东沟、毛竹园、东门沟。生于沟谷、溪旁。

3. 大叶榉树 *Z. schneideriana* Hand. Mazz.　产于鸡笼站各地、八斗眼、大路沟、凉亭。生于沟谷、溪旁。

八十六　大麻科 Cannabaceae

（一）葎草属 *Humulus* L.

1. 葎草 *H. scandens* Lour　产于各地。生于旷野、路旁。

（二）青檀属 *Pteroceltis* Maxim.

1. 青檀 *P. tatarinowii* Maxim.　产于大路沟、马放沟、东沟、黑龙潭、田冲、箭杆山。

生于沟谷、溪旁。

（三）朴属 *Celtis* L.

1. 珊瑚朴 *C. julianae* Schneid.　产于马放沟、大路沟、岭南、东沟、长竹林。生于杂木林。

2. 黑弹树 *C. bungeana Bl.*　产于马放沟、大路沟、小风凹、白马沟、箭杆山、八斗眼、田冲。生于保护区各地。

3. 朴树 *C. sinensis Pers.*　产于马放沟、小风凹、前锋、塘洼、肖家沟、十八墩。生于沟谷、溪旁、杂木林。

4. 紫弹树 *C. biondii* Pamp.　产于保护区各地。生于沟谷、溪旁、杂木林。

5. 大叶朴 *C. koraiensis* Nakai　产于东沟、中垱、王坟顶、凉亭。生于杂木林。

八十七　桑科 Moraceae

（一）构属 *Broussonetia* L'Herit. ex Vent.

1. 构树 *B. papyrifera* L.　产于保护区各地。生于杂木林。

2. 楮 *B. kazinoki* Seib. et Zucc.　产于保护区各地。生于杂木林。

（二）榕属 Ficus L.

1. 匍茎榕 *F. sarmentosa* Buch. -Ham. ex J. E. Smith var. *henryi* Corn.　产于灵山站、东沟、白龙池、东门沟、凉亭、铁铺。生于山谷、岩石上。

2. 异叶榕 *F. heteromorpha* Hemsl.　产于鸡笼站、万店站、大路沟、马放沟、东沟、白龙池、前锋、凉亭、塘洼。生于杂木林。

3. 薜荔 *F. pumila* L.　产于灵山站、白龙池、前锋、滴水岩。生于山谷、岩石上。

4. 爬藤榕 *F. martinii* Levl. et Vant.　产于大路沟、岭南、东沟、鸡笼保护站各地、前锋、蚂蚁岗、田冲。生于山谷、岩石上。

（三）橙桑属 *Maclura* Nutt.

1. 柘 *M. tricuspidata* Carriere　产于保护区各地。生于沟谷、溪旁。

（四）桑属 *Morus* L.

1. 桑 *M. alba* L.　产于保护区各地。生于杂木林。

2. 鸡桑 *M. australis* Poir　产于保护区各地。生于杂木林。

3. 华桑 *M. cathyana* Hemsl.　产于灵山、鸡笼、万店、白云、荒冲各站。生于阴坡杂木林。

4. 蒙桑 *M. mongolica* Schneid.　产于鸡笼站、荒冲站、凉亭、大路沟、岭南。生于杂木林。

5. 山桑 *M. mongolica* Schneid. var. *diabolica* Koidz.　产于保护区各地。生于杂木林。

八十八　荨麻科 Urticaceae

（一）苎麻属 *Boehmeria* Jacq.

1. 苎麻 *B. nivea* L.　本区有栽培。

2. 悬铃木叶苎麻 *B. tricuspis*（Hance）Makino　产于灵山、鸡笼、万店、白云、荒冲各站，凉亭。生于阴坡杂木林、山坡、草地。

3. 序叶苎麻 *B. clidemioides* var. *diffusa* (Wedd.) Hand. -Mazz.　产于保护区各地。生于山坡、林缘、灌丛。

4. 野线麻 *B. japonica* (L. f.) Miq.　产于保护区各地。生于山坡、草地。

(二)水麻属 *Debregeasia* Gaud.

1. 水麻 *D. edulis* Wedd.　产于灵山、鸡笼各站。生于阴坡杂木林。

(三)楼梯草属 *Elatostema* Forst.

1. 庐山楼梯草 *E. stwardii* Merr.　产于鸡笼站、万店站、马放沟。生于沟谷、溪旁。

2. 楼梯草 *E. invelucratum* Franch. et Sav.　产于灵山、鸡笼、万店、白云、荒冲各站。生于山坡、林缘、灌丛、沟谷、溪旁。

(四)蝎子草属 *Girardinia* Gaud.

1. 大蝎子草 *G. palmata* Gaud.　产于凉亭、田冲、毛竹园、黑龙潭、岭南。生于山坡、林缘、灌丛。

(五)艾麻属 *Laportea* Gaudich.

1. 珠芽艾麻 *Laportea bulbifera* (Sieb. et Zucc.) Wedd.　产于灵山、万店、白云、荒冲、七里冲、马放沟、大路沟、中垱、鸡笼站各地。生于阴坡杂木林。

2. 珠芽艾麻 *L. bulbifera* Wedd.　产于平心寨、东沟、白龙池、香椿树沟、破砦、

3. 艾麻 *L. cuspidata* (Wedd.) Friis　产于竹园、蚂蚁岗、东门沟、马放沟、鸡笼站、香椿树、沟鸡笼、万店、荒冲、灵山各站。生于山坡、林缘、灌丛。

(六)花点草属 *Nanocnide* Bl.

1. 花点草 *N. japonica* Bl.　产于鸡笼、万店、灵山、荒冲、白云各站。生于阴坡杂木林。

(七)糯米团属 *Nemorialis Buch.* -Ham.

1. 糯米团 *N. hirta* Wedd.　产于鸡笼、万店、白云各站，马放沟。生于山坡、草地、沟谷、溪旁。

(八)墙草属 *Parietaria* L.

1. 墙草 *P. micrantha* Ledeb.　产于保护区各地。生于山谷、岩石上、沟谷、溪旁。

(九)冷水花属 *Pilea* Lindl.

1. 荫地冷水花 *Pilea pumila* (L.) A. Gray var. *hamaoi* (Makino) C. J. Chen　产于保护区各地。生于阴坡杂木林。

2. 三角形冷水花 *P. swinglei* Merr.　产于中垱、大路沟、白马沟、王坟顶、白龙池。生于阴坡杂木林。

3. 冷水花 *P. notata* C. H. Wright　产于保护区各地。生于阴坡杂木林、沟谷、溪旁。

4. 山冷水花 *P. japonica* Hand. -Mazz.　产于大路沟、东沟、黑龙潭、滴水岩、田冲、犁湾沟。生于山谷、岩石上。

5. 粗齿冷水花 *P. fasciata* Franch　产于灵山站、王坟顶、黑龙潭、蚂蚁岗、破砦、东门沟。生于阴坡杂木林、沟谷、溪旁。

6. 透茎冷水花 *P. mongolica* Wedd.　产于中垱、大路沟、大天寺、王坟顶、白龙池。

生于阴坡杂木林、沟谷、溪旁。

7. 波缘冷水花 *P. cavaleriei* Levl.　产于中垱、东沟、王坟顶。生于山坡、林缘、灌丛。

(十) 荨麻属 *Urtica* L.

1. 宽叶荨麻 *U. laetevirens* Maxim.　产于灵山站、鸡笼站、香椿树沟、毛竹园、凉亭。生于山坡、草地、沟谷、溪旁。

2. 裂叶荨麻 *U. fissa* Pritz.　产于保护区各地。生于山坡、草地、沟谷、溪旁。

3. 狭叶荨麻 *U. angustifolia* Fisch. ex Hornem　产于灵山、鸡笼、万店、白云各站，塘洼。生于阴坡杂木林。

八十九　壳斗科 Fagaceae

(一) 栗属 *Castanea* Mill.

1. 栗 *C. mollissima* Bl.　本区广泛栽培。

2. 茅栗 *C. seguinii* Dode　产于保护区各地。生于向阳山坡。

(二) 青冈属 Cyclobalanopsis Oerst.

1. 小叶青冈 *Cyclobalanopsis myrsinafolia* Bl.　产于灵山站、黑龙潭。生于沟谷、溪旁。

2. 青冈 *C. glauca* Thunb.　产于灵山、马放沟、白马沟、东沟、白龙池、六斗尖。生于沟谷、溪旁。

3. 小叶青冈 *C. glauca* Thunb. f. *gracilis* Rehd. et Wils　产于马放沟、东沟、前锋、破砦、塘洼。生于沟谷、溪旁。

(三) 栎属 *Quercus* L.

1. 槲栎 *Q. aliena* Bl.　产于王坟顶、大天寺、中垱。生于杂木林。

2. 锐齿槲栎 *Q. aliena* var. *acutiserrata Maximowicz ex Wenzig*　产于王坟顶、大天寺、白龙池。生于杂木林。

3. 橿子栎 *Q. baronii Skan.*　产于大天寺、王坟顶、中垱。生于沟谷、溪旁、杂木林。

4. 小叶栎 *Q. chenii* Nakai.　产于灵山、鸡笼、万店、白云各站。生于向阳山坡。

5. 槲树 *Q. dentata* Thunb.　产于保护区各地。生于向阳山坡杂木林。

6. 房山栎 *Quercus* × *fangshanensis* Liou　产于灵山站，生于路边。

7. 栓皮栎 *Q. variabilis* Bl.　产于保护区各地。生于向阳山坡。

8. 麻栎 *Q. acutissima* Carr.　产于灵山、鸡笼、万店、白云、荒冲各站，凉亭。生于向阳山坡。

9. 白栎 *Q. fabri* Hance　产于鸡笼站、万店站，生于向阳山坡。

10. 黄山栎 *Q. stewardii*　产于鸡笼站，生于山坡杂木林中。

11. 枹栎 *Q. serrata* Murray　产于大路沟、小风凹、大风凹、岭南、箭杆山、马鞍山、中垱、王坟顶、蚂蚁岗、犁湾沟和六斗尖。生于向阳山坡、沟谷、溪旁、阴坡杂木林。

九十　胡桃科 Juglandaceae

(一) 青钱柳属 *Cyclocarya* Iljinsk

1. 青钱柳 *C. paliurus* Iljinsk　产于中垱、平心寨、王坟顶、大天寺、香椿树沟。生于阴坡杂木林。

（二）胡桃属 *Juglans* L.

1. 胡桃 *J. regia* L.　本区有栽培。

2. 野核桃 *J. cathyensis* Soc.（＝核桃楸 *Juglans mandshurica* Maxim.）　产于大路沟、东沟、王坟顶、长竹林、马鞍山、凉亭。生于阴坡杂木林。

3. 胡桃楸 *J. mandshurica* Maxim.　产于白龙池、香椿树沟、铁铺、王坟顶、大天寺。生于阴坡杂木林。

（三）化香树属 *Platycarya* Sieb. et Zucc.

1. 化香树 *P. strobilacea* Sieb. et Zucc.　产于保护区各地。生于向阳山坡、杂木林。

（四）枫杨属 *Pterocarya Kunth*

1. 枫杨 *P. stenoptera* DC.　产于保护区各地。生于沟谷、溪旁。

2. 湖北枫杨 *P. hupehensis* Skan.　产于鸡笼、万店、白云、灵山、荒冲各站。生于沟谷、溪旁。

九十一　桦木科 Betulaceae

（一）桤木属 *Alnus* L.

1. 桤木 *A. cremastogyne* Burkill　本区有栽培。

2. 江南桤木 *A. trabeculosa* Hand. -Mazz.　产于铁铺、六斗尖。生于沟谷、溪旁。

（二）鹅耳枥属 *Carpinus L.*

1. 千金榆 *C. cordata* Bl.　产于大路沟、白马沟、中垱、东沟、白龙池、箭杆山、凉亭。生于沟谷、溪旁、阴坡杂木林。

2. 毛叶千金榆 *C. cordata* Bl. var. *mollis* Cheng ex Chen　产于灵山站、鸡笼站、万店站、白云站、荒冲站。生于阴坡杂木林。

3. 雷公鹅耳枥 *C. viminea* Franch.　产于王坟顶、大路沟、蚂蚁岗、东门沟。生于阴坡杂木林。

4. 鹅耳枥 *C. turczaninowii* Hance　产于保护区各地。生于沟谷、溪旁、阴坡杂木林。

5. 昌化鹅耳枥 *C. f tschonoskii* Hu　产于东沟、大天寺、王坟顶、马放沟、大路沟。生于阴坡杂木林。

（三）榛属 *Corylus L.*

1. 榛 *C. heterophylla* Fisch. ex Bess.　产于保护区各地。生于山坡、林缘、灌丛。

2. 川榛 *C. heterophylla* Fisch. ex Bess. var. *sutchuensis* Franch.　产于小风凹、岭南、铁铺、马鞍山、破砦。生于山坡、林缘、灌丛。

（四）虎榛子属 *Ostryopsis* Decne.

1. 虎榛子 *O. davidiana* Decne.　产于中垱、岭南、王坟顶、大天寺、前锋。生于杂木林。

九十二　马桑科 Coriariaceae

（一）马桑属 *Coriaria* L.

1. 马桑 *C. sinica* Maxim.　产于鸡笼、灵山各站。生于山坡、林缘、灌丛。

九十三　葫芦科 Cucurbitaceae

（一）绞股蓝属 *Gynostemma* Blume

1. 绞股蓝 *G. pentaphyllum* Makino.　产于灵山、鸡笼、万店、白云、七里冲各站。生于林下、沟谷、溪旁。

（二）赤瓟属 *Thladiantha* Bunge

1. 南赤瓟 *T. nudiflora* Hemsl.　产于鸡笼站、朝天山、前锋。生于林下。

（三）盒子草属 *Actinostemma* Griff.

1. 盒子草 *A. lobatum* Maxim.　产于保护区各地。生于林下、旷野、路旁。

（四）马㼎儿属 *Zehneria* Endl.

1. 马㼎儿 *Z. indica* Lour.　产于鸡笼站、万店站、白云站。生于林下。

（五）裂瓜属 *Schizopepon* Maxim.

1. 湖北裂瓜 *S. dioicus* Cogn.　产于朝天山、六斗尖、东沟。生于沟谷、溪旁、林下。

（六）栝楼属 *Trichosanthes* L.

1. 王瓜 *T. cucumeroides* Maxim.　产于鸡笼、万店各站。生于沟谷、溪旁、林下。

2. 栝楼 *T. kirilowii* Maxim.　产于保护区各地。生于山坡、林缘、灌丛。

（七）苦瓜属 *Momordica* L.

1. 木鳖子 *M. cochinchinensis* Spreng.　产于灵山、鸡笼、万店各站。生于杂木林。

九十四　秋海棠科 Begoniaceae

（一）秋海棠属 *Begonia* L.

1. 秋海棠 *B. evansiana* Andr.　产于滴水岩、蚂蚁岗、黑龙潭、马放沟。生于山谷、岩石上。

2. 中华秋海棠 *B. sinensis* DC.　产于凉亭、前锋、中垱、马鞍山。生于山谷、岩石上。

九十五　卫矛科 Celastraceae

（一）南蛇藤属 *Celastrus* Thunb.

1. 粉背南蛇藤 *C. hypoleucus* Warb.　产于大天寺、王坟顶、中垱。生于山坡、林缘、灌丛。

2. 苦皮藤 *C. angulatus* Maxim.　产于大风凹、大路沟、大天寺、香椿树沟、箭杆山。生于向阳山坡。

3. 南蛇藤 *C. orbiculatus* Thunb.　产于凉亭、肖家沟、十八墩、八斗眼。生于向阳山坡。

4. 大芽南蛇藤 *C. gemmatus* Loes.　产于黑龙潭、十八墩、滴水岩、田冲。生于沟谷、溪旁。

5. 短梗南蛇藤 *C. rosthornianus* Loes.　产于保护区各地。生于山坡、林缘、灌丛。

（二）卫矛属 *Euonymus* L.

1. 卫矛 *E. alatus* Sieb.　产于大风凹、中垱、王坟顶、前锋。生于阴坡杂木林。、

2. 西南卫矛 *E. hamiltonianus* Wall　产于灵山站、鸡笼站、前锋。生于山谷、岩石上、杂木林。

3. 栓翅卫矛 *E. phellomanes* Loes. 产于大路沟、小风凹、大风凹、朝天山、东沟。生于阴坡杂木林。

4. 白杜 *E. bungeanus* Maxim. 产于保护区各地。生于沟谷、溪旁、阴坡杂木林。

5. 胶东卫矛 *E. kiautschovicus* Loes. 产于灵山、鸡笼、万店、荒冲各站。生于山谷、岩石上、沟谷、溪旁。

6. 软刺卫矛 *E. aculeatus* Hemsl. 产于东沟、前锋、六斗尖、大路沟。生于阴坡杂木林。

7. 刺果卫矛 *E. aeanthocarpus* Franch. 产于白龙池、东沟、马放沟、中垱、大风凹。生于阴坡杂木林。

8. 小果卫矛 *E. microcarpus* L. 产于王坟顶、中垱、平心寨。生于山坡、林缘、灌丛。

9. 裂果卫矛 *E. dielsianus* Loes. 产于东沟、白龙池、马放沟。生于山谷、岩石上。

10. 大花卫矛 *E. grandiflorus* Wall. 产于长竹林、塘洼、大风凹、朝天山。生于杂木林。

11. 肉花卫矛 *E. arnosus* Hemsl. 产于六斗尖、大竹园、小风凹、蚂蚁岗。生于阴坡杂木林。

12. 扶芳藤 *E. fortune* Hand. -Mazz. 产于灵山站、马放沟、大路沟、中垱。生于山谷、岩石上、沟谷、溪旁。

13. 垂丝卫矛 *E. oxyphyllus* Miq. 产于灵山站、中垱、辽竹沟、六斗尖。生于山谷、岩石上。

14. 石枣子 *E. sanguineus* Loes. 产于王坟顶、东沟、六斗尖。生于阴坡杂木林。

15. 冬青卫矛 *E. japonicus* L. 本区有栽培。

九十六 大戟科 Euphorbiaceae

(一) 铁苋菜属 *Acalypha* L.

1. 裂苞铁苋菜 *A. supera* Forsskal 产于保护区各地。生于旷野、路旁、向阳山坡。

2. 铁苋菜 *A. australis* L. 产于保护区各地。生于旷野、路旁、山坡、草地。

3. 裂苞铁苋菜 *A. supera* Forsskal 产于保护区各地。生于旷野、路旁、向阳山坡。

4. 铁苋菜 *A. australis* L. 产于保护区各地。生于旷野、路旁、山坡、草地。

(二) 山麻杆属 *Alchornea* Sw.

1. 山麻杆 *A. davidii* Franch. 产于鸡笼、万店各站。生于山坡、林缘、灌丛。

(三) 丹麻杆属 *Discocleidion* (Müll. Arg.) Pax & K. Hoffm.

1. 假奓包叶 *D. rufescens* Pax et K. Hoffm. 产于鸡笼、万店、白云各站。生于山坡、林缘、灌丛。

(四) 大戟属 *Euphorbia* L.

1. 地锦 *E. humifusa* Willd. 产于保护区各地。生于旷野、路旁。

2. 泽漆 *E. helioscopia* L. 产于保护区各地。生于旷野、路旁。

3. 通奶草 *E. indica* Lam. 产于保护区各地。生于旷野、路旁。

4. 斑地锦 *E. maculata* L. 产于保护区各地。生于旷野、路旁。

5. 钩腺大戟 *E. sieboldiana* Morr. et Dence 产于保护区各地。生于旷野、路旁、山坡、

草地。

6. 大戟 *E. pekinensis* Rupr.　产于保护区各地。生于山坡、草地。

7. 甘遂 *E. kansui* Liou　产于保护区各地。生于旷野、路旁、山坡、草地。

8. 乳浆大戟 *E. esula* L.　产于保护区各地。生于旷野、路旁。

(五)野桐属 *Mallotus* Lour.

1. 石岩枫 *M. repandus* Muell. -Arg.　产于保护区各地。生于向阳山坡、林缘、灌丛。

2. 野梧桐 *M. japonicus* Muell. -Arg.　产于保护区各地。生于山坡、林缘、灌丛。

3. 白背叶 *M. apelta* Muell. -Arg.　产于保护区各地。生于向阳山坡、林缘、灌丛。

4. 野桐 *M. tenuifolius* Pax　产于保护区各地。生于山坡、林缘、灌丛。

(六)白木乌桕属 *Neoshirakia* Esser

1. 白木乌桕 *S. japonicum* Pax et Hoffm.　产于大天寺、东沟、马放沟。生于山坡、林缘、灌丛。

(七)蓖麻属 *Ricinus* L.

1. 蓖麻 *R. communis* L.　本区广泛栽培。

(八)蓖麻属 *Ricinus* L.

1. 蓖麻 *R. communis* L.　本区广泛栽培。

(九)乌桕属 *Sapium* R. Br.

1. 乌桕 *S. sebiferum* Roxb.　产于保护区各地。生于杂木林。

(十)地构叶属 *Speranskia* Baill.

1. 地构叶 *S. tuberculata* Baill.　产于保护区各地。生于山坡、草地。

(十一)油桐属 *Vernicia* Lour.

1. 油桐 *V. fordii* Hemsl.　本区广泛栽培。

(十二)野桐属 *Mallotus* Lour.

1. 石岩枫 *M. repandus* Muell. -Arg.　产于保护区各地。生于向阳山坡、林缘、灌丛。

2. 野梧桐 *M. japonicus* Muell. -Arg.　产于保护区各地。生于山坡、林缘、灌丛。

3. 白背叶 *M. apelta* Muell. -Arg.　产于保护区各地。生于向阳山坡、林缘、灌丛。

4. 野桐 *M. tenuifolius* Pax　产于保护区各地。生于山坡、林缘、灌丛。

九十七　叶下珠科 Phyllanthaceae

(一)秋枫属 *Bischofia* Bl.

1. 秋枫 *B. javanica* Bl.　本区有栽培。

(二)闭花木属 *Cleistanthus* Hook. f. ex Planch.

1. 馒头果 *C. fortunei* Hance　产于保护区各地。生于向阳山坡。

(三)白饭树属 *Flueggea* Willd.

1. 一叶萩 *F. suffruticosa* (Pall.) Baill.　产于保护区各地。生于山坡、林缘、灌丛。

(四)算盘子属 *Glochidion* Forst.

1. 算盘子 *G. puberum* Hutch.　产于保护区各地。生于向阳山放、旷野、路旁。

2. 湖北算盘子 *G. fortunei* Hance　产于万店站、六斗尖、黑庵。生于向阳山坡、林缘、灌丛。

(五)雀舌木属 *Leptopus* Decne

1. 雀儿舌头 *L. chinensis* Poiack. 产于保护区各地。生于林缘、灌丛、向阳山坡。

(六)叶下珠属 *Phyllanthus* L.

1. 落萼叶下珠 *Ph. flexuosus* Muell. -Arg. 产于保护区各地。生于向阳山坡、旷野、路旁。

2. 青灰叶下珠 *Ph. glaucus* Wall. 产于保护区各地。生于山坡、林缘、灌丛。

3. 叶下珠 *Ph. urinaria* L. 产于保护区各地。生于旷野、路旁、山坡、草地。

4. 蜜甘草 *Ph. ussuriensis* Rupr. et Maxim. 产于保护区各地。生于旷野、路旁、山坡、草地。

九十八 杨柳科 Salicaceae

(一)山桐子属 *Idesia* Maxim.

1. 山桐子 *I. polycarpa* Maxim. 产于大天寺、王坟顶、箭杆山、大风凹。生于阴坡杂木林。

(二)山拐枣属 *Polithyrsis* Oliv.

1. 山拐枣 *P. sinensis* Oliv. 产于大天寺、大风凹、白龙池。生于杂木林。

(三)杨属 *Populus* L.

1. 加杨 *P. canadensis* Moench. 本区有栽培。

2. 响叶杨 *P. adeeopoda* Maxim. 本区有栽培。

3. 山杨 *P. davidiana* Dode 产于大路沟、白马沟、王坟顶。生于杂木林。

4. 小叶杨 *P. simonii* Carr. 产于大天寺、王坟顶、中垱。生于杂木林。

5. 青杨 *P. cathayana* Rehd. 本区有栽培。

6. 银白杨 *P. alba* L. 本区有栽培。

(四)柳属 *Salix* L.

1. 中华柳 *S. cathayana* Diels. 产于东沟、大天寺、灵山站、万店站。生于沟谷、溪旁。

2. 腺柳 *S. glandulosa* Seem. 本区有栽培。

3. 兴山柳 *S. micototrica* Schneid. 产于鸡笼站、万店站。生于杂木林。

4. 川鄂柳 *S. fargesii* Burk. 产于东沟、朝天山、白龙池。生于沟谷、溪旁。

5. 垂柳 *S. babylonica* L. 本区有栽培。

6. 旱柳 *S. matsudana* Koidz. 本区广泛栽培。

7. 紫枝柳 *S. heterochroma* Seem. 产于前锋、东沟。生于沟谷、溪旁。

8. 大别柳 *S. dabeshanensis* B. C. Ding et T. B. Chao 产于大路沟、辽竹沟、东沟、前锋、东门沟。生于沟谷、溪旁。

9. 皂柳 *S. wallichiana* Anderss. 产于鸡笼、灵山、万店各站。生于沟谷、溪旁。

10. 河南柳 *S. honanensis* Wang et Yang 产于王坟顶、六斗尖、白龙池。生于沟谷、溪旁。

九十九　堇菜科 Violaceae

(一) 堇菜属 *Viola* L.

1. 球果堇菜 *V. collina* Bess.　产于保护区各地。生于林下、山坡、草地。

2. 鸡腿堇菜 *V. acuminata* Ledeb.　产于大天寺、王坟顶、七里冲站、白云站。生于林下。

3. 茜堇菜 *V. phalacrocarpa* Maxim.　产于保护区各地。生于山坡、草地、旷野、路旁。

4. 深山堇菜 *V. selkirkii* Pursh.　产于保护区各地。生于林下。

5. 七星莲 *V. diffusa* Ging.　产于大天寺、王坟顶、大风凹、小风凹。生于林下、山坡、草地。

6. 庐山堇菜 *V. stewardiana* W. Beck.　产于鸡笼、万店、白云各站。生于山坡、草地。

7. 犁头草 *V. japonica* Langsd.　产于各地。生于旷野、路旁、山坡、草地。

8. 如意草 *V. arcuata* Blume　产于保护区各地。生于旷野、路旁、山坡、草地。

9. 白花堇菜 *V. patrinii* DC.　产于保护区各地。生于旷野、路旁、山坡、林缘、灌丛。

10. 裂叶堇菜 *V. dissecta* Ledeb.　产于朝天山、大天寺、大路沟、长竹林、田冲。生于林下、山坡、草地。

11. 紫花地丁 *V. yedoensis* Makino　产于各地。生于旷野、路旁。

12. 南山堇菜 *V. chaerophylloides* W. Beck.　产于保护区各地。生于旷野、路旁、山坡、草地。

13. 紫花堇菜 *V. grypoceras* Fisch.　产于保护区各地。生于林下。

14. 斑叶堇菜 *V. variegata* Fisch.　产于保护区各地。生于林下、旷野、路旁。

15. 心叶堇菜 *V. cordifolia* W. Beck.　产于保护区各地。生于林下、山坡、草地。

一百　亚麻科 Linaceae

(一) 亚麻属 *Linum* L.

1. 野亚麻 *L. stelleroides* Planch.　产于保护区各地。生于山坡、草地。

一百〇一　金丝桃科 Hypericaceae

(一) 金丝桃属 *Hypericum* L.

1. 金丝桃 *H. chinensis L.*　产于小风凹、中垱、平心寨、鸡笼站、万店站。生于山坡、草地。

2. 赶山鞭 *H. attenuatum* Choisy　产于鸡笼站、王坟顶、平心寨。生于山坡、草地。

3. 长柱金丝桃 *H. longistylum* Oliv.　产于灵山金顶、黑庵、六斗尖、黑龙潭、东门沟。生于山坡、草地。

4. 黄海棠 *H. ascyron* L.　产于保护区各地。生于山坡、林缘、灌丛、旷野、路旁。

5. 金丝梅 *H. patulum* Thunb.　产于鸡笼朝天山、马放沟、鲁洼、田冲。生于山坡、林缘、灌丛。

6. 地耳草 *H. japonicum* Thunb.　产于保护区各地。生于向阳山坡、林缘、灌丛。

7. 小连翘 *H. errctum* Thunb. et Murray　产于保护区各地。生于向阳山坡、林缘、灌丛。

8. 贯叶连翘 *H. perforatum* L.　产于保护区各地。生于山坡、草地。

9. 元宝草 *H. sampsonii* Hance　产于保护区各地。生于草地、山坡、林缘、灌丛。

一百〇二 酢浆草科 Oxalidaceae

(一)酢浆草属 *Oxalis* L.

1. 酢浆草 *O. corniculata* L. 产于保护区各地。生于旷野、路旁、山坡、草地。

2. 山酢浆草 *O. griffithii* Edgew. et Hook. f. 产于保护区各地。生于山坡、草地、旷野、路旁。

一百〇三 牻牛儿苗科 Geraniaceae

(一)老鹳草属 *Geranium* L.

1. 野老鹳草 *G. carolinianum* L. 产于保护区各地。生于旷野、路旁。

2. 尼泊尔老鹳草 *G. nepalenss* Sweet var. *thunbergii* Kudo 产于保护区各地。生于旷野、路旁。

3. 老鹳草 *G. wilfordii* Maxim. 产于保护区各地。生于旷野、路旁。

一百〇四 千屈菜科 Lythraceae

(一)水苋菜属 *Ammannia* L.

1. 水苋菜 *A. baccifera* L. 产于各地。生于水田、沼泽地。

2. 耳基水苋 *A. auriculata* Willd. 产于各地。生于水田、沼泽地。

3. 多花水苋 *A. multiflora* Roxb. 产于各地。生于水田、沼泽地。

(二)千屈菜属 *Lythrum* L.

1. 千屈菜 *L. salicaria* L. 产于凉亭、塘洼、荒冲。生于水田、沼泽地、水边、沟旁。

(三)节节菜属 *Rotala* L.

1. 节节菜 *R. indica* Koehne 产于各地。生于水田、沼泽地。

2. 轮叶节节菜 *R. mexicana* Cham. et Schlecht. 产于各地。生于水田、沼泽地。

(四)菱属 *Trapa* L.

1. 欧菱(菱) *T. natans* L. 产于各地。生于池塘、沟渠。

2. 细果野菱(野菱、四角刻叶菱) *T. incisa* Sieb. et Zucc. 产于各地。生于池塘、沟渠。

一百〇五 蓝果树科 Nyssaceae

(一)喜树属 *Camptotheca* Decne.

1. 喜树 *C. acuminata* Decne. 产于灵山站，栽培。

一百〇六 柳叶菜科 Onagraceae

(一)露珠草属 *Circaea* L.

1. 露珠草 *C. cordata* Royle 产于鸡笼、小风凹、大风凹、田冲、马鞍山、万店。生于林下、山坡、草地。

(二)丁香蓼属 *Ludwigia* L

1. 丁香蓼 L. *prostrata* Roxb. 产于灵山、鸡笼、万店各站。生于水边、沟旁。

2. 卵叶丁香蓼 *L. ovalis* Miq. 产于白龙池、前锋。生于水边、沟旁。

(三)柳叶菜属 *Epilobium* L.

1. 柳叶菜 *E. hirsutum* L. 产于保护区各地。生于水回、沼泽地、水边、沟旁。

2. 长籽柳叶菜 *E. pyrricholophum* Fr. et Sav. 产于保护区各地。生于水田、沼泽地。

一百〇七　野牡丹科 Melastornataceae

(一)金锦香属 *Osbeckia* L.

1. 金锦香 *O. chinensis* L.　产于大天寺、王坟顶。生于山坡、林缘、灌丛。

一百〇八　省沽油科 Staphyleaceae

(一)野鸦椿属 *Euscaphis* Sieb. et Zucc.

1. 野鸦椿 *E. japonica* Dippel　产于灵山、大路沟、东沟、糖洼、六斗尖。生于阴坡杂木林。

(二)省沽油属 *Staphylea* L.

1. 省沽油 *S. bumalda* DC.　产于大路沟、马放沟、破砦。生于杂木林。

2. 膀胱果 *S. holocarpa* Hemsl.　产于大路沟、小风凹、大风凹、大天寺、王坟顶。生于阴坡杂木林。

一百〇九　旌节花科 Stachyuraceae

(一)旌节花属 *Stachyurus* Sieb. et Zucc.

1. 中国旌节花 *S. chinensis* Franch.　产于白龙池、大风凹、王坟顶、滴水岩。生于杂木林。

一百一十　漆树科 Anacardiaceae

(一)黄栌属 *Cotinus* Miller.

1. 黄栌 *C. coggygria* Scop.　产于保护区各地。生于山坡、林缘、灌丛。

2. 毛黄栌 *C. coggygria* Scop. var. *pubescens* Engl.　产于保护区各地。生于山坡、林缘、灌丛。

3. 红叶 *C. coggygria* Scop. var. *cinerea* Engl.　产于保护区各地。生于山坡、林缘、灌丛。

(二)黄连木属 *Pistacia* L.

1. 黄连木 *P. chinensis* Bunge　产于保护区各地。生于阴坡杂木林。

(三)盐麸木属 *Rhus*(Tourn.)L.

1. 盐肤木 *R. chinensis* Mill.　产于保护区各地。生于阴坡杂木林。

(四)漆树属 *Toxicodendron*(Tourn.)Mill.

1. 漆 *T. vernicifluum* F. A. Barkley　产于保护区各地。生于杂木林。

2. 木蜡树 *T. sylvestre* Kuntze　产于大路沟、辽竹沟、黑庵、香椿树沟。生于杂木林。

3. 野漆 *T. succedaneum* O. Kuntze　产于马放沟、大风凹、东沟、王坟顶、滴水岩。生于杂木林。

一百一十一　无患子科 Sapindaceae

(一)槭属 *Acer* L.

1. 元宝槭 *A. truncatum* Bunge　产于马放沟、大路沟、大风凹、岭南。生于阴坡杂木林、沟谷、溪旁。

2. 五角枫 *A. mono* Maxim.　产于鸡笼、万店、白云、荒冲各站及肖家沟。生于沟谷、溪旁、阴坡杂木林。

3. 长柄槭 *A. longipes* Franch. 产于东沟、大天寺、大风凹、中垱。生于阴坡杂木林。

4. 三角槭 *A. buergerianum* Miq. 产于白龙池、王坟顶、小风凹。生于阴坡杂木林。

5. 茶条枫 *A. tataricum* subsp. *ginnala*（Maximowicz）Wesmael 产于保护区各地。生于沟谷、溪旁、杂木林。

6. 苦条枫 *A. tataricum* subsp. *theiferum*（W. P. Fang）Y. S. Chen et P. C. de Jong 产于大路沟、大风凹、东沟、长竹林。生于阴坡杂木林。

7. 鸡爪槭 *A. palmatum* Thunb. 产于王坟顶、大天寺、岭南。生于杂木林。

8. 中华槭 *A. sinense* Pax 产于小风凹、中垱、香椿树沟、长竹林。生于阴坡杂木林。

9. 青榨槭 *A. davidii* Franch. 产于保护区各地。生于阴坡杂木林。

10. 蜡枝槭 *A. ceriferum* Rehd. 产于大天寺、王坟顶。生于阴坡杂木林。

11. 葛罗枫 *A. davidii* subsp. *grosseri*（Pax）P. C. de Jong 产于保护区各地。生于阴坡杂木林。

12. 长裂葛萝槭 *A. gresseri* Pax var. *hersii* Rehd. 产于大天寺、大路沟、大风凹。生于杂木林。

13. 五裂槭 *A. oliverianum* Pax 产于大路沟、岭南、东沟、肖家沟、犁湾沟。生于杂木林。

14. 血皮槭 *A. griseum* Pax 产于马放沟、小风凹、东沟。生于沟谷、溪旁。

15. 建始槭 *A. henryi* Pax 产于东沟、白龙池。生于阴坡杂木林。

16. 毛果槭 *A. nikoense* Maxim 产于鸡笼九龙沟。生于深沟谷底溪边。

（二）栾属 *Koelreuteria* Laxm.

1. 黄山栾树 *K. intergrifolia* Merr. 产于大天寺、王坟顶、大风凹。生于杂木林。

2. 栾树 *K. paniculata* Laxm. 产于保护区各地。生于阴坡杂木林。

（三）无患子属 *Sapindus* L.

1. 无患子 *S. mukorossi* Gaertn. 产于大天寺、王坟顶。生于杂木林。

一百一十二 芸香科 Rutaceae

（一）柑橘属 *Citrus* L.

1. 枳 *C. trifoliata* L. 本区广泛栽培。

（二）白鲜属 *Dictamnus* L.

1. 白鲜 *D. dasycarpus* Turcz. 产于白云、万店、鸡笼、灵山各站。生于山坡、草地。

（三）吴茱萸属 *Evodia* Forst.

1. 臭辣吴萸 *E. fargesii* Dode 产于保护区各地。生于向阳山坡、杂木林。

2. 吴茱萸 *E. rutaecarpa* Eenth. 产于灵山、鸡笼、万店各站。生于杂木林。

3. 臭檀吴萸 *E. daniellii* Hemsl. 产于鸡笼、万店各站。生于杂木林。

（四）臭常山属 *Orixa* Thunb.

1. 臭常山 *O. japonica* Thunb. 产于万店、鸡笼各站。生于阴坡杂木林。

（五）花椒属 *Zanthoxylum* L.

1. 野花椒 *Z. simulans* Hance 产于保护区各地。生于林缘、灌丛、向阳山坡。

2. 竹叶花椒 *Z. armatum* DC.　产于保护区各地。生于山坡、林缘、灌丛。

3. 椿叶花椒 *Z. ailanthoides* Sieb. et Zucc.　产于保护区各地。生于山坡、林缘、灌丛。

4. 青花椒 *Z. schinifolium* Sieb. et Zucc.　产于保护区各地。生于山坡、林缘、灌丛。

一百一十三　苦木科 Simarubaceae

(一)臭椿属(樗树属)*Ailanthus* Desf.

1. 臭椿 *A. altissima* Swingle　本区广泛栽培。

(二)苦木属 *Picrasma* BL.

1. 苦树 *P. quassioides* Benn.　产于保护区各地。生于阴坡杂木林。

一百一十四　楝科 Meliaceae

(一)楝属 *Melia* L.

1. 楝 *M. azedarach* L.　本区广泛栽培。

(二)香椿属 *Toona*(Endl.)Roem.

1. 香椿 *T. sinensis* Roem.　本区广泛栽培。

一百一十五　白花菜科 Cleomaceae

(一)白花菜属 *Cleome* L.

1. 羊角菜 *C. gynandra* (Linnaeus) Briquet　产于保护区各地。生于旷野、路旁。

一百一十六　十字花科 Cruciferae

(一)南芥属 *Arabis* L.

1. 垂果南芥 *A. pendula* L.　产于保护区各地。生于山坡、林缘、灌丛。

2. 硬毛南芥 *A. hirsuta* Scop.　产于保护区各地。生于山坡、林缘、灌丛。

(二)拟南芥属 *Arabidopsis* Heynh.

1. 鼠耳芥 *A. thaliana* Haynh.　产于保护区各地。生于山坡、林缘、灌丛。

(三)锥果芥属 *Berteroella* O. E. Schulz

1. 锥果芥 *B. maximowiczii* O. E. Schulz　产于灵山、鸡笼、万店各站。生于杂木林。

(四)荠属 *Capsella* Medic.

1. 荠 *C. bursa-pastoris* Medik.　产于保护区各地。生于旷野、路旁。

(五)碎米荠属 *Cardamine* L.

1. 水田碎米荠 *C. lyrata* Bunge　产于保护区各地。生于水田、沼泽地、旷野、路旁。

2. 光头山碎米荠 *C. engleriana* O. E. Schulz　产于保护区各地。生于沟谷、溪旁、旷野、路旁。

3. 裸茎碎米荠 *C. denudata* O. E. Schulz　产于保护区各地。生于沟谷、溪旁。

4. 白花碎米荠 *C. leucantha* O. E. Schulz　产于保护区各地。生于沟谷、溪旁、旷野、路旁。

5. 弹裂碎米荠 *C. impatiens* L.　产于保护区各地。生于旷野、路旁、水田、沼泽地。

6. 弯曲碎米荠 *C. flexuosa* With.　产于保护区各地。生于旷野、路旁、水边、沟旁。

(六)离子芥属 *Chorispora* R. Br.

1. 离子芥 *C. tenella* DC.　产于保护区各地。生于向阳山坡、旷野、路旁。

（七）葶苈属 *Draba* L.

1. 葶苈 *D. nemorosa* L.　产于保护区各地。生于旷野、路旁。

（八）播娘蒿属 *Descurainia* Webb et Berth.

1. 播娘蒿 *D. Sophia* Webb　产于保护区各地。生于旷野、路旁、向阳山坡。

（九）糖芥属 *Erysimum* L.

1. 糖芥 *E. aurantiacum* Maxim.　产于保护区各地。生于旷野、路旁。

2. 小花糖芥 *E. cheiranthoides* L.　产于保护区各地。生于向阳山坡、旷野、路旁。

（十）山萮菜属 *Eutrema* B. Br.

1. 山萮菜 *E. yunnanense* Franch.　产于鸡笼、万店、白云各站。生于阴坡杂木林。

2. 碎米荠 *C. hirsuta* L.　产于保护区各地。生于旷野、路旁、水田、沼泽地。

（十一）独行菜属 *Lepidium* L.

1. 楔叶独行菜 *L. cuneiforme* C. Y. Wu　产于保护区各地。生于旷野、路旁。

2. 独行菜 *L. apetalum* Willd.　产于保护区各地。生于向阳山坡、旷野、路旁。

3. 臭独行菜 *L. didymum* J. E. Smith　产于保护区各地。生于旷野、路旁。

4. 北美独行菜 *L. virginicum* L.　产于保护区各地。生于向阳山坡、旷野、路旁。

（十二）豆瓣菜属 *Nasturtium* R. Br.

1. 豆瓣菜 *N. officinale* R. Br.　产于保护区各地。生于沟谷、溪旁、水田、沼泽地。

（十三）蔊菜属 R*orippa* Scop.

1. 广州蔊菜 *R. cantoniensis* Ohwi　产于保护区各地。生于旷野、路旁、水边、沟旁。

2. 风花菜 *R. globosa* Thllung　产于保护区各地。生于旷野、路旁、水边、沟旁。

3. 沼生蔊菜 *R. palustris* Bess.　产于保护区各地。生于旷野、路旁。

4. 蔊菜 *R. indica* Hiern　产于保护区各地。生于旷野、路旁、水边、沟旁。

（十四）诸葛菜属 *Orychophragmus* Bunge

1. 诸葛菜 *O. violaceus* O. E. Schulz　产于灵山、鸡笼、万店各站。生于阴坡杂木林、沟谷、溪旁。

2. 湖北诸葛菜 *O. violaceus* O. E. Schulz var. *hupehensis* O. E. Schulz　产于灵山、鸡笼、万店各站．生于沟谷、溪旁。

（十五）大蒜芥属 *Sisymbrium* L.

1. 全叶大蒜芥 *S. luteum* O. E. Schulz　产于灵山、荒冲、七里冲、灵山各站。生于杂木林、山坡、草地。

2. 垂果大蒜芥 *S. heteromallum* C. A. Mey

（十六）菥蓂属 *Thlaspi* L.

1. 菥蓂 *T. arvense* L.　产于保护区各地。生于旷野、路旁。

（十七）花旗杆属 *Dontostemon* Andrz.

1. 花旗杆 *D. dentatus* Ledeb.　产于保护区各地。生于杂木林。

（十八）涩荠属 *Malcolmia* R. Br.

1. 涩荠 *M. africana* R. Br.　产于保护区各地。生于旷野、路旁。

一百一十七　锦葵科 Malvaceae

（一）苘麻属 *Abutilon* Mill.

1. 苘麻 *A. theophrasti* Medicus　产于各地。生于旷野、路旁。

（二）田麻属 *Corchoropsis* Sieb. et Zucc.

1. 田麻 *C. crenata* Siebold & Zuccarini　产于各地。生于旷野、路旁、沟谷、溪旁、山坡、林缘、灌丛。

2. 光果田麻 *C. psilocarpa* Harms et Loes.　产于各地。生于旷野、路旁、沟谷、溪旁。

（三）黄麻属 *Corchorus* L.

1. 甜麻 *C. aestuans* L.　产于各地。生于旷野、路旁、向阳山坡。

（四）梧桐属 *Firmiana* Marsigli

1. 梧桐 *F. platanifolia* Marsigli　本区有栽培。

（五）扁担杆属 *Grewia* L.

1. 扁担杆 *G. biloba* G. Don　产于保护区各地。生于向阳山坡、沟谷、溪旁、山坡、林缘、灌丛。

2. 小花扁担杆 *G. biloba* var. *parviflora*（*Bunge*）Hand. -Mazz.　产于保护区各地。生于沟谷、溪旁、山坡、林缘、灌丛。

（六）木槿属 *Hibiscus* L.

1. 野西瓜苗 *H. trionum* L.　产于各地。生于旷野、路旁。

2. 木槿 *H. syrinacus* L.　本区有栽培。

（七）锦葵属 *Malva* L.

1. 圆叶锦葵 *M. rotundifolia* L.　产于七里冲、万店、白云、鸡笼各站。生于旷野、路旁。

2. 野葵 *M. verticillata* L.　产于鸡笼、万店、白云、荒冲各站。生于旷野、路旁。

（八）马松子属 *Melochia* L.

1. 马松子 *M. corchorfolia* L.　产于各地。生于旷野、路旁、向阳山坡。

（九）椴属 *Tilia* L.

1. 少脉椴 *T. paucicostata* Maxim.　产于大天寺、王坟顶、中垱、平心寨。生于杂木林。

2. 粉椴 *T. oliveri* Szyszyl.　产于大路沟、小风凹、大天寺。生于阴坡杂木林。

3. 南京椴 *T. miqueliana* Maxim.　产于大风凹、辽竹沟、朝天山、箭杆山、蚂蚁岗。生于阴坡杂木林。

4. 华东椴 *T. japonica* Simonk.　产于大路沟、马放沟、肖家沟、犁湾沟。生于杂木林。

5. 糯米椴 *T. henryana* Szyszyl. var. *subglabra* V. Engl.　产于岭南、大天寺、王坟顶。生于杂木林。

一百一十八　瑞香科 Thymelaeaceae

（一）瑞香属 *Dephne* L.

1. 瑞香 *D. oddora* Thunb.　产于王坟顶、中垱、东门沟。生于山坡、林缘、灌丛。

2. 芫花 *D. genkwa* Sieb. et Zucc.　产于保护区各地。生于向阳山坡、山坡、林缘、灌丛。

（二）结香属 *Edgeworthia* Meissn.

1. 结香 *E. chrysantha* Lindl.　产于王坟顶、平心寨、岭南。生于山坡、林缘、灌丛。

（三）荛花属 *Wikstroemia* Endl.

1. 河朔荛花 *W. chamaedaphne* Meissn.　产于荒冲站、七里冲站。生于向阳山坡、沟谷、溪旁。

2. 荛花 *W. caneses* Meissn.　产于万店站、前锋、马鞍山。生于沟谷、溪旁。

一百一十九　蛇菰科 Balanophoraceae

（一）蛇菰属 *Balanophora* Forst.

1. 筒鞘蛇菰 *B. involucrata* Hook. f.　产于王坟顶、朝天山、蚂蚁岗、白龙池、中垱、塘洼。寄生于木本植物的根上。

2. 蛇菰 *B. japonica* Makino　产于黑庵、大天寺、辽竹沟、箭杆山、滴水岩。寄生于木本植物的根上。

3. 红冬蛇菰 *B. harlandii* Hook. f.　产于朝天山、大天寺、岭南、大天寺、大路沟、万店保护站。寄生于木本植物的根上。

一百二十　檀香科 Santalaceae

（一）米面蓊属 *Buckleya* Torr.

1. 米面蓊 *B. henryi* Diels.　产于大天寺、王坟顶、中垱、箭杆山。生于向阳山坡。

（二）栗寄生属 *Korthalsella* Van Tiegh

1. 栗寄生 K. japonica Engl.　产于马放沟、大路沟、东沟、大天寺、王坟顶、长竹林。生于寄生于栎树、鹅耳枥上。

（三）百蕊草属 *Thesium* L.

1. 百蕊草 *T. chinense* Turcz.　产于保护区各地。生于向阳山坡。

2. 急折百蕊草 *T. refractum* Mey.　产于保护区各地。生于向阳山坡。

（四）槲寄生属 *Viscum* L.

1. 槲寄生 *V. coloratum* Komar.　产于白龙池、前锋、大路沟、岭南。生于杂木林。

一百二十一　桑寄生科 Loranthaceae

（一）钝果寄生属 *Taxillus*　Tiegh.

1. 灰毛桑寄生 *T. sutchuenensis* var. *duclouxii*（Lecomte）H. S. Kiu　产于大路沟、大风凹、辽竹沟、王坟顶。生于杂木林。

一百二十二　青皮木科 Schoepfiaceae

（一）青皮木属 *Schoepfia* Schteb.

1. 青皮木 *S. jasminodora* Sieb. et Zucc.　产于鸡笼站、白龙池。生于杂木林。

一百二十三　白花丹科 Plumbaginaceae

（一）蓝雪花属 *Ceratostigma* Bunge

1. 蓝雪花 *C. plumbaginoides* Bunge　产于荒冲、白云各站。生于旷野、路旁、向阳山坡。

一百二十四　蓼科 Polygonaceae

(一)金线草属 *Antenoron* Rafin.

1. 短毛金线草 *A. neofiliforme* Hara　产于马放沟、大路沟、辽竹洲、凉亭、七里冲站、白龙池。生于山坡、草地、林下。

2. 金线草 *A. filiforme*. Roderty et Vautier　产于东沟、滴水岩、黑龙潭、铁铺。生于山坡、草地、阴坡、杂木林。

(二)何首乌属 *Fallopia* Adans.

1. 木藤蓼 *F　aubertii* L. Henry　产于万店、鸡笼各站。生于山坡、林缘、灌丛。

2. 齿翅首乌 *F. dentatoalata*（Schmidt）Holub.　产于保护区各地。生于旷野、路旁。

3. 何首乌 *F. multiflorum* Thunb.　产于保护区各地。生于山坡、林缘、灌丛。

4. 毛脉首乌 *F. multiflora* var. *ciliinervis*（Nakai）Yonek. et H. Ohashi　产于鸡笼、万店、白云、荒冲各站。生于山坡、林缘、灌丛。

(三)萹蓄属 *Polygonum* L.

1. 两栖蓼 *P. amphibium* L.　产于保护区各地。生于旷野、山坡、草地、沟谷、溪旁、水田、沼泽林。

2. 红蓼 *P. arientale* L.　产于各地。生于旷野、路旁、水边、沟旁。

3. 萹蓄 *P. aviculare* L.　产于各地。生于旷野、路旁、向阳山坡。

4. 拳参 *P. bistorta* L.　产于鸡笼、万店、白云各站。生于山坡、草地。

5. 丛枝蓼 *P. caespitosum* Bl.　产于鸡笼、万店、白云、荒冲、灵山、七里冲各站。生于林下、山坡、林缘、灌丛。

6. 稀花蓼 *P. dissitiflorum* Hemsl.　产于各地。生于水田、沼泽地、水边、沟旁、旷野、路旁。

7. 水蓼 *P. hydropiper* L.　产于各地。生于水边、沟旁、旷野、路旁。

8. 蚕茧草 *P. japonicum* Meisn.　产于各地。生于旷野、路旁、水田、沼泽地。

9. 酸模叶蓼 *P. lapathifolium* L.　产于各地。生于水田、沼泽地、旷野、路旁、水边、沟旁。

10. 绵毛酸模叶蓼 *P. lapathifolium* L. var. *salicifolium* Sibth.　产于各地。生于旷野、路旁。

11. 长鬃蓼 *P. longisetum* De Bruyn　产于保护区各地。生于沟谷、溪旁、旷野、路旁。

12. 长戟叶蓼 *P. maackiamim* Regel　产于保护区各地。生于山坡、林缘、灌丛、草地。

13. 尼泊尔蓼 *P. nepalense* Meissn　产于保护区各地。生于林下、山坡、林缘、灌丛。

14. 杠板归 *P. perfoliatum* L.　产于各地。生于旷野、路旁、向阳山坡。

15. 春蓼 *P. persicaria* L.　产于各地。生于旷野、路旁、水田、沼泽林。

16. 习见蓼 *P. pleberium* R. Br.　产于保护区各地。生于旷野、路旁、向阳山坡。

17. 箭头蓼 *Polygonum sagittatum* L.　产于大路沟、马放沟、鸡笼站、白龙池。生于山坡、林缘、灌丛 .

18. 赤胫散 *P. runcinatum* Buch. -Ham.　产于大路沟、马放沟、香榕树沟、大竹园。生于阴坡杂木林、山坡、林缘、灌丛。

19. 箭头蓼 *P. sagittatum* Linnaeus　产于灵山站、鸡笼站、万店站、白云站。生于山坡、林缘、灌丛。

20. 刺蓼 *P. senticosum* Franch. et Sav.　产于保护区各地。生于山坡、林缘、灌丛。

21. 圆穗蓼 *P. sphaerostachyum* Meisn.　产于各地。生于水田、沼泽地、旷野、路旁。

22. 支柱蓼 *P. suffultum* Maxim.　产于鸡笼、灵山、万店各站、肖家沟。生于沟谷、溪旁、旷野、路旁。

23. 戟叶蓼 *P. thunbergii* Sieb. et Zucc.　产于保护区各地。生于山坡、草地、沟谷、溪旁。

(四) 翼蓼属 *Pteroxygonum* Damm. et Diels

1. 翼蓼 *P. grialdii* Damm et Diels　产于鸡笼、万店各站、肖家沟。生于沟谷、溪旁、林下。

(五) 虎杖属 Reynoutria *Houtt.*

1. 虎杖 P. cuspidatum *Sieb. et Zucc.*　产于保护区各地。生于沟谷、溪旁。

(六) 大黄属 *Rheum* L.

1. 药用大黄 R. officinale *Baill.*　产于鸡笼、万店各站。生于山坡、林缘、灌丛。

(七) 酸模属 *Rumex* L.

1. 酸模 R. acetosa *L.*　产于各地。

2. 皱叶酸模 R. crispus *L.*　产于保护区各地。生于旷野、路旁、水边、沟旁、山坡、草地。

3. 尼泊尔酸模 R. nepalensis *Spreng.*　产于保护区各地。生于沟谷、溪旁、山坡、草地。

4. 小酸模 R. acetosella *L.*　产于保护区各地。生于山坡、林缘、灌丛、沟谷、溪旁。

5. 齿果酸模 R. dentatus *L.*　产于各地。生于水田、沼泽地、旷野、路旁。

6. 黑龙江酸模 R. amurensis *F. Schmidt*　产于保护区各地。生于旷野、路旁、水边、沟旁。

7. 羊蹄 R. japonica *Houtt.*　产于鸡笼、灵山、白云、七里冲各站。生于山坡、林缘、灌丛、沟谷、溪旁。

一百二十五　石竹科 Caryophyllaceae

(一) 无心菜属 *Arenaria* L.

1. 无心菜 A. serpyllifolia *L.*　产于各地。生于旷野、路旁、山坡、草地。

(二) 卷耳属 *Cerastium* L.

1. 簇生泉卷耳 C. fontanum *subsp.* vulgare (*Hartm.*) *Greuter et Burdet*　产于保护区各地。生于山坡、草地。

2. 球序卷耳 C. glomeratum *Thuill.*　产于保护区各地。生于山坡、草地。

(三) 石竹属 *Dianthus* L.

1. 石竹 D. chinensis *L.*　产于保护区各地。生于山坡、林缘、灌丛、向阳山坡。

2. 瞿麦 D. superbus *L.*　产于保护区各地。生于向阳山坡、山坡、草地。

(四)石头花属 *Gypsophila* L.

1. 长蕊石头花 G. oldhamiana *Miq.* 产于保护区各地。生于向阳山坡、山谷、岩石上。

(五)剪秋罗属 *Lychnis* L.

1. 浅裂剪秋罗 L. cognata *Maxim.* 产于王坟顶、中垱。生于杂木林。

2. 剪秋罗 L. senno *Sieb. et Zucc.* 产于王坟顶、铁铺、岭南、平心寨。生于杂木林。

(六)鹅肠菜属 *Myosoton* Fries

1. 鹅肠菜 M. aquaticum *L.* 产于灵山、鸡笼、万店各站。生于山坡、林缘、灌丛。

(七)孩儿参属 *Pseudostellaria* Pax

1. 孩儿参 P. heterophylla (*Miq.*) *Pax ex Pax et Hoffm.* 产于灵山、鸡笼、万店、白云各站。生于林下、山坡、林缘、灌丛。

(八)漆姑草属 *Sagina* L.

1. 漆姑草 S. japonica *Ohwi* 产于保护区各地。于旷野、路旁、水田、沼泽地。

(九)繁缕属 *Stellaria* L.

1. 中国繁缕 S. chinensis *Regel* 产于保护区各地。生于山坡、林缘、灌丛。

2. 繁缕 S. meedia *L.* 产于各地。生于旷野、路旁。

3. 箐姑草 S. vestita *Kurz.* 产于灵山、鸡笼、万店、白云各站。山谷、岩石上、向阳山坡。

(十)蝇子草属 *Silene* L.

1. 狗筋蔓 S. baccifer *L.* 产于鸡笼站、东沟、马放沟、香椿树沟、长竹林。生于山坡、林缘、灌丛。

2. 麦瓶草 S. conoidea *L.* 产于各地。生于旷野、路旁。

3. 鹤草 S. fortunei *Vis* 产于各地。生于旷野、路旁、向阳山坡。

4. 蔓茎蝇子草 S. repens *Patr.* 产于鸡笼、灵山、万店、白云各站。生于向阳山坡。

5. 坚硬女娄菜 S. firma *Sieb. et Zucc.* 产于保护区各地。生于山坡、林缘、灌丛。

6. 女娄菜 S. aprica *Turcz. ex Fisch. et C. A. Mey.* 产于保护区各地。生于山坡、林缘、灌丛、林下。

(十一)麦蓝菜属 *Vaccaria* Medic.

1. 麦蓝菜 V. segetalis *Neck.* 产于各地。生于旷野、路旁。

一百二十六　苋科 Amaranthaceae

(一)牛膝属 *Achyranthes* L.

1. 牛膝 A. bidentata *Bl.* 产于保护区各地。生于林下、山坡、林缘、灌丛。

2. 柳叶牛膝 A. longifolia *Makino* 产于保护区各地。生于林下。

(二)千针苋属 *Acroglochin* Schrad.

1. 千针苋 A. persicarioides *Moq.* 产于灵山、白云、万店各站。生于旷野、路旁。

(三)莲子草属 *Alternanthera* Forsk.

1. 莲子草 A. sessilis *R. Br* 产于各地。生于水田、沼泽地、水边、沟旁。

2. 喜旱莲子草 A. philoxeroides *Griseb.* 产于各地。生于水边、沟旁。

（四）苋属 *Amaranthus*

1. 反枝苋 A. retkoflexus *L.* 产于各地。生于旷野、路旁。

（五）青葙属 *Celosia* L.

1. 青葙 C. argentea *L.* 产于各地。生于向阳山坡、旷野、路旁。

（六）藜属 *Chenopodium* L.

1. 藜 C. album *L.* 产于各地。生于旷野、路旁、向阳山坡。
2. 灰绿藜 C. glaucum *L.* 产于各地。生于旷野、路旁。
3. 杂配藜 C. hybridum *L.* 产于万店站。生于旷野、路旁。
4. 小藜 C. serotinum *L.* 产于各地。生于旷野、路旁。
5. 细穗藜 C. gracilispicum *Kung* 产于保护区各地。生于林下、山坡、林缘、灌丛。

（七）地肤属 *Kochia* Roth.

1. 地肤 K. scoparia *Schrad.* 产于各地。生于旷野、路旁。

一百二十七　商陆科 Phytolaccaxeae

（一）商陆属 *Phytolacca* L.

1. 商陆 P. acinosa *Roxb.* 产于灵山、鸡笼、万店、白云、荒冲、七里冲各站。生于山坡、林缘、灌丛、沟谷、溪旁。

一百二十八　粟米草科 Molluginaceae

（一）粟米草属 *Mollugo* L.

1. 粟米草 M. pentaphylla *L.* 产于保护区各地。生于向阳山坡、旷野、路旁。

一百二十九　马齿苋科 Prtulacaceae

（一）马齿苋属 *Portulaca* L.

1. 马齿苋 P. oleraceae *L.* 产于各地。生于旷野、路旁。

一百三十　山茱萸科 Cornaceae

（一）八角枫属 *Alangium* Lam.

1. 八角枫 A. chinenes *Harms* 产于保护区各地。生于山坡、林缘、灌丛、沟谷、溪旁。
2. 毛八角枫 A. kurzii *Craib* 产于小风凹、大风凹、中垱、东沟、黑龙潭。生于沟谷、溪旁。
3. 瓜木 A. platanifolium *Harms* 产于保护区各地。生于山坡、林缘、灌丛、沟谷、溪旁。

（二）山茱萸属 *Macrocarpium* Nakai

1. 山茱萸 M. officinale *Nakai* 本区有栽培。
2. 光皮梾木 C. wilsoniana *Wanger.* 产于王坟顶、朝天山、大风凹、长竹林。生于杂木林。
3. 梾木 C. macrophylla *Wall.* 产于王坟顶、凉亭、塘洼、前锋。生于杂木林。
4. 灯台树 C. contrversa *Hemsl.* 产于小风凹、王坟顶、香椿树沟。生于杂木林。
5. 小梾木 C. paucinervis *Hance* 产于六斗尖、香椿树沟、犁湾沟。生于阴坡杂木林。

6. 尖叶四照花 C. elliptica (*Pojarkova*) *Q. Y. Xiang & Boufford* 产于中垱、灵山金顶、王坟顶。生于山坡、林缘、灌丛。

7. 四照花 C. kousa *subsp.* chinensis (*Osborn*) *Q. Y. Xiang* 产于保护区各地。生于向阳山坡、沟谷、溪旁。

一百三十一 绣球花科 Hydrangeaceae

(一)草绣球属 *Cardiandra* Sieb. et Zucc.

1. 草绣球 C. moellendorffii *Migo* 产于鸡笼站。生于阴坡杂木林。

(二)赤壁木属 *Decumaria* L.

1. 赤壁木 D. sinensis *Oliv.* 产于保护区各地。生于山谷、岩石上。

(三)溲疏属 *Deutzia* Thunb.

1. 大花溲疏 D. grandiflora *Bunge* 产于鸡笼、万店、白云各站。生于山坡、林缘、灌丛、沟谷、溪旁。

2. 光萼溲疏 D. glabrata *Komar* 产于鸡笼、万店、灵山各站。生于沟谷、溪旁。

3. 黄山溲疏 D. glauca *Cheng* 产于鸡笼、灵山、万店各站。生于沟谷、溪旁。

4. 疏花溲疏 D. hypoglauca *Rehd. var.* laxiflora *Rohd.* 产于灵山、鸡笼站。生于沟谷、溪旁。

5. 溲疏 D. scabra *Thunb.* 产于鸡笼站、万店站。生于山坡、林缘、灌丛。

6. 狭叶溲疏 D. scabra *Thunb. var.* angusti*folia Voss.* 产于鸡笼、万店站。生于山坡、林缘、灌丛。

7. 长梗溲疏 D. vilmorinae *Lem. et Bois* 产于鸡笼站。生于山坡、林缘、灌丛。

8. 小花溲疏 D. parvtflora *Bungo* 产于保护区各地。生于山坡、林缘、灌丛。

(四)常山属 *Dichroa* Lour.

1. 常山 D. febrifuga *Lour.* 产于鸡笼站、万店站。生于阴坡杂木林。

(五)绣球属 *Hydrangea* L.

1. 绣球 H. anomala *D. Don* 产于保护区各地。生于阴坡杂木林。

(六)山梅花属 *Philadelphus* L.

1. 山梅花 P. incanus *Koehne* 产于保护区各地。生于阴坡杂木林。

2. 绢毛山梅花 P. sericanthus *Koehne* 产于鸡笼、灵山、万店各站。生于阴坡杂木林。

3. 毛柱山梅花 P. subcanus *Koehne* 产于鸡笼、灵山、白云各站。生于阴坡杂木林。

(七)钻地风属 *Schizophragma* Sieb. et Zucc.

1. 钻地风 S. integrifolium *Oliv.* 产于鸡笼、东沟、万店、白龙池、箭杆山。生于山谷、岩石上。

一百三十二 凤仙花科 Balsaminaceae

(一)凤仙花属 *Impatiens* L.

1. 异萼凤仙花 I. lushiensis *Y. L. Chen* 产于鸡笼、灵山、万店、白云各站。生于山坡、草地。

2. 水金凤 I. noli-tangere *L.* 产于王坟顶、大天寺、中垱。生于林下、山坡、草地。

3. 窄萼凤仙花 I. stenosepala *Pritz. ex Diels* 产于鸡笼、万店各站。生于山坡、草地。

一百三十三 五列木科 Pentaphylacaceae

(一)杨桐属 *Cleyera* Thunb.

1. 杨桐 C. japonica *Thnub.* 产于辽竹沟、白龙池、大天寺。生于山坡、林缘、灌丛。

(二)柃属 *Eurya* Thunb.

1. 翅柃 E. alata *Kobuski* 产于马放沟、大路沟、东沟、白龙池。生于沟谷、溪旁、向阳山坡。

2. 短柱柃 E. brevistyla *Kobuski* 产于灵山、马放沟、东沟、东门沟。生于沟谷、溪旁。

3. 细枝柃 E. loquaiana *Dunn* 产于马放沟、大风凹、东沟。生于沟谷、溪旁。

4. 微毛柃 E. hebeclados *L. K. Ling* 产于东沟、白龙池、前锋。生于山坡、林缘、灌丛。

一百三十四 柿科 Ebeanaceae

(一)柿属 *Diospyros* L.

1. 柿 D. kaki *L.f.* 本区有栽培。

2. 君迁子 D. lotus *L.* 产于保护区各地。生于杂木林。

一百三十五 报春花科 Primulaceae

(一)点地梅属 *Androsace* L.

1. 点地梅 A. umbellata *Merr.* 产于保护区各地。生于旷野、路旁、水田、沼泽地。

(二)紫金牛属 *Ardisia* Swartz.

1. 紫金牛 A. japonica *Swartz.* 产于大天寺、王坟顶、大风凹。生于林下。

2. 朱砂根 A. crenata *Sims.* 产于大风凹、大路沟、马放沟。生于林下。

3. 百两金 A. hortorum *Maxim.* 产于大天寺、王坟顶、前锋。生于林下。

(三)珍珠菜属 *Lysimachia* L.

1. 狼尾花 L. barystachys *Bunge* 产于保护区各地。生于林下。

2. 轮叶过路黄 L. Klattiana *Hance* 产于保护区各地。生于向阳山坡、林下、沟谷、溪旁。

3. 临时救 L. congestiflora *Hemsl.* 产于保护区各地。生于林下。

4. 金爪儿 L. geammica *Hance* 产于保护区各地。生于杂木林、沟谷、溪旁。

5. 过路黄 L. christinae *Hance* 产于保护区各地。生于山坡、草地、沟谷、溪旁。

6. 点腺过路黄 L. hemsleyana *Maxim.* 产于鸡笼站、万店站、中垱、七里冲站、生于山坡、草地。

7. 星宿菜 L. fortunei *Maxim.* 产于保护区各地。生于林下。

8. 矮桃 L. clethroides *Duby* 产于保护区各地。生于林下、山坡、草地。

9. 黑腺珍珠菜 L. heterogenea *Klatt* 产于鸡笼东沟、大风凹、灵山站、七里冲站、田冲。生于沟谷、溪旁、林下。

10. 小叶珍珠菜 L. parvifolia *Franch.* 产于各地。生于旷野、路旁、水田、沼泽地。

11. 泽珍珠菜 L. candida *Lindl.* 产于保护区各地。生于水田、沼泽地、向阳山坡。

12. 狭叶珍珠菜 L. pentapetala *Bunge* 产于保护区各地。生于山坡、林缘、灌丛。

13. 长穗珍珠菜 L. chikungensis *Baill.*　产于鸡笼、灵山、白云各站。生于林下、山坡、草地。

14. 小茄 L. japonica *Thunb.*　产于万店站、鸡笼各站。生于林下。

15. 腺药珍珠菜 L. stenosepala *Hemsl.*　产于鸡笼大天寺、大风凹。生于山坡、林缘、灌丛、山坡、草地。

(四)铁仔属 *Myrisine* L.

1. 铁仔 M. africana *L.*　产于黑庵、王坟顶、破砦。生于林下。

一百三十六　山茶科 Thraceae

(一)山茶属 *Camellia* Abel.

1. 油茶 C. oleifera *Abel.*　本区有栽培。

2. 川鄂连蕊茶 C. rosrhorniana *Hance*　本区有栽培。

3. 茶 C. sinensis *Kuntze*　本区广泛栽培。

(二)紫茎属 *Stewartia* L.

1. 紫茎 S. sinensis *Rehd. et Wils.*　产于大天寺、王坟顶、六斗尖。生于山坡、林缘、灌丛。

一百三十七　山矾科 Symplocaceae

(一)山矾属 *Symplocos* Jacq.

1. 白檀 S. paniculata *Miq.*　产于保护区各地。生于杂木林、山坡、林缘、灌丛。

一百三十八　安息香科 Styracaceae

(一)安息香属 *Styrax* L.

1. 垂珠花 S. dasyanthus *Perk.*　产于中垱、辽竹沟、东沟、大路沟。生于杂木林。

2. 野茉莉 S. japonicus *Sieb. et Zucc.*　产于保护区各地。生于沟谷、溪旁、山坡、林缘、灌丛。

3. 玉铃花 S. obassia *Sieb. et Zucc.*　产于大路沟、马放沟、大天寺、滴水岩。生于杂木林。

4. 芬芳安息香 S. odoratissimus *Champ. ex Bentham*　产于东沟、犁湾沟、八斗眼、前锋。生于杂木林、沟谷、溪旁。

5. 老鸹铃 S. hemsleyanus *Diels*　产于滴水岩、田冲、大天寺、王坟顶。生于杂木林。

6. 灰叶安息香 S. calvescens *Perk.*　产于大天寺、王坟顶、万店各站。生于沟谷、溪旁。

一百三十九　猕猴桃科 Actinidiaceae

(一)猕猴桃属 *Actinidia* Miq.

1. 软枣猕猴桃 A. arguta *Miq.*　产于保护区各地。生于山坡、林缘、灌丛、沟谷、溪旁。

2. 葛枣猕猴桃 A. polygama *Maxim.*　产于鸡笼、万店、白云各站。生于沟谷、溪旁、杂木林。

3. 黑蕊猕猴桃 A. melanandra *Franch.*　产于东沟、马放沟、前锋。生于山坡、林缘、灌丛。

4. 中华猕猴桃 A. chinensis *Planch.* 产于鸡笼、万店、白云、荒冲各站。生于山坡、林缘、灌丛。

5. 四萼猕猴桃 A. tetramera *Maxim.* 产于大天寺、王坟顶、小风凹。生于山坡、林缘、灌丛。

6. 对萼猕猴桃 A. valvata *Dunn* 产于白龙池、蚂蚁岗、田冲、荒冲。生于沟谷、溪旁、山坡、林缘、灌丛。

一百四十 杜鹃花科 Ericaceae

(一)水晶兰属 *Monotropa* L.

1. 水晶兰 M. uniflora *L.* 产于滴水岩、王坟顶、田冲。生于阴坡杂木林。

(二)假沙晶兰属 *Monotropastrum* H. Andres

1. 球果假沙晶兰 M. humile（*D. Don*）*H. Hara* 产于大天寺、王坟顶、香椿树沟。生于山坡、林缘、灌丛。

(一)鹿蹄草属 *Pyrola* L.

1. 鹿蹄草 P. rotundifelia *L.* 产于白龙池、王坟顶、中垱。生于林下。

2. 普通鹿蹄草 P. decorata *H. Andres* 产于大风凹、小风凹、香椿树沟、蚂蚁岗。生于杂木林。

(三)越橘属 *Vaccinium* L.

1. 南烛 V. bracteatum *Thunb.* 产于东门沟、前锋、毛竹园。生于山坡、林缘、灌丛。

2. 米饭花 V. sprengelii *Sieumer* 产于万店站、蚂蚁岗、马鞍山、荒冲。生于杂木林。

(四)杜鹃属 *Rhododendron* L.

1. 羊踯躅 R. Molle *G. Don* 产于荒冲、田冲、马鞍山。生于向阳山坡。

2. 满山红 R. mariesii *Hemsl. et Wils.* 产于保护区各地。生于林下。

3. 杜鹃 R. simsii *Planch.* 产于保护区各地。生于林下。

一百四十一 杜仲科 Eucommiaceae

(一)杜仲属 *Eucommia* Oliv.

1. 杜仲 E. ulmoides *Oliv.* 本区有栽培。

一百四十二 紫草科 Boraginaceae

(一)厚壳树属 *Ehretia* R. Br.

1. 厚壳树 E. thyrsiflora *Nakai* 产于大天寺、白龙池。生于阴坡杂木林。

2. 粗糠树 E. dicksoni *Hance* 产于王坟顶、中垱、前锋。生于杂木林。

3. 光叶粗糠树 E. dicksoni *Hance var.* glabrecens *Nakai* 产于大风凹、中垱、肖家沟。生于杂木林。

(二)紫草属 *Lithospermum* L.

1. 紫草 L. erthrorhizon *Sieb. et Zucc.* 产于保护区各地。生于林下、山坡、草地。

2. 田紫草 L. arvense *L.* 产于各地。生于旷野、路旁。

3. 梓木草 L. zollingeri *DC.* 产于各地。生于林下、旷野、路旁。

(三)斑种草属 *Bothriospermum* Bunge

1. 斑种草 B. chinensis *Bunge* 产于保护区各地。生于林下。

2. 多苞斑种草 B. secundum *Maxim.* 产于大风凹、六斗尖、马鞍山。生于林下、山坡、林缘、灌丛。

3. 柔弱斑种草 B. tenellum *Fisch et Mey.* 产于保护区各地。生于林下、山坡、草地。

(四)附地菜属 *Trigonotis* Stev.

1. 附地菜 T. peduncularis *Benth.* 产于各地。生于旷野、路旁、山坡、草地。

(五)勿忘草属 *Myosotis* L.

1. 勿忘草 M. silvatica *Hoffm.* 产于保护区各地。生于山坡、草地。

(六)琉璃草属 *Cynoglossum* L.

1. 琉璃草 C. furcatum *Wall.* 产于保护区各地。生于旷野、路旁、向阳山坡。

(七)盾果草属 *Thyrocarpus* Hance

1. 盾果草 T. sampsonii *Hance* 产于鸡笼站、辽竹沟、前锋。生于山坡、草地。

2. 弯齿盾果草 T. glochidiatus *Maxim.* 产于岭南、六斗尖、蚂蚁岗。生于山坡、林缘、灌丛。

一百四十三 茜草科 Rubiaceae

(一)水团花属 *Adina* Salisb.

1. 细叶水团花 A. rubella *Hance* 产于大路沟、东沟、犁湾沟。生于沟谷、溪旁。

(二)鸡仔木属 *Sinoadina* Ridsdale

1. 鸡仔木 S. racemosa (*Sieb. et Zucc.*) *Ridsd.* 产于马放沟、东沟、前锋、田冲。生于沟谷、溪旁。

(三)白马骨属 *Serissa* Comm. ex Juss.

1. 六月雪 S. japonica (*Thunb.*) *Thunb.* 产于保护区各地。生于林下。

2. 白马骨 S. serissoides (*DC.*) *Druce* 产于保护区各地。生于林下。

(四)鸡矢藤属 *Paederia* L

1. 鸡矢藤 P. foetida *L.* 产于保护区各地。生于山坡、林缘、灌丛。

(五)香果树属 *Emmenopterys* Oliv.

1. 香果树 E. henryi *Oliv.* 产于大天寺、王坟顶、灵山站、鸡笼站、山店。生于杂木林。

(六)茜草属 *Rubia* L.

1. 茜草 R. cordifolia *L.* 产于各地。生于旷野、路旁、林下。

(七)拉拉藤属 *Galium* L.

1. 四叶葎 G. bungei *Steud.* 产于保护区各地。生于林下。

2. 六叶律 G. asperuloides *subsp.* hoffmeisteri (*Klotzsch*) *Hara* 产于保护区各地。生于林下、山坡、草地。

3. 猪殃殃 G. aparine *L.* 产于各地。生于旷野、路旁、山坡、草地。

4. 麦仁珠 G. tricorne *Stokes* 产于各地。生于旷野、路旁。

5. 蓬子菜 G. verum *L.* 产于鸡笼、万店、白云各站。生于山坡、草地。

6. 小叶猪殃殃 G. trifidum *L.* 产于保护区各地。生于林下。

7. 四叶律 Galium bungei *Steud.* 产于保护区各地。生于林下。

(八)新耳草属 *Neanotis* Lewis

1. 薄叶新耳草 N. hirsute(*Linn. f.*)*Lewis*

(九)假繁缕属 *Pseudostellaria*

1. 假繁缕 P. maxiowicziana *Pax ex Pax et Hoffm.* 产于保护区各地。生于山坡、草地。

一百四十四 龙胆科 Gentianaceae

(一)百金花属 *Centaurium* Hill.

1. 百金花 C. pulchellum *var.* altaicum *Kitag. et Hara* 产于保护区各地。生于水田、沼泽地、沟谷、溪旁。

(二)龙胆属 *Genitiana L.*

1. 鳞叶龙胆 G. squarrosa *Ledeb.* 产于保护区各地。生于水田、沼泽地、沟谷、溪旁。

2. 笔龙胆 G. zollingeri *Fawcett* 产于鸡笼、万店、白云各站。生于山坡、草地。

3. 龙胆 G. scabra *Bunge* 产于万店站、鸡笼站。生于水田、沼泽地、山坡、草地。

4. 条叶龙胆 G. manshurica *Kitag.* 产于东沟、大风凹、中挡。生于山坡、草地、林下。

5. 红花龙胆 G. rhodantha *Franch.* 产于保护区各地。生于山坡、草地。

(三)双蝴蝶属 *Tripterospermum* Bt.

1. 双蝴蝶 T. affine *H. smith* 产于大天寺、朝天山、毛竹园。生于山坡、草地。

(四)花锚属 *Halenia* Borckh.

1. 花锚 H. corniculata *Cornaz.* 产于前锋、白龙池、岭南。生于林下、山坡、草地。

(五)獐牙菜属 *Swertia* L.

1. 獐牙菜 S. bimaculata *Hook. et Thoms* 产于保护区各地。生于沟谷、溪旁、山坡、草地。

一百四十五 马钱科 Loganiaceae

(一)蓬莱葛属 *Gardneria* Wall.

1. 蓬莱葛 G. multiflora *Makino* 产于灵山站、鸡笼站、前锋。生于山谷、岩石上、山坡、林缘、灌丛。

一百四十六 夹竹桃科 Apocynaceae

(一)罗布麻属 *Apocynum* L.

1. 罗布麻 A. venetum *L.* 产于灵山、万店各站。生于沟谷、溪旁、旷野、路旁。

(二)杠柳属 *Peripioca* L.

1. 杠柳 P. sepium *Bunge* 产于保护区各地。生于向阳山坡、山坡、林缘、灌丛。

2. 青蛇藤 P. calophylla *Falc.* 产于前锋、犁湾沟、破砦。生于沟谷、溪旁、向阳山坡。

(三)鹅绒藤属 *Cynanchum* L.

1. 隔山消 C. wilfordii *Hemsl.* 产于保护区各地。生于沟谷、溪旁、向阳山坡。

2. 地梢瓜 C. thesioides（*Freyn*）*K. Schum.*　产于保护区各地。生于向阳山坡。

3. 朱砂藤 C. officinale *Tsiang et Zhang*　产于大风凹、六斗尖、长竹林、肖家沟。生于山坡、林缘、灌丛。

4. 变色白前 C. versicolor *Bunge*　产于大风凹、荒冲、田冲。生于沟谷、溪旁、山坡、林缘、灌丛。

5. 毛白前 C. mooreanum *Hemsl.*　产于鸡笼、灵山、万店、白云各站。生于向阳山坡、沟谷、溪旁。

6. 白薇 C. atratum *Bunge*　产于保护区各地。生于沟谷、溪旁、山坡、林缘、灌丛。

7. 蔓剪草 C. chekiangense *M. Cheng ex Tsiang et P. T. li*　产于岭南、大竹园、香椿树沟、鲁洼。生于山坡、林缘、灌丛。

8. 竹灵消 C. inamoenum *Loes.*　产于东门沟、塘洼、长竹林。生于山坡、林缘、灌丛。

9. 柳叶白前 C. stauntoni *Schltum Royle ex Wight*　产于蚂蚁岗、田冲、马鞍山。生于林下。

10. 牛皮消 C. auriculatum *Royle ex Wight*　产于各地。生于旷野、路旁、山坡、林缘、灌丛。

11. 白前 C. glaucescena *Hand. -Mazz.*　产于保护区各地。生于山坡、林缘、灌丛。

12. 鹅绒藤 C. chirlensis *R. Br.*　产于保护区各地。生于山坡、林缘、灌丛。

13. 徐长卿 C. paniculatum（*Bunge*）*Kitagawa*　产于保护区各地。生于杂木林、山坡、草地。

（四）络石属 *Trachelospermum* Lem.

1. 络石 T. jasminoides *Lem.*　产于保护区各地。生于山谷、岩石上、沟谷、溪旁。

2. 石血 T. jasminoides *Lem. var.* heterophyllum *Tsiang*　产于保护区各地。生于沟谷、溪旁、林下。

（五）娃儿藤属 *Tylophora* R. Br.

1. 娃儿藤 T. floribunda *Miquel*　产于鸡笼、万店、白云站。生于向阳山坡、沟谷、溪旁。

（六）萝藦属 *Metaplexis* R. Br.

1. 萝藦 M. japonica *Makino*　产于保护区各地。生于山坡、林缘、灌丛、旷野、路旁。

（七）秦岭藤属 *Biondia* Schltr

1. 秦岭藤 B. chinensis *Schltr*

一百四十七　木樨科 Oleaceae

（一）木樨属 *Osmanthus* Lour.

1. 木樨 O. fragrans *Lour.*　本区有栽培。

（二）女贞属 *Ligustrum* L.

1. 女贞 L. lucidum *Ait.*　本区有栽培。

2. 水蜡 L. obtusifolium *Sieb.*　产于保护区各地。生于沟谷、溪旁、山坡、林缘、灌丛。

3. 小蜡 L. sinense *Lour.*　产于中垱、大风凹、王坟顶、滴水岩。生于山坡、林缘、灌丛。

4. 小叶女贞 L. quihoui *Carr.*　产于保护区各地。生于沟谷、溪旁。

5. 蜡子树 L. leucanthum（*S. Moore*）*P. S. Green*　产于中垱、东沟。生于山坡、林缘、灌丛。

（三）素馨属 *Jasminum* L.

1. 迎春花 J. nudipiorum *Lindl.*　本区有栽培。

（四）雪柳属 *Fontanesia* Labill.

1. 雪柳 F. fortunei *Carr.*　产于东沟、白龙池。生于沟谷、溪旁。

（五）流苏树属 *Chionanthus* L.

1. 流苏树 C. retusus *Lindl. et Paxt.*　产于小风凹、大风凹、六斗尖、田冲、八斗眼。生于杂木林。

（六）连翘属 *Forsythia* Vahl.

1. 连翘 F. suspensa *Vahl.*　产于保护区各地。生于山坡、林缘、灌丛、林下。

（七）丁香属 *Syringa* L.

1. 巧玲花 S. pubescens *Turcz.*　产于东沟、马放沟、鸡笼站。生于沟谷、溪旁。

（八）梣属 *Fraxinus* L.

1. 白蜡树 F. chinensis *Roxb.*　产于马放沟、小风凹、大风凹、黑龙潭、大天寺、王坟顶。生于沟谷、溪旁、林下。

一百四十八　苦苣苔科 Gesneriaceae

（一）半蒴苣苔属 *Hemiboea* Clarke

1. 降龙草 H. subcapitata *Clarke*　黑龙潭、大天寺。生于沟谷、溪旁。

2. 半蒴苣苔（降龙草）H. subcapitata *Clarke*　马放沟、大路沟、东沟。生于沟谷、溪旁。

（二）旋蒴苣苔属 *Boea* Comm. ex Lam.

1. 旋蒴苣苔 B. hygrometrica *R. Br.*　产于保护区各地。生于山谷、岩石上。

（三）苦苣苔属 *Conandron* Sieb. et Zucc.

1. 苦苣苔 C. ramondioides *Sieb. et Zucc.*　产于鸡笼站、万店站。生于山谷、岩石上 。

（四）吊石苣苔属 *Lysionotus* D. Don

1. 吊石苣苔 L. pauciflorus *Maxim.*　产于大天寺、朝天山、六斗尖。生于山谷、岩石上、杂木林。

一百四十九　车前科 Plantaginaceae

（一）水马齿属 *Callitriche* L.

1. 沼生水马齿 C. palustris *L.*.　产于保护区各地。生于水边、沟旁。

（二）杉叶藻属 *Hippuris* L.

1. 杉叶藻 H. vulgaris *L.*　产于各地。生于池塘、沟渠。

（三）柳穿鱼属 *Linaria* Mill.

1. 柳穿鱼 L. vulgaris *Mill.*　产于白云站、荒冲站。生于山坡、草地。

(四)虻眼属 *Dopatrium* Buch. -Ham. ex Benth.

1. 虻眼 D. junceum *Buch. -Ham. ex Benth.* 产于保护区各地。生于水田、沼泽地。

(五)石龙尾属 *Limnophila* R. Br.

1. 石龙尾 L. sessiliflora *Bl.* 产于白云、荒冲、七里冲各站。生于池塘、沟渠。

(六)车前属 *Plantago* L.

1. 车前 P. asiatica *L.* 产于各地。生于旷野、路旁、向阳山坡。

2. 大车前 P. major *L.* 产于保护区各地。生于旷野、路旁、山坡、草地。

3. 平车前 P. depressa *Willd.* 产于保护区各地。生于旷野、路旁。

(七)兔尾苗属 Pseudolysimachion

1. 轮叶穗花 P. spurium (*Linnaeus*) *Rauschert* 产于保护区各地。生于山坡、草地、向阳山坡。

2. 细叶穗花 P. linariifolium (*Pallas ex Link*) *Holub* 产于鸡笼站、东沟、前锋。生于山坡、草地。

(八)茶菱属 *Trapella* Oliver

1. 茶菱 T. sinensis *Oliver* 产于七里冲、荒冲各站。生于池塘、沟渠。

(九)婆婆纳属 *Veronica* L.

1. 北水苦荬 V. anagallis-aquatica *L.* 产于保护区各地。生于水田、沼泽地。

2. 水苦荬 V. undulata *Wall.* 产于保护区各地。生于水田、沼泽地。

3. 阿拉伯婆婆纳 V. persica *Poir.* 产于保护区各地。生于旷野、路旁。

4. 直立婆婆纳 V. arvensis *L.* 产于保护区各地。生于山坡、草地。

5. 蚊母草 V. peregrina *L.* 产于保护区各地。生于旷野、路旁、山坡、草地。

6. 婆婆纳 V. polita *Fries* 产于各地。生于旷野、路旁。

(十)草灵仙属 *Veronicastrum* Heist et Farbic.

1. 细穗腹水草 V. stenostachyum *Yamazki* 产于鸡笼、万店各站。生于沟谷、溪旁、山坡、草地。

一百五十　玄参科 Scrophulariaceae

(一)醉鱼草属 *Buddleja* L.

1. 醉鱼草 B. lindleyana *Fort.* 产于凉亭、犁湾沟、长竹林。生于向阳山坡、林缘、灌丛。

2. 大叶醉鱼草 B. davidii *Franch.* 产于肖家沟、田冲。生于山坡、草地。

(二)玄参属 *Scrophularia* L.

1. 玄参 S. ningpoensis *Hemsl.* 产于中垱、鸡笼站、蚂蚁岗。生于沟谷、溪旁、林下。

2. 北玄参 S. buergeriana *Miq.* 产于小风凹、中垱、朝天山。生于沟谷、溪旁 、林下。

(三)地黄属 *Rehmannia* Libosch. ex Fish. et Mey.

1. 地黄 R. glutinosa *Libosch.* 产于保护区各地。生于旷野、路旁、山坡、林缘、灌丛。

一百五十一　母草科 Linderniaceae

(一)陌上菜属 *Lindernia* All.

1. 陌上菜 L. procumbens *Philcox* 产于保护区各地。生于水田、沼泽地、沟谷、溪旁。

2. 母草 L. crustacea *F. Muell.* 产于保护区各地。生于水田、沼泽地。

3. 泥花草 L. antipoda *Alston* 产于保护区各地。生于水田、沼泽地。

4. 狭叶母草 L. angustifolia *Wettst.* 产于万店、七里冲、荒冲站。生于水田、沼泽地。

一百五十二 唇形科 Labiatae

(一) 藿香属 *Agastache* Clayton ex Gronov

1. 藿香 A. rugosa *O. Ktze.* 产于中垱、大天寺、毛竹园。生于山坡、林缘、灌丛。

(二) 香科科属 *Teucrium* L.

1. 庐山香科科 T. pernyi *Franch.* 产于前锋、箭杆山、田冲。生于阴坡杂木林。

2. 穗花香科科 T. japonicum *Willd.* 产于王坟顶、东沟、八斗眼。生于山坡、林缘、灌丛。

(三) 筋骨草属 *Ajuga* L.

1. 多花筋骨草 A. multifiora *Bunge* 产于保护区各地。生于林下。

2. 筋骨草 A. ciliata *Bunge* 产于保护区各地。生于林下。

3. 金疮小草 A. decumbens *Thunb.* 产于朝天山、黑庵、十八墩、破砦。生于向阳山坡、林缘、灌丛。

(四) 水棘针属 *Amethystea* L.

1. 水棘针 A. caerulea *L.* 产于各地。生于旷野、路旁、山坡、草地。

(五) 紫珠属 *Callicarpa* L.

1. 紫珠 C. dichotoma *K. Koch* 产于大路沟、小风凹、东沟、箭杆山、长竹林。生于沟谷、溪旁。

2. 华紫珠 C. cathayana *Chang* 产于马放沟、小风凹、犁湾沟、肖家沟、塘洼。生于沟谷、溪旁、林下。

3. 紫珠 C. bodinieri *Levl.* 产于小风凹、白龙池、前锋、蚂蚁岗、香椿树沟。生于杂木林。

4. 老鸦糊 C. bodinieri *Levl. var.* giraldii *Rehd.* 产于大路沟、辽竹沟、东沟。生于沟谷、溪旁。

5. 日本紫珠 C. japonica *Thunb.* 产于东沟、黑龙海、前锋。生于沟谷、溪旁。

6. 窄叶紫珠 C. membranacea *Chang* 产于小风凹、大风凹、中垱、荒冲、犁湾沟。

(六) 莸属 *Caryopteris* Bunge

1. 兰香草 C. incana *Miq.* 产于大天寺、六斗尖、中垱、田冲、马鞍山。生于向阳山坡。

2. 莸 C. divaricata *Maxim.* 产于灵山、鸡笼、万店、白云各站。生于山坡、草地。

(七) 大青属 *Clerodendrum* L.

1. 海州常山 C. trichotomum *Thunb.* 产于保护区各地。生于沟谷、溪旁。

2. 臭牡丹 C. bungei *Steud.* 产于鸡笼、万店、白云各站。生于杂木林。

(八) 夏枯草属 *Prunella* L.

1. 夏枯草 P. vulgaris *L.* 产于保护区各地。生于向阳山坡。

(九)风轮菜属 *Clinopodium* Mill.

1. 风轮菜 C. chinense *O. Ktze.* 产于各地。生于旷野、路旁。

2. 匍匐风轮菜 C. repens *Wall.* 产于各地。生于旷野、路旁。

3. 邻近风轮菜 C. confine *O. Ktze.* 产于保护区各地。生于山坡、草地、旷野、路旁。

4. 灯笼草 C. polycephalum *C. Y. Wu et Hsuan* 产于保护区各地。生于旷野、路旁、山坡、草地。

5. 细风轮菜 C. gracile *Matsum.* 产于鸡笼、万店、白云各站。生于山坡、草地。

6. 麻叶风轮菜 C. urticifolium *C. Y. Wu et Hsuan* 产于保护区各地。生于山坡、草地、旷野、路旁。

(十)香薷属 *Elsholtzia* Willd.

1. 穗状香薷 E. stachyodes *C. Y. Wu* 产于前锋、箭杆山、黑庵。生于旷野、路旁、山坡、林缘、灌丛。

2. 香薷 E. ciliata *Hyland.* 产于保护区各地。生于山坡、林绿、灌丛。

3. 野香草 E. cypriani *S. Chow* 产于保护区各地。生于山坡、草地、沟谷、溪旁。

4. 紫花香薷 E. argyi *Levl.* 产于东门沟、荒冲、田冲。生于山坡、草地。

5. 海州香薷 E. splendens *Nakai* 产于灵山、鸡笼、万店、荒冲各站。生于山坡、草地、沟谷、溪旁。

(十一)活血丹属 *Glechoma* L.

1. 活血丹 G. hederacea *L.* 产于保护区各地。生于林下。

(十二)地笋属 *Lycopus* L.

1. 地笋 L. lucidus *Turoz.* 产于保护区各地。生于沟谷、溪旁、山坡、草地。

(十三)夏至草属 *Lagopsis* Bunge ex Benth.

1. 夏至草 L. incisum *Benyh.* 产于各地。生于旷野、路旁、山坡、草地。

(十四)野芝麻属 *Lamium* L.

1. 野芝麻 L. album *L.* 产于鸡笼黑庵、铁铺、毛竹园、犁湾沟。生于山坡、草地、沟谷、溪旁。

2. 宝盖草 L. amplexicaule *L.* 产于保护区各地。生于旷野、路旁。

(十五)益母草属 *Leonurus* L.

1. 益母草 L. sibiricus *L.* 产于各地。生于旷野、路旁、山坡、草地。

2. 錾菜 L. macranthus *Maxim.* 产于七里冲站、塘洼、万店站、鸡笼站。生于沟谷、溪旁、山坡、草地。

(十六)石荠苎属 *Mosla* Buch. -Ham. ex Maxim.

1. 石香薷 M. chinensis *Maxim.* 产于保护区各地。生于沟谷、溪旁、山坡、林缘、灌丛。

2. 少花荠苎 M. pauciflora *C. Y. Wu et H. W. Li* 产于大天寺、黑龙潭、凉亭。生于山坡、草地、林缘、灌丛。

3. 石荠苎 M. scabra *C. Y. Wu et H. W. Li* 产于保护区各地。生于山坡、草地。

4. 小鱼仙草 M. dianthera *Maxim.* 产于保护区各地。生于水田、沼泽地、沟谷、溪旁。

(十七)薄荷属 *Mentha* L.

1. 薄荷 M. arvensis *L.* 产于保护区各地。生于沟谷、溪旁、旷野、路旁。

(十八)荆芥属 *Nepeta* L.

1. 荆芥 N. cataria *L.* 本区有栽培。

2. 裂叶荆芥 N. tenuifolia *Bentham.* 产于鸡笼、万店、白云各站。生于山坡、草地。

(十九)紫苏属 *Perilla* L.

1. 野生紫苏 P. frutescens *var.* acuta *Kudo* 产于保护区各地。生于旷野、路旁、林下。

(二十)橙花糙苏属 *Phlomis* L.

1. 糙苏 P. umbrosa *Turcz.* 产于王坟顶、中垱。生于林下。

2. 宽苞糙苏 P. umbrosa *Turcz. var.* latibracteata *Sun ex G. H. Hu* 产于大天寺、王坟顶、白龙池。生于林下。

(二十一)香茶菜属 *Isodon* (Benth.) Kudo.

1. 内折香茶菜 I. inflexus *Hara* 产于东沟、马放沟、田冲。生于沟谷、溪旁。

2. 显脉香茶菜 R. nervosus *C. Y. Wu et H. W. Li* 产于东沟、大路沟、蚂蚁岗。生于沟谷、溪旁、林下。

3. 溪黄草 R. serra *Hara* 产于黑龙潭、白龙池、塘洼。生于沟谷、溪旁。

4. 香茶菜 R. amethystoides *Hara* 产于大天寺、东沟、田冲。生于山坡、林缘、激丛。

5. 毛叶香茶菜 R. japonicus *Hara* 产于六斗尖、大天寺、前锋。生于沟谷、溪旁。

6. 线纹香茶菜 R. lophanthoides *Hara* 产于铁铺、八斗眼、犁湾沟。生于林下。

7. 碎米桠 R. rubescens *Hara* 产于保护区各地。生于林下、沟谷、溪旁。

(二十二)牛至属 *Origanum* L.

1. 牛至 O. vulgare *L.* 产于保护区各地。生于向阳山坡。

(二十三)鼠尾草属 *Salvia* L.

1. 丹参 S. miltiorrhiza *Bunge* 产于保护区各地。生于林下。

2. 鼠尾草 S. japonica *Thunb.* 产于保护区各地。生于林下。

3. 荔枝草 S. plebeia *R. Br* 产于万店、鸡笼各站。生于山坡、林缘、灌丛。

4. 华鼠尾草 S. chinensis *Benth.* 产于前锋、毛竹园、肖家沟。生于山坡、草地。

5. 河南鼠尾草 S. honania *L. H. Bailey* 产于鸡笼、万店各站。生于山坡、草地。

(二十四)豆腐柴属 *Premna* L.

1. 豆腐柴 P. microphylla *Turcz.* 产于大天寺、东沟、黑庵、箭杆山。生于杂木林。

(二十五)黄芩属 *Scutellaria* L.

1. 半枝莲 S. barbata *D. Don* 产于保护区各地。生于林下。

2. 韩信草 S. indica *L.* 产于保护区各地。生于林下。

3. 河南黄芩 S. honanensis *C. Y. Wu et H. W. Li* 产于箭杆山、十八墩、毛竹园．生于林下。

4. 京黄芩 S. pekinensis *Maxim*

5. 假活血草 S. tuberifera *C. Y. Wu et C. Chen* 产于保护区各地。生于林下。

(二十六)水苏属 *Stachys* L.

1. 沼生水苏 S. palustris *L.* 产于肖家沟、荒冲。生于水田、沼泽地、沟谷、溪旁。

2. 蜗儿菜 S. arrecta *L. H. Bailey* 产于万店、鸡笼各站。生于沟谷、溪旁。

3. 针筒菜 S. oblongifolia *Benth.* 产于保护区各地。生于水边、沟旁。

4. 水苏 S. japonica *Miq.* 产于保护区各地。生于水边、沟旁。

(二十七)牡荆属 *Vitex* L.

1. 黄荆 V. negundo *L.* 产于各地。生于山坡、林缘、灌丛、向阳山坡。

2. 牡荆 V. negundo *L. var.* cannabifolia *Sieb. et Zucc.* 产于各地。生于山坡、林缘、灌丛、向阳山坡。

3. 荆条 V. negundo *L. var.* chinensis *Mill.* 产于各地。生于山坡、林缘、灌丛、向阳山坡。

一百五十三　通泉草科 Mazaceae

(一)通泉草属 *Mazus* Lour.

1. 通泉草 M. pumilus (*N. L. Burman*) *Steenis* 产于各地。生于旷野、路旁。

2. 弹刀子菜 M. stachydifolius *Maxim.* 产于各地。生于旷野、路旁、山坡、草地。

3. 匍茎通泉草 M. miquelii *Makino* 产于保护区各地。生于向阳山坡、旷野、路旁。

4. 纤细通泉草 M. gracilis *Hemsl. ex Forbes et Hemsl.* 产于灵山金顶、朝天山、毛竹园。生于旷野、路旁、向阳山坡。

一百五十四　透骨草科 Phrymaceae

(一)狗面花属 *Mimulus* L.

1. 沟酸浆 M. tenellus *Bunge* 产于保护区各地。生于旷野、路旁、水田、沼泽地。

(二)透骨草属 *Phryma* L.

1. 透骨草 P. leptostachya *L.* 产于保护区各地。生于山坡、草地。

一百五十五　泡桐科 Paulowniaceae

(一)泡桐属 *Paulownia* Sieb. et Zucc.

1. 毛泡桐 P. tomentosa *Steud.* 本区有栽培。

2. 白花泡桐 P. fortunei *Hemsl.* 本区有栽培。

3. 光泡桐 P. tomentosa *var.* tsinlingensis (*Pai*) *Gong Tong* 本区有栽培。

一百五十六　列当科 Orobanchaceae

(一)野菰属 *Aeginetia* L.

1. 野菰 A. indica *Rosb* 产于蚂蚁岗、马鞍山、大天寺。生于林下。

(二)列当属 *Orbanche* L.

1. 列当 O. coerulescens *Steph.* 产于东门沟、荒冲、犁湾沟。生于向阳山坡。

(三)山罗花属 *Melampyrum* L.

1. 山罗花 M. roseum *Maxim.* 产于中垱、大天寺、朝天山、白龙池。生于林下。

（四）马先蒿属 *Pedicularis* L.

1. 返顾马先蒿 P. resupinata *L.*　产于马放沟、小风凹、大风凹、箭杆山。生于林下。

2. 亨氏马先蒿 P. henryi *Maxim.*　产于大天寺、黑龙潭、前锋。生于林下。

（四）松蒿属 *Phtheirospermum* Bunge

1. 松蒿 P. japonicum *Kanitz*　产于六斗尖、黑庵、八斗眼。生于林下。

（五）松蒿属 *Phtheirospermum* Bunge

1. 松蒿 P. japonicum *Kanitz*　产于六斗尖、黑庵、八斗眼。生于林下。

（六）阴行草属 *Siphonostegia* Benth.

1. 阴行草 S. chinensis *Benth.*　产于保护区各地。生于向阳山坡、林下 。

2. 腺毛阴行草 S. laeta *S. C. Moore*　产于灵山站、岭南、犁湾沟。生于向阳山坡、林下。

（一）鹿茸草属 *Monochasma* Maxim. ex Franch. et Sav

1. 鹿茸草 M. sheareri *Maxim.*　产于大天寺、王坟顶、辽竹沟。生于山坡、草地。

一百五十七　狸藻科 Lentibulariaceae

（一）狸藻属 *Utriclaria* L.

1. 狸藻 U. aurea *Lour.*　产于保护区各地。生于池塘、沟渠。

2. 挖耳草 U. bifida *L.*　产于保护区各地。生于池塘、沟渠。

一百五十八　爵床科 Acanthaceae

（一）爵床属 *Rostellularia* Reichb.

1. 爵床 R. procumbens *L.*　产于保护区各地。生于旷野、路旁。

（二）十万错属 *Asystasiella* Lindau

1. 白接骨 A. chinensis *E. Hossin*　产于马放沟、大路沟、小风凹、大风凹。生于沟谷、溪旁、林下。

（三）水蓑衣属 *Hygrophila* R. Br.

1. 水蓑衣 H. salicifolia *Nees*　产于灵山、七里冲、荒冲、白云各站。生于沟谷、溪旁、水边、沟旁。

（四）狗肝菜属 *Dicliptera* Juss.

1. 狗肝菜 D. chinensis *Nees*　产于马放沟、东沟、白龙池。生于沟谷、溪旁、林下。

（五）观音草属 *Peristrophe* Ness

1. 九头狮子草 P. japonica *Bremek.*　产于大风凹、辽竹沟、田冲、长竹林。生于沟谷、溪旁。

一百五十九　紫葳科 Bignoniaceae

（一）梓属 *Catalpa* Scop.

1. 梓 C. ovata *G. Don*　产于白云、万店各站。生于杂木林。

2. 灰楸 C. fargesii *Bureau*　产于前锋、白龙池。生于沟谷、溪旁、杂木林。

3. 楸 C. bungei *C. A. Mey*　产于灵山、鸡笼、万店、白云各站。生于沟谷、溪旁。

（二）凌霄属 *Campsis* Lour.

1. 凌霄 C. grandiflora（*Thunb.*）*Schum.*　本区有栽培。

一百六十 马鞭草科 Verbenaceae

(一)马鞭草属 *Verbena* L.

1. 马鞭草 V. officinalis *L.* 产于各地。生于旷野、路旁、向阳山坡。

一百六十一 旋花科 Convolvulaceae

(一)菟丝子属 *Cuscuta* L.

1. 菟丝子 C. chinensis *Lam.* 产于各地。生于沟谷、溪旁、向阳山坡。
2. 金灯藤 C. japonica *Choisy* 产于各地。生于旷野、路旁、向阳山坡。

(二)虎掌藤属 *Ipomoea* L.

1. 圆叶牵牛 I. purpurea *Lam.* 本区有栽培。
2. 牵牛 I. nil (*Linnaeus*) *Roth* 本区有栽培。

(三)打碗花属 *Calystegia* R. Br.

1. 柔毛打碗花 C. pubescens *Lindley* 产于各地。生于旷野、路旁、向阳山坡。
2. 藤长苗 C. pellita *G. Don* 产于保护区各地。生于山坡、草地、旷野、路旁。
3. 打碗花 C. hederacea *Wall.* 产于各地。生于旷野、路旁、山坡、草地。
4. 旋花 C. sepium *R. Br.* 产于各地。生于旷野、路旁、山坡、草地。

(四)旋花属 *Convolvulus* L.

1. 田旋花 C. arvensis *L.* 产于各地。生于旷野、路旁、山坡、草地。

一百六十二 茄科 Solanaceae

(一)茄属 *Solanum* L.

1. 龙葵 S. nigrum *L.* 产于各地。生于旷野、路旁。
2. 野海茄 S. japonense *Nakai* 产于保护区各地。生于山坡、林缘、灌丛。
3. 白英 S. lyratum *Thunb.* 产于保护区各地。生于山坡、林缘、灌丛。
4. 光白英 S. boreali-sinense *C. Y. Wu* 产于前锋、黑龙潭。生于山坡、林缘、灌丛。
5. 野茄 S. septemlobum *Bunge* 产于各地。生于旷野、路旁。

(二)酸浆属 *Physalis* L.

1. 酸浆 P. alkekengi *L.* 产于各地。生于旷野、路旁。
2. 毛酸浆 P. pubescens *L.* 产于各地。生于旷野、路旁、山坡、草地。

(三)散血丹属 *Physaliastrum* Makino

1. 江南散血丹 P. heterophyllum *Migo* 产于大风凹、马放沟、鸡笼、万店各站．生于山坡、林缘、灌丛。

(四)曼陀罗属 *Datura* L.

1. 曼陀罗 D. stramonium *L.* 产于保护区各地。生于向阳山坡、草地。
2. 洋金花 D. metel *L.* 产于灵山、鸡笼各站。生于向阳山坡。

(五)枸杞属 *Lycium* L.

1. 枸杞 L. chinensis *Mill.* 产于各地。生于山坡、林缘、灌丛。

一百六十三 青荚叶科 Helwingiaceae

(一)青荚叶属 *Helwingia* Willd.

1. 青荚叶 H. japonica *F. G. Dietr.* 产于大天寺、白龙池、王坟顶。生于阴坡杂木林。

一百六十四 冬青科 Aquifoliaceae

(一)冬青属 *Ilex* L.

1. 大柄冬青 I. macropoda *Miq.* 产于马放沟、东沟、白龙池。生于阴坡杂木林。

2. 大叶冬青 I. latifolia *Thunb.* 产于大路沟、大风凹、辽竹沟、六斗尖。生于山谷、岩石上、沟谷、溪旁。

3. 冬青 I. purpurea *Hassk.* 产于灵山站、马放沟、东沟、六斗尖、前锋、蚂蚁岗。生于山谷、岩石上、沟谷、溪旁。

4. 大果冬青 I. macrocarpa *Oliv.* 产于灵山站、马放沟、大天寺、大竹园、白龙池。生于沟谷、溪旁。

5. 枸骨 I. cornuta *Lindl.* 产于保护区各地。生于山谷、岩石上、沟谷、溪旁。

一百六十五 桔梗科 Campanulaceae

(一)党参属 *Codonopsis* Wall. ex Roxb.

1. 党参 C. pilosula *Nannf*

2. 羊乳 C. lanceolate *Trautv* 产于保护区各地。生于林下。

(二)桔梗属 *Platycodon* A. DC.

1. 桔梗 P. grandiflorus *A. DC.* 产于保护区各地。生于林下、山坡、草地。

(三)蓝花参属 *Wahlenbergia* Schrad. ex Roth.

1. 蓝花参 W. marginata *A. DC.* 产于各地。生于向阳山坡、林缘、灌丛。

(四)沙参属 *Adenophora* Fischer

1. 石沙参 A. Polyantha *Nakai* 产于灵山站、八斗眼、大天寺、犁湾沟。生于林下。

2. 轮叶沙参 A. tetraphylla *Fisch.* 产于保护区各地。生于林下。

3. 杏叶沙参 A. hunanensis *Nannf.* 产于保护区各地。生于林下。

4. 荠苨 A. trachelioides *Maxim.* 产于大风凹、六斗尖、长竹林、东门沟。生于林下、山坡、草地。

5. 沙参 A. stricta *Miq.* 产于大天寺、岭南、马鞍山、箭杆山。生于林下。

(五)风铃草属 *Campanula* L.

1. 紫斑风铃草 C. punctata *Lam.* 产于中垱、王坟顶。生于林下。

(六)半边莲属 *Lobelia* L.

1. 西南山梗菜 L. seguinii *Levl. et Vant.* 产于黑庵、朝天山、白龙池。生于沟谷、溪旁、山坡、草地。

2. 半边莲 L. chinensis *Lour.* 产于保护区各地。生于水田、沼泽地、旷野、路旁。

3. 江南山梗菜 L. davidii *Franch.* 产于东沟、大路沟、前锋。生于沟谷、溪旁、水田、沼泽地。

(七)袋果草属 *Peracarpa* Hook. f. et Thoms

1. 袋果草 P. carnosa (*Wall.*)*Hook. f. et Thoms*

一百六十六　睡菜科 Menyanthaceae

(一)荇菜属 *Nymphoides* Seguiev

1. 荇菜 N. peltatum *Knutze*　产于各地。生于池塘、沟渠。

一百六十七　菊科 Compositae

(一)泽兰属 *Eupatorium* L.

1. 白头婆 E. japonicum *Thunb.*　产于大路沟、大风凹、六斗尖、香椿树沟。生于林下、山坡、林缘、灌丛。

2. 白头婆三裂叶变种 E. japonicum *var.* tripartitum *Makino*　产于马放沟、大路沟、鸡笼站、万店站。生于林下。

3. 多须公 E. chinense *L.*　产于鸡笼站、香椿树沟、滴水岩。生于林下。

4. 林泽兰 E. lindleyanum *var.* trifoliolatum *Makirio*　产于保护区各地。生于林下。

5. 佩兰 E. fortunei *Turcz.*　产于保护区各地。生于林下。

(二)一枝黄花属 *Solidago* L.

1. 一枝黄花 S. virgaurea *L.*　产于前锋、蚂蚁岗、凉亭。生于山坡、草地。

(三)女菀属 *Turczaninovia* DC.

1. 女菀 T. fastigiata *DC.*　产于保护区各地。生于林下。

(四)紫菀属 *Aster* L.

1. 琴叶紫菀 A. panduratus *Nees. ex Walp.*　产于小风凹、大风凹、长竹山、箭杆山、田冲。生于山坡、林缘、灌丛。

2. 三脉紫菀 A. trinervius *subsp.* ageratoides (*Turczaninow*) *Grierson*　产于保护区各地。生于林下。

3. 马兰 A. indicus *L.*　产于保护区各地。生于沟谷、溪旁、旷野、路旁。

4. 全叶马兰 A. pekinensis (*Hance*) *Kitag.*　产于保护区各地。生于向阳山坡、林下。

5. 毡毛马兰 Aster shimadae (*Kitamura*) *Nemoto*　产于保护区各地。生于山坡、林缘、灌丛、林下。

6. 狗娃花 Aster hispidus *Thunb.*　产于保护区各地。生于旷野、路旁、向阳山坡。

7. 阿尔泰狗娃花 Aster altaicus *Willd.*　产于保护区各地。生于向阳山坡、草地。

8. 东风菜 Aster scabra *Moench*　产于大天寺、王坟顶、中垱。生于林下。

(五)碱菀属 *Tripolium* Nees.

1. 碱菀 T. vulgare *Nees.*　产于各地。生于旷野、路旁。

(六)飞蓬属 *Erigeron* L.

1. 小蓬草 E. canadensis *L.*　产于各地。生于旷野、路旁。

2. 飞蓬 E. acer *L.*　产于各地。生于旷野、路旁。

3. 一年蓬 E. annuus *L.*　产于各地。生于旷野、路旁、山坡、草地。

(七)火绒草属 *Leontopodium* R. Br. ex Cass.

1. 薄雪火绒草 L. japonicum *Miq.*　产于辽竹沟、朝天山、十八墩、破砦、马鞍山。生于向阳山坡。

2. 小叶火绒草 L. japonicum *var.* microcephalum *Hand.-Mazz.* 产于王坟顶、朝天山、前锋、香椿树沟。生于向阳山坡、草地。

（八）香青属 *Anaphalis* DC.

1. 香青 A. sinica *Hance* 产于王坟顶、岭南、平心寨。产于大天寺、王坟顶、中垱。

2. 黄腺香青 A. aureopunctata *var.* tomentosa *Hand.-Mazz.* 产于大天寺、中垱、马鞍山。生于向阳山坡、草地。

（九）鼠麴草属 *Gnaphalium*

1. 细叶鼠麴草 P. japonicum *Thunb.* 产于保护区各地。生于向阳山坡、草地。

（十）鼠曲草属 *Pseudognaphalium*

1. 秋拟鼠麹草 P. hypoleucum *DC.* 产于保护区各地。生于向阳山坡。

2. 拟鼠麴草 P. affine *Wall.* 产于保护区各地。生于向阳山坡、山谷、岩石上。

（十一）旋覆花属 *Inula* L.

1. 线叶旋覆花 I. linariaefolia *Turcz.* 产于各地。生于旷野、路旁。

2. 旋覆花 I. britannica *var.* chinensis *Regel.* 产于各地。生于旷野、路旁、水田、沼泽地。

（十二）天名精属 *Carpesium* L.

1. 天名精 C. abrotanoides *L.* 产于保护区各地。生于旷野、路旁、林下。

2. 金挖耳 C. divaricatum *Sieb. et Zucc.* 产于保护区各地。生于林下。

3. 烟管头草 C. cernuum *L.* 产于保护区各地。生于林下。

（十三）苍耳属 *Xallthium* L.

1. 苍耳 X. strumarium *L.* 产于各地。生于旷野、路旁。

（十四）豨莶属 *Sigesbeckia* L.

1. 腺梗豨莶 S. puescens *Makino* 产于鸡笼站、万店站、八斗眼、马放沟。生于山坡、草地、林下。

2. 豨莶 S. orientalis *L.* 产于马放沟、大路沟、香椿树沟、毛竹园。生于山坡、林缘、灌丛。

（十五）鳢肠属 *Eclipta* L.

1. 鳢肠 E. prostrata *L.* 产于各地。生于旷野、路旁、水田、沼泽地。

（十六）鬼针草属 *Bidens* L.

1. 婆婆针 B. bipinnata *L.* 产于保护区各地。生于沟谷、溪旁、旷野、路旁。

2. 鬼针草 B. pilosa *L.* 产于保护区各地。生于旷野、路旁、向阳山坡。

3. 狼杷草 B. tripartita *L.* 产于保护区各地。生于向阳山坡、草地。

4. 小花鬼针草 B. parviflora *Willd.* 产于保护区各地。生于向阳山坡、沟谷、溪旁。

（十七）菊属 *Chrysanthemum* Des Moul.

1. 野菊 C. indicum *Desmonl.* 产于保护区各地。生于向阳山坡。

2. 甘菊 C. lavandulifolium（*Fischer ex Trautvetter*）*Makino* 产于保护区各地。生于林下、沟谷、溪旁。

3. 毛华菊 C. vestitum *Ling* 产于大天寺、前锋、长竹林、塘洼。生于山坡、林缘、灌丛。

(十八)石胡荽属 *Centipeda* Lour.

1. 石胡荽 C. minima *A. Br. et Ascher* 产于各地。生于旷野、路旁。

(十九)蒿属 *Artemisia* L.

1. 猪毛蒿 A. scoparia *Wald st. et Kit.* 产于保护区各地。生于向阳山坡、旷野、路旁。
2. 牡蒿 A. japonicum *Thunb.* 产于保护区各地。生于林下、山坡、草地。
3. 南牡蒿 A. eriopoda *Bunge* 产于保护区各地。生于草地、向阳山坡。
4. 茵陈蒿 A. capillaris *Thunb.* 产于各地。生于旷野、路旁、向阳山坡。
5. 黄花蒿 A. annua *L.* 产于各地。生于旷野、路旁。
6. 青蒿 A. apicaea *Hance* 产于各地。生于旷野、路旁、山坡、草地。
7. 奇蒿 A. anomala *S. Moore* 产于保护区各地。生于旷野、路旁。
8. 大籽蒿 A. sieversiana *Willd.* 产于各地。生于旷野、路旁。
9. 艾 A. argyi *Levl. et Vant.* 产于各地。生于旷野、路旁、山坡、草地。
10. 白苞蒿 A. lactiflora *Wall.* 产于保护区各地。生于向阳山坡。
11. 野艾蒿 A. lavandulaefolia *DC.* 产于各地。生于旷野、路旁、向阳山坡。
12. 阴地蒿 A. sylvatica *Maxim.* 产于保护区各地。生于山坡、草地、林下。
13. 魁蒿 A. princeps *Pamp.* 产于保护区各地。生于向阳山坡、草地。
14. 蒙古蒿 A. mongolica *Fisch.* 产于保护区各地。生于向阳山坡、旷野、路旁。
15. 矮蒿 A. feddei *Levl. et Vant.* 产于各地。生于旷野、路旁、山坡、草地。
16. 蒌蒿 *A.* selengensis *Turcz.* 产于保护区各地。生于山坡、草地、林缘、灌丛。

(二十)蜂斗菜属 *Petasites* Mill.

1. 蜂斗菜 P. japonicum *F. Schmidt* 产于万店站、箭杆山、十八墩、八斗眼。生于林下。

(二十一)兔儿伞属 *Syneilesis* Maxim.

1. 兔儿伞 S. aconitifolia *Maxim.* 产于保护区各地。生于山坡、草地、林下。

(二十二)蟹甲草属 *Cacalia* L.

1. 两似蟹甲草 C. ambigua *Ling* 产于大风凹、王坟顶、毛竹园、塘洼。生于林下。
2. 山尖子 C. hastata *L.* 产于王坟顶、中垱、香椿树沟。生于林下。

(二十三)千里光属 *Senecio* L.

1. 千里光 S. scandens *Buch. -Ham.* 产于保护区各地。生于林下、山坡、草地。
2. 林荫千里光 S. nemorensis *L.* 产于大路沟、大风凹、鸡笼站、箭杆山、八斗眼。生于林下。
3. 额河千里光 S. argunensis *Turcz.* 产于小风凹、大风凹、田冲。生于山坡、草地。

(二十四)狗舌草属 *Tephroseris*（Reichenb.）Reichenb.

1. 狗舌草 T. kirilowii（*Turcz. ex DC.*）*Holub.* 产于中垱、平心寨、前锋、白龙池。生于林下。

(二十五)蒲儿根属 *Sinosenecio* B. Nord.

1. 蒲儿根 S. oldhamianus *Maxim.* 产于鸡笼站、前锋。生于林下。

(二十六)橐吾属 *Ligularia* Cass.

1. 鹿蹄橐吾 L. hodgsonii *Hook.* 产于东沟、王坟顶、黑龙潭。生于沟谷、溪旁、水边、沟旁。

2. 大头橐吾 L. japonica *Less.* 产于白龙池、十八墩、中垱。生于沟谷、溪旁。

3. 离舌橐吾 L. veitchiana *Greenm.* 产于平心寨、岭南、王坟顶、大天寺。生于林下。

4. 窄头橐吾 L. stenocephala *Matsum. et Koidz.* 产于大天寺、马鞍山、白龙池。生于林下、山坡、草地。

5. 齿叶橐吾 L. dentate *Hara* 产于黑龙潭、白龙池、东沟。生于沟谷、溪旁、林下。

6. 狭苞橐吾 L. intennedia *Nakai* 产于朝天山、六斗尖、毛竹园。生于林下。

(二十七)蓝刺头属 *Echinops* L.

1. 华东蓝刺头 E. grisii *Hance* 产于中垱、王坟顶、前锋。生于向阳山坡、草地。

(二十八)苍术属 *Atractylodes* DC.

1. 苍术 A. lancea *DC.* 产于保护区各地。生于林下、山坡、草地。

(二十九)飞廉属 *Carduus* L.

1. 飞廉 C. crispus *L.* 产于中垱、平心寨、王坟顶。生于向阳山坡。

(三十)蓟属 *Cirsium* Mill.

1. 刺儿菜 C. arvense *var.* integrifolium *C. Wimm. et Grabowski* 产于各地。生于旷野、路旁、山坡、草地。

2. 蓟 C. japonicum *DC.* 产于保护区各地。生于山坡、林缘、灌丛。

3. 湖北蓟 C. hupehense *Pamp.* 产于万店站、鸡笼站。生于山坡、林缘、灌丛。

4. 线叶蓟 C. lineare *Sch. -Bip.* 产于保护区各地。生于山坡、草地。

5. 马刺蓟 C. monocephalum(*Vant.*)*Levl*

(三十一)泥胡菜属 *Hemisteptia* Bunge

1. 泥胡菜 H. lyrata *Bunge* 产于保护区各地。生于旷野、路旁、向阳山坡。

(三十二)须弥菊属 *Himalaiella*

1. 三角叶须弥菊 H. deltoidea(*Candolle*)*Raab-Straube* 产于保护区各地。生于林下、山坡、草地。

(三十三)漏芦属 *Rhaponticum* Vaill.

1. 华漏芦 R. chinense(*S. Moore*)*L. Martins & Hidalgo* 产于保护区各地。生于草地、向阳山坡。

(三十四)风毛菊属 *Saussurea* DC.

1. 风毛菊 S. japonica *DC.* 产于保护区各地。生于山坡、草地。

2. 异色风毛菊 S. brunneopilosa *Hand. -Mazz.* 产于鸡笼站、灵山站及前锋。生于林下。

3. 心叶风毛菊 S. cordifolia *Hemsl.* 产于大风凹、大路沟、十八墩、塘洼、马鞍山、坟顶、平心寨。生于林下。

4. 卢山风毛菊 S. bullockii *Dunn* 产于白龙池、箭杆山、蚂蚁岗。生于林下。

(三十五)山牛蒡属 *Synurus* Iljin

1. 山牛蒡 S. deltoides *Nakai* 产于保护区各地。生于山坡、林缘、灌丛、草地。

(三十六)伪泥胡菜属 *Serratula* L.

1. 伪泥胡菜 S. coronata *L.* 产于朝天山、六斗尖、平心寨。生于向阳山坡。

(三十七)兔儿风属 *Ainsliaea* DC.

1. 杏香兔儿风 A. fragrans *Champ.* 产于大路沟、大风凹、大天寺。生于林下。

2. 阿里山兔儿风 A. macroclinidioides *Hay. Es* 产于大风凹、箭杆山、滴水岩。生于林下。

3. 宽叶兔儿风 A. latifolia *Druce* 产于大天寺、破砦、塘洼。生于林下。

4. 红背兔儿风 A. rubrifolia *Franch*

(三十八)大丁草属 *Leibnitzia* Cass.

1. 大丁草 L. anandria *Turcz.* 产于保护区各地。生于林下。

(三十九)稻槎菜属 *Lapsana* L.

1. 稻槎菜 L. apogonoides *Maxim.* 产于鸡笼站、万店站、荒冲站、七里冲站。生于、山坡、草地、旷野、路旁。

(四十)鸦葱属 *Scorzonera* L.

1. 鸦葱 S. ruprechtiana *Lipsch. et Krasch.* 产于中垱、辽竹沟、王坟顶。生于向阳山坡。

(四十一)毛连菜属 *Picris* L.

1. 毛连菜 P. hieracioides 产于保护区各地。生于草地、向阳山坡。

(四十二)蒲公英属 *Taraxacus* L.

1. 蒲公英 T. mongolicum *Hand. -Mazz.* 产于各地。生于旷野、路旁。

(四十三)苦苣菜属 *Sonchus* L.

1. 苦苣菜 S. oleraceus *L.* 产于保护区各地。生于旷野、路旁。

2. 花叶滇苦菜 S. asper *Hill.* 产于保护区各地。生于旷野、路旁。

3. 苣荬菜 S. arvensis *L.* 产于保护区各地。生于旷野、路旁。

(四十四)莴苣属 *Lactuca* L.

1. 毛脉翅果菊 L. raddeana *Maxim.* 产于小风凹、大风凹、塘洼、田冲、长竹林。生于山坡、草地。

2. 台湾翅果菊 L. formosana *Maxim.* 产于前锋、香椿树沟、毛竹园、塘洼。生于山坡、草地。

3. 翅果菊 L. indica *L.* 产于保护区各地。生于山坡、草地。

4. 乳苣 L. tatarica *C. A. Mey* 产于保护区各地。生于山坡、草地。

5. 翼柄翅果菊 L. triangulata(*Maxim.*)*Shih*

(四十五)黄鹌菜属 *Yougia* Cass.

1. 黄鹌菜 Y. japonica *DC.* 产于各地。生于旷野、路旁。

（四十六）小苦荬属 *Ixeridium*（A. Gray）Tzvelev

1. 小苦荬 I. dentatum（*Thunb.*）*Tzvel.*　产于保护区各地。生于旷野、路旁、向阳山坡。

（四十七）苦荬菜属 *Ixeris* Cass.

1. 中华苦荬菜 I. chinensis *Nakai*　产于保护区各地。生于旷野、路旁、向阳山坡。

2. 剪刀股 I. japonica（*Burm. F.*）*Nakai*　产于各地。生于旷野、路旁、向阳山坡。

3. 苦荬菜 I. polycephala *Cass.*　产于保护区各地。生于向阳山坡、旷野、路旁。

（四十八）假还阳参属 *Crepidiastrum* Nakai

1. 尖裂假还阳参 C. sonchifolium（*Maximowicz*）*Pak et Kawano*　产于保护区各地。生于旷野、路旁、向阳山坡。

2. 黄瓜假还阳参 C. denticulatum（*Houttuyn*）*Pak et Kawano*　产于各地。生于旷野、路旁。

（四十九）山柳菊属 *Hieracium* L.

1. 山柳菊 H. umbellatum *L.*　产于保护区各地。生于水边、沟旁、旷野、路旁。

一百六十八　海桐科 Pittosporaceae

（一）海桐属 *Pittosporum* Banks

1. 崖花子 P. truncatum *Pritz.*　产于灵山、鸡笼、万店各站。生于沟谷、溪旁。

2. 棱果海桐 P. trigonocarpum *Levl.*　产于鸡笼、万店、灵山各站。生于沟谷、溪旁。

3. 狭叶海桐 P. glabratum *var.* neriifolium *Rehd. et Wils.*　产于鸡笼、灵山、万店各站。生于沟谷、溪旁。

4. 海金子 P. illicioides *Mak.*　产于灵山、万店、鸡笼、白云各站。生于沟谷、溪旁。

一百六十九　五加科 Araliaceae

（一）常春藤属 *Hedera* L.

1. 常春藤 H. nepalensis *K. Koch. var.* sinensis *Rehd.*　产于肖家沟、东沟、马放沟。生于林下、沟谷、溪旁。

（二）刺楸属 *Kalopanax* Miquel

1. 刺楸 K. pictus *Nakai*　产于大天寺、东沟、马放沟。生于杂木林。

（三）楤木属 *Aralia* L.

2. 食用土当归 A. cordata *Thunb.*　产于大路沟、马放沟、东沟、八斗眼、香椿树沟。生于杂木林。

3. 黄毛楤木 A. chinensis *L.*　产于鸡笼、万店、白云、灵山各站。生于杂木林。

4. 楤木 A. *elata*（*Miq.*）*Seem.*　产于白龙池、大天寺、东沟。生于沟谷、溪旁。

（四）五加属 *Acanthopanax* Miq.

1. 藤五加 A. leucorrhizus *Harms.*　产于中垱、岭南、东门沟、前锋。生于沟谷、溪旁、山坡、林缘、灌丛。

2. 细柱五加 A. gracilistylus *W. W. Smith*　产于鸡笼、万店、白云、荒冲各站。生于沟谷、溪旁。

3. 红毛五加 A. giraldii *Harms.* 产于大天寺、白龙池、前锋、八斗眼。生于山坡、林缘、灌丛。

4. 白簕 A. trifoliatus *Mern.* 产于大天寺、香椿树沟、白龙池。生于沟谷、溪旁、山坡、林缘、灌丛。

5. 糙叶五加 A. henryi *Harms.* 产于大路沟、岭南、六斗尖、田冲。生于沟谷、溪旁、阴坡杂木林。

(五)通脱木属 *Tetrapanax* Koch.

1. 通脱木 T. papyriferus *Koch.* 产于辽竹沟、鸡笼站。生于向阳山坡、杂木林。

一百七十 伞形科 Umbelliferae

(一)峨参属 *Allthriscus* Hoffm.

1. 峨参 A. sylvestris *Hoffm.* 产于保护区各地。生于林下、山坡、草地。

(二)当归属 *Angelica* L.

1. 白芷 A. dahurica *Benth. et Hook. f.* 产于马放沟、大路沟、蚂蚁岗、犁湾沟。生于林下、沟谷、溪旁。

2. 拐芹 A. polymorpha *Maxim.* 产于王坟顶、箭杆山、毛竹园、东门沟。生于山坡、林缘、灌丛。

(三)柴胡属 *Bupleurum* L.

1. 大叶柴胡 B. longiradiatum *Turcz.* 产于平心寨、东门沟、王坟顶。生于山坡、草地。

2. 北柴胡 B. chinense *DC.* 产于保护区各地。生于向阳山坡.

3. 红柴胡 B. scorzonerifolium *WilId.* 产于保护区各地。生于向阳山坡、林下。

(四)鸭儿芹属 *Cryptotaenia* DC.

1. 鸭儿芹 C. japonica *Hassk.* 产于保护区各地。生于沟谷、溪旁、林下。

(五)蛇床属 *Cnidium* Cusson

1. 蛇床 C. monnieri (*L.*) *Cuss.* 产于各地。生于旷野、路旁、林下。

(六)阿魏属 *Ferula* L.

1. 铜山阿魏 F. tunshanica *Su* 产于大天寺、中垱、平心寨。生于山坡、草地、林下。

(七)胡萝卜属 *Daucus* L.

1. 野胡萝卜 D. aristata *Mak. et Yabe* 产于各地。生于旷野、路旁。

2. 胡萝卜 D. carota *L.* 本区广泛栽培。

(八)藁本属 *Ligusticum* L.

1. 藁本 L. sinense *Oliv.* 产于小风凹、大天寺、王坟顶。生于林下、沟谷、溪旁。

2. 岩茴香 L. tachiroei (*Franch. et Sav.*) *Hiroe et Constance* 产于平心寨、大天寺、大竹园。生于山坡、草地、林缘、灌丛。

(九)山芹属 *Ostericum*

1. 大齿山芹 O. grosseserrata (*Maxim.*) *Kitagawa* 产于小风凹、王坟顶、白龙池。生于沟谷、溪旁、杂木林。

(十)水芹属 *Oenanthe* L.

1. 水芹 O. decumbes *K. Pol.* 产于保护区各地。生于水边、沟旁、沟谷、溪旁。

2. 线叶水芹 O. linearis *Wall. ex DC.* 产于保护区各地。生于水边、沟旁。

(十一) 岩风属 *Libanotis* L.

1. 香芹 L. seseloides *Turcz.* 产于马鞍山、破砦、八斗眼、十八墩。生于向阳山坡、草地。

(十二) 前胡属 *Peucedanum* L.

1. 前胡 P. decursivum *Maxim.* 产于保护区各地。生于山坡、草地。

2. 石防风 P. praeruptorum *Dunn* 产于马鞍山、滴水岩、东门沟。生于山谷、岩石上、向阳山坡。

(十三) 明党参属 *Changium* H. Wolff.

1. 明党参 C. smyrnioides *H. Wolff.* 产于大天寺、王坟顶、白龙池。生于林下。

(十四) 变豆菜属 *Sanicula* L.

1. 变豆菜 S. chinensis *Bge.* 产于保护区各地。生于林下、沟谷、溪旁。

2. 直刺变豆菜 S. orthacantha *S. Moore* 产于马放沟、大路沟、大风凹、前锋、蚂蚁岗。生于林下。

(十五) 独活属 *Heracleum* L.

1. 短毛独活 H. moellendorffii *Hance* 产于大路沟、大风凹、大天寺、毛竹园、塘洼。生于林下。

2. 独活 H. hemsleyanum *Diels* 产于大风凹、黑龙潭、滴水岩。生于沟谷、溪旁、林下。

(十六) 窃衣属 *Torilis* Adans.

1. 窃衣 T. scabra *DC.* 产于各地。生于旷野、路旁、林下。

2. 小窃衣 T. japonica *DC.* 产于各地。生于旷野、路旁、林下。

(十七) 泽芹属 *Sium* L.

1. 泽芹 S. suava *Walt.* 产于东沟、马放沟、滴水岩、塘洼。生于沟谷、溪旁。

(十八) 天胡荽属 *Hydrocotyle* L.

1. 红马蹄草 H. nepalensis *Hook.* 产于鸡笼站。生于林下、山坡、林缘、灌丛。

2. 天胡荽 H. sibthorpioides *Lam.* 产于保护区各地。生于林下。

(十九) 积雪草属 *Centella* L.

1. 积雪草 H. asiatica *L.* 产于保护区各地。生于林下。

(二十) 茴芹属 *Pimpinella* L.

1. 锐叶茴芹 P. arguta *Diels* 产于小风凹、大天寺、蚂蚁岗、箭杆山、肖家沟。生于杂木林。

2. 异叶茴芹 P. diversifolia *DC.* 产于保护区各地。生于阴坡杂木林。

一百七十一　五福花科 Adoxaceae

(一) 荚蒾属 *Viburnum* L.

1. 荚蒾 V. dilatatum *Thunb.* 产于中垱、大风凹、大天寺、长竹林、十八墩、箭杆山。生于林下、沟谷、溪旁。

2. 鸡树条 V. pulus *subsp*. calvescens（*Rehder*）*Sugimoto* 产于王坟顶、灵山、中垱、金顶。生于山坡、林缘、灌丛。

3. 阔叶荚蒾 V. lobophyllum *Graebn*. 产于中垱、大风凹、平心寨、马鞍山。生于向阳山坡。

4. 宜昌荚蒾 V. erosum *Thunb*. 产于万店、鸡笼站。生于沟谷、溪旁、山坡、林缘、灌丛。

5. 茶荚蒾 V. setigerum *Hance* 产于前锋、香椿树沟、白龙池。生于沟谷、溪旁、山坡、林缘、灌丛。

6. 蝴蝶荚蒾粉团 V. plicatum *Thunb. f.* tomentosum *Rehd*. 产于东沟、大天寺、六斗尖。生于沟谷、溪旁、杂木林。

7. 绣球荚蒾 V. macrocephalum *Fort. f.* keteleeri *Rehd*. 产于大天寺、王坟顶。生于林下。

8. 烟管荚蒾 V. utile *Hemsl*. 产于东沟、大天寺、白龙池。生于沟谷、溪旁、山坡、林缘、灌丛。

9. 皱叶荚蒾 V. rhytidophyllum *Hemsl*. 产于白龙池、前锋、箭杆山、大天寺。生于杂木林。

10. 合轴荚蒾 V. sympodiale *Graebn*

（二）接骨木属 *Sambucus* L.

1. 接骨草 S. wiliamsii *Hance* 产于保护区各地。生于山坡、草地。

2. 接骨木 S. chinensis *Lindl*. 产于保护区各地。生于林下、山坡、林缘、灌丛。

一百七十二　忍冬科 Caprifoliaceae

（一）糯米条属 *Abelia* R. Br.

1. 二翅六道木 A. macrotera *Rehd*. 产于前锋、白龙池、六斗尖。生于向阳山坡、保护区各地。

2. 糯米条 A. chinensis *R. Br*. 产于大风凹、岭南、前锋、白龙池、马鞍山。生于杂木林。

3. 蓪梗花 A. engleriana *Rehd*. 产于王坟顶、中垱、灵山金顶。生于林下。

（二）川续断属 *Dipsacus* L.

1. 日本续断 *D. japonicus Miq* 产于保护区各地。生于山坡、草地。

（三）忍冬属 *Lonicera* L.

1. 忍冬 L. japonica *Thunb*. 产于保护区各地。生于沟谷、溪旁、向阳山坡。

2. 菰腺忍冬 L. hypoglauca *Miq*. 产于东沟、岭南、八斗眼、犁湾沟。生于山坡、林缘、灌丛。

3. 葱皮忍冬 L. ferdinandii *Franch*. 产于白龙池、黑龙潭、塘洼。生于山坡、林缘、灌丛。

4. 蕊被忍冬 L. gynochlamydea *Hemsl*. 产于八斗眼、马鞍山、大天寺。生于山坡、林缘、灌丛。

5. 刚毛忍冬 L. hispida *Pall. ex Roem*. 产于保护区各地。生于林下。

6. 盘叶忍冬 L. tragophylla *Hemsl.* 产于万店、鸡笼、灵山各站。生于林下。

7. 金银忍冬 L. maackii *Maxim. f.* podocarpa *Franch. ex Rehd.* 产于保护区各地。生于沟谷、溪旁。

8. 金花忍冬 L. chrysantha *Turcz.* 产于东沟、白龙池、前锋。生于沟谷、溪旁、林下。

9. 苦糖果 L. standishii *Carr.* 产于保护区各地。生于山坡、林缘、灌丛。

10. 郁香忍冬 L. fragrantissima *Lindl. ex Paxon* 产于保护区各地。生于沟谷、溪旁、山坡、林缘、灌丛。

(四)败酱属 *Patrinia* Juss.

1. 败酱 P. scabiosifolia *Fisch.* 产于保护区各地。生于山坡、草地、林缘、灌丛。

2. 攀倒甑 P. villosa *Juss.* 产于保护区各地。生于林下、山坡、林缘、灌丛。

3. 狭叶败酱 P. angustifolia *Hemsl.* 产于保护区各地。生于山谷、岩石上、林下。

4. 斑花败酱 P. punctiflora *Hsu et H. J. Wang* 产于鸡笼、灵山、万店各站。生于林下、山坡、草地。

5. 墓头回 P. heterophylla *Bunge* 产于保护区各地。生于山坡、草地、林缘、灌丛。

(五)蓝盆花属 *Scabiosa* L.

1. 日本蓝盆花 S. japonica *Miq.* 产于王坟顶、平心寨、朝天山。生于向阳山坡、山谷、岩石上。

(六)锦带花属 *Weigela* Thunb.

1. 锦带花 W. florida *A. DC.* 产于东沟、前锋。生于沟谷、溪旁。

2. 海仙花 W. coraeensis *DC.* 产于马放沟、东沟、黑龙潭。生于沟谷、溪旁。

(七)缬草属 *Valeriana* L.

1. 缬草 V. officinalis *L.* 产于王坟顶、平心寨。生于山坡、草地。

2. 宽叶缬草 V. officinalis *var.* latifolia *Miq.* 产于灵山金顶、王坟顶、白龙池。生于山坡、草地、林下。

(八)六道木属 Zabelia

1. 六道木 Z. biflora (*Turcz.*) *Makino.* 产于中垱、王坟顶、六斗尖、破砦。生于林下、山坡、林缘、灌丛。

2. 南方六道木 Z. dielsii (*Graebn.*) *Makino* 产于马放沟、大风凹、岭南、王坟顶。生于山坡、林缘、灌丛。

附录二 古树名树名录

序号	树种	位置	经纬度	树高（米）	冠幅（米）	胸围（米）	估测树龄（年）
1	银杏	山店乡胡畈村李坳	114.4422600 31.7972300	27	27	3.9	650
2	银杏	山店乡胡畈村郑洼组	114.4421000 31.7972000	27	25	3.1	650
3	银杏	山店乡鸡笼村红岩	114.4128200 31.7458500	27	18	1.0	350
4	银杏	灵山镇高寨村新店组	114.2481200 31.8993900	16	8	1.32	1100
5	银杏	灵山镇高寨村灵山	114.2332900 31.8953300	40	10	2.52	600
6	银杏	灵山镇高寨村灵山	114.2336600 31.8968100	30	16	3.0	413
7	银杏	灵山镇高寨村熊西楼组	114.2551000 31.9059400	22	16	2.2	670
8	银杏	灵山镇张楼村祁塘组	114.2913600 31.9414500	22	17	3.1	150
9	银杏	铁铺镇何冲村青棚桃园	114.2893000 31.8085000	28	18	2.3	610
10	银杏	彭新镇前锋村宋湾组	114.3763900 31.8629200	30	16	4.6	300
11	银杏	彭新镇江榜村小罗湾	114.4230000 31.8410300	10	15	2.25	510
12	银杏	铁铺镇何冲村黎大湾	114.2821700 31.7995200	23	12	2.0	200
13	枫杨	铁铺镇何冲村黎大湾	114.2801300 31.8008000	14	14	1.6	100
14	银杏	铁铺镇何冲村六冲组	114.2797300 31.7943900	18	21	2.4	510
15	银杏	铁铺镇何冲村郭湾组	114.2853400 31.7929600	23	16	2.8	410
16	麻栎	铁铺镇易棚村转棚	114.2956000 31.8277400	20	14	1.8	150
17	银杏	铁铺镇何冲村	114.2992200 31.8199400	25	19	3.2	817

续表

序号	树种	位置	经纬度	树高（米）	冠幅（米）	胸围（米）	估测树龄（年）
18	银杏	铁铺镇何冲村何冲组	114. 2924400 31. 8185400	19	16	2. 0	300
19	枫杨	铁铺镇何冲村青棚组	114. 2803100 31. 7991300	35	12	1. 6	150
20	皂荚	灵山镇涩港村涩港	114. 3024900 31. 9773400	18	10	1. 6	135
21	皂荚	灵山镇涩港村张家湾后山	114. 3023100 31. 9775300	20	15	2. 9	130
22	侧柏	灵山镇张楼村刘家湾	114. 3202700 31. 9332400	13	9	2. 2	260
23	银杏	彭新镇江榜村	114. 4205400 31. 8301700	10	6	1. 6	520
24	枸骨	彭新镇天竹村新修大桥边	114. 4032500 31. 8221100	10	13	0. 6	500
25	枫杨	朱堂乡白马村信叶路边	114. 1895800 31. 9847600	15	20	4. 0	200
26	侧柏	朱堂乡白马村串新湾	114. 1979200 31. 9898400	15	10	2. 1	260
27	枫杨	朱堂乡昌湾村七里公路边	114. 2360800 32. 0268300	19	13	3. 9	142
28	皂荚	朱堂乡肖畈村路边塘角	114. 2077700 31. 9526800	20	25	2. 1	125
29	侧柏	朱堂乡朱堂村王油坊	114. 2376300 31. 9816600	20	5	1. 75	197
30	侧柏	朱堂乡朱堂村王油坊	114. 2375200 31. 9817100	15	5	1. 35	197
31	银杏	灵山镇灵山寺南院墙	114. 2172800 31. 8989800	23	20	3. 7	1300
32	紫薇	灵山镇灵山寺大雄宝殿前	114. 2172200 31. 8990500	6	6	0. 32	300
33	银杏	灵山镇灵山寺天王殿前	114. 5250900 32. 2194900	20	16	3. 1	260

附录三　哺乳类物种名录

目	科	种	拉丁名	从属区系	分布型	IUCN	CKL	CRLB	发现方式
啮齿目	松鼠科	岩松鼠	*Sciurotamias davidianus*	OS	E	LC		LC	观察
		北花松鼠	*Tamias sibiricus*	OS	U	LC		LC	捕捉
		赤腹松鼠	*Callosciurus erythraeus*	OS	W	LC		LC	捕捉
		珀式长吻松鼠	*Dremomys pernyi*	OS	S	LC		LC	文献资料
	豪猪科	中国豪猪	*Hystrixhodgsoni*	OS	U	LC		LC	访谈
	鼠科	黑线姬鼠	*Apodemus agrarius*	OS	S	LC		LC	捕捉
		中华姬鼠	*Apodemus draco*	OS	S	LC		LC	捕捉
		北社鼠	*Niviventer confucianus*	OS	W	LC		LC	捕捉
		大足鼠	*Rattus nitidus*	OS	W	LC		LC	文献资料
		褐家鼠	*Rattus norvegicus*	WsS	U	LC		LC	捕捉
		黄胸鼠	*Rattus tanezumi*	OS	W	LC		LC	文献资料
		东方田鼠	*Microtus fortis*	PS	U	LC		LC	文献资料
		巢鼠	*Micromys minutus*	WsS	U	LC		LC	文献资料
	竹鼠科	中华竹鼠	*Rhizomys sinensis*	OS	S	LC		LC	照片
	仓鼠科	黑腹绒鼠	*Eothenomys melanogaster*	OS	U	LC		LC	文献资料
		大仓鼠	*Tscherskia triton*	PS	W	LC		LC	捕捉
食虫目	猬科	东北刺猬	*Erinaceus amurensis*	WsS	O	LC		LC	观察
		林猬	*Mesechinus hughi*	PS	W	LC		LC	观察
兔形目	兔科	蒙古兔	*Lepus tolai*	OS	U	LC		LC	观察
鼩形目	麝鼩科	灰麝鼩	*Crocidura attenuata*	OS	S	LC		LC	文献资料
		山东小麝鼩	*Crocidura shantungensis*	PS	U	LC		LC	文献资料
		喜马拉雅水麝鼩	*Chimarrogale himalayica*	OS	S	LC		NT	文献资料
	鼹科	华南缺齿鼹	*Mogera latouchei*	OS	S	LC		LC	文献资料
翼手目	菊头蝠科	小菊头蝠	*Rhinolophus pusillus*	OS	W	LC		LC	观察
	蝙蝠科	东亚伏翼	*Pipistrellus abramus*	OS	W	LC		LC	观察
食肉目	猫科	豹猫	*Prionailurus bengalensis*	OS	W	LC	Ⅱ	VU	访谈
		金钱豹	*Panthera pardus*	OS	O	VU	Ⅰ	EN	文献资料
	灵猫科	果子狸	*Paguma larvata*	OS	W	LC		NT	照片
		小灵猫	*Viverricula indica*	OS	W	LC	Ⅰ	NT	照片
	鼬科	猪獾	*Arctonyx albogularis*	OS	W	LC		NT	观察
		亚洲狗獾	*Meles leucurus*	PS	U	LC		NT	观察

续表

目	科	种	拉丁名	从属区系	分布型	IUCN	CKL	CRLB	发现方式
食肉目	鼬科	黄鼬	*Mustela sibirica*	PS	U	LC		LC	观察
		黄喉貂	*Martes flavigula*	WsS	W	LC	Ⅱ	VU	观察
		水獭	*Lutra lutra*	WsS	U	NT	Ⅱ	EN	观察
	犬科	貉	*Nyctereutes procyonoides*	PS	E	LC	Ⅱ	NT	照片
		赤狐	*Vulpes vulpes*	OS	C	LC	Ⅱ	NT	访谈
		狼	*Canis lupus*	WsS	C	LC	Ⅱ	NT	访谈
偶蹄目	猪科	野猪	*Sus scrofa*	PS	U	LC		LC	观察
	鹿科	小麂	*Muntiacus reevesi*	OS	S	LC		NT	照片

注：WsS，widespread species，广布种；PS，palaearctic species，古北界物种；OS，oriental species，东洋界物种。CKL，《国家重点保护野生动物名录》；CRLB，《中国生物多样性红色名录》。

分布型：C，全北型；U，古北型，E，季风区型；S，南中国型；W，东洋型；O，不易归类的分布。

附录四 鸟类物种名录

目	科	种	学名	种群密度	居留类型	分布型	生态分布	IUCN	CITES	国家重点保护
鸡形目 Galliformes	雉科 Phasianidae	鹌鹑	*Coturnix japonica*	2	W	O	草甸、村庄	NT	—	—
		勺鸡	*Pucrasia macrolopha*	1	R	S	丘陵、草甸	LC	Ⅱ	二级
		白冠长尾雉	*Syrmaticus reevesii*	2	R	S	森林、农田	VU	Ⅱ	一级
		环颈雉	*Phasianus colchicus*	3	R	O	森林、农田	LC	—	—
雁形目 Anseriformes	鸭科 Anatidae	鸿雁	*Anser cygnoid*	2	W/P	M	水库	VU	—	二级
		豆雁	*Anser fabalis*	1	W	U	水库	LC	—	—
		灰雁	*Anser anser*	2	W/P	U	水库	LC	—	—
		白额雁	*Anser albifrons*	1	W	C	水库	LC	Ⅱ	二级
		小白额雁	*Anser erythropus*	1	W	U	水库	VU	—	二级
		小天鹅	*Cygnus columbianus*	1	W	C	水库	LC	Ⅱ	二级
		大天鹅	*Cygnus cygnus*	1	W	C	水库	LC	Ⅱ	二级
		翘鼻麻鸭	*Tadorna tadorna*	1	W	U	水库	LC	—	—
		赤麻鸭	*Tadorna ferruginea*	2	W	U	水库	LC	—	—
		鸳鸯	*Aix galericulata*	2	S/W	E	水库、河流	LC	Ⅱ	二级
		棉凫	*Nettapus coromandelianus*	1	S	W	水库	LC	—	二级
		赤膀鸭	*Mareca strepera*	1	W	U	水库	LC	—	—
		罗纹鸭	*Mareca falcata*	2	W	M	水库	NT	—	—
		赤颈鸭	*Mareca penelope*	1	W	U	水库	LC	—	—
		绿头鸭	*Anas platyrhynchos*	2	W	C	水库	LC	—	—
		斑嘴鸭	*Anas poecilorhyncha*	2	W	W	水库、池塘	LC	—	—
		针尾鸭	*Anas acuta*	1	W	C	水库	LC	—	—
		绿翅鸭	*Anas crecca*	2	W	C	水库、池塘	LC	—	—
		琵嘴鸭	*Spatula clypeata*	2	W	C	水库	LC	—	—
		白眉鸭	*Spatula querquedula*	2	W	U	水库	LC	—	—
		花脸鸭	*Sibirionetta formosa*	1	W/P	M	水库	LC	—	二级
		红头潜鸭	*Aythya ferina*	2	W	C	水库	VU	—	—
		青头潜鸭	*Aythya baeri*	1	W	M	水库	CR	—	一级
		凤头潜鸭	*Aythya fuligula*	2	W/P	U	水库	LC	—	—
		鹊鸭	*Bucephala clangula*	1	W	C	水库	LC	—	—
		斑头秋沙鸭	*Mergellus albellus*	2	W	U	水库	LC	—	二级
		普通秋沙鸭	*Mergus merganser*	2	W	C	水库	LC	—	—

（续）

目	科	种	学名	种群密度	居留类型	分布型	生态分布	IUCN	CITES	国家重点保护
䴙䴘目 Podicipediformes	䴙䴘科 Podicipedidae	小䴙䴘	*Tachybaptus ruficollis*	3	R	W	水库、河流	LC	—	—
		赤颈䴙䴘	*Podiceps grisegena*	1	W	C	水库	LC	Ⅱ	二级
		凤头䴙䴘	*Podiceps cristatus*	1	W/P	U	水库、河流	LC	—	—
		黑颈䴙䴘	*Podiceps nigricollis*	1	W/P	C	水库	LC	—	二级
鸽形目 Columbiformes	鸠鸽科 Columbidae	岩鸽	*Columba rupestris*	1	R	O	山地森林	LC	—	—
		山斑鸠	*Streptopelia orientalis*	3	R	E	山地森林	LC	—	—
		灰斑鸠	*Streptopelia decaocto*	1	R	W	山地森林	LC	—	—
		火斑鸠	*Streptopelia tranquebarica*	1	R	W	山地森林、村庄	LC	—	—
		珠颈斑鸠	*Streptopelia chinensis*	3	R	W	山地森林、村庄	LC	—	—
		斑尾鹃鸠	*Macropygia unchall*	1	V	O	山地森林	LC	Ⅱ	二级
夜鹰目 Caprimulgiformes	夜鹰科 Caprimulgid	普通夜鹰	*Caprimulgus indicus*	1	S	W	村庄、森林	LC	—	—
	雨燕科 Apodidae	白喉针尾雨燕	*Hirundapus caudacutus*	1	P	W	村庄、农田	LC	—	—
		白腰雨燕	*Apus pacificus*	1	P	M	村庄、农田	LC	—	—
		普通雨燕	*Apus apus*	1	P	O	村庄、农田	LC	—	—
鹃形目 Cuculiformes	杜鹃科 Cuculidae	褐翅鸦鹃	*Centropus sinensis*	1	R	W	山地森林	LC	Ⅱ	二级
		小鸦鹃	*Centropus bengalensis*	2	R	W	山地森林	LC	Ⅱ	二级
		红翅凤头鹃	*Clamator coromandus*	2	S	W	山地森林	LC	—	—
		噪鹃	*Eudynamys scolopaceus*	3	S	W	山地森林	LC	—	—
		八声杜鹃	*Cacomantis merulinus*	1	S	W	山地森林	LC	—	—
		大鹰鹃	*Hierococcyx sparverioides*	3	S	W	山地森林	LC	—	—
		北棕腹鹰鹃	*Hierococcyx hyperythrus*	1	S	W	山地森林	LC	—	—
		小杜鹃	*Cuculus poliocephalus*	1	S	W	山地森林	LC	—	—
		四声杜鹃	*Cuculus micropterus*	2	S	W	山地森林	LC	—	—
		中杜鹃	*Cuculus saturatus*	1	S	M	山地森林	LC	—	—
		大杜鹃	*Cuculus canorus*	2	S	O	山地森林	LC	—	—
鸨形目 Otidiformes	鸨科 Otididae	大鸨	*Otis tarda*	1	W	O	农田	VU	Ⅰ	一级

（续）

目	科	种	学名	种群密度	居留类型	分布型	生态分布	IUCN	CITES	国家重点保护
鹤形目 Gruiformes	秧鸡科 Rallidae	白喉斑秧鸡	*Rallina eurizonoides*	1	V	W	农田、溪流	LC	—	—
		普通秧鸡	*Rallus aquaticus*	1	W	U	农田、溪流	LC	—	—
		红脚田鸡	*Zapornia akool*	2	R	W	农田、溪流	LC	—	—
		小田鸡	*Zapornia pusilla*	1	P	O	溪流	LC	—	—
		红胸田鸡	*Zapornia fusca*	1	S/P	W	农田、溪流	LC	—	—
		白胸苦恶鸟	*Amaurornis phoenicurus*	2	S	W	农田、溪流	LC	—	—
		董鸡	*Gallicrex cinerea*	1	S	W	农田、溪流	LC	—	—
		黑水鸡	*Gallinula chloropus*	3	S/P	O	池塘	LC	—	—
		白骨顶	*Fulica atra*	2	W	O	池塘、水库	LC	—	—
	鹤科 Gruidae	白鹤	*Grus leucogeranus*	1	P	U	稻田	CR	Ⅰ	一级
		灰鹤	*Grus grus*	1	V	U	稻田	LC	Ⅱ	二级
鸻形目 Charadriiformes	鸻科 Charadriidae	凤头麦鸡	*Vanellus vanellus*	2	W	U	农田、草甸	NT	—	—
		灰头麦鸡	*Vanellus cinereus*	3	S	M	农田、草甸	LC	—	—
		长嘴剑鸻	*Charadrius placidus*	1	P	D	滩涂	LC	—	—
		金眶鸻	*Charadrius dubius*	1	W/P	O	滩涂	LC	—	—
		环颈鸻	*Charadrius alexandrinus*	1	S/P	O	滩涂	LC	—	—
	水雉科 Jacanidae	水雉	*Hydrophasianus chirurgus*	1	S	W	池塘	LC	—	二级
	鹬科 Scolopacidae	丘鹬	*Scolopax rusticola*	1	W	U	滩涂	LC	—	—
		针尾沙锥	*Gallinago stenura*	1	P	U	滩涂、池塘	LC	—	—
		大沙锥	*Gallinago megala*	1	P	U	滩涂、池塘	LC	—	—
		扇尾沙锥	*Gallinago gallinago*	1	W	U	滩涂、池塘	LC	—	—
		鹤鹬	*Tringa erythropus*	1	P	U	农田、滩涂	LC	—	—
		红脚鹬	*Tringa totanus*	1	P	U	农田、滩涂	LC	—	—
		泽鹬	*Tringa stagnatilis*	2	P	U	水库、滩涂	LC	—	—
		青脚鹬	*Tringa nebularia*	1	W	U	农田、滩涂	LC	—	—
		白腰草鹬	*Tringa ochropus*	2	W	U	池塘	LC	—	—
		林鹬	*Tringa glareola*	2	P	U	池塘、水库	LC	—	—
		矶鹬	*Actitis hypoleucos*	2	W/P	C	池塘、滩涂	LC	—	—
		红颈滨鹬	*Calidris ruficollis*	1	P	U	水库滩涂	NT	—	—
		青脚滨鹬	*Calidris temminckii*	1	P	U	水库滩涂	LC	—	—
		黑腹滨鹬	*Calidris alpina*	1	W	C	水库滩涂	LC	—	—

（续）

目	科	种	学名	种群密度	居留类型	分布型	生态分布	IUCN	CITES	国家重点保护
鸻形目 Charadriiformes	三趾鹑科 Turnicidae	黄脚三趾鹑	*Turnix tanki*	1	S/W	W	草甸、村庄	LC	—	—
	鸥科 Laridae	红嘴鸥	*Chroicocephalus ridibundus*	1	W/P	U	水库	LC	—	—
		黄腿银鸥	*Larus cachinnans*	1	W	C	水库	LC	—	—
		白额燕鸥	*Sternula albifrons*	1	S	O	水库	LC	—	—
		普通燕鸥	*Sterna hirundo*	1	P	C	水库	LC	—	—
		白翅浮鸥	*Chlidonias leucopterus*	1	W/P	U	水库	LC	—	—
		灰翅浮鸥	*Chlidonias hybrida*	1	P	U	水库	LC	—	—
鹳形目 Ciconiiformes	鹳科 Ciconiidae	东方白鹳	*Ciconia boyciana*	1	W	U	水库	EN	—	一级
鲣鸟目 Suliformes	鸬鹚科 Phalacrocoracidae	普通鸬鹚	*Phalacrocorax carbo*	2	W	O	水库	LC	—	—
鹈形目 Pelecaniformes	鹮科 Threskiornithidae	朱鹮	*Nipponia nippon*	2	R	E	稻田	EN	Ⅰ	一级
		彩鹮	*Plegadis falcinellus*	1	V	S	稻田	LC	Ⅱ	一级
	鹭科 Ardeidae	白琵鹭	*Platalea leucorodia*	1	W	O	水库	LC	Ⅱ	二级
		大麻鳽	*Botaurus stellaris*	2	W/P	U	苇塘	LC	—	—
		黄斑苇鳽	*Ixobrychus sinensis*	1	S/P	W	苇塘	LC	—	—
		紫背苇鳽	*Ixobrychus eurhythmus*	1	S	E	苇塘	LC	—	—
		栗苇鳽	*Ixobrychus cinnamomeus*	1	S	W	苇塘	LC	—	—
		黑苇鳽	*Ixobrychus flavicollis*	1	S	W	苇塘	LC	—	—
		夜鹭	*Nycticorax nycticorax*	2	S/W	O	水库	LC	—	—
		绿鹭	*Butorides striata*	1	R/W	O	河流	LC	—	—
		池鹭	*Ardeola bacchus*	3	R/S/W	W	稻田、水库	LC	—	—
		苍鹭	*Ardea cinerea*	2	W	U	水库	LC	—	—
		草鹭	*Ardea purpurea*	1	P	U	水库、苇塘	LC	—	—
		大白鹭	*Ardea alba*	1	P	O	稻田、水库	LC	—	—
		中白鹭	*Ardea intermedia*	1	S	W	稻田、水库	LC	—	—
		白鹭	*Egretta garzetta*	3	R/S	W	稻田、水库	LC	—	—
		牛背鹭	*Bubulcus ibis*	3	R/W	W	稻田、水库	NR	—	—

（续）

目	科	种	学名	种群密度	居留类型	分布型	生态分布	IUCN	CITES	国家重点保护
鹰形目 Accipitriformes	鹰科 Accipitridae	凤头蜂鹰	*Pernis ptilorhynchus*	1	P	W	山地森林	LC	Ⅱ	二级
		黑冠鹃隼	*Aviceda leuphotes*	1	S	W	山地森林	LC	Ⅱ	二级
		乌雕	*Clanga clanga*	1	R	U	山地森林	VU	Ⅱ	一级
		蛇雕	*Spilornis cheela*	1	P	W	山地森林	LC	Ⅱ	二级
		金雕	*Aquila chrysaetos*	1	R	C	山地森林	LC	Ⅰ	一级
		白腹隼雕	*Aquila fasciata*	1	R	W	山地森林	LC	Ⅱ	二级
		凤头鹰	*Accipiter trivirgatus*	1	R	W	山地森林	LC	Ⅱ	二级
		赤腹鹰	*Accipiter soloensis*	2	S	W	山地森林	LC	Ⅱ	二级
		日本松雀鹰	*Accipiter gularis*	1	W/P	W	山地森林	LC	Ⅱ	二级
		松雀鹰	*Accipiter virgatus*	2	R	W	山地森林	LC	Ⅱ	二级
		雀鹰	*Accipiter nisus*	2	R	U	山地森林	LC	Ⅱ	二级
		苍鹰	*Accipiter gentilis*	1	W	C	山地森林	LC	Ⅱ	二级
		白腹鹞	*Circus spilonotus*	1	W	M	山地森林	LC	Ⅱ	二级
		白尾鹞	*Circus cyaneus*	1	W/P	C	山地森林	LC	Ⅱ	二级
		鹊鹞	*Circus melanoleucos*	1	W/P	M	山地森林	LC	Ⅱ	二级
		黑鸢	*Milvus migrans*	2	R	U	山地森林	LC	Ⅱ	二级
		灰脸鵟鹰	*Butastur indicus*	2	S	M	山地森林	LC	Ⅱ	二级
		大鵟	*Buteo hemilasius*	1	W	D	山地森林	LC	Ⅱ	二级
		普通鵟	*Buteo buteo*	1	W	U	山地森林	LC	Ⅱ	二级
	鹗科 Pandionidae	鹗	*Pandion haliaetus*	1	R	C	水库、河流	LC	Ⅱ	二级
鸮形目 Strigiformes	鸱鸮科 Strigidae	领角鸮	*Otus lettia*	2	R	W	山地森林	LC	Ⅱ	二级
		红角鸮	*Otus sunia*	2	R	O	山地森林	LC	Ⅱ	二级
		北领角鸮	*Otus semitorques*	1	R	K	山地森林	LC	Ⅱ	二级
		雕鸮	*Bubo bubo*	1	R	U	山地森林	LC	Ⅱ	二级
		领鸺鹠	*Glaucidium brodiei*	1	R	W	山地森林	LC	Ⅱ	二级
		斑头鸺鹠	*Glaucidium cuculoides*	2	R	W	山地森林	LC	Ⅱ	二级
		纵纹腹小鸮	*Athene noctua*	2	R	U	山地森林	LC	Ⅱ	二级
		鹰鸮	*Ninox scutulata*	1	R	W	山地森林	LC	Ⅱ	二级
		长耳鸮	*Asio otus*	2	W	C	山地森林	LC	Ⅱ	二级
		短耳鸮	*Asio flammeus*	2	W	C	山地森林	LC	Ⅱ	二级
	草鸮科 Tytonidae	草鸮	*Tyto longimembris*	1	R	O	山地森林	LC	Ⅱ	二级

（续）

目	科	种	学名	种群密度	居留类型	分布型	生态分布	IUCN	CITES	国家重点保护
犀鸟目 Bucerotiformes	戴胜科 Upupidae	戴胜	*Upupa epops*	2	R	O	村庄、农田、森林	LC	—	—
佛法僧目 Coraciiformes	蜂虎科 Meropidae	蓝喉蜂虎	*Merops viridis*	2	S	W	草甸、溪流	LC	—	二级
	佛法僧科 Coraciidae	三宝鸟	*Eurystomus orientalis*	1	S	W	森林、村庄	LC	—	—
	翠鸟科 Alcedinidae	白胸翡翠	*Halcyon smyrnensis*	1	R	O	池塘	LC	—	二级
		蓝翡翠	*Halcyon pileata*	2	S	W	池塘	LC	—	—
		普通翠鸟	*Alcedo atthis*	2	R	W	池塘、溪流	LC	—	—
		冠鱼狗	*Megaceryle lugubris*	2	R	O	池塘、溪流	LC	—	—
		斑鱼狗	*Ceryle rudis*	1	R	O	池塘、溪流	LC	—	—
啄木鸟目 Piciformes	啄木鸟科 Picidae	斑姬啄木鸟	*Picumnus innominatus*	1	R	W	山地森林	LC	—	—
		棕腹啄木鸟	*Dendrocopos hyperythrus*	1	R	H	山地森林	LC	—	—
		星头啄木鸟	*Dendrocopos canicapillus*	2	R	W	山地森林	LC	—	—
		大斑啄木鸟	*Dendrocopos major*	3	R	U	山地森林	LC	—	—
		灰头绿啄木鸟	*Picus canus*	3	R	U	山地森林	LC	—	—
隼形目 Falconiformes	隼科 Falconidae	白腿小隼	*Microhierax melanoleucos*	1	R	W	山地森林	LC	Ⅱ	二级
		红隼	*Falco tinnunculus*	1	R	O	山地森林	LC	Ⅱ	二级
		红脚隼	*Falco amurensis*	1	W/P	U	山地森林	LC	Ⅱ	二级
		灰背隼	*Falco columbarius*	2	W	C	山地森林	LC	Ⅱ	二级
		燕隼	*Falco subbuteo*	1	S	U	山地森林	LC	Ⅱ	二级
		猎隼	*Falco cherrug*	1	W	C	山地森林	EN	Ⅱ	一级
雀形目 Passeriformes	八色鸫科 Pittidae	仙八色鸫	*Pitta nympha*	1	S	W	灌丛	VU	Ⅱ	二级
	黄鹂科 Oriolidae	黑枕黄鹂	*Oriolus chinensis*	2	S	W	树林、山地森林	LC	—	—

（续）

目	科	种	学名	种群密度	居留类型	分布型	生态分布	IUCN	CITES	国家重点保护
雀形目 Passeriformes	山椒鸟科 Campephagidae	暗灰鹃䴗	*Lalage melaschistos*	2	S	W	山地森林	LC	—	—
		粉红山椒鸟	*Pericrocotus roseus*	1	S	W	山地森林、村庄	LC	—	—
		小灰山椒鸟	*Pericrocotus cantonensis*	2	S	W	山地森林、村庄	LC	—	—
		灰山椒鸟	*Pericrocotus divaricatus*	1	P	M	山地森林、村庄	LC	—	—
	卷尾科 Dicruridae	黑卷尾	*Dicrurus macrocercus*	3	S	W	山地森林、村庄农田	LC	—	—
		灰卷尾	*Dicrurus leucophaeus*	2	S	W	山地森林	LC	—	—
		发冠卷尾	*Dicrurus hottentottus*	2	S	W	山地森林、村庄农田	LC	—	—
	王鹟科 Monarchidae	寿带	*Terpsiphone paradisi*	2	S	W	山地森林、村庄	LC	—	—
	伯劳科 Laniidae	虎纹伯劳	*Lanius tigrinus*	1	S/P	X	村庄、树林	LC	—	—
		牛头伯劳	*Lanius bucephalus*	1	W/P	X	村庄、树林	LC	—	—
		红尾伯劳	*Lanius cristatus*	1	S/P	X	村庄、树林	LC	—	—
		棕背伯劳	*Lanius schach*	2	R	W	村庄、树林	LC	—	—
		楔尾伯劳	*Lanius sphenocercus*	1	W/P	M	村庄、树林	LC	—	—
	鸦科 Corvidae	松鸦	*Garrulus glandarius*	3	R	U	树林、山地森林	LC	—	—
		灰喜鹊	*Cyanopica cyanus*	3	R	U	村庄、树林	LC	—	—
		红嘴蓝鹊	*Urocissa erythroryncha*	3	R	W	山地森林	LC	—	—
		喜鹊	*Pica pica*	3	W	C	村庄、农田	LC	—	—
		达乌里寒鸦	*Corvus dauuricus*	1	R	U	山地森林、村庄	LC	—	—
		秃鼻乌鸦	*Corvus frugilegus*	1	R	U	山地森林、村庄	LC	—	—
		小嘴乌鸦	*Corvus corone*	1	R	C	山地森林、村庄	LC	—	—
		大嘴乌鸦	*Corvus macrorhynchos*	1	R	E	山地森林、村庄	LC	—	—
		白颈鸦	*Corvus pectoralis*	3	P	S	山地森林、村庄	VU	—	—

（续）

目	科	种	学名	种群密度	居留类型	分布型	生态分布	IUCN	CITES	国家重点保护
雀形目 Passeriformes	玉鹟科 Stenostiridae	方尾鹟	*Culicicapa ceylonensis*	1	S	W	山地森林	LC	—	—
	山雀科 Paridae	煤山雀	*Periparus ater*	1	R	U	树林、山地森林	LC	—	—
		黄腹山雀	*Pardaliparus venustulus*	2	R	S	树林、山地森林	LC	—	—
		沼泽山雀	*Poecile palustris*	2	R	U	树林、山地森林	LC	—	—
		褐头山雀	*Poecile montanus*	2	R	C	树林、山地森林	LC	—	—
		大山雀	*Parus major*	3	R	O	树林、山地森林	LC	—	—
	百灵科 Alaudidae	大短趾百灵	*Calandrella brachydactyla*	1	W/P	O	农田、草甸	LC	—	—
		短趾百灵	*Alaudala cheleensis*	1	S	O	农田、草甸	LC	—	—
		云雀	*Alauda arvensis*	1	R	U	农田、草甸	LC	—	二级
		小云雀	*Alauda gulgula*	1	W/P	W	农田、草甸	LC	—	—
	扇尾莺科 Cisticolidae	棕扇尾莺	*Cisticola juncidis*	1	R	W	农田、灌丛	LC	—	—
		山鹪莺	*Prinia crinigera*	2	R	W	农田、灌丛	LC	—	—
		纯色山鹪莺	*Prinia inornata*	2	R	W	农田、灌丛	LC	—	—
	苇莺科 Acrocephalidae	东方大苇莺	*Acrocephalus orientalis*	1	S	O	苇塘	LC	—	—
		黑眉苇莺	*Acrocephalus bistrigiceps*	1	P	M	苇塘	LC	—	—
		钝翅苇莺	*Acrocephalus concinens*	1	P	O	灌丛、苇塘	LC	—	—
		厚嘴苇莺	*Arundinax aedon*	1	P	O	苇塘	LC	—	—
	蝗莺科 Locustellidae	棕褐短翅蝗莺	*Locustella luteoventris*	1	R	S	树林	LC	—	—
		矛斑蝗莺	*Locustella lanceolata*	1	P	M	树林、苇塘	LC	—	—
	燕科 Hirundinidae	崖沙燕	*Riparia riparia*	1	P	C	村庄、农田	LC	—	—
		家燕	*Hirundo rustica*	2	S	C	村庄	LC	—	—
		烟腹毛脚燕	*Delichon dasypus*	1	P	U	村庄、农田	LC	—	—
		金腰燕	*Cecropis daurica*	2	S/P	U	村庄	LC	—	—

（续）

目	科	种	学名	种群密度	居留类型	分布型	生态分布	IUCN	CITES	国家重点保护
雀形目 Passeriformes	鹎科 Pycnonotidae	领雀嘴鹎	*Spizixos semitorques*	3	R	W	农田、山地森林、村庄	LC	—	—
		黄臀鹎	*Pycnonotus xanthorrhous*	2	R	W	村庄、树林	LC	—	—
		白头鹎	*Pycnonotus sinensis*	3	R/P	S	农田、山地森林、村庄	LC	—	—
		绿翅短脚鹎	*Ixos mcclellandii*	2	R	W	山地森林	LC	—	—
		栗背短脚鹎	*Hemixos castanonotus*	2	R	W	山地森林	LC	—	—
		黑短脚鹎	*Hypsipetes leucocephalus*	2	S	W	山地森林	LC	—	—
		红耳鹎	*Pycnonotus jocosus*	1	W	W	山地森林	LC	—	—
	柳莺科 Phylloscopidae	叽喳柳莺	*Phylloscopus collybita*	1	S	U	树林	LC	—	—
		褐柳莺	*Phylloscopus fuscatus*	1	P	M	树林	LC	—	—
		棕腹柳莺	*Phylloscopus subaffinis*	1	S	S	树林	LC	—	—
		棕眉柳莺	*Phylloscopus armandii*	1	未知	H	树林	LC	—	—
		巨嘴柳莺	*Phylloscopus schwarzi*	1	P	M	树林	LC	—	—
		黄腰柳莺	*Phylloscopus proregulus*	2	W/P	U	树林	LC	—	—
		黄眉柳莺	*Phylloscopus inornatus*	2	P	U	树林	LC	—	—
		极北柳莺	*Phylloscopus borealis*	1	P	U	树林	LC	—	—
		双斑绿柳莺	*Phylloscopus plumbeitarsus*	1	P	S	树林	LC	—	—
		淡脚柳莺	*Phylloscopus tenellipes*	1	P	U	树林	LC	—	—
		冕柳莺	*Phylloscopus coronatus*	1	P	M	树林	LC	—	—
		冠纹柳莺	*Phylloscopus claudiae*	1	W/P	W	树林	LC	—	—
	树莺科 Cettiidae	棕脸鹟莺	*Abroscopus albogularis*	2	R	S	树林	LC	—	—
		远东树莺	*Horornis canturians*	2	S	M	树林	LC	—	—
		强脚树莺	*Horornis fortipes*	3	R	W	树林、灌丛	LC	—	—
		黄腹树莺	*Horornis acanthizoides*	1	R	S	树林、灌丛	LC	—	—
		短翅树莺	*Horornis diphone*	1	S	W	树林	LC	—	—
		鳞头树莺	*Urosphena squameiceps*	1	P	K	树林	LC	—	—
	长尾山雀科 Aegithalidae	红头长尾山雀	*Aegithalos concinnus*	3	R	W	山地森林、树林、村庄	LC	—	—
		银喉长尾山雀	*Aegithalos caudatus*	3	R	U	山地森林、树林、村庄	LC	—	—

（续）

目	科	种	学名	种群密度	居留类型	分布型	生态分布	IUCN	CITES	国家重点保护
雀形目 Passeriformes	莺鹛科 Sylviidae	白喉林莺	*Sylvia curruca*	2	未知	O	树林	LC	—	—
		山鹛	*Rhopophilus pekinensis*	1	R	D	山地森林	LC	—	—
		棕头鸦雀	*Sinosuthora webbiana*	3	R	S	灌丛	LC	—	—
	绣眼鸟科 Zosteropidae	红胁绣眼鸟	*Zosterops erythropleurus*	2	P	P	山地森林	LC	—	二级
		暗绿绣眼鸟	*Zosterops japonicus*	2	R/S/P	O	山地森林	LC	—	—
	林鹛科 Timaliidae	栗耳凤鹛	*Yuhina castaniceps*	1	未知	W	山地森林	LC	—	—
		斑胸钩嘴鹛	*Erythrogenys gravivox*	1	R	W	灌丛	LC	—	—
		棕颈钩嘴鹛	*Pomatorhinus ruficollis*	3	R	W	灌丛	LC	—	—
	噪鹛科 Leiothrichidae	画眉	*Garrulax canorus*	3	R	S	树林、山地森林	LC	—	二级
		黑脸噪鹛	*Garrulax perspicillatus*	3	R	S	树林、灌丛	LC	—	—
		白颊噪鹛	*Garrulax sannio*	1	R	S	树林、灌丛	LC	—	—
		红嘴相思鸟	*Leiothrix lutea*	1	R	W	树林	LC	—	二级
	䴓科 Sittidae	普通䴓	*Sitta europaea*	1	R	U	山地森林	LC	—	—
	鹪鹩科 Troglodytidae	鹪鹩	*Troglodytes troglodytes*	1	R	C	水沟、溪流	LC	—	—
	河乌科 Cinclidae	褐河乌	*Cinclus pallasii*	1	R	O	溪流	LC	—	—
	椋鸟科 Sturnidae	八哥	*Acridotheres cristatellus*	3	R	W	村庄、农田	LC	—	—
		丝光椋鸟	*Spodiopsar sericeus*	2	R	S	树林、村庄	LC	—	—
		灰椋鸟	*Spodiopsar cineraceus*	3	W	X	树林、村庄、农田	LC	—	—
		北椋鸟	*Agropsar sturninus*	1	P	X	树林、村庄	LC	—	—

（续）

目	科	种	学名	种群密度	居留类型	分布型	生态分布	IUCN	CITES	国家重点保护
雀形目 Passeriformes	鸫科 Turdidae	橙头地鸫	*Geokichla citrina*	1	S	W	灌丛、山地森林	LC	—	—
		白眉地鸫	*Geokichla sibirica*	1	W	M	灌丛、树林	LC	—	—
		虎斑地鸫	*Zoothera dauma*	1	W	U	灌丛、山地森林	LC	—	—
		灰背鸫	*Turdus hortulorum*	1	W	M	灌丛、树林	LC	—	—
		乌灰鸫	*Turdus cardis*	1	S/P	O	灌丛、树林	LC	—	—
		灰头鸫	*Turdus rubrocanus*	1	P	O	山地森林	LC	—	—
		乌鸫	*Turdus merula*	3	R	O	树林、村庄	LC	—	—
		白眉鸫	*Turdus obscurus*	1	P	M	灌丛、树林	LC	—	—
		白腹鸫	*Turdus pallidus*	1	W/P	M	树林	LC	—	—
		黑喉鸫	*Turdus atrogularis*	1	V	O	树林、山地森林	LC	—	—
		斑鸫	*Turdus eunomus*	3	W/P	M	树林	LC	—	—
		宝兴歌鸫	*Turdus mupinensis*	1	W	H	灌丛、树林	LC	—	—
	鹟科 Muscicapidae	红尾歌鸲	*Larvivora sibilans*	1	S	M	灌丛	LC	—	—
		蓝歌鸲	*Larvivora cyane*	1	P	M	灌丛、树林	LC	—	—
		红喉歌鸲	*Calliope calliope*	1	P	U	灌丛、树林	LC	—	二级
		蓝喉歌鸲	*Luscinia svecica*	1	P	U	灌丛、树林	LC	—	二级
		红胁蓝尾鸲	*Tarsiger cyanurus*	2	W/P	M	灌丛、树林	LC	—	—
		蓝短翅鸫	*Brachypteryx montana*	1	R	W	灌丛、树林	NR	—	—
		鹊鸲	*Copsychus saularis*	2	R	W	灌丛、树林、村庄	LC	—	—
		黑喉红尾鸲	*Phoenicurus hodgsoni*	1	W	H	灌丛、树林	LC	—	—
		北红尾鸲	*Phoenicurus auroreus*	3	W	M	灌丛、树林、溪流	LC	—	—
		红尾水鸲	*Rhyacornis fuliginosa*	2	R	M	溪流	LC	—	—
		白顶溪鸲	*Chaimarrornis leucocephalus*	2	R/S/W	H	溪流	LC	—	—
		紫啸鸫	*Myophonus caeruleus*	2	S	W	灌丛、山地森林	LC	—	—
		小燕尾	*Enicurus scouleri*	1	R	S	溪流	LC	—	—

（续）

目	科	种	学名	种群密度	居留类型	分布型	生态分布	IUCN	CITES	国家重点保护
雀形目 Passeriformes	鹟科 Muscicapidae	白额燕尾	*Enicurus leschenaulti*	2	R	W	溪流	LC	—	—
		黑喉石䳭	*Saxicola maurus*	2	W/P	O	灌丛、树林、溪流	NR	—	—
		灰林䳭	*Saxicola ferreus*	1	R	W	山地森林、树林	LC	—	—
		蓝矶鸫	*Monticola solitarius*	1	R	U	灌丛、树林	LC	—	—
		白喉矶鸫	*Monticola gularis*	1	P	M	灌丛、树林	LC	—	—
		灰纹鹟	*Muscicapa griseisticta*	1	P	M	山地森林、树林	LC	—	—
		乌鹟	*Muscicapa sibirica*	1	P	M	树林	LC	—	—
		北灰鹟	*Muscicapa dauurica*	1	S/P	M	树林	LC	—	—
		白眉姬鹟	*Ficedula zanthopygia*	2	S/P	M	树林	LC	—	—
		黄眉姬鹟	*Ficedula narcissina*	2	P	B	树林	LC	—	—
		鸲姬鹟	*Ficedula mugimaki*	1	P	M	树林	LC	—	—
		红喉姬鹟	*Ficedula albicilla*	1	P	U	树林	LC	—	—
		中华仙鹟	*Cyornis glaucicomans*	1	V	S	山地森林、树林	LC	—	—
		白腹蓝鹟	*Cyanoptila cyanomelana*	1	P	K	树林	LC	—	—
		白喉林鹟	*Cyornis brunneatus*	1	S	W	山地森林	VU	—	二级
	戴菊科 Regulidae	戴菊	*Regulus regulus*	1	W/P	U	树林、灌丛	LC	—	—
	太平鸟科 Bombycillidae	太平鸟	*Bombycilla garrulus*	1	W/P	C	树林	LC	—	—
		小太平鸟	*Bombycilla japonica*	1	W/P	M	树林	NT	—	—
	花蜜鸟科 Nectariniidae	蓝喉太阳鸟	*Aethopyga gouldiae*	1	R	O	树林	LC	—	—
	梅花雀科 Estrildidae	白腰文鸟	*Lonchura striata*	3	R	W	村庄、灌丛	LC	—	—
		斑文鸟	*Lonchura punctulata*	1	R	W	村庄、灌丛	LC	—	—
	雀科 Passeridae	山麻雀	*Passer cinnamomeus*	2	R	S	村庄、树林	LC	—	—
		麻雀	*Passer montanus*	3	R	U	村庄、农田	LC	—	—

（续）

目	科	种	学名	种群密度	居留类型	分布型	生态分布	IUCN	CITES	国家重点保护
雀形目 Passeriformes	鹡鸰科 Motacillidae	山鹡鸰	*Dendronanthus indicus*	2	S/W/P	M	树林	LC	—	—
		黄鹡鸰	*Motacilla tschutschensis*	1	P	U	溪流	LC	—	—
		灰鹡鸰	*Motacilla cinerea*	2	W/P	O	溪流	LC	—	—
		白鹡鸰	*Motacilla alba*	3	W/P	U	溪流	LC	—	—
		田鹨	*Anthus richardi*	3	P	M	农田、树林	LC	—	—
		树鹨	*Anthus hodgsoni*	3	W/P	M	树林	LC	—	—
		黄腹鹨	*Anthus rubescens*	1	W/P	U	稻田、村庄	LC	—	—
		水鹨	*Anthus spinoletta*	3	W	C	稻田、村庄	LC	—	—
	燕雀科 Fringillidae	燕雀	*Fringilla montifringilla*	3	W/P	U	树林、山地森林	LC	—	—
		锡嘴雀	*Coccothraustes coccothraustes*	1	W	U	树林	LC	—	—
		黑尾蜡嘴雀	*Eophona migratoria*	2	S/P	K	树林、山地森林	LC	—	—
		黑头蜡嘴雀	*Eophona personata*	1	W/P	K	树林、山地森林	LC	—	—
		普通朱雀	*Carpodacus erythrinus*	1	W	U	山地森林	LC	—	—
		北朱雀	*Carpodacus roseus*	1	P	U	山地森林	LC	—	二级
		金翅雀	*Chloris sinica*	3	R	M	村庄、农田	LC	—	—
		黄雀	*Spinus spinus*	3	W	U	山地森林	LC	—	—
	鹀科 Emberizidae	凤头鹀	*Melophus lathami*	1	R	W	农田、村庄、灌丛	LC	—	—
		灰眉岩鹀	*Emberiza godlewskii*	1	R	O	农田、村庄、灌丛	LC	—	—
		三道眉草鹀	*Emberiza cioides*	3	R	M	农田、村庄、灌丛	LC	—	—
		白眉鹀	*Emberiza tristrami*	3	W/P	M	农田、村庄、灌丛	LC	—	—
		栗耳鹀	*Emberiza fucata*	3	P	U	农田、村庄、灌丛	LC	—	—
		小鹀	*Emberiza pusilla*	3	W	U	农田、村庄、灌丛	LC	—	—

（续）

目	科	种	学名	种群密度	居留类型	分布型	生态分布	IUCN	CITES	国家重点保护
雀形目 Passeriformes	鹀科 Emberizidae	黄眉鹀	*Emberiza chrysophrys*	3	W	M	农田、村庄、灌丛	LC	—	—
		田鹀	*Emberiza rustica*	3	W	U	农田、村庄、灌丛	VU	—	—
		黄喉鹀	*Emberiza elegans*	3	W/P	M	农田、村庄、灌丛	LC	—	—
		黄胸鹀	*Emberiza aureola*	1	P	U	农田、村庄、灌丛	CR	—	一级
		栗鹀	*Emberiza rutila*	1	W	M	农田、村庄、灌丛	LC	—	—
		灰头鹀	*Emberiza spodocephala*	3	W/P	M	农田、村庄、灌丛	LC	—	—
		苇鹀	*Emberiza pallasi*	1	P	M	农田、村庄、灌丛	LC	—	—

注：R，resident，留鸟；P，passage migrant，过境鸟；S，summer visitor，夏候鸟；W，winter visitor，冬候鸟；V，stragglers，迷鸟。

C，全北型；U，古北型；M/K，东北型；X，东北华北型；P，高地型；S，南中国型；W，东洋型；H，喜马拉雅-横断山区型；O，不易归类的分布。

附录五 爬行类物种名录

河南董寨国家级自然保护区爬行类物种名录

物种	区系组成	分布型	IUCN	丰富度
I 龟鳖目 TESTUDINES				
一、鳖科 Trionychidae				
(一)鳖属 *Pelodiscus*				
1 中华鳖 *Pelodiscus sinensis*	W	E	VU	+
二、地龟科 Geoemydidae				
(二)拟水龟属 *Mauremys*				
2 乌龟 *Mauremys reevesii*	W	S	EN	+
(三)闭壳龟属 *Cuora*				
3 黄缘闭壳龟 *Cuora flavomarginata*	W	S	EN	+
Ⅱ 有鳞目 SQUAMATA				
三、壁虎科 Gekkonidae				
(四)壁虎属 *Gekko*				
4 无蹼壁虎 *Gekko swinhonis*	P	B	LC	++
四、石龙子科 Scincidae				
(五)蜓蜥属 *Sphenomorphus*				
5 铜蜓蜥 *Sphenomorphus indicus*	O	W	LC	++
(六)石龙子属 *Plestiodon*				
6 蓝尾石龙子 *Plestiodon elegans*	O	S	LC	++
五、蜥蜴科 Lacertidae				
(七)草蜥属 *Takydromus*				
7 北草蜥 *Takydromus septentrionalis*	W	E	LC	+++
(八)麻蜥属 *Eremias*				
8 山地麻蜥 *Eremias brenchleyi*	P	X	LC	++
9 丽斑麻蜥 *Eremias argus*	P	X	LC	+++
六、钝头蛇科 Pareatidae				
(九)钝头蛇属 *Pareas*				
10 平鳞钝头蛇 *Pareas boulengeri*	O	S	LC	+
七、蝰科 Viperidae				
(十)原矛头蝮属 *Protobothrops*				
11 原矛头蝮 *Protobothrops mucrosquamatus*	O	S	LC	+

（续）

物种	区系组成	分布型	IUCN	丰富度
（十一）亚洲蝮属 *Gloydius*				
12 短尾蝮 *Gloydius brevicaudus*	W	E	VU	+++
八、眼镜蛇科 Enlapinae				
（十二）中华珊瑚蛇属 *Sinomicrurus*				
13 中华珊瑚蛇 *Sinomicrurus macclellandi*	O	W	LC	+
九、游蛇科 Colubridae				
（十三）斜鳞蛇属 *Pseudoxenodon*				
14 大眼斜鳞蛇 *Pseudoxenodon macrops*	O	W	LC	++
15 花尾斜鳞蛇 *Pseudoxenodon stejnegeri*	O	S	LC	+
（十四）剑蛇属 *Sibynophis*				
16 黑头剑蛇 *Sibynophis chinensis*	O	S	LC	+
（十五）小头蛇属 *Oligodon*				
17 中国小头蛇 *Oligodon chinensis*	O	S	LC	+
（十六）翠青蛇属 *Cyclophiops*				
18 翠青蛇 *Cyclophiops major*	O	S	LC	++
（十七）东方蛇属 *Orientocoluber*				
19 黄脊游蛇 *Orientocoluber spinalis*	P	U	LC	+
（十八）鼠蛇属 *Ptyas*				
20 乌梢蛇 *Ptyas dhumnades*	O	W	VU	++
（十九）绿蛇属 *Rhadinophis*				
21 灰腹绿锦蛇 *Rhadinophis frenata*	O	S	LC	+
（二十）链蛇属 *Lycodon*				
22 黑背白环蛇 *Lycodon ruhstrati*	O	W	LC	+
23 双全白环蛇 *Lycodon fasciatus*	O	W	LC	+
24 赤链蛇 *Lycodon rufozonatum*	W	E	LC	+++
（二十一）玉斑蛇属 *Euprepiophis*				
25 玉斑锦蛇 *Euprepiophis mandarina*	O	S	VU	+
（二十二）紫灰蛇属 *Oreocryptophis*				
26 紫灰锦蛇 *Oreocryptophis porphyracea*	O	S	LC	+
（二十三）晨蛇属 *Orthriophis*				
27 黑眉锦蛇 *Orthriophis taeniura*	O	W	VU	+++
（二十四）锦蛇属 *Elaphe*				
28 王锦蛇 *Elaphe carinata*	O	S	VU	++

（续）

物种	区系组成	分布型	IUCN	丰富度
29 白条锦蛇 *Elaphe dione*	P	U	LC	+
30 双斑锦蛇 *Elaphe bimaculata*	O	S	LC	++
（二十五）滞卵蛇属 *Oocatochus*				
31 红纹滞卵蛇 *Oocatochus rufodorsatus*	W	E	LC	+++
（二十六）腹链蛇属 *Amphiesma*				
32 草腹链蛇 *Amphiesma stolata*	O	W	LC	+
（二十七）东亚腹链蛇属 *Hebius*				
33 锈链腹链蛇 *Hebius craspedogaster*	O	S	LC	+
（二十八）颈槽蛇属 *Rhabdophis*				
34 虎斑颈槽蛇 *Rhabdophis tigrinus*	W	W	LC	++
（二十九）华游蛇属 *Sinonatrix*				
35 赤链华游蛇 *Sinonatrix annularis*	O	E	LC	++
36 华游蛇 *Sinonatrix percarinata*	O	S	LC	++

注：分类体系依据《中国动物志爬行纲（第一卷 总论 龟鳖目 鳄形目）》（1998 版）、《中国动物志爬行纲（第二卷 有鳞目 蜥蜴亚目）》（1999 版）、《中国动物志爬行纲（第二卷 有鳞目 蛇亚目）》（1998 版）、《中国蛇类》（2006 版）。

区系组成：P，古北界；O，东洋界；W，广布种。

分布型：X，东北华北型；B，华北型；S，南中国型；W，东洋型；E，季风型；U，古北型。

IUCN：EN 濒危、VU 易危、NT 近危、LC 无危。

丰富度：+++ 优势种；++ 常见种；+ 稀有种。

附录六　两栖类物种名录

河南董寨国家级自然保护区两栖类物种名录

分类阶元*	丰富度	区系成分	分布型	生态类型	保护级别
一 有尾目 URODELA					
(一)隐鳃鲵科 Cryptobranchidae					
1 大鲵 *Andrias davidianus*	+	W	E	R	二
(二)小鲵科 Hynobiidae					
2 商城肥鲵 *Pachyhynobius shangchengensis*	+	P	S	R	
(三)蝾螈科 Salamandridae					
3 东方蝾螈 *Cynops orientalis*	++++	O	S	Q	
二 无尾目 ANURA					
(四)蟾蜍科 Bufonidae					
4 中华蟾蜍 *Bufo gargarizans*	++++	W	E	TQ	
(五)雨蛙科 Hylidae					
5 无斑雨蛙 *Hyla immaculate*	+	O	S	A	
(六)蛙科 Ranidae					
6 镇海林蛙 *Rana zhenhaiensis*	++	O	E	FQ	
7 黑斑侧褶蛙 *Pelophylax nigromaculatus*	++++	W	E	Q	
8 湖北侧褶蛙 *P. hubeiensis*	++	O	S	Q	
9 阔褶水蛙 *Hylarana latouchii*	+	O	S	Q	
(七)叉舌蛙科 Dicroglossidae					
10 泽陆蛙 *Fejervarya multistriata*	++++	W	W	TQ	
11 虎纹蛙 *Hoplobatrachus chinensis*	+	O	W	Q	二
12 叶氏肛刺蛙 *Yerana yei*	+	O	S	R	二
(八)姬蛙科 Microhylidae					
13 饰纹姬蛙 *Microhyla ornate*	+	O	W	FQ	
14 合征姬蛙 *M. mixture*	+++	O	S	FQ	
15 小弧斑姬蛙 *M. heymonsi*	++	O	W	FQ	
16 北方狭口蛙 *Kaloula borealis*	+	P	B	TQ	
外来物种					
17 牛蛙 *Lithobates catesbeianus*		Q	—	—	

注：*分类体系依据《中国动物志两栖纲(上卷)》(2006 版)、《中国动物志两栖纲(中卷)》(2009 版)、《中国动物志两栖纲(下卷)》(2009 版)、《中国两栖动物及其分布彩色图鉴》(2012 版)。

丰富度：++++ 优势种；+++ 常见种；++ 少见种；+ 稀有种。

区系组成：P，古北界；O，东洋界；W，广布种。

分布型：X，东北华北型；B，华北型；S，南中国型；W，东洋型；E，季风型。

生态类型：Q，静水型；R，流溪型；FQ，林栖静水繁殖型；TQ，穴栖静水繁殖型；A，树栖型。

保护级别：二，国家二级重点保护野生动物。

附录七　昆虫物种名录

说明：本名录收录河南董寨国家级自然保护区昆虫 24 目 233 科 1187 属 1741 种。

一、衣鱼目 Zygentoma

（一）衣鱼科 Lepismatidae

1. 多毛栉衣鱼 *Ctenolepisma villosa*（Fabricius，1775）

二、蜉蝣目 Ephemeroptera

（二）扁蜉科 Heptageniidae

1. 扁蜉 *Heptagenia* sp.

（三）四节蜉科 Baetidae

1. 四节蜉(未定种)

（四）蜉蝣科 Ephemeridae

1. 蜉蝣 *Ephemera* sp.

三、蜻蜓目 Odonata

（五）蟌科 Coenagrionidae

1. 杯斑小蟌 *Agriocnemis femina*（Brauer，1868）
2. 二色异痣蟌 *Ischnura lobata*（Needham，1930）
3. 褐斑异痣蟌 *Ischnura senegalensis*（Rambur，1842）
4. 短尾黄蟌 *Ceriagrion melanurum*（Selys，1876）
5. 褐尾黄蟌 *Ceriagrion rubiae*（Laidlaw，1916）
6. 黑脊尾蟌 *Cercion calamorum*（Ris，1916）

（六）扇蟌科 Platycnemididae

1. 四斑长腹扇蟌 *Coeliccia didyma*（Selys，1863）
2. 白狭扇蟌 *Copera annulata*（Selys，1863）
3. 白扇蟌 *Platycnemis foliacea*（Selys，1886）

（七）色蟌科 Calopteryidae

1. 黑色蟌 *Calopteryx atratum*（Selys，1853）
2. 透顶单脉色蟌 *Matrona basilaris*（Selys，1853）
3. 透翅绿色蟌 *Mnais andersoni*（McLachlan，1873 ）

（八）蜓科 Aeschnidae

1. 黑纹伟蜓 *Anax nigrofasciatus*（Oguma，1915）
2. 碧伟蜓 *Anax parthenope*（Brauer，1865）
3. 工纹长尾蜓 *Gynacantha bayadera*（Selys，1891）
4. 黑多棘蜓 *Polycanthagyna melanictera*（Selys，1883）

（九）春蜓科 Gomphidae

1. 环纹环尾春蜓 *Lamelligomphus ringens*（Needham，1930）
2. 小团扇春蜓 *Ictinogomphus rapax*（Rambur，1842）

（十）大蜓科 Cordulegasteridae

1. 双斑圆臀大蜓 *Anotogaster kuchenbeiseri*（Förster，1899）

（十一）伪蜻科 Corduliidae

1. 缘斑毛伪蜻 *Epitheca marginata*（Selys，1883）

（十二）大蜻科 Macomiidae

1. 闪蓝丽大蜻 *Epophthalmia elegans*（Brauer，1865）

（十三）蜻科 Libellulidae

1. 蓝额疏脉蜻 *Brachydiplax chalybea*（Brauer，1868）
2. 基斑蜻 *Libellula depressa*（Linnaeus，1758）
3. 闪绿宽腹蜻 *Lyriothemis pachygastra*（Selys，1878）
4. 白尾灰蜻 *Orthetrum albistylum*（Selys，1848）
5. 褐肩灰蜻 *Orthetrum japonicum internum*（McLachlan，1894）
6. 异色灰蜻 *Orthetrum melania*（Selys，1883）
7. 锥腹蜻 *Acisoma panorpoides*（Rambur，1842）
8. 黄翅蜻 *Brachythemis contaminata*（Fabricius，1793）
9. 红蜻 *Crocothemis servilia*（Drury，1773）
10. 异色多纹蜻 *Deielia phaon*（Selys，1883）
11. 大赤蜻 *Sympetrum baccha*（Selys，1884）
12. 半黄赤蜻 *Sympetrum croceolum*（Selys，1883）
13. 夏赤蜻 *Sympetrum darwinianum*（Selys，1883）
14. 竖眉赤蜻 *Sympetrum eroticum ardens*（MacLachlan，1894）
15. 褐顶赤蜻 *Sympetrum infuscatum*（Selys，1883）
16. 小黄赤蜻 *Sympetrum kunckeli*（Selys，1884）
17. 大黄赤蜻 *Sympetrum uniforme*（Selys，1883）
18. 玉带蜻 *Pseudothemis zonata*（Burmeister，1839）
19. 六斑曲缘蜻 *Palpopleura sexmaculata*（Fabricius，1787）
20. 黄蜻 *Pantala flavescens*（Fabricius，1798）
21. 黑丽翅蜻 *Rhyothemis fuliginosa*（Selys，1883）

四、革翅目 Dermaptera

（十四）肥螋科 Anisolabididae

1. 袋小肥螋 *Euborellia annulata*（Fabricius，1773）

（十五）球螋科 Forficuloidae

1. 齿球螋 *Forficula mikado*（Burr，1904）

五、襀翅目 Plecoptera

（十六）蜻科 Perlidae

1. 黄蜻 *Flavoperla biocellata*（Chu，1929）
2. 新蜻 *Neoperla* sp.
3. 浙江襟蜻 *Togoperla tricolor*（Klapálek，1921）

（十七）卷蜻科 Leuctridae

1. 诺蜻 *Rhopalopsole* sp.

（十八）叉蜻科 Nemouridae

1. 依叉蜻 *Illiesonemoura* sp.

六、直翅目 Orthoptera

（十九）蛉蟋科 Trigonidiidae

1. 斑腿双针蟋 *Dianemobius fascipes*（Walker，1869）

（二十）蟋蟀科 Gryllidae

1. 双斑蟋 *Gryllus bimaculatus*（De Geer，1773）
2. 小棺头蟋 *Loxoblemmus aomoriensis*（Shiraki，1930）
3. 石首棺头蟋 *Loxoblemmus equestris*（Saussure，1877）
4. 迷卡斗蟋 *Velarifictorus micado*（Saussure，1877）
5. 黄树蟋 *Oecanthus rufescens*（Serville，1838）
6. 梨片蟋 *Truljalia hibinonis*（Matsumura，1917）

（二十一）蝼蛄科 Gryllotalpidae

1. 河南蝼蛄 *Gryllotalpa henana*（Cai et Niu，1998）
2. 东方蝼蛄 *Gryllotalpa orientalis*（Burmeister，1838）
3. 单刺蝼蛄 *Gryllotalpa unispina*（Saussure，1874）

（二十二）驼螽科 Rhaphidophoridae

1. 庭疾灶螽 *Diestrammena asynamora*（Adelung，1902）

（二十三）蟋螽科 Gryllacrididae

1. 素色杆蟋螽 *Phryganogryllacris unicolor*（Liu et Wang，1998）

（二十四）螽斯科 Tettigoniidae

1. 比尔锥尾螽 *Conanalus pieli*（Tinkham，1943）
2. 长翅草螽 *Conocephalus longipennis*（Haan，1843）
3. 斑翅草螽 *Conocephalus maculatus*（Le Guillou，1841）
4. 悦鸣草螽 *Conocephalus melaenus*（Haan，1843）
5. 厚头拟喙螽 *Pseudorhynchus crassiceps*（Haan，1843）
6. 疑钩额螽 *Ruspolia dubia*（Redtenbacher，1891）
7. 黑胫钩额螽 *Ruspolia lineosa*（Walker，1869）

8. 日本似织螽 *Hexacentrus japonicus*（Karny，1907）
9. 日本纺织娘 *Mecopoda niponensis*（Haan，1843）
10. 铃木库螽 *Kuzicus suzukii*（Matsumura et Shiraki，1908）
11. 黑膝畸螽 *Teratura geniculata*（Bey-Bienko，1962）
12. 贺氏栖螽 *Xizicus howardi*（Tinkham，1956）
13. 日本条螽 *Ducetia japonica*（Thunberg，1815）
14. 秋掩耳螽 *Elimaea fallax*（Bey-Bienko，1951）
15. 日本绿螽 *Holochlora japonica*（Brunner von Wattenwyl，1878）
16. 中华桑螽 *Kuwayamaea chinensis*（Brunner von Wattenwyl，1878）
17. 镰尾露螽 *Phaneroptera falcata*（Poda，1761）
18. 瘦露螽 *Phaneroptera gracilis*（Burmeister，1838）
19. 黑角露螽 *Phaneroptera nigroantennata*（Brunner von Wattenwyl，1878）
20. 中华糙颈螽 *Ruidocollaris sinensis*（Liu et Kang，2014）
21. 四川华绿螽 *Sinochlora szechwanensis*（Tinkham，1945）
22. 格氏寰螽 *Atlanticus grahami*（Tinkham，1941）
23. 中华螽斯 *Tettigonia chinensis*（Willemse，1933）
24. 鼓翅鸣螽 *Uvarovites inflatus*（Uvarov，1924）

（二十五）蚤蝼科 Tridactylidae

1. 日本蚤蝼 *Xya japonica*（Haan，1842）

（二十六）蚱科 Tetrigidae

1. 刺羊角蚱 *Criotettix bispinosus*（Dalman，1818）
2. 突眼蚱 *Ergatettix dorsifera*（Walker，1871）
3. 河南台蚱 *Formosatettix henanensis*（Liang，1991）
4. 长翅长背蚱 *Paratettix uvarovi*（Semenov，1915）
5. 突背蚱 *Tetrix gibberosa*（Wang et Zheng，1993）
6. 日本蚱 *Tetrix japonica*（Bolívar，1887）
7. 仿蚱 *Tetrix simulans*（Bey-Bienko，1929）
8. 钻形蚱 *Tetrix subulata*（Linnaeus，1758）

（二十七）脊蜢科 Chorotypidae

1. 摹螳秦蜢 *China mantispoides*（Walker，1870）

（二十八）枕蜢科 Episactidae

1. 郑氏比蜢 *Pielomastax zhengi*（Niu，1994）

（二十九）锥头蝗科 Pyrgomorphidae

1. 长额负蝗 *Atractomorpha lata*（Mochulsky，1866）
2. 短额负蝗 *Atractomorpha sinensis*（Bolívar，1905）

（三十）剑角蝗科 Acrididae

1. 中华剑角蝗 *Acrida cinerea*（Thunberg，1815）
2. 僧帽佛蝗 *Phlaeoba infumata*（Brunner von Wattenwyl，1893）

3. 中华佛蝗 *Phlaeoba sinensis*（Bolívar，1914）
4. 异角胸斑蝗 *Apalacris varicornis*（Walker，1870）
5. 短星翅蝗 *Calliptamus abbreviatus*（Ikonnikov，1913）
6. 暗褐斑腿蝗 *Diabolocatantops innotabilis*（Walker，1870）
7. 红褐斑腿蝗 *Diabolocatantops pinguis*（Stål，1861）
8. 短角直斑腿蝗 *Stenocatantops mistshenkoi*（Willemse，1968）
9. 长角直斑腿蝗 *Stenocatantops splendens*（Thunberg，1815）
10. 短角外斑腿蝗 *Xenocatantops brachycerus*（Willemse，1932）
11. 棉蝗 *Chondracris rosea*（De Geer，1773）
12. 日本黄脊蝗 *Patanga japonica*（Bolívar，1898）
13. 短翅黑背蝗 *Eyprepocnemis hokutensis*（Shiraki，1910）
14. 长翅素木蝗 *Shirakiacris shirakii*（Bolívar，1914）
15. 无斑坳蝗 *Aulacobothrus svenhedini*（Sjöstedt，1933）
16. 条纹坳蝗 *Aulacobothrus taeniatus*（Bolívar，1902）
17. 二色戛蝗 *Gonista bicolor*（Haan，1842）
18. 中华雏蝗 *Megaulacobothrus chinensis*（Tarbinsky，1927）
19. 鹤立雏蝗 *Megaulacobothrus fuscipennis*（Caudell，1921）
20. 异翅鸣蝗 *Mongolotettix anomopterus*（Caudell，1921）
21. 隆额网翅蝗 *Arcyptera coreana*（Shiraki，1930）
22. 斑角蔗蝗 *Hieroglyphus annulicornis*（Shiraki，1910）
23. 红翅安秃蝗 *Anapodisma rufipennis*（Zhang et Xia，1990）
24. 绿腿腹露蝗 *Fruhstorferiola viridifemorata*（Caudell，1921）
25. 霍山蹦蝗 *Sinopodisma houshana*（Huang，1982）
26. 绿纹蝗 *Aiolopus thalassinus*（Fabricius，1781）
27. 青脊竹蝗 *Ceracris nigricornis*（Walker，1870）
28. 黄脊竹蝗 *Ceracris kiangsu*（Tsai，1929）
29. 云斑车蝗 *Gastrimargus marmoratus*（Thunberg，1815）
30. 宽胫异距蝗 *Heteropternis latisterna*（Wang et Xia，1992）
31. 东亚飞蝗 *Locusta migratoria*（Linnaeus，1758）
32. 黄胫小车蝗 *Oedaleus infernalis*（Saussure，1884）
33. 红胫小车蝗 *Oedaleus manjius*（Chang，1939）
34. 黄翅踵蝗 *Pternoscirta caliginosa*（Haan，1842）
35. 红翅踵蝗 *Pternoscirta sauteri*（Karny，1915）
36. 疣蝗 *Trilophidia annulata*（Thunberg，1815）
37. 山稻蝗 *Oxya agavisa*（Tsai，1931）
38. 中华稻蝗 *Oxya chinensis*（Thunberg，1815）
39. 小稻蝗 *Oxya hyla*（Serville，1831）
40. 日本稻蝗 *Oxya japonica*（Thunberg，1815）

41. 稻稞蝗 *Quilta oryzae*（Uvarov，1925）

（三十一）癞蝗科 Pamphagidae

1. 笨蝗 *Haplotropis brunneriana*（Saussure，1888）

七、䗛目 Phasmatodea

（三十二）笛䗛科 Diapheromeridae

1. 河南副华枝䗛 *Parasinophasma henanense*（Bi et Wang，1998）
2. 截臀华枝䗛 *Sinophasma truncatum*（Shiraki，1935）

（三十三）䗛科 Phasmatidae

1. 足刺䗛 *Baculonistria magna*（Brunner von Wattenwyl，1907）
2. 鸡公山短角枝䗛 *Ramulus jigongshanense*（Chen et Li，1999）

八、螳螂目 Mantodea

（三十四）怪螳科 Amorphoscelidae

1. 怪螳 *Amorphoscelis* sp.

（三十五）螳科 Mantidae

1. 棕静螳 *Statilia maculata*（Thunberg，1784）
2. 绿静螳 *Statilia nemoralis*（Saussure，1870）
3. 薄翅螳 *Mantis religiosa*（Linneaus，1758）
4. 狭翅大刀螳 *Tenodera angustipennis*（Saussure，1869）
5. 枯叶大刀螳 *Tenodera aridifolia*（Stoll，1813）
6. 中华大刀螳 *Tenodera sinensis*（Saussure，1871）
7. 广斧螳 *Hierodula patellifera*（Serville，1839）
8. 中华斧螳 *Hierodula chinensis*（Werner，1929）

九、蜚蠊目 Blattodea

（三十六）鳖蠊科 Corydiidae

1. 中华真地鳖 *Eupolyphaga sinensis*（Walker，1868）

（三十七）蜚蠊科 Blattidae

1. 美洲大蠊 *Periplaneta americana*（Linneaus，1758）
2. 黑褐大蠊 *Periplaneta fuliginosa*（Serville，1839）

（三十八）异爪蠊科 Ectobiidae

1. 德国小蠊 *Blattella germanica*（Linneaus，1767）

十、等翅目 Isoptera

（三十九）鼻白蚁科 Rhinotermitidae

1. 扩头蔡白蚁 *Tsaitermes ampliceps*（Wang et Li，1984）

2. 黑胸散白蚁 *Reticulitermes chinensis*（Snyder，1923）
3. 锥颚散白蚁 *Reticulitermes conus*（Xia et Fan，1981）
4. 大别山散白蚁 *Reticulitermes dabieshanensis*（Wang et Li，1984）
5. 褐缘散白蚁 *Reticulitermes fulvimarginalis*（Wang et Li，1984）
6. 圆唇散白蚁 *Reticulitermes labralis*（Hsia et Fan，1965）
7. 细颚散白蚁 *Reticulitermes leptomandibularis*（Hsia et Fan，1965）
8. 长翅散白蚁 *Reticulitermes longipennes*（Wang et Li，1984）

(四十)白蚁科 Termitidae

1. 黑翅土白蚁 *Odontotermes formosanus*（Shiraki，1909）
2. 扬子江近扭白蚁 *Pericapritermes jangtsekiangensis*（Kemner，1925）

十一、虫齿目 Psocoptera

(四十一)书虫齿科 Liposcelididae

1. 嗜卷书虫齿 *Liposcelis bostrychophila*（Badonnel，1931）
2. 无色书虫齿 *Liposcelis decolor*（Pearman，1925）

十二、缨翅目 Thysanoptera

(四十二)蓟马科 Thripidae

1. 塔六点蓟马 *Scolothrips takahashii*（Priesner，1950）
2. 葱蓟马 *Thrips alliorum*（Schmutz，1913）
3. 烟蓟马 *Thrips tabaci*（Lindeman，1889）

十三、半翅目 Hemiptera

(四十三)木虱科 Psyllidae

1. 中国梨喀木虱 *Cacopsylla chinensis*（Yang et Li，1981）

(四十四)粉虱科 Aleyrodidae

1. 粉虱(未定种)

(四十五)绵蚧科 Monophlebidae

1. 桑履绵蚧 *Drosicha contrahens*（Walker，1858）
2. 日本履绵蚧 *Drosicha corpulenta*（Kuwana，1902）

(四十六)蚧科 Coccidae

1. 红蜡蚧 *Ceroplastes rubens*（Maskell，1892）
2. 朝鲜球坚蚧 *Didesmococcus koreanus*（Borchsnius，1955）
3. 枣大球蚧 *Eulecanium gigantea*（Shinji，1935）
4. 水木坚蚧 *Parthenolecanium corni*（Bouche，1844）

(四十七)盾蚧科 Diaspididae

1. 柳蛎盾蚧 *Lepidosaphes salicina*（Borchsnius，1958）

2. 长白蚧 *Lopholeucaspis japonica*（Cockerell，1897）
3. 桑白盾蚧 *Pseudaulacaspis pentagona*（Targioni-Tozzetti，1886）
4. 蠕须蛎蚧 *Kuwanaspis vermiformis*（Takahashi，1930）

（四十八）根瘤蚜科 Phylloxeridae

1. 梨黄粉蚜 *Aphanostigma jaksuiense*（Kishida，1924）

（四十九）蚜科 Aphididae

1. 榆绵蚜 *Eriosoma lanuginosum dilanuginosum*（Zhang，1980）
2. 杨柄叶瘿绵蚜 *Pemphigus matsumurai*（Monzen，1929）
3. 松长足大蚜 *Cinara pinea*（Mordvilko，1895）
4. 榆华毛蚜 *Sinochaitophorus maoi*（Takahashi，1936）
5. 库栗斑蚜 *Tuberculatus kuricola*（Matsumura，1917）
6. 柳黑毛蚜 *Chaitophorus saliniger*（Shinji，1929）
7. 苜蓿无网蚜 *Acyrthosiphon kondoi*（Shinyi et Konto，1938）
8. 豌豆蚜 *Acyrthosiphon pisum*（Harris，1776）
9. 绣线菊蚜 *Aphis citricola*（van der Goot，1912）
10. 豆蚜 *Aphis craccivora*（Koch，1854）
11. 柳蚜 *Aphis farinose*（Gmelia，1790）
12. 大豆蚜 *Aphis glycines*（Matsumura，1917）
13. 棉蚜 *Aphis gossypii*（Glover，1877）
14. 夹竹桃蚜 *Aphis nerii*（Boyer de Fonscolombe，1841）
15. 杠柳蚜 *Aphis periplocophila*（Zhang，1983）
16. 苹果蚜 *Aphis pomi*（De Geer，1773）
17. 芒果蚜 *Aphis odinae*（van der Goot，1917）
18. 茄无网蚜 *Aulacorthum solani*（Kaltenbach，1843）
19. 甘蓝蚜 *Breviciryne brassicae*（Linnaeus，1758）
20. 夏至草隐瘤蚜 *Cryptomyzus taoi*（Hille Ris Lambers，1963）
21. 藜蚜 *Hayhurtia atriplicis*（Linnaeus，1761）
22. 桃粉大尾蚜 *Hyalopterus amygdali*（Blanchard，1840）
23. 萝卜蚜 *Lipaphis erysimi*（Kaltenbach，1843）
24. 菊小长管蚜 *Macrosiphoniella sanborni*（Gillette，1908）
25. 荻草谷网蚜 *Sitobion miscanthi*（Takahashi，1921）
26. 高粱色蚜 *Melanaphis sacchari*（Zehntner，1897）
27. 麦无网蚜 *Metopolophium dirhodum*（Walker，1849）
28. 金针瘤蚜 *Myzus hemerocallis*（Takahashi，1921）
29. 桃蚜 *Myzus persicae*（Sulzer，1776）
30. 苹果瘤蚜 *Ovatus malisuctus*（Matsumura，1918）
31. 玉米蚜 *Rhopalosiphum maidis*（Fitch，1856）
32. 禾谷缢管蚜 *Rhopalosiphum padi*（Linnaeus，1758）

33. 麦二叉蚜 *Schizaphis graminum*（Rondni，1847）
34. 梨二叉蚜 *Schizaphis piricola*（Matsumura，1917）
35. 中华莎草二叉蚜 *Schizaphis siniscirpi*（Zhang，1983）
36. 胡萝卜微管蚜 *Semiaphis heraclei*（Takahashi，1921）
37. 桃瘤头蚜 *Tuberocephalus momonis*（Matsumura，1917）
38. 莴苣指管蚜 *Uroleucon formosanum*（Takahashi，1921）

（五十）蝉科 Cicadidae

1. 东北姬蝉 *Cicadetta chahrensis*（Kato，1938）
2. 黑翅红蝉 *Huechys sanguinea*（De Geer，1773）
3. 黑蚱蝉 *Cryptotympana atrata*（Fabrricius，1775）
4. 桑蚱蝉 *Cryptotympana japonensis*（Kato，1925）
5. 中华真宁蝉 *Euterpnosia chinensis*（Kato，1940）
6. 南细蝉 *Leptosemia sakaii*（Matsumura，1913）
7. 蒙古寒蝉 *Meimuna mongolica*（Distant，1881）
8. 松寒蝉 *Meimuna opalifera*（Walker，1850）
9. 绿草蝉 *Mogannia hebes*（Walker，1858）
10. 鸣鸣蝉 *Oncotympana maculaticolis*（Motschulsky，1866）
11. 蟪蛄 *Platypleura kaemferi*（Fabricius，1794）
12. 九宁蝉 *Terpnosia mawi*（Distant，1909）

（五十一）沫蝉科 Cercopidae

1. 赤斑稻沫蝉 *Callitettix versicolor*（Fabricius，1794）
2. 东方丽沫蝉 *Cosmoscarta heros*（Fabricius）

（五十二）叶蝉科 Cicadellidae

1. 华凹大叶蝉 *Bothrogonia sinica*（Yang et Li，1980）
2. 大青叶蝉 *Tettigella viridis*（Linnaeus，1758）
3. 白边大叶蝉 *Kolla paulula*（Walker，1851）
4. 印度顶带叶蝉 *Exitianus indicus*（Distant，1908）
5. 拟菱纹叶蝉 *Hishimonoides sellatiformis*（Ishihara，1965）
6. 凹缘菱纹叶蝉 *Hishimonus sellatus*（Uhler，1896）
7. 稻叶蝉 *Inemadara oryzae*（Matsumura，1902）
8. 短板松村叶蝉 *Matsumurella curticauda*（Anufriev，1971）
9. 长尾松村叶蝉 *Matsumurella longicauda*（Anufriev，1971）
10. 黑尾叶蝉 *Nephotettix cincticeps*（Uhler，1896）
11. 安氏圆纹叶蝉 *Norva anufrievi*（Emeljanov，1969）
12. 一点炎叶蝉 *Phlogotettix cyclops*（Mulsant et Rey，1855）
13. 条沙叶蝉 *Psammotettix striatus*（Linnaeus，1758）
14. 电光叶蝉 *Recilia dorsalis*（Motschulsky，1859）
15. 黑环纹叶蝉 *Recilia schmidtgeni*（Wagner，1839）

16. 白边宽额叶蝉 *Usuironus limbifera*（Matsumura，1902）
17. 白斑横脊叶蝉 *Evacanthus albomaculatus*（Cai et Shen，1997）
18. 长突横脊叶蝉 *Evacanthus longus*（Cai et Shen，1997）
19. 二点翘缘叶蝉 *Krisna bimaculata*（Cai et He，1998）
20. 灰色长突叶蝉 *Amritodus* sp.
21. 黄栌宽突叶蝉 *Liocratus continuus*（Cai et Shen，1998）
22. 黑脉宽突叶蝉 *Liocratus nigrinervis*（Cai et Shen，1998）
23. 黄绿凹唇叶蝉 *Tremulicerus* sp.
24. 黑纹耳叶蝉 *Ledra nigrolineata*（Kuoh et Cai，1994）
25. 白头小板叶蝉 *Oniella leucocephala*（Matsumura，1912）
26. 赭面槽胫叶蝉 *Drabescus ochrifrons*（Vilbaste，1968）
27. 石原脊翅叶蝉 *Parabolopona ishihari*（Webb，1981）
28. 小绿叶蝉 *Empoasca flavescens*（Fabricius，1794）
29. 桑斑叶蝉 *Erythroneura mori*（Matsumusra，1910）
30. 河北零叶蝉 *Limassolla hebeiensis*（Cai et Liang，1992）
31. 葡萄斑叶蝉 *Zygina apicalis*（Nawa，1913）

（五十三）广翅蜡蝉科 Ricaniidae

1. 带纹疏广蜡蝉 *Euricania fascialis*（Melichar，1898）
2. 柿广翅蜡蝉 *Ricania sublimbata*（Jacobi，1916）

（五十四）蜡蝉科 Fulgoridae

1. 斑悲蜡蝉 *Penthicodes atomaria*（Weber，1801）
2. 斑衣蜡蝉 *Lycorma delicatula*（White，1845）

（五十五）蛾蜡蝉科 Flatidae

1. 碧蛾蜡蝉 *Geisha distinctissima*（Walker，1858）

（五十六）飞虱科 Delphacidae

1. 灰飞虱 *Laodelphax striatellus*（Fallen，1826）
2. 拟褐飞虱 *Nilaparvata bakeri*（Muir，1917）
3. 褐飞虱 *Nilaparvata lugens*（Stål，1854）
4. 白背飞虱 *Sogatella vibix*（Haupt，1927）

（五十七）袖蜡蝉科 Derbidae

1. 红袖蜡蝉 *Diostrombus politus*（Uhler 1896）

（五十八）菱蜡蝉科 Cixiidae

1. 端斑脊菱蜡蝉 *Oliarus apicalis*（Uhler，1896）

（五十九）黾蝽科 Gerridae

1. 长翅大黾蝽 *Aquarius elongatus*（Uhler，1896）
2. 圆臀大黾蝽 *Aquarius paludus*（Fabricius，1794）

（六十）蝎蝽科 Nepidae

1. 中华螳蝎蝽 *Ranatra chinensis*（Mayr，1865）

（六十一）负蝽科 Belostomatidae

1. 褐负蝽 *Diplonychus rusticus*（Fabricius，1803）
2. 大泐负蝽 *Lethocerus deyrollei*（Vuillefroy，1864）

（六十二）划蝽科 Corixidae

1. 横纹划蝽 *Sigara substriata*（Uhler，1896）

（六十三）仰蝽科 Notonectidae

1. 华粗仰蝽 *Enithares sinica*（Stål，1854）
2. 中华大仰蝽 *Notonecta chinensis*（Fallou，1887）
3. 碎斑大仰蝽 *Notonecta montandoni*（Kirkaldy，1897）

（六十四）猎蝽科 Reduviidae

1. 亮钳猎蝽 *Labidocoris pectoralis*（Stål，1863）
2. 多氏田猎蝽 *Agriosphodrus dohrni*（Signoret，1862）
3. 艳红猎蝽 *Cydnocoris russatus*（Stål，1866）
4. 云斑瑞猎蝽 *Rhynocoris incertis*（Distant，1903）
5. 红缘猛猎蝽 *Sphedanolestes gularis*（Hsiao，1979）
6. 环斑猛猎蝽 *Sphedanolestes impressicollis*（Stål，1861）
7. 黑脂猎蝽 *Velinus nodipes*（Uhler，1860）
8. 茶褐盗猎蝽 *Peirates fulvescens*（Lindberg，1939）
9. 淡带荆猎蝽 *Acanthaspis cincticrus*（Stål，1859）

（六十五）盲蝽科 Miridae

1. 苜蓿盲蝽 *Adelphocoris lineolatus*（Geoze，1778）
2. 三点苜蓿盲蝽 *Adelphocoris fasciaticollis*（Reuter，1903）
3. 绿后丽盲蝽 *Apolygus lucorum*（Meyer-Dür，1843）
4. 烟盲蝽 *Nesidiocoris tenuis*（Reuter，1895）
5. 红楔异盲蝽 *Polymerus cognatus*（Fieber，1858）
6. 条赤须盲蝽 *Trigonotylus coelestialium*（Kirkaldy，1902）

（六十六）网蝽科 Tingidae

1. 梨冠网蝽 *Stephanotis nashi*（Esaki et Takeya，1931）
2. 褐角肩网蝽 *Uhlerites debilis*（Uhler，1896）

（六十七）姬蝽科 Nabidae

1. 华姬蝽 *Nabis sinoferus*（Hsiao，1964）
2. 黄翅花姬蝽 *Prostemma kiborti*（Jakovlev，1889）

（六十八）花蝽科 Anthocoridae

1. 黑头叉胸花蝽 *Amphiareus obscuriceps*（Poppius，1909）
2. 微小花蝽 *Orius minutus*（Linnaeus，1758）

（六十九）臭蝽科 Cimicidae

1. 温带臭虫 *Cimex lectularius*（Linnaeus，1758）

（七十）跷蝽科 Berytidae

1. 娇背跷蝽 *Metacanthus pulchellus*（Dallas，1852）
2. 圆肩跷蝽 *Metatropis longirostris*（Hsiao，1974）

（七十一）大眼长蝽科 Geocoridae

1. 大眼长蝽 *Geocoris pallidipennis*（Costa，1843）

（七十二）长蝽科 Lygaeidae

1. 谷子小长蝽 *Nysius ericae*（Schilling，1929）

（七十三）红蝽科 Pyrrhocoridae

1. 先地红蝽 *Pyrrhocoris sibiricus*（Kuschakewitsch，1866）
2. 直红蝽 *Pyrrhopeplus carduelis*（Stål，1863）

（七十四）蛛缘蝽科 Alydidae

1. 点蜂缘蝽 *Riptortus pedestris*（Fabricius，1775）

（七十五）缘蝽科 Coreidae

1. 瘤缘蝽 *Acanthocoris scaber*（Linnaeus，1763）
2. 稻棘缘蝽 *Cletus punctiger*（Dallas，1852）
3. 宽棘缘蝽 *Cletus rusticus*（Stål，1851）
4. 长肩棘缘蝽 *Cletus trigonus*（Thunberg，1783）
5. 褐奇缘蝽 *Derepteryx fuliginosa*（Uhler，1860）
6. 月肩奇缘蝽 *Derepteryx lunata*（Distant，1900）
7. 长角岗缘蝽 *Gonocerus longicornis*（Hsiao，1964）
8. 广腹同缘蝽 *Homoeocerus dilatatus*（Horvath，1879）
9. 纹须同缘蝽 *Homoeocerus striicornis*（Scott，1874）
10. 瓦同缘蝽 *Homoeocerus walkerianus*（Lethierry et Severin，1894）
11. 环胫黑缘蝽 *Hygia lativentris*（Motschulsky，1866）
12. 暗黑缘蝽 *Hygia opaca*（Uhler，1860）
13. 黑胫侎缘蝽 *Mictis fuscipes*（Hsiao，1963）
14. 黄胫侎缘蝽 *Mictisserina*（Dallas，1852）
15. 波赭缘蝽 *Ochrochira potanini*（Kiritshenko，1916）
16. 钝肩普缘蝽 *Plinachtus bicoloripes*（Scott，1874）

（七十六）姬缘蝽科 Rhopalidae

1. 栗缘蝽 *Liorhyssus hyalinus*（Fabricius，1794）

（七十七）异蝽科 Urostylidae

1. 淡娇异蝽 *Urosytlis yangi*（Maa，1947）

（七十八）同蝽科 Acanthosomatidae

1. 伊锥同蝽 *Sastragala esakii*（Hasegawa，1959）

（七十九）土蝽科 Cydnidae

1. 青革土蝽 *Macroscytus subaenus*（Dallas，1851）

（八十）荔蝽科 Tessaratomidae

1. 硕蝽 *Eurostus validus*（Dallas，1851）
2. 暗绿巨蝽 *Eusthenes saevus*（Stål，1863）

（八十一）盾蝽科 Scutelleridae

1. 扁盾蝽 *Eurygaster testudinarius*（Geoffroy，1758）
2. 长盾蝽 *Scutellera perplexa*（Westwood，1873）

（八十二）兜蝽科 Dinidoridae

1. 九香蝽 *Coridius chinensis*（Dallas，1851）
2. 大皱蝽 *Cyclopelta obscura*（Lepeletier et Serville，1828）
3. 小皱蝽 *Cyclopelta parva*（Distant，1900）

（八十三）蝽科 Pentatomidae

1. 薄蝽 *Brachymna tenuis*（Stål，1861）
2. 辉蝽 *Carbula humerigera*（Uhler，1860）
3. 双斑蝽 *Chalcopis glandulosa*（Wolff，1811）
4. 中华岱蝽 *Dalpada cinctipes*（Walker，1867）
5. 剪蝽 *Diplorhinus furcatus*（Westwood，1837）
6. 斑须蝽 *Dolycoris baccarum*（Linnaeus，1758）
7. 麻皮蝽 *Erthesina fullo*（Thunberg，1783）
8. 菜蝽 *Eurydema dominulus*（Scopoli，1763）
9. 二星蝽 *Eysarcoris guttigerus*（Thunberg，1783）
10. 锚纹二星蝽 *Eysarcoris rosaceus* Distant，1901
11. 赤条蝽 *Graphosoma rubrolineatum*（Westwood，1837）
12. 茶翅蝽 *Halyomorpha picus*（Fabricius，1794）
13. 梭蝽 *Megarrhamphus hastatus*（Fabricius，1803）
14. 宽曼蝽 *Menida lata*（Yang，1934）
15. 紫蓝曼蝽 *Menida violacea*（Motschulsky，1861）
16. 稻褐蝽 *Niphe elongata*（Dallas，1851）
17. 宽碧蝽 *Palomena viridissima*（Poda，1761）
18. 褐真蝽 *Pentatoma semiannulata*（Motschulsky，1860）
19. 益蝽 *Picromerus lewisi*（Scott，1874）
20. 莽蝽 *Placosternum taurus*（Fabricius，1781）
21. 斑莽蝽 *Placosternum urus*（Stål，1876）
22. 珠蝽 *Rubiconia intermedia*（Wolff，1811）

十四、蛇蛉目 Raphidioptera

（八十四）盲蛇蛉科 Inocelliidae

1. 华盲蛇蛉 *Sininocellia* sp.

十五、广翅目 Megaloptera

（八十五）齿蛉科 Corydalidae

1. 指突斑鱼蛉 *Neochauliodes digitiformis*（Liu et Yang，2005）
2. 小碎斑鱼蛉 *Neochauliodes sparsus*（Liu et Yang，2005）
3. 花边星齿蛉 *Protohermes costalis*（Walker，1853）
4. 中华星齿蛉 *Protohermes sinensis*（Yang et Yang，1992）

十六、脉翅目 Neuroptera

（八十六）草蛉科 Chrysopidae

1. 多斑草蛉 *Chrysopa intima*（MacLachlam，1893）
2. 丽草蛉 *Chrysopa formosa*（Brauer，1850）
3. 大草蛉 *Chrysopa pallens*（Ramber，1838）
4. 松氏通草蛉 *Chrysoperla savioi*（Navás，1933）
5. 日本通草蛉 *Chrysoperla nippoensis*（Okamoto，1914）

（八十七）褐蛉科 Hemerobiidae

1. 褐蛉 *Hemerobius* sp.

（八十八）蚁蛉科 Myrmeleontidae

1. 朝鲜东蚁蛉 *Euroleon coreaus*（Okamoto，1926）
2. 追击大蚁蛉 *Heoclisis japonica*（MacLachlan，1875）

（八十九）蝶角蛉科 Ascalaphidae

1. 黄脊蝶角蛉 *Hybris subjacens*（Walker，1853）

十七、鞘翅目 Coleoptera

（九十）豉甲科 Gyrinidae

1. 侧刻豉甲 *Dineutus* sp.

（九十一）步甲科 Carabidae

1. 中国虎甲 *Cicindela chinensis*（DeGeer，1774）
2. 花斑虎甲 *Cicindela laetescripta*（Motschulsky，1860）
3. 蓝长颈虎甲 *Collyris loochooensis*（Kono，1929）
4. 云纹虎甲 *Cylindera elisae*（Motschulsky，1859）
5. 钳端虎甲 *Cylindera lobipennis*（Bates，1888）
6. 断纹虎甲 *Lophyridia striolata*（Illiger，1800）
7. 膨边虎甲 *Lophyridia sumatrensis*（Herbst，1806）
8. 镜面虎甲 *Myriochile specularis*（Chaudoir，1845）
9. 寡行步甲 Anoplogenius cyanescens（Hope，1845）
10. 大气步甲 *Brachinus scotomedes*（Redtenbacher，1868）

11. 金星步甲 *Calosoma chinense*（Kirby，1818）
12. 大星步甲 *Calosoma maximoviczi*（Morawitz，1863）
13. 伊步甲 *Carabus elysii*（Thompson，1856）
14. 拉步甲 *Carabus lafossei*（Feisthamel，1845）
15. 绿步甲 *Carabus smaragdinus*（Fischer von Waldheim，1823）
16. 双斑青步甲 *Chlaenius bioculatus*（Chaudoir，1856）
17. 黄边青步甲 *Chlaenius circumdatus*（Brulle，1835）
18. 狭边青步甲 *Chlaenius inops*（Chaudoir，1856）
19. 麻青步甲 *Chlaenius junceus*（Andrewes，1923）
20. 黄斑青步甲 *Chlaenius micans*（Fabricius，1792）
21. 大黄缘青步甲 *Chlaenius nigricans*（Wiedemann，1821）
22. 后斑青步甲 *Chlaenius posticalis*（Motschulsky，1953）
23. 跗边青步甲 *Chlaenius prostenus*（Bates，1873）
24. 逗斑青步甲 *Chlaenius virgulifer*（Chaudoir，1876）
25. 偏额重唇步甲 *Diplocheila latifrons*（Dejean，1830）
26. 蠋步甲 *Dolichus halensis*（Schaller，1783）
27. 谷婪步甲 *Harpalus calceatus*（Duftschmid，1812）
28. 大头婪步甲 *Harpalus capito*（Morawitz，1862）
29. 毛婪步甲 *Harpalus griseus*（Panzer，1797）
30. 单齿婪步甲 *Harpalus simplicidens*（Schauberger，1929）
31. 中华婪步甲 *Harpalus sinicus*（Hope，1845）
32. 大劫步甲 *Lesticus magnus*（Motschulsky，1860）
33. 黄斑小丽步甲 *Microcosmodes flavospilosus*（Laferte，1851）
34. 圆步甲属 *Omophron limbatum*（Fabricius，1777）
35. 三齿婪步甲 *Ophonus tridens*（Morawitz，1862）
36. 广屁步甲 *Pheropsophus occipitalis*（MacLeay，1825）
37. 双齿蝼步甲 *Scarites acutidens*（Chaudoir，1855）
38. 大蝼步甲 *Scarites sulcatus*（Olivier，1795）
39. 单齿蝼步甲 *Scarites terricola*（Bonelli，1813）
40. 黑背狭胸步甲 *Stenolophus connotatus*（Bates，1873）

（九十二）龙虱科 Dytiscidae

1. 东方龙虱 *Cybister tripunctatus*（Olivier，1795）
2. 黄条斑龙虱 *Hydaticus bowringii*（Clark，1864）

（九十三）牙甲科 Hydrophilidae

1. 刺腹牙甲 *Hydrochara* sp.

（九十四）葬甲科 Silphidae

1. 滨尸葬甲 *Necrodes littoralis*（Linnaeus，1758）
2. 日本覆葬甲 *Nicrophorus japonicus*（Harold，1877）

(九十五)隐翅甲科 Staphylinidae

1. 黄足毒隐翅虫 *Paederus fuscipes*（Curtis，1823）

(九十六)粪金龟科 Geotrupidae

1. 戴锤角粪金龟 *Bolbotrypes davidis*（Fairmaire，1891）
2. 粪堆粪金龟 *Geotrupes stercorarius*（Linnaeus，1758）

(九十七)锹甲科 Lucanidae

1. 褐黄前锹甲 *Prosopocoilus astacoides blanchardi*（Parry，1873）
2. 扁锹 *Serrognathus titanus*（Boisduval，1835）

(九十八)金龟科 Scarabaeidae

1. 神农洁蜣螂 *Catharsius molossus*（Linnaeus，1758）
2. 臭蜣螂 *Copris ochus*（Motschulsky，1860）
3. 中华蜣螂 *Copris sinicus*（Hope，1842）
4. 墨侧裸蜣螂 *Gymnopleurus mopsus*（Pallas，1781）
5. 翘侧裸蜣螂 *Gymnopleurus sinuatus*（Olivier，1789）
6. 镰双凹蜣螂 *Onitis falcatras*（Wulfen，1786）
7. 日本嗡蜣螂 *Onthophagus japonicus*（Harold，1874）
8. 三角嗡蜣螂 *Onthophagus tricornis*（Wiederman，1823）
9. 台风蜣螂 *Scarabaeus typhoon*（Fischer，1823）
10. 斯氏蜣螂 *Sisyphus schaefferi*（Linnaeus，1758）
11. 双叉犀金龟 *Allomyrina dichotoma*（Linnaeus，1771）
12. 华扁犀金龟 *Eophileurus chinensis*（Faldermann，1835）
13. 阔胸禾犀金龟 *Pentodon mongolicus*（Motschulsky，1849）
14. 斑喙丽金龟 *Adoretus tenuimaculatus*（Waterhouse，1875）
15. 铜绿异丽金龟 *Anomala corpulenta*（Motschulsky，1853）
16. 黄褐异丽金龟 *Anomala exoleta*（Faldermann，1835）
17. 蒙古异丽金龟 *Anomala amongolica*（Faldermann，1835）
18. 蓝边矛丽金龟 *Callistethus plagiicollis*（Fairmaire，1885）
19. 墨绿彩丽金龟 *Mimela splendens*（Gyllenhal，1817）
20. 无斑弧丽金龟 *Popillia mutans*（Newman，1838）
21. 中华弧丽金龟 *Popillia quadriguttata*（Fabricius，1787）
22. 苹毛丽金龟 *Proagopertha lucidula* Faldermann，1835
23. 华北大黑鳃金龟 *Holotrichia oblita*（Faldermann，1835）
24. 暗黑鳃金龟 *Holotrichia parallela*（Motschulsky，1854）
25. 棕色鳃金龟 *Holotrichia titanis*（Reitter，1902）
26. 毛黄鳃金龟 *Holotrichia trichophora*（Fairmaire，1891）
27. 小阔胫玛绢金龟 *Maladera ovatula*（Fairmaire，1891）
28. 阔胫玛绢金龟 *Maladera verticalis*（Fairmaire，1888）
29. 弟兄鳃金龟 *Melolontha frater*（Arrow，1913）

30. 鲜黄鳃金龟 *Metabolus tumidifrons*（Fairmaire，1887）
31. 东方绢金龟 *Serica orientalis*（Motschulsky，1857）
32. 白斑跗花金龟 *Clinterocera mandarina*（Westwood，1874）
33. 褐鳞花金龟 *Cosmiomorpha modesta*（Saunders，1852）
34. 肋凹缘花金龟 *Dicranobia potanini*（Kraatz，1889）
35. 小青花金龟 *Oxycetonia jucunda*（Faldermann，1835）
36. 褐锈花金龟 *Anthracophora rusticola*（Burmeister，1842）
37. 凸绿星花金龟 *Protaetia aerata*（Erichson，1834）
38. 白星花金龟 *Protaetia brevitarsis*（Lewis，1879）
39. 短毛斑金龟 *Lasiotrichius succinctus*（Pallas，1781）

(九十九) 吉丁科 Buprestidae

1. 日本吉丁甲 *Chalcophora japonica*（Gory，1840）
2. 六星吉丁甲 *Chrysobothris succedanea*（Saunders，1895）
3. 红缘绿吉丁 *Lampra bellula*（Lewis，1893）

(一百) 掣爪泥甲科 Eulichadidae

1. 掣爪泥甲 *Eulichas* sp.

(一百〇一) 叩甲科 Elateridae

1. 细胸锥尾叩甲 *Agriotes subrittatus*（Motschulsky，1859）
2. 沟线角叩甲 *Pleonomus canaliculatus*（Faldermann，1835）

(一百〇二) 红萤科 Lycidae

1. 红萤(未定种)

(一百〇三) 萤科 Lampyridae

1. 熠萤 *Luciola* sp.

(一百〇四) 花萤科 Cantharidae

1. 丽花萤 *Themus* sp.
2. 黑斑丽花萤 *Themus stigmaticus*（Fairmaire，1888）

(一百〇五) 皮蠹科 Dermestidae

1. 标本圆皮蠹 *Anthrenus museorum*（Linnaeus，1761）
2. 小圆皮蠹 *Anthrenus verbasci*（Linnaeus，1767）
3. 黑毛皮蠹 *Attagenus unicolor japonicus*（Reitter，1877）
4. 钩纹皮蠹 *Dermestes ater*（De Geer，1774）
5. 拟白腹皮蠹 *Dermestes frischi*（Kugelann，1792）
6. 白腹皮蠹 *Dermestes maculatus*（De Geer，1774）
7. 赤毛皮蠹 *Dermesters tessellatocollis*（Motschulsky，1859）
8. 百怪皮蠹 *Thylodrias contractus*（Motschulsky，1839）
9. 花斑皮蠹 *Trogoderma variabile*（Ballion，1878）

(一百〇六) 蛛甲科 Ptinidae

1. 烟草甲 *Lasioderma serricorne*（Fabricius，1792）

2. 药材甲 *Stegobium paniceum*（Linnaeus，1761）
3. 拟裸蛛甲 *Gibbium aequinoctiale*（Boiedieu，1854）
4. 褐蛛甲 *Pseudeurostus hilleri*（Reitter，1877）

（一百〇七）长蠹科 Bostrichidae

1. 谷蠹 *Rhyzopertha dominica*（Fabricius，1792）
2. 中华粉蠹 *Lyctus sinensis*（Lesne，1911）

（一百〇八）谷盗科 Trogossitidae

1. 大谷盗 *Tenebroides mauritanicus*（Linnaeus，1758）

（一百〇九）大蕈甲科 Erotylidae

1. 拟叩甲(未定种)

（一百一十）露尾甲科 Nitidulidae

1. 细胫露尾甲 *Carpophilus delkeskampi*（Hisamatsu，1963）
2. 凹胫露尾甲 *Carpophilus pilosellus*（Motschulsky，1858）
3. 四斑露尾甲 *Glischrochilus japonicus*（Motschulsky，1857）

（一百一十一）扁谷盗科 Laemophloeidae

1. 锈赤扁谷盗 *Cryptolestes ferrugineus*（Stephens，1831）
2. 长角扁谷盗 *Cryptolestes pusillus*（Schoenherr，1952）
3. 土耳其扁谷盗 *Cryptoleses turcicus*（Grouville，1876）

（一百一十二）锯谷盗科 Silvanidae

1. 米扁虫 *Ahasverus advena*（Waltl，1834）
2. 锯谷盗 *Oryzaephilus surinamensis*（Linnaeus，1758）
3. 圆筒胸锯谷盗 *Silvanoprus cephalotes*（Reitter，1876）
4. 尖胸锯谷盗 *Silvanoprus scuticollis*（Walker，1859）

（一百一十三）隐食甲科 Cryptophagidae

1. 钩角隐食甲 *Cryptophagus acutangulus*（Gyllenhal，1828）
2. 腐隐食甲 *Cryptophagus obsoletus*（Reitter，1879）

（一百一十四）伪瓢甲科 Endomychidae

1. 红足真伪瓢虫 *Eumorphus* sp.
2. 扁薪甲 *Holoparamecus depressus*（Curtis，1833）
3. 椭圆薪甲 *Holoparamecus ellipticus*（Wollaston，1874）
4. 头角薪甲 *Holoparamecus signatus*（Wollaston，1874）

（一百一十五）瓢甲科 Coccinellidae

1. 黑襟毛瓢虫 *Scymnus hoffmanni*（Weise，1879）
2. 深点食螨瓢虫 *Stethorus punctillum*（Weise，1891）
3. 红点唇瓢虫 *Chilocorus kuwanae*（Silvestri，1909）
4. 黑缘红瓢虫 *Chilocorus rubldus*（Hope，1831）
5. 宽缘唇瓢虫 *Chilocorus rufitarsis*（Motschulsky，1853）

6. 六斑异瓢虫 *Aiolocaria hexaspilota*（Hope，1831）
7. 奇变瓢虫 *Aiolocaria mirabilis*（Motschulsky，1860）
8. 细纹裸瓢虫 *Bothrocalvia albolineata*（Gyllenhal，1808）
9. 中华裸瓢虫 *Bothrocalvia chinensis*（Mulstant，1850）
10. 十五星裸瓢虫 *Calvia quindecimguttata*（Fabricius，1777）
11. 七星瓢虫 *Coccinella septempunctata*（Linnaeus，1758）
12. 十一星瓢虫 *Coccinella undecimpunctata*（Linnaeus，1758）
13. 异色瓢虫 *Harmonia axyridis*（Pallas，1773）
14. 隐斑瓢虫 *Harmonia yedoensis*（Takizawa，1917）
15. 十三星瓢虫 *Hippodamia tredecimpunctata*（Linnaeus，1758）
16. 多异瓢虫 *Hippodamia variegata*（Goeze，1777）
17. 素菌瓢虫 *Illeis cincta*（Fabricius，1798）
18. 稻红瓢虫 *Micraspis discolor*（Fabricius，1798）
19. 十二斑巧瓢虫 *Oenopia bissexnotata*（Mulsant，1850）
20. 龟纹瓢虫 *Propylea japonica*（Thunberg，1781）
21. 黄室盘瓢虫 *Propylea luteopustulata*（Mulsant，1866）
22. 二十二星菌瓢虫 *Psyllobora vigintiduopunctata*（Linnaeus，1758）
23. 十二斑褐菌瓢虫 *Vibidia duodecimguttata*（Poda，1761）
24. 亚澳食植瓢虫 *Epilachna galerucinoides*（Korschefsky，1934）
25. 菱斑食植瓢虫 *Epilachna insignis*（Gorham，1892）
26. 马铃薯瓢虫 *Henosepilachna viginotioctomaculata*（Motschulsky，1857）
27. 茄二十八星瓢虫 *Henosepilachna vigintioctopunctata*（Fabricius，1775）

（一百一十六）薪甲科 Latridiidae

1. 缩颈薪甲 *Cartodere constricat*（Gyllenhal，1827）
2. 脊突薪甲 *Enicmus histrio*（Joy et Tomlin，1910）
3. 四行薪甲 *Lathridius bergrothi*（Reitter，1880）
4. 红颈小薪甲 *Microgramme ruficollis*（Marsham，1802）
5. 东方薪甲 *Migneauxia orientalis*（Reitter，1877）

（一百一十七）小蕈甲科 Mycetophagidae

1. 小蕈甲 *Typhaea stercorea*（Linnaeus，1758）

（一百一十八）拟步甲科 Tenebrionidae

1. 黑粉甲 *Alphitobius diaperinus*（Panzer，1797）
2. 小粉甲 *Alphitobius laevigatus*（Fabricius，1781）
3. 尖角阿垫甲 *Anaedus mroczkowskii*（Kaszab，1968）
4. 双齿土甲 *Gonocephalum coriaceum*（Motschulsky，1857）
5. 沙土甲 *Opatrum sabulosum*（Linnaeus，1758）
6. 姬帕齿甲 *Palorus ratzeburgi*（Wissman，1848）
7. 达卫邻烁甲 *Plesiophthalmus davidis*（Fairmaire，1878）

8. 赤拟粉甲 *Tribolium castaneum*（Herbst，1797）
9. 杂拟粉甲 *Tribolium confusum*（Jaquelin，1868）

（一百一十九）芫菁科 Meloidae

1. 中国豆芫菁 *Epicauta chinensis*（Laporte，1840）
2. 豆芫菁 *Epicauta gorhami*（Marseul，1873）
3. 眼斑芫菁 *Mylabris cichorii*（Linneaus，1758）

（一百二十）天牛科 Cerambycidae

1. 曲牙锯天牛 *Dorysthenes hydropicus*（Pascoe，1857）
2. 中华裸角天牛 *Aegosoma sinicum*（White，1853）
3. 椎天牛 *Spondylis buprestoldes*（Linnaeus，1758）
4. 光胸断眼天牛 *Tetropium castaneum*（Linnaeus，1758）
5. 斑角缘花天牛 *Anoplodera variicornis*（Dalman，1817）
6. 异色蜓尾花天牛 *Macroleptura thoracica*（Creutzer，1799）
7. 松脊花天牛 *Stenocorus inquisitor*（Linnaeus，1758）
8. 蚤瘦花天牛 *Strangalia fortunei*（Pascoe，1858）
9. 中华闪光天牛 *Aeolesthes sinensis*（Gahan，1890）
10. 白角纹虎天牛 *Anaglyptus apicicornis*（Gressitt，1938）
11. 黄颈柄天牛 *Aphrodisium faldermatnnii*（Saundors，1850）
12. 桃红颈天牛 *Aromia bungii*（Faldermann，1835）
13. 红缘亚天牛 *Asias halodendri*（Pallas，1776）
14. 台湾蜡天牛 *Ceresium subuniforme*（Schwatzer，1925）
15. 紫缘长绿天牛 *Chloridolum lameeri*（Pic，1900）
16. 黄胸长绿天牛 *Chloridolum sieversi*（Ganglbauer，1886）
17. 绿长绿天牛 *Chloridolum viride*（Thomson，1864）
18. 竹绿虎天牛 *Chlorophorus annularis*（Fabricius，1878）
19. 弧纹绿虎天牛 *Chlorophorus miwai*（Gressitt，1936）
20. 裂纹绿虎天牛 *Chlorophorus separatus*（Gressitt，1940）
21. 勾纹刺虎天牛 *Demonax bowringii*（Pascoe，1859）
22. 栎蓝红胸天牛 *Dere thoracica*（White，1855）
23. 二斑黑绒天牛 *Embrikstrandia bimaculata*（White，1853）
24. 油茶红天牛 *Erythrus blairi*（Gressitt，1939）
25. 栗山天牛 *Massicus raddei*（Blessig，1872）
26. 黑跗虎天牛 *Perissus minicus*（Gressitt et Rondon，1979）
27. 多带天牛 *Polyzonus fasciatus*（Fabricius，1781）
28. 帽斑紫天牛 *Purpuricenus lituratus*（Ganglbauer，1886）
29. 暗红折天牛 *Pyrestes haematica*（Pascoe，1857）
30. 脊胸天牛 *Rhytidodera bowringii*（White，1853）
31. 拟蜡天牛 *Stenygrinum quadrinotatum*（Bates，1873）

32. 家茸天牛 *Trichoferus campestris*（Faldermann，1853）
33. 刺角天牛 *Trirachys orientalis*（Hope，1841）
34. 桑脊虎天牛 *Xylotrechus chinensis*（Chevrolat，1852）
35. 合欢双条天牛 *Xystrocera globosa*（Olivier，1795）
36. 栗灰锦天牛 *Acalolepta degener*（Bates，1873）
37. 苜蓿多节天牛 *Agapanthia amurensis*（Kraatz，1879）
38. 灰斑安天牛 *Annamanum albisparsum*（Gahan，1888）
39. 华星天牛 *Anoplophora chinensis*（Forster，1771）
40. 光肩星天牛 *Anoplophora glabripennis*（Motschulsky，1853）
41. 槐星天牛 *Anoplophora lurida*（Pascoe，1856）
42. 胸斑星天牛 *Anoplophora macularia*（Thomson，1865）
43. 粒肩天牛 *Apriona germari*（Hope，1831）
44. 瘤胸簇天牛 *Aristobia hispida*（Saunder，1853）
45. 黄荆重突天牛 *Astathes episcopalis*（Chevrolat，1852）
46. 黑跗眼天牛 *Bacchisa atritarsis*（Pic，1912）
47. 梨眼天牛 *Bacchisa fortunei*（Thomson，1857）
48. 橙斑白条天牛 *Batocera davidis*（Deyrolle，1878）
49. 云斑白条天牛 *Batocera lineolata*（Chevrolat，1852）
50. 台湾缨象天牛 *Cacia arisana*（Kano，1933）
51. 白带窝天牛 *Desisa subfasciata*（Pascoe，1862）
52. 梨突天牛 *Diboma malina*（Gressitt，1951）
53. 双带粒翅天牛 *Lamiomimus gottschei*（Kolbe，1886）
54. 黑角瘤筒天牛 *Linda atricornis*（Pic，1924）
55. 顶斑瘤筒天牛 *Linda fraterna*（Chevrolat，1852）
56. 三带象天牛 *Mesosa longipennis*（Bates，1873）
57. 四点象天牛 *Mesosa myops*（Dalman，1817）
58. 双簇污天牛 *Moechotypa diphysis*（Pascoe，1871）
59. 松墨天牛 *Monochamus alternatus*（Hope，1843）
60. 红足墨天牛 *Monochamus dubius*（Gahan，1895）
61. 麻斑墨天牛 *Monochamus sparsutus*（Fairmaire，1889）
62. 隐斑半脊天牛 *Neoxantha amicta*（Pascoe，1856）
63. 黑翅脊筒天牛 *Nupserha infantula*（Ganglbauer，1889）
64. 缘翅脊筒天牛 *Nupserha marginella*（Bates，1873）
65. 黄腹脊筒天牛 *Nupserha testaceipes*（Pic，1926）
66. 黑点筒天牛 *Oberea atropunctata*（Pic，1916）
67. 台湾筒天牛 *Oberea formosana*（Pic，1911）
68. 暗翅筒天牛 *Oberea fuscipennis*（Chevrolat，1852）
69. 黑腹筒天牛 *Oberea nigriventris*（Bates，1873）

70. 灰翅筒天牛 *Oberea oculata*（Linnaeus，1758）
71. 黑点粉天牛 *Olenecamptus clarus*（Pascoe，1859）
72. 榉白背粉天牛 *Olenecamptus cretaceus marginatus*（Schwarzer，1925）
73. 中华八星粉天牛 *Olenecamptus octopustulatus chinensis*（Dillon et Dillon，1948）
74. 苎麻双脊天牛 *Paraglenea fortunei*（Saudeas，1853）
75. 眼斑齿胫天牛 *Paraleprodera diophthalma*（Pascoe，1856）
76. 橄榄梯天牛 *Pharsalia subgemmata*（Thomson，1857）
77. 黄星天牛 *Psacothea hilaris*（Pascoe，1857）
78. 伪昏天牛 *Pseudanaesthetis langana*（Pic，1922）
79. 棕竿天牛 *Pseudocalambius leptissimus*（Gressitt，1936）
80. 核桃竿天牛 *Pseudocalambius truncatus*（Breuning，1940）
81. 山杨楔天牛 *Saperda carcharias*（Linnaeus，1758）
82. 青杨楔天牛 *Saperda populnea*（Linnaeus，1758）
83. 麻竖毛天牛 *Thyeslilla gebleri*（Faldermann，1835）
84. 樟泥色天牛 *Uraecha angusta*（Pascoe，1856）

（一百二十一）叶甲科 Chrysomelidae

1. 长腿水叶甲 *Donacia provosti*（Fairmaire，1885）
2. 蓝负泥虫 *Lema concinnipennis*（Baly，1865）
3. 鸭跖草负泥虫 *Lema diversa*（Baly，1873）
4. 水稻负泥虫 *Oulema oxyzae*（Kuwayama，1929）
5. 琉璃榆叶甲 *Ambrostoma fortunei*（Baly，1860）
6. 榆紫叶甲 *Ambrostoma quadriimpressum*（Motschulsky，1845）
7. 细胸萤叶甲 *Asiorestia interpunctata*（Motschulsky，1859）
8. 印度黄守瓜 *Aulacophora indica*（Gmelin，1790）
9. 麦跳甲 *Chaetocnema hortensis*（Geoffroy，1785）
10. 杨叶甲 *Chrysomela populi*（Linnaeus，1758）
11. 黄胸蓝叶甲 *Cneorane elegans*（Baly，1874）
12. 褐背小萤叶甲 *Galerucella grisescens*（Joannis，1866）
13. 二纹柱萤叶甲 *Gallerucida bifasciata*（Motschulsky，1860）
14. 杨瘤胸叶甲 *Hemipyxis flavipennis*（Baly，1874）
15. 双条蓝叶甲 *Oides bowringii*（Baly，1863）
16. 十星瓢萤叶甲 *Oides decempunctata*（Billberg，1808）
17. 梨斑叶甲 *Paropsides soriculata*（Swartz，1808）
18. 十八点椭圆叶甲 *Phola octodecimguttata*（Fabricius，1775）
19. 黄宽条跳甲 *Phyllotreta humilis*（Weise，1887）
20. 黄直条跳甲 *Phyllotreta rectilineata*（Chen，1939）
21. 黄狭条跳甲 *Phyllotreta vittula*（Redtenbacher，1849）
22. 柳圆叶甲 *Plagiodera versicolora*（Laicharting，1781）

23. 黄斑双行跳甲 *Pseudodera xanthospila*（Baly，1862）
24. 榆绿毛萤叶甲 *Pyrrhalta aenescens*（Fairmaire，1878）
25. 榆黄毛萤叶甲 *Pyrrhalta maculicollis*（Motschulsky，1853）
26. 葡萄丽叶甲 *Acrothinium gaschkevitschii*（Motschulsky，1860）
27. 钝角胸叶甲 *Basilepta davidi*（Lefevre，1877）
28. 中华萝藦叶甲 *Chrysochus chinensis*（Baly，1859）
29. 亮叶甲 *Chrysolampra spledans*（Baly，1859）
30. 甘薯叶甲 *Colasposoma dauricum*（Mannerheim，1849）
31. 丽隐头叶甲 *Cryptocephalus festivus*（Jacoby，1890）
32. 十四斑隐头叶甲 *Cryptocephalus tetradecaspilotus*（Baly，1873）
33. 绿缘扁角叶甲 *Platycorynus parnyi*（Baly，1864）
34. 黑额光叶甲 *Smaragdina nigrifrons*（Hope，1842）
35. 合欢毛叶甲 *Trichochrysea nitidissima*（Jacoby，1888）
36. 泡桐锯龟甲 *Basiprionota bisignata*（Boheman，1862）
37. 绿豆象 *Callosobruchus chinensis*（Linnaeus，1758）

(一百二十二)长角象科 Anthribidae

1. 长角象(未定种)

(一百二十三)卷象科 Attelabidae

1. 卷象 *Apoderus* sp.
2. 圆斑卷象 *Paroplapoderus* sp.
3. 瘤卷象 *Phymatapoderus* sp.

(一百二十四)锥象科 Brentidae

1. 日本溢颈梨象 *Piezotrachelus japonicus*（Roelofs，1874）
2. 黑球象 *Pseudorobitis* sp.

(一百二十五)象甲科 Curculionidae

1. 橘长足象 *Alcidodes trifidus*（Pascoe，1870）
2. 小卵象 *Calomycterus obconicus*（Chao，1974）
3. 隆脊绿象 *Chlorophanus lineolus*（Motschulsky，1854）
4. 柳绿象 *Chlorophanus sibiricus*（Gyllenhyl，1834）
5. 柞栎象 *Curculio arakawai*（Matsumura et Kono，1928）
6. 油茶果象 *Curculio chinensis*（Chevrolat，1878）
7. 栗实象 *Curculio davidi*（Fairmaire，1878）
8. 麻栎象 *Curculio robustus*（Roelofs，1874）
9. 金绿长毛象 *Enaptorrhinus alini*（Voss，1941）
10. 中华长毛象 *Enaptorrhinus sinensis*（Waterhouse，1853）
11. 臭椿沟眶象 *Eucryptorrhynchus brandti*（Harold，1881）
12. 沟眶象 *Eucryptorrhynchus scrobiculatus*（Motschulsky，1854）
13. 松大象 *Hyloblus abietis*（Linnaeus，1758）

14. 蓝绿象 *Hypomyces squamosus*（Fabricius，1792）
15. 波纹斜纹象 *Lepyrus japonicus*（Roelofs，1873）
16. 黑龙江筒喙象 *Lixus amurensis*（Faust，1887）
17. 甜菜筒喙象 *Lixus subtilis*（Boheman，1835）
18. 圆筒象 *Macrocorynus psittacinus*（Redtenbacher，1868）
19. 栗剪枝象 *Mecorhis cumulatus*（Voss，1930）
20. 栗雪片象 *Niphades castanea*（Chao，1980）
21. 竹一字象 *Otidognathus davidis*（Fairmaire，1878）
22. 柑桔斜脊象 *Platymycteropsis mandarinus*（Fairmaire，1888）
23. 棉尖象 *Phytoscaphus gossypii*（Chao，1974）
24. 银光球胸象 *Piazomias fausti*（Frivoldszky，1892）
25. 隆胸球胸象 *Piazomias globulicollis*（Faldermann，1835）
26. 大球胸象 *Piazomias validus*（Motschulsky，1853）
27. 金光根瘤象 *Sitona tibialis*（Herbst，1795）
28. 玉米象 *Sitophilus zeamais*（Motschulsky，1855）
29. 大灰象 *Sympiezomias velatus*（Chevrolat，1845）
30. 黄褐纤毛象 *Tanymecus urbanus*（Gyllenhyl，　）
31. 蒙古土象 *Xylinophorus mongolicus*（Faust，1881）
32. 柏肤小蠹 *Phloeosinus aubei*（Perris，1855）
33. 杉肤小蠹 *Phloeosinus sinensis*（Schedl，1953）
34. 微脐小蠹 *Scolytus shikisani*（Niisima，1905）
35. 榆球小蠹 *Sphaerotrypes ulmi*（Tsai et Yin，1966）

十八、捻翅目 Strepsiptera

（一百二十六）栉蝙科 Halictophagidae

1. 二点栉蝙 *Halictophagus bipunctatus*（Yang，1955）

十九、双翅目 Diptera

（一百二十七）大蚊科 Tipulidae

1. 毛黑大蚊 *Hexatoma* sp.
2. 短柄大蚊 *Nephrotoma* sp.

（一百二十八）沼大蚊科 Limoniidae

1. 沼大蚊(未定种)

（一百二十九）蚊科 Culicidae

1. 刺管伊蚊 *Aedes caecus*（Theobald，1901）
2. 刺扰伊蚊 *Aedes vexans*（Meigen，1830）
3. 侧白伊蚊 *Aedes albotateralis*（Theobald，1908）
4. 棘刺伊蚊 *Aedes elsiae*（Barraud，1923）

5. 羽鸟伊蚊 *Aedes hatorii*（Yamada，1921）
6. 日本伊蚊 *Aedes japonicus*（Theobald，1901）
7. 朝鲜伊蚊 *Aedes koreicus*（Edwards，1921）
8. 乳点伊蚊 *Aedes macfarianei*（Edwards，1914）
9. 类雪伊蚊 *Aedes niveoi*（Barraud，1934）
10. 背点伊蚊 *Aedes dorsalis*（Meigen，1830）
11. 白纹伊蚊 *Aedes albopiictus*（Skuse，1894）
12. 仁川伊蚊 *Aedes chemulpoensis*（Yamada，1921）
13. 马来伊蚊 *Aedes malayensis*（Colles，1962）
14. 嗜人按蚊 *Anopheles anthropophagus*（Xu et Feng，1975）
15. 朝鲜按蚊 *Anopheles koreicus*（Yamada et Watanabe，1918）
16. 贵阳按蚊 *Anopheles kweiyangensis*（Yao et Wu，1944）
17. 林氏按蚊 *Anopheles lindesayi*（Giles，1900）
18. 中华按蚊 *Anopheles sinensis*（Wiedemann，1828）
19. 八代按蚊 *Anopheles yatsushiroensis*（Miyazaki，1951）
20. 多斑按蚊 *Anopheles maculatus*（Theobald，1901）
21. 微小按蚊 *Anopheles minimus*（Theobald，1901）
22. 潘氏按蚊 *Anopheles pattoni*（Chriptophers，1926）
23. 骚扰阿蚊 *Armigeres subalbatus*（Coquillett，1898）
24. 黄色轲蚊 *Coquillettidia ochracea*（Theobald，1903）
25. 凶小库蚊 *Culex modestus*（Ficaibi，1902）
26. 二带喙库蚊 *Culex bitaeniorhynchus*（Giles，1901）
27. 棕头库蚊 *Culex fuscocephalus*（Theobald，1907）
28. 白雪库蚊 *Culex gelidus*（Theobald，1901）
29. 棕盾库蚊 *Culex jacksoni*（Edwards，1934）
30. 拟态库蚊 *Culex mimeticus*（Noe，1899）
31. 小拟态库蚊 *Culex mimulus*（Edwards，1915）
32. 淡色库蚊 *Culex pipiens pallens*（Coquillett，1898）
33. 致倦库蚊 *Culex pipiens quinquefasciatus*（Say，1823）
34. 伪杂鳞库蚊 *Culex pseudovishnui*（Colless，1957）
35. 中华库蚊 *Culex sinensis*（Theobald，1903）
36. 海滨库蚊 *Culex sitiens*（Wiedemann，1828）
37. 三带喙库蚊 *Culex tritaeniorhynchus*（Giles，1901）
38. 惠氏库蚊 *Culex whitmorei*（Giles，1904）
39. 迷走库蚊 *Culex vagans*（Wiedemann ，1828）
40. 黑点库蚊 *Culex nigropunctatus*（Edwards，1926）
41. 白胸库蚊 *Culex pallidothorax*（Theobald，1905）
42. 薛氏库蚊 *Culex shebbearei*（Barraued，1924）

43. 短须库蚊 *Culex brevipalpis*（Giles，1902）
44. 叶片库蚊 *Culex foliatus*（Brug，1932）
45. 林氏库蚊 *Culex hayashii*（Yamada，1917）
46. 马来库蚊 *Culex malayi*（Leicester，1908）
47. 褐尾库蚊 *Culex fuscanus*（Wiedemann，1920）
48. 贪食库蚊 *Culex halifaxi*（Theobald，1903）
49. 常型曼蚊 *Mansonia uniformis*（Theobald，1901）
50. 类按直脚蚊 *Orthopodomyia anopheloides*（Giles，1903）
51. 竹生杵蚊 *Tripteroides bambusa*（Yamada，1917）
52. 新糊蓝带蚊 *Uranotaenia novobscura*（Barraud，1934）
53. 麦氏蓝带蚊 *Uranotaenia macfarlanei*（Edwards，1914）

（一百三十）蚋科 Simuliidae

1. 五条蚋 *Simulium quinguestriatum*（Shiraki，1935）
2. 绳蚋 *Simulium* sp.

（一百三十一）摇蚊科 Chironomidae

1. 摇蚊（未定种）

（一百三十二）瘿蚊科 Cecidomyiidae

1. 食蚜瘿蚊 *Aphidoletes abietis*（Kieffer，1896）
2. 高粱瘿蚊 *Contarinia sorghicola*（Coquillett，1899）
3. 麦黄吸浆虫 *Contarinia tritici*（Kirby，1798）
4. 柳枝瘿蚊 *Rabdophaga exsiccaus*（Rübsaamen，1916）
5. 柳芽瘿蚊 *Rabdophaga rosaria*（Loew，1850）
6. 柳干瘿蚊 *Rabdophaga saliciperda*（Dufour，1841）
7. 柳瘿蚊 *Rabdophaga salicis*（Schrank，1803）
8. 麦红吸浆虫 *Sitodiplosis mosellana*（Gehin，1856）

（一百三十三）毛蚊科 Bibionidae

1. 毛蚊 *Bibio* sp.

（一百三十四）鹬虻科 Rhagionidae

1. 金鹬虻 *Chrysopilus* sp.

（一百三十五）食虫虻科 Asilidae

1. 大食虫虻 *Promachus yesonicus*（Bigot，1887）

（一百三十六）窗虻科 Scenopinidae

1. 窗虻 *Scenopinus fenestralis*（Linnaeus，1758）

（一百三十七）水虻科 Stratiomyidae

1. 金黄指突水虻 *Ptecticus aurifer*（Walker，1854）
2. 水虻 *Stratiomys* sp.

（一百三十八）驼舞虻科 Hybotidae

1. 尖突柄驼舞虻 *Syneches acutatus*（Saigusa et Yang，2002）

(一百三十九)长足虻科 Dolichopodidae

1. 河南雅长足虻 *Amblypsilopus henanensis*（Yang et Saigusa，1999）
2. 河南异长足虻 *Diaphorus henanensis*（Yang et Saigusa，1999）
3. 黑色异长足虻 *Diaphorus nigricans*（Meigen，1824）
4. 青城山异长足虻 *Diaphorus qingchengshanus*（Yang et Grootaert，1999）
5. 四齿异长足虻 *Diaphorus quadridentatus*（Yang et Saigusa，1999）
6. 尖钩长足虻 *Dolichopus bigeniculatus*（Parent，1926）
7. 罗山长足虻 *Dolichopus luoshanensis*（Yang et Saigusa，1999）
8. 南方长足虻 *Dolichopus meridionalis*（Yang，1996）
9. 基黄长足虻 *Dolichopus simulator*（Parent，1926）
10. 毛盾行脉长足虻 *Gymnopternus congruens*（Becker，1922）
11. 群行脉长足虻 *Gymnopternus populus*（Wei，1997）
12. 尖须寡长足虻 *Hercostomus acutatus*（Yang et Yang，1995）
13. 尖端寡长足虻 *Hercostomus cuspidiger*（Yang et Saigusa，1999）
14. 长足寡长足虻 *Hercostomus longifolius*（Yang et Saigusa，1999）
15. 长鬃寡长足虻 *Hercostomus longisetus*（Yang et Saigusa，1999）
16. 罗山寡长足虻 *Hercostomus luoshanensis*（Yang et Saigusa，1999）
17. 尖角弓脉长足虻 *Paraclius acutatus*（Yang et Li，1998）
18. 长角弓脉长足虻 *Paraclius longicornutus*（Yang et Saigusa，1999）
19. 中突直脉长足虻 *Paramedetera medialis*（Yang et Saigusa，1999）
20. 黑足脉胝长足虻 *Teuchophorus nigrescus*（Yang et Saigusa，1999）
21. 中华脉胝长足虻 *Teuchophorus sinensis*（Yang et Saigusa，1999）

(一百四十)广口蝇科 Platystomatidae

1. 广口蝇 *Platystoma* sp.

(一百四十一)蚜蝇科 Syrphidae

1. 爪哇异食蚜蝇 *Allograpta javana*（Wiedemann，1824）
2. 切黑狭口食蚜蝇 *Asarkina ericetorum*（Fabricius，1781）
3. 巨斑边食蚜蝇 *Didea fasciata*（Macquart，1834）
4. 斑翅食蚜蝇 *Dideopsis aegrotus*（Fabricius，1805）
5. 黑带细腹食蚜蝇 *Episyrphus balteatus*（De Geer，1842）
6. 宗腿斑眼食蚜蝇 *Eristalinus arvorum*（Fabricius，1787）
7. 亮黑斑眼食蚜蝇 *Eristalinus tarsalis*（Macquart，1855）
8. 梯斑墨蚜蝇 *Melanostoma scalare*（Fabricius，1794）
9. 大灰后食蚜蝇 *Metasyrphus corollae*（Fabricius，1794）
10. 斜斑鼓额食蚜蝇 *Scaeva pyrastri*（Linnaeus，1758）
11. 短翅细腹食蚜蝇 *Sphaerophoria scripta*（Linnaeus，1758）

(一百四十二)头蝇科 Pipunculidae

1. 黑尾叶蝉头蝇 *Tomosvaryella oryzaetora*（Koizumi，1959）

（一百四十三）沼蝇科 Sciomyzidae

1. 基芒沼蝇 *Tetanocera* sp.

（一百四十四）水蝇科 Ephydridae

1. 银唇短脉水蝇 *Brachydeutera ibari*（Ninomiya，1929）

（一百四十五）潜蝇科 Agromyzidae

1. 东方麦潜蝇 *Agromyza yanonis*（Matsumura，1916）
2. 美洲斑潜蝇 *Liriomyza sativae*（Blanchard，1938）
3. 豌豆植潜蝇 *Phytomyza horticola*（Gourean，1851）
4. 麦植潜蝇 *Phytomyza nigra*（Meigen，1830）

（一百四十六）花蝇科 Anthomyiidae

1. 粪种蝇 *Adia cinerella*（Fallen，1825）
2. 横带花蝇 *Anthomyia illocata*（Walker，1856）
3. 毛尾地种蝇 *Delia planipalpis*（Stein，1898）
4. 灰地种蝇 *Delia platura*（Meigen，1828）
5. 东方粪泉蝇 *Emmesomyia oriens*（Suwa，1974）
6. 乡隰蝇 *Hydrophoria ruralis*（Meigen，1825）
7. 江苏泉蝇 *Pegomya kiangsuensis*（Fan，1964）
8. 四条泉蝇 *Pegomya quadrivittata*（Karl，1935）

（一百四十七）粪蝇科 Scathophagidae

1. 小黄粪蝇 *Scathophaga stercoraria*（Linnaeus，1758）

（一百四十八）厕蝇科 Fanniidae

1. 夏厕蝇 *Fannia canicularis*（Linnaeus，1761）
2. 瘤胫厕蝇 *Fannia scalaris*（Fabricius，1794）

（一百四十九）蝇科 Muscidae

1. 铜腹重毫蝇 *Dichaetomyia bibax*（Wiedemann，1830）
2. 西方角蝇 *Haematobia irritans*（Linnaeus，1758）
3. 骚血喙蝇 *Haematobosca perturbans*（Bezzi，1907）
4. 银眉齿股蝇 *Hydrotaea ignava*（Harris，1780）
5. 台湾齿股蝇 *Hydrotaea jacobsoni*（Stein，1919）
6. 暗额齿股蝇 *Hydrotaea obscurifrons*（Sabrosky，1949）
7. 东方溜蝇 *Lispe orientalis*（Wiedemann，1830）
8. 天目溜蝇 *Lispe quaerens*（Villeneuve，1936）
9. 园莫蝇 *Morellia hortensia*（Wiedemann，1824）
10. 秋家蝇 *Musca autumnalis*（De Geer，1776）
11. 逐畜家蝇 *Musca conducens*（Walker，1859）
12. 家蝇 *Musca domestica*（Linnaeus，1758）
13. 牛耳家蝇 *Musca fletcheri*（Patton et Senior-White，1824）

14. 台湾家蝇 *Musca formosana*（Malloch，1925）
15. 黑边家蝇 *Musca hervei*（Villeneuve，1922）
16. 孕幼家蝇 *Musca larvipara*（Portschinsky，1910）
17. 鱼尸家蝇 *Musca pattoni*（Austen，1910）
18. 狭额腐蝇 *Muscina angustifrons*（Loew，1858）
19. 日本腐蝇 *Muscina japonica*（Shinonaga，1974）
20. 牧场腐蝇 *Muscina pascuorum*（Meigen，1826）
21. 厩腐蝇 *Muscina stabulans*（Fallen，1817）
22. 宽叶翠蝇 *Neomyia lalifolia*（Ni et Fan，1986）
23. 似金棘蝇 *Phaonia aureoloides*（Hsue，1984）
24. 棕斑棘蝇 *Phaonia fuscata*（Fallen，1825）
25. 厩螫蝇 *Stomoxys calcitrans*（Linnaeus，1758）
26. 印度螫蝇 *Stomoxys indicus*（Picard，1908）

（一百五十）丽蝇科 Calliphoridae

1. 巨尾阿丽蝇 *Aldrichina grahami*（Aldrich，1930）
2. 三条阿里彩蝇 *Alikangiella vittata*（Peris，1952）
3. 红头丽蝇 *Calliphora vicina*（Robineau-Desvoidy，1830）
4. 反吐丽蝇 *Calliphora vomitoria*（Linnaeus，1758）
5. 广额金蝇 *Chrysomya phaonis*（Seguy，1928）
6. 肥躯金蝇 *Chrysomya pinguis*（Walker，1858）
7. 拟黑边依蝇 *Idiella euidielloides*（Senior-White，1923）
8. 三色依蝇 *Idiella tripertita*（Bigot，1874）
9. 崂山壶丽蝇 *Lucilia ampullacea laoshaensis*（Quo，1952）
10. 南岭绿蝇 *Lucilia bazini*（Seguy，1934）
11. 叉叶绿蝇 *Lucilia caesar*（Linnaeus，1758）
12. 紫绿蝇 *Lucilia porphyrina*（Walker，1856）
13. 丝光绿蝇 *Lucilia sericata*（Meigen，1826）
14. 沈阳绿蝇 *Lucilia shenyangensis*（Fan，1965）
15. 朝鲜拟粉蝇 *Polleniopsis chosenensis*（Fan，1965）
16. 蒙古拟粉蝇 *Polleniopsis mongolica*（Seguy，1928）
17. 异色口鼻蝇 *Stomorhina discolor*（Fabricius，1794）

（一百五十一）麻蝇科 Sarcophagidae

1. 红尾粪麻蝇 *Bercaea cruentata*（Meigen，1826）
2. 棕尾别麻蝇 *Boettcherisca peregrina*（Robineau-Desvoidy，1830）
3. 黑尾黑麻蝇 *Helicophagella melanura*（Meigen，1826）
4. 卷阳何麻蝇 *Hoa flexuosa*（Ho，1934）
5. 复斗库麻蝇 *Kozlovea tshernovi*（Rohdendorf，1937）
6. 舞毒蛾克麻蝇 *Kramerea schuetzei*（Kramer，1909）

7. 松毛虫缅麻蝇 *Lioproctia beesoni*（Senior-White，1924）
8. 盘突缅麻蝇 *Lioproctia pattoni*（Senior-White，1924）
9. 白头亚麻蝇 *Parasarcophaga albiceps*（Meigen，1826）
10. 短角亚麻蝇 *Parasarcophaga brevicornis*（Ho，1934）
11. 肥须亚麻蝇 *Parasarcophaga crassipalpis*（Macquart，1839）
12. 巨亚麻蝇 *Parasarcophaga gigas*（Thomas，1949）
13. 兴隆亚麻蝇 *Parasarcophaga hinglungensis*（Fan，1964）
14. 巧亚麻蝇 *Parasarcophaga idmais*（Seguy，1934）
15. 波突亚麻蝇 *Parasarcophaga jaroschevskyi*（Rohdendorf，1937）
16. 拟对岛亚麻蝇 *Parasarcophaga kanoi*（Park，1962）
17. 黄须亚麻蝇 *Parasarcophaga misera*（Walker，1849）
18. 秉氏亚麻蝇 *Parasarcophaga pingi*（Ho，1934）
19. 褐须亚麻蝇 *Parasarcophaga sericea*（Walker，1852）
20. 野亚麻蝇 *Parasarcophaga similes*（Meade，1876）
21. 结节亚麻蝇 *Parasarcophaga tuberosa*（Pandelle，1896）
22. 华南球麻蝇 *Phallosphaera gravelyi*（Senior-White，1924）
23. 台南细麻蝇 *Pierretia josephi*（Boettcher，1912）
24. 上海细麻蝇 *Pierretia ugamskii*（Rohdendorf，1937）
25. 红尾拉麻蝇 *Ravinia striata*（Fabricius，1794）
26. 羚足鬃麻蝇 *Sarcorohdendorfia antilope*（Bottcher，1913）

（一百五十二）寄蝇科 Tachinidae

1. 大型奥蜉寄蝇 *Austrophorocera grandis*（Macquart，1851）
2. 隔离狭颊寄蝇 *Carcelia exisa*（Fallen，1820）
3. 善飞狭颊寄蝇 *Carcelia kockiana*（Townsend，1927）
4. 伞裙追寄蝇 *Exorista civilis*（Rondani，1859）
5. 筒须新怯寄蝇 *Neophryxe psychidis*（Townsend，1916）
6. 稻苞虫赛寄蝇 *Pseudoperichaeta nigrolineata*（Walker，1853）

二十、长翅目 Mecoptera

（一百五十三）蝎蛉科 Panorpidae

1. 鸡公山新蝎蛉 *Neopanorpa jigongshanensis*（Hua，1999）

二十一、蚤目 Siphonaptera

（一百五十四）蚤科 Pulicidae

1. 猫栉首蚤指名亚种 *Ctrnocephalides felis felis*（Bouche，1835）
2. 人蚤 *Pulex irritans*（Linnaeus，1758）
3. 印鼠客蚤 *Xenopsylla cheopis*（Rothschild，1903）

（一百五十五）细蚤科 Leptopsyllidae

1. 缓慢细蚤 *Leptopsylla segnis*（Schonherr，1811）

（一百五十六）角叶蚤科 Ceratophyllidae

1. 不等单蚤 *Monopsylla anisus*（Rothschild，1907）

二十二、毛翅目 Trichoptera

（一百五十七）等翅石蛾科 Philopotamidae

1. 等翅石蛾 *Kisaura eumaios*（Sun et Malicky，2002）

（一百五十八）纹石蛾科 Hydropsychidae

1. 侧枝纹石蛾 *Hydropsyche cipus*（Malicky et Chantaramongkol，2000）
2. 长角纹石蛾 *Macrostemum* sp.
3. 多形长角纹石蛾 *Polymorphanisus* sp.

（一百五十九）原石蛾科 Rhyacophilidae

1. 原石蛾 *Rhyacophila euterpe*（Malicky et Sun，2002）

（一百六十）长角石蛾科 Leptoceridae

1. 须长角石蛾 *Mystacides* sp.

二十三、鳞翅目 Lepidoptera

（一百六十一）蝙蝠蛾科 Hepialidae

1. 点蝙蛾 *Phassus sinensis*（Moore，1877）
2. 小蝙蛾 *Phassus* sp.

（一百六十二）谷蛾科 Tineidae

1. 镰斑谷蛾 *Monopis trapezoides*（Petersen et Gaedike，1993）
2. 四点巢谷蛾 *Nitiditinea tugurialis*（Meyrick，1932）
3. 无花果谷蛾 *Tinea fictrix*（Meyrick，1914）

（一百六十三）蓑蛾科 Psychidae

1. 白囊蓑蛾 *Chalioides kondonis*（Kondo，1922）
2. 大巢蓑蛾 *Clania variegata*（Snellen，1879）

（一百六十四）细蛾科 Gracillariidae

1. 栗丽细蛾 *Caloptilia sapporella*（Matsumura，1931）
2. 茶丽细蛾 *Caloptilia theivora*（Walsingham，1891）
3. 金纹细蛾 *Phyllonorycter ringoniella*（Matsumura，1931）
4. 梨潜皮细蛾 *Spulerina astaurota*（Meyrick，1922）
5. 杨银叶潜蛾 *Phyllocnistis saligna*（Zeller，1839）

（一百六十五）菜蛾科 Plutellidae

1. 小菜蛾 *Plutella xyllostella*（Linnaeus，1758）

（一百六十六）潜蛾科 Lyonetiidae

1. 旋纹潜蛾 *Leucoptera scitella*（Zeller，1839）

2. 杨白潜蛾 *Leucoptera susinela*（Herrich-Schaffer，1855）

（一百六十七）巢蛾科 Yponomeutidae

1. 枫香小白巢蛾 *Thecobathra lambda*（Moriuti，1963）
2. 东方巢蛾 *Yponomeuta anatolicus*（Stringer，1930）
3. 光亮巢蛾 *Yponomeuta catharotis*（Meyrick，1935）
4. 灰巢蛾 *Yponomeuta cinefactus*（Meyrick，1935）
5. 二十点巢蛾 *Yponomeuta sedellus*（Treitschke，1832）

（一百六十八）展足蛾科 Stathmopodidae

1. 展足蛾(未定种)
2. 洁点展足蛾 *Hieromantis kurokoi*（Yasuda，1988）
3. 桃展足蛾 *Stathmopoda auriferella*（Walker，1864）
4. 白光展足蛾 *Stathmopoda opiticaspis*（Meyrick，1931）

（一百六十九）木蛾科 Xyloryctidae

1. 铁杉叉木蛾 *Metathrinca tsugensis*（Kearfott，1910）

（一百七十）织蛾科 Oecophoridae

1. 点带隐织蛾 *Cryptolechia stictifascia*（Wang，2002）
2. 多斑露织蛾 *Endrosis maculosa*（Wang et Li，2000）
3. 淡伪带织蛾 *Irepacma pallidia*（Wang et Zheng，1997）
4. 虎杖灯织蛾 *Lamprystica igneola*（Stringer，1930）
5. 平织蛾 *Pedioxestis concaviuscula*（Wang，2006）
6. 双带锦织蛾 *Promalactis bitaenia*（Park et Park，1998）
7. 阔茎锦织蛾 *Promalactis latijuxta*（Wang et Li，2004）
8. 朴锦织蛾 *Promalactis parki*（Lvovsky，1986）
9. 四斑锦织蛾 *Promalactis quadrimacularis*（Wang et Zheng，1998）
10. 红锦织蛾 *Promalactis rubra*（Wang，Zheng et Li，1997）
11. 点线锦织蛾 *Promalactis suzukiella*（Matsumura，1931）

（一百七十一）小潜蛾科 Elachistidae

1. 苹凹宽蛾 *Acria ceramitis*（Meyrick，1908）

（一百七十二）尖蛾科 Cosmopterigidae

1. 黄迈尖蛾 *Macrobathra flavidus*（Qian et Liu，1997）
2. 诺迈尖蛾 *Macrobathra nomaea*（Meyrick，1914）

（一百七十三）草潜蛾科 Elachistidae

1. 梨瘿华蛾 *Blastodacna pyrigalla*（Yang，1977）

（一百七十四）列蛾科 Autostichidae

1. 和列蛾 *Autosticha modicella*（Christoph，1882）

（一百七十五）麦蛾科 Gelechiidae

1. 胡枝子树麦蛾 *Agnippe albidorsella*（Snellen，1884）

2. 桃棕麦蛾 *Dichomeris heriguronis*（Matsumura，1931）
3. 棒瓣棕麦蛾 *Dichomeris japonicella*（Zeller，1877）
4. 白桦棕麦蛾 *Dichomeris ustalella*（Fabricius，1794）
5. 甘薯阳麦蛾 *Helcystogramma triannulella*（Herrich-Schäffer，1854）
6. 棉红铃虫 *Pectinophora gossypiella*（Saunders，1844）
7. 麦蛾 *Sitotroga cerealella*（Olivier，1789）
8. 黑星麦蛾 *Telphusa chloroderces*（Meyrick，1929）

（一百七十六）鞘蛾科 Coleophoridae

1. 长角伪弯遮颜蛾 *Pseudohypatopa longicornutella*（Park，1989）

（一百七十七）刺蛾科 Limacodidae

1. 喜马钩纹刺蛾 *Atosia himalayana*（Holloway，1986）
2. 背刺蛾 *Belippa horrida*（Walker，1865）
3. 拟三纹环刺蛾 *Birthosea trigrammoidea*（Wu et Fang，2008）
4. 长腹凯刺蛾 *Caissa longisaccula*（Wu et Fang，2008）
5. 迷刺蛾 *Chibiraga banghaasi*（Hering et Hopp，1927）
6. 艳刺蛾 *Demonarosa rufotessellata*（Moore，1879）
7. 褐带刺蛾 *Euphlyctina* sp.
8. 蜜焰刺蛾 *Iragoides melli*（Hering，1931）
9. 黄刺蛾 *Monema flavescens*（Walker，1855）
10. 银眉刺蛾 *Narosa doenia*（Moore，1859）
11. 梨娜刺蛾 *Narosoideus flavidorsalis*（Staudinger，1887）
12. 窄黄缘绿刺蛾 *Parasa consocia*（Walker，1865）
13. 双齿绿刺蛾 *Parasa hilarata*（Staudinger，1887）
14. 丽绿刺蛾 *Parasa lepida*（Cramer，1779）
15. 迹斑绿刺蛾 *Parasa pastoralis*（Butler，1855）
16. 中国绿刺蛾 *Parasa sinica*（Moore，1877）
17. 宽黄缘绿刺蛾 *Parasa tessellata*（Moore，1877）
18. 枣奕刺蛾 *Phlossa conjuncta*（Walker，1855）
19. 锯齿刺蛾 *Rhamnosa dentifera*（Herinig et Hoppe，1927）
20. 纵带球须刺蛾 *Scopelodes contracta*（Walker，1855）
21. 黄褐球须刺蛾 *Scopelodes testacea*（Butler，1886）

（一百七十八）斑蛾科 Zygaenidae

1. 马尾松旭锦斑蛾 *Campylotes desgodinsi*（Oberthur，1884）
2. 白带锦斑蛾 *Chalcosia remota*（Walker，1854）
3. 茶柄脉锦斑蛾 *Eterusia aedea*（Clerck，1763）
4. 三色柄脉锦斑蛾 *Eterusia tricolor*（Hope，1841）
5. 梨叶斑蛾 *Illiberis pruni*（Dyar，1905）
6. 白带新锦斑蛾 *Neochalcosia remota*（Walker，1854）

7. 环带锦斑蛾 *Pidorus euchromioides*（Walker，1854）

（一百七十九）透翅蛾科 Sesiidae

1. 栗透翅蛾 *Aegeria molybdoceps*（Hampson，1919）
2. 白杨透翅蛾 *Parathrene tabaniformis*（Rottenberg，1775）
3. 海棠透翅蛾 *Synanthedon haitangvora*（Yang，1977）

（一百八十）木蠹蛾科 Cossidae

1. 芳香木蠹蛾东方亚种 *Cossus cossus orientalis*（Gaede，1929）
2. 小木蠹蛾 *Holcocerus insularis*（Staudinger，1892）
3. 柳干蠹蛾 *Holcocerus vicarius*（Walker，1865）
4. 咖啡豹蠹蛾 *Zeuzera coffeae*（Nietner，1861）

（一百八十一）卷蛾科 Tortricidae

1. 黄斑长翅卷蛾 *Acleris fimbriana*（Thunberg et Beeklin，1791）
2. 棉褐带卷蛾 *Adoxophyes orana*（Fischer von Roslerstamm，1834）
3. 后黄卷蛾 *Archips asiaticus*（Walsingham，1900）
4. 南色卷蛾 *Choristoneura longicellanus*（Walsingham，1900）
5. 苹褐卷蛾 *Pandemis heparana*（Denis et Schiffermüller，1775）
6. 斜斑小卷蛾 *Andrioplecta oxystaura*（Meyrick，1935）
7. 普隆斜斑小卷蛾 *Andrioplecta phuluangensis*（Komai，1992）
8. 三角褐小卷蛾 *Antichlidas trigonia*（Zhang et Li，2004）
9. 栎叶小卷蛾 *Epinotia bicolor*（Walsingham，1900）
10. 日菲小卷蛾 *Fibuloides japonica*（Kawabe，1978）
11. 梨小食心虫 *Grapholitha molesta*（Busck，1916）
12. 杨柳小卷蛾 *Gypsonoma minutana*（Hübner，1799）
13. 素纹广翅小卷蛾 *Hedya abjecta*（Falkovitsh，1962）
14. 花小卷蛾 *Hetereucosma fasciaria*（Zhang et Li，2006）
15. 褐瘦花小卷蛾 *Lepteucosma huebneriana*（Kocak，1980）
16. 杉梢花翅小卷蛾 *Lobesia cunninghamiacola*（Liu et Bai，1977）
17. 苦楝小卷蛾 *Loboschiza koenigiana*（Fabricius，1775）
18. 翻副超小卷蛾 *Parapammene reversa*（Komai，1999）
19. 白色线小卷蛾 *Zeiraphera demutata*（Walsingham，1900）

（一百八十二）羽蛾科 Pterophoridae

1. 甘薯异羽蛾 *Emmelina monodactylus*（Linnaeus，1758）
2. 滑羽蛾 *Hellinsia* sp.
3. 乌羽蛾 *Stenodacma* sp.

（一百八十三）蛀果蛾科 Carposinidae

1. 桃蛀果蛾 *Carposina sasakii*（Matsumura，1900）

（一百八十四）网蛾科 Thyrididae

1. 金盏拱肩网蛾 *Camptochilus sinuosus*（Warren，1896）

2. 黑蝉网蛾 *Glanycus tricolor*（Moore，1879）
3. 直线网蛾 *Rhodoneura erecta*（Leech，1889）

（一百八十五）螟蛾科 Pyralidae

1. 污鳞峰斑螟 *Acrobasis squalidella*（Christoph，1881）
2. 基黄峰斑螟 *Acrobasis subflavella*（Inoue，1982）
3. 梅峰斑螟 *Acrobasis vaccinii*（Riley，1884）
4. 米缟螟 *Aglossa dimidiata*（Haworth，1810）
5. 二点织螟 *Aphomia zelleri*（Joannis，1932）
6. 黑脉厚须螟 *Arctioblepsis rubida*（Felder et Felder，1862）
7. 黑松蛀果斑螟 *Assara funerella*（Ragonot，1901）
8. 苍白蛀果斑螟 *Assara pallidella*（Yamanaka，1994）
9. 油桐金斑螟 *Aurana vinaccella*（Inoue，1963）
10. 干果斑螟 *Cadra cautella*（Walker，1863）
11. 葡萄果斑螟 *Cadra figulilella*（Gregson，1871）
12. 棕栉角斑螟 *Ceroprepes fusconebullella*（Yamanaka et Kippichnikova，2000）
13. 米螟 *Corcyra cephalonica*（Staint，1866）
14. 伊锥歧角螟 *Catachena histricalis*（Walker，1859）
15. 柞褐叶螟 *Datanoides fasciata*（Butler，1878）
16. 微红梢斑螟 *Dioryctria rubella*（Hampson，1901）
17. 松梢斑螟 *Dioryctria splendidella*（Herrich-Schaeffer，1849）
18. 井上长颚斑螟 *Edulicodes inoueella*（Roesler，1972）
19. 榄绿歧角螟 *Endotricha olivacealis*（Bremer，1864）
20. 豆荚斑螟 *Etiella zinckenella*（Treitschke，1832）
21. 双线暗斑螟 *Euzophera bigella*（Zeller，1848）
22. 亮雕斑螟 *Glyptoteles leucacrinella*（Zeller，1848）
23. 赤双纹螟 *Herculia pelasgalis*（Walker，1859）
24. 赤巢螟 *Hypsopygia pelasgalis*（Walker，1859）
25. 黄尾巢螟 *Hypsopygia postflava*（Hampson，1893）
26. 褐巢螟 *Hypsopygia regina*（Butler，1879）
27. 红缘卡斑螟 *Kaurava rufimarginella*（Hampson，1896）
28. 长臂彩丛螟 *Lista haraldusalis*（Walker，1859）
29. 缀叶丛螟 *Locastra muscosalis*（Walker，1865）
30. 白角云斑螟 *Nephopterix maenamii*（Inoue，1959）
31. 梨云斑螟 *Nephopterix pirivorella*（Matsumura，1900）
32. 黑喙白丛螟 *Noctuides melanophia*（Staudinger，1892）
33. 红云翅斑螟 *Oncocera semirublla*（Scopoli，1763）
34. 栗叶瘤丛螟 *Orthaga achatina*（Butler，1878）
35. 金双点螟 *Orybina flaviplaga*（Walker，1863）

36. 艳双点螟 *Orybina regalis*（Leech，1889）
37. 一点缀螟 *Paralipsa gularis*（Zeller，1877）
38. 淡瘿斑螟 *Pempelia ellenella*（Roesler，1975）
39. 印度谷斑螟 *Plodia interpunctella*（Hübner，1810）
40. 铜带拟果斑螟 *Pseudocadra cuprotaeniella*（Christoph，1881）
41. 暗纹拟果斑螟 *Pseudocadra obscurella*（Roesler，1965）
42. 金黄螟 *Pyralis regalis*（Denis et Schiffermüller，1775）
43. 中国腹刺斑螟 *Sacculocornutia sinicolella*（Caradja，1926）
44. 小脊斑螟 *Salebria ellenella*（Roesler，1975）
45. 大豆网丛螟 *Teliphasa elegans*（Butler，1881）
46. 麻楝棘丛螟 *Termioptycha margarita*（Butler，1879）
47. 曲小茸斑螟 *Trachycera curvella*（Ragonot，1893）
48. 黄头长须螟 *Trebania flavifrontalis*（Leech，1889）

(一百八十六)草螟科 Crambidae

1. 黄纹塘水螟 *Elophila fengwhanalis*（Pryer，1877）
2. 塘水螟 *Elophila stagnata*（Donovan，1906）
3. 高粱条螟 *Chilo venosatum*（Walker，1863）
4. 黑斑金草螟 *Chrysoteuchia atrosignata*（Zeller，1879）
5. 白纹草螟 *Crambus argyrophorus*（Butler，1878）
6. 黑纹草螟 *Crambus nigriscriptellus*（South，1901）
7. 三点并脉草螟 *Neopediasia mixtalis*（Walker，1863）
8. 黄纹银草螟 *Pseudargyria interruptella*（Walker，1866）
9. 菜心野螟 *Hellula undalis*（Fabricius，1771）
10. 金黄镰翅野螟 *Circobotys aurealis*（Leech，1889）
11. 桃蛀野螟 *Conogethes punctiferalis*（Guenée，1854）
12. 竹弯茎野螟 *Crypsiptya coclesalis*（Walker，1859）
13. 竹淡黄野螟 *Demobotys pervulgalis*（Hampson，1913）
14. 黄翅叉环野螟 *Eumorphobotys eumorphalis*（Caradja，1925）
15. 台湾绢丝野螟 *Glyphodes formosanus*（Shibuya，1928）
16. 桑绢丝野螟 *Glyphodes pyloalis*（Walker，1859）
17. 四斑绢丝野螟 *Glyphodes quadrimaculalis*（Bremer et Grey，1853）
18. 条纹野螟 *Minetebulea arctialis*（Munroe et Mutuuta，1968）
19. 亚洲玉米螟 *Ostrinia furnacalis*（Guenée，1854）
20. 黄纹野螟 *Pyrausta aurata*（Scopoli，1763）
21. 边缘野螟 *Pyrausta limbata*（Butler，1879）
22. 红黄野螟 *Pyrausta tithonialis*（Zeller，1872）
23. 褐边螟 *Catagela adjurella*（Walker，1863）
24. 大禾螟 *Schoenobius gigantellus*（Schiffermüller et Denis，1775）

25. 三化螟 *Scirpophaga incertulas* (Walker, 1863)
26. 白斑翅野螟 *Bocchoris inspersalis* (Zeller, 1852)
27. 黄翅缀叶野螟 *Botyodes diniasalis* (Walker, 1859)
28. 稻纵卷叶螟 *Cnaphalocrocis medinalis* (Guenée, 1854)
29. 瓜绢野螟 *Diaphania indica* (Saunders, 1851)
30. 黄杨绢野螟 *Diaphania perspectalis* (Walker, 1859)
31. 棉褐环野螟 *Haritalodes derogata* (Fabricius, 1775)
32. 黑点蚀叶野螟 *Lamprosema commixta* (Butler, 1879)
33. 黑斑蚀叶野螟 *Lamprosema sibirialis* (Millière, 1879)
34. 豆荚野螟 *Maruca vitrata* (Fabricius, 1787)
35. 迟伸喙野螟 *Mecyna segnalis* (Leech, 1889)
36. 麦牧野螟 *Nomophila nocteulla* (Schiffermüller et Denis, 1775)
37. 豆啮叶野螟 *Omiodes indicata* (Fabricius, 1775)
38. 三条扇野螟 *Pleuroptya chlorophanta* (Butler, 1878)
39. 四目扇野螟 *Pleuroptya inferior* (Hampson, 1898)
40. 四斑扇野螟 *Pleuroptya quadrimaculalis* (Kollar et Redtenbacher, 1844)
41. 大白斑野螟 *Polythlipta liquidalis* (Leech, 1889)
42. 豹纹卷野螟 *Pycnarmon pantherata* (Butler, 1878)
43. 显纹卷野螟 *Pycnarmon radiata* (Warren, 1896)
44. 曲纹卷叶野螟 *Syllepte segnalis* (Leech, 1889)
45. 橙黑纹野螟 *Tyspanodes striata* (Butler, 1879)

(一百八十七)枯叶蛾科 Lasiocampidae

1. 宁陕松毛虫 *Dendrolimus ningshanensis* (Tsai et Hou, 1976)
2. 马尾松毛虫 *Dendrolimus punctatus* (Walker, 1855)
3. 落叶松毛虫 *Dendrolimus superans* (Butler, 1877)
4. 油松毛虫 *Dendrolimus tabulaeformis* (Tsai et Liu, 1962)
5. 竹纹枯叶蛾 *Euthrix laeta* (Walker, 1855)
6. 杨褐枯叶蛾 *Gastropacha populifolia* (Esper, 1784)
7. 北李褐枯叶蛾 *Gastropacha quercifolia cerridifolia* (Felder et Felder, 1862)
8. 苹枯叶蛾 *Odonestis pruni* (Linnaeus, 1758)
9. 大黄枯叶蛾 *Trabala vishnou gigantina* (Yang, 1978)

(一百八十八)带蛾科 Eupterotidae

1. 褐带蛾 *Paliarisa cervina* (Moore, 1865)

(一百八十九)蚕蛾科 Bombycidae

1. 家蚕 *Bombyx mori* (Linnaeus, 1758)
2. 野蚕蛾 *Theophila mamdarina* (Moore, 1912)
3. 直线野蚕蛾 *Theophila religiosa* (Helfer, 1837)

（一百九十）大蚕蛾科 Saturniidae

1. 黄尾大蚕蛾 *Actias heterogyna*（Mell，1914）
2. 绿尾大蚕蛾 *Actias ningpoana*（Fielder，1862）
3. 樟蚕 *Eriogyna pyretorum*（Westwood，1847）
4. 黄豹大蚕蛾 *Loepa katinka*（Westwood，1848）
5. 樗蚕 *Samia cynthia*（Drury，1773）

（一百九十一）箩纹蛾科 Brahmaeidae

1. 紫光箩纹蛾 *Brahmaea porphyrio*（Chu et Wang，1977）

（一百九十二）天蛾科 Sphingidae

1. 鬼脸天蛾 *Acherontia lachesis*（Linnaeus，1798）
2. 芝麻鬼脸天蛾 *Acherontia styx*（Westwood，1848）
3. 甘薯天蛾 *Agrius convolvuli*（Linnaeus，1758）
4. 霜天蛾 *Psilogramma menephron*（Cramer，1780）
5. 松黑天蛾 *Sphinx caligineus sinicus*（Rothschild et Jordan，1903）
6. 鹰翅天蛾 *Ambulyx ochracea*（Butler，1885）
7. 核桃鹰翅天蛾 *Ambulyx schauffelbergeri*（Bremer et Grey，1853）
8. 黄脉天蛾中华亚种 *Laothoe amurensis sinica*（Rothschild et Jordan，1903）
9. 榆绿天蛾 *Callambulyx tatarinovi*（Bremer，1853）
10. 豆天蛾 *Clanis bilineata tsingtauica*（Mell，1922）
11. 洋槐天蛾 *Clanis deucalion*（Walker，1856）
12. 甘蔗天蛾 *Leucophlebia lineata*（Westwood，1848）
13. 梨六点天蛾 *Marumba gaschkewitschii complacens*（Walker，1864）
14. 枣桃六点天蛾 *Marumba gaschkewitschii gaschkewitschii*（Bremer et Grey，1853）
15. 菩提六点天蛾 *Marumba jankowskii*（Oberthur，1880）
16. 构月天蛾 *Parum colligata*（Walker，1856）
17. 月天蛾 *Parum porphyria*（Butler，1877）
18. 盾天蛾 *Phyllosphingia dissimilis*（Bremer，1861）
19. 杨目天蛾 *Smerinthus caecus*（Ménétriés，1857）
20. 蓝目天蛾 *Smerinthus planus planus*（Walker，1856）
21. 木蜂天蛾 *Sataspes tagalica*（Boisduval，1875）
22. 葡萄缺角天蛾 *Acosmeryx naga naga*（Moore，1858）
23. 葡萄天蛾 *Ampelophaga rubiginosa rubiginosa*（Bremer et Grey，1853）
24. 长喙天蛾 *Macroglossum corythus luteata*（Butler，1875）
25. 小豆长喙天蛾 *Macroglossum stellatarum*（Linnaeus，1758）
26. 条背线天蛾 *Cechetra lineosa*（Walker，1856）
27. 中华白肩天蛾 *Rhagastis albomarginatus dichroae*（Mell，1922）
28. 斜纹天蛾 *Theretra clotho clotho*（Drury，1773）
29. 雀斜纹天蛾 *Theretra japonica*（Boisduval，1869）

30. 芋双线天蛾 *Theretra oldenlandiae*（Fabricius，1775）
31. 芋单线天蛾 *Theretra pinastrina pinastrina*（Martyn，1797）

(一百九十三)弄蝶科 Hesperiidae

1. 绿弄蝶 *Choaspes benjaminii*（Guérin-Méneville，1843）
2. 无趾弄蝶 *Hasora anura china*（Evans，1949）
3. 双带弄蝶 *Lobocla bifasciata*（Bremer et Grey，1853）
4. 花窗弄蝶 *Coladenia hoenei*（Evans，1939）
5. 梳翅弄蝶 *Ctenoptilum vasava*（Moore，1866）
6. 黑弄蝶 *Daimio tethys*（Ménétriés，1857）
7. 花弄蝶 *Pyrgus maculatus*（Bremer et Grey，1853）
8. 河伯锷弄蝶 *Aeromachus inachus*（Ménétriès，1859）
9. 刺胫弄蝶 *Baoris farri farri*（Moore，1878）
10. 黄赭弄蝶 *Ochlodes crataeis*（Leech，1893）
11. 白斑赭弄蝶 *Ochlodes subhyalina*（Bremer et Grey，1853）
12. 直纹稻弄蝶 *Parnara guttata*（Bremer et Grey，1853）
13. 曲纹稻弄蝶 *Parnara ganga*（Evans，1937）
14. 隐纹谷弄蝶 *Pelopidas mathias*（Fabricius，1798）
15. 中华谷弄蝶 *Pelopidas sinensis*（Mabille，1877）
16. 黄室弄蝶 *Potanthus confucius*（Felder et Felder，1862）
17. 曲纹黄室弄蝶 *Potanthus flavus*（Murray，1875）
18. 黑豹弄蝶 *Thymelicus sylvaticus*（Bremer，1861）

(一百九十四)凤蝶科 Papilionidae

1. 麝凤蝶 *Byasa alcinous*（Klug，1836）
2. 中华麝凤蝶 *Byasa confusa*（Rothschild，1895）
3. 长尾麝凤蝶 *Byasa impediens*（Rothschild，1895）
4. 灰绒麝凤蝶 *Byasa mencius*（Felder et Felder，1862）
5. 青凤蝶 *Graphium sarpedon*（Linnaeus，1758）
6. 红珠凤蝶 *Pachliopta aristolochiae*（Fabricius，1775）
7. 碧翠凤蝶 *Papilio bianor*（Cramer，1777）
8. 穹翠凤蝶 *Papilio dialis*（Leech，1893）
9. 长斑凤蝶 *Papilio longimacula*（Wang et Niu，2002）
10. 金凤蝶 *Papilio machaon*（Linnaeus，1758）
11. 美姝凤蝶 *Papilio macilentus*（Janson，1877）
12. 玉带美凤蝶 *Papilio polytes*（Linnaeus，1758）
13. 蓝美凤蝶 *Papilio protenor*（Cramer，1775）
14. 柑橘凤蝶 *Papilio xuthus*（Linnaeus，1767）
15. 升天剑凤蝶 *Pazala euroa*（Leech，1893）
16. 金裳凤蝶 *Troides aeacus*（Felder et Felder，1860）

17. 丝带凤蝶 *Sericinus montela*（Gray，1852）
18. 冰清绢蝶 *Parnassius glacialis*（Butler，1866）

（一百九十五）粉蝶科 Pieridae

1. 斑缘豆粉蝶 *Colias erate*（Esper，1803）
2. 橙黄豆粉蝶 *Colias fieldii*（Ménétriès，1855）
3. 宽边黄粉蝶 *Eurema hecabe hecabe*（Linnaeus，1758）
4. 尖角黄粉蝶 *Eurema laeta*（Boisduval，1836）
5. 尖钩粉蝶 *Gonepteryx mahaguru*（Gistel，1857）
6. 东方菜粉蝶 *Pieris canidia*（Sparrman，1768）
7. 黑纹粉蝶 *Pieris melete*（Ménétriès，1857）
8. 暗脉菜粉蝶 *Pieris napi*（Linnaeus，1758）
9. 菜粉蝶 *Pieris rapae*（Linnaeus，1758）
10. 云粉蝶 *Pontia daplidice*（Linnaeus，1758）
11. 橙翅襟粉蝶 *Anthocharis bambusarum*（Oberthür，1876）
12. 黄尖襟粉蝶 *Anthocharis scolymus*（Butler，1866）
13. 绢粉蝶 *Aporia crataegi*（Linnaeus，1758）

（一百九十六）灰蝶科 Lycaenidae

1. 尖翅银灰蝶 *Curetis acuta*（Moore，1877）
2. 丫灰蝶 *Amblopala avidiena*（Hewitson，1877）
3. 青灰蝶 *Antigius attilia*（Bremer，1861）
4. 黄灰蝶 *Japonica lutea*（Hewitson，1865）
5. 蓝燕灰蝶 *Rapala caerulea*（Bremer et Grey，1853）
6. 霓纱燕灰蝶 *Rapala nissa*（Kollar，1844）
7. 彩燕灰蝶 *Rapala selira*（Moore，1874）
8. 大洒灰蝶 *Satyrium grandis*（Felder et Felder，1862）
9. 奥洒灰蝶 *Satyrium ornata*（Leech，1890）
10. 红灰蝶 *Lycaena phlaeas*（Linnaeus，1761）
11. 璃灰蝶 *Celastrina argiolus*（Linnaeus，1758）
12. 蓝灰蝶 *Cupido argiades*（Pallas，1771）
13. 黑灰蝶 *Niphanda fusca*（Bremer et Grey，1852）
14. 酢浆灰蝶 *Pseudozizeeria maha*（Kollar 1848）
15. 点玄灰蝶 *Tongeia filicaudis*（Pryer，1877）
16. 蚜灰蝶 *Taraka hamada*（Druce，1875）

（一百九十七）蛱蝶科 Nymphalidae

1. 二尾蛱蝶 *Polyura narcaeus*（Hewitson，1854）
2. 苎麻珍蝶 *Acraea issoria*（Hübner，1819）
3. 灿福蛱蝶 *Fabriciana adippe*（Denis et Schiffermuller，1776）
4. 蟾福蛱蝶 *Fabriciana nerippe*（Felder et Felder，1862）

5. 柳紫闪蛱蝶 *Apatura ilia*（Denis et Schiffermüller，1775）
6. 武铠蛱蝶 *Chitoria ulupi*（Doherty，1889）
7. 银白蛱蝶 *Helcyra subalba*（Poujade，1885）
8. 猫蛱蝶 *Timelaea maculata*（Bremer et Grey，1852）
9. 黑脉蛱蝶 *Hestina assimilis*（Linnaeus，1758）
10. 大紫蛱蝶 *Sasakia charonda*（Hewitson，1863）
11. 绿豹蛱蝶 *Argynnis paphia*（Linnaeus，1758）
12. 青豹蛱蝶 *Argynnis sagana*（Doubleday，1847）
13. 斐豹蛱蝶 *Argynnis hyperbius*（Linnaeus，1763）
14. 老豹蛱蝶 *Argyronome laodice*（Pallas，1771）
15. 云豹蛱蝶 *Nephargynnis anadyomene*（Felder et Felder，1862）
16. 幸福带蛱蝶 *Athyma fortuna*（Leech，1889）
17. 绿裙边翠蛱蝶 *Euthalia niepelti*（Strand，1916）
18. 扬眉线蛱蝶 *Limenitis helmanni*（Lederer，1853）
19. 残锷线蛱蝶 *Limenitis sulpitia*（Cramer，1779）
20. 重环蛱蝶 *Neptis alwina*（Bremer et Grey，1852）
21. 中环蛱蝶 *Neptis hylas*（Linnaeus，17598）
22. 啡环蛱蝶 *Neptis philyra*（Ménétriès，1858）
23. 链环蛱蝶 *Neptis pryeri*（Butler，1871）
24. 小环蛱蝶 *Neptis sappho*（Pallas，1771）
25. 小红蛱蝶 *Vanessa cardui*（Linnaeus，1758）
26. 大红蛱蝶 *Vanessa indica*（Herbst，1794）
27. 美眼蛱蝶 *Junonia almana*（Linnaeus，1758）
28. 翠蓝眼蛱蝶 *Junonia orithya*（Linnaeus，1758）
29. 琉璃蛱蝶 *Kaniska canace*（Linnaeus，1763）
30. 朱蛱蝶 *Nymphalis xanthomelas*（Denis et Schiffermüller，1776）
31. 白钩蛱蝶 *Polygonia c-album*（Linnaeus，1758）
32. 黄钩蛱蝶 *Polygonia c-aureum*（Linnaeus，1758）
33. 牧女珍眼蝶 *Coenonympha amaryllis*（Stoll，1782）
34. 斗毛眼蝶 *Lasiommata deidamia*（Eversmann，1851）
35. 棕褐黛眼蝶 *Lethe christophi*（Leech，1891）
36. 白瞳舜眼蝶 *Loxerebia saxicola*（Oberthür，1876）
37. 白眼蝶 *Melanargia halimede*（Ménétriès，1859）
38. 黑纱白眼蝶 *Melanargia lugens*（Honrath，1888）
39. 暮眼蝶 *Melanitis leda*（Linnaeus，1758）
40. 蛇眼蝶 *Minois dryas*（Scopoli，1763）
41. 拟稻眉眼蝶 *Mycalesis francisca*（Stoll，1780）
42. 稻眉眼蝶 *Mycalesis gotama*（Moore，1857）

43. 蒙链荫眼蝶 *Neope muirheadi*（Felder，1862）
44. 古眼蝶 *Palaeonympha*（opolina Butler，1871）
45. 东北矍眼蝶 *Ypthima argus*（Butler，1866）
46. 矍眼蝶 *Ypthima baldus*（Fabricius，1775）
47. 中华矍眼蝶 *Ypthima chinensis*（Leech，1892）
48. 幽矍眼蝶 *Ypthima conjuncta*（Leech，1891）
49. 乱云矍眼蝶 *Ypthima megalomma*（Butler，1874）
50. 大波矍眼蝶 *Ypthima tappana*（Matsumura，1909）
51. 朴喙蝶 *Libythea celtis*（Laicharting，1782）

（一百九十八）凤蛾科 Epicopeiidae

1. 浅翅凤蛾 *Epicopeia hainesi sinicaria*（Leech，1912）
2. 榆凤蛾 *Epicopeia mencia*（Moore，1912）

（一百九十九）钩蛾科 Drepanidae

1. 褐爪突圆钩蛾 *Cyclidia substigmaria brunna*（Chu et Wang，1987）
2. 栎距钩蛾 *Agnidra scabiosa fixseni*（Bryk，1887）
3. 中华大窗钩蛾 *Macrauzata maxima chinensis*（Inoue，1960）
4. 栎树钩蛾 *Sabra harpagula*（Esper，1768）
5. 褐太波纹蛾 *Tethea fusca*（Werny，1966）

（二百）燕蛾科 Uraniidae

1. 斜线燕蛾 *Acropteris iphiata*（Guenée，1857）

（二百〇一）尺蛾科 Geometridae

1. 白眼尺蛾 *Problepsis albidior*（Warren，1899）
2. 黑条眼尺蛾 *Problepsis diazoma*（Prout，1938）
3. 猫眼尺蛾 *Problepsis superans*（Butler，1885）
4. 忍冬尺蛾 *Scopula indicataria*（Walker，1861）
5. 常春藤回纹尺蛾 *Chartographa compositata compositata*（Guenée，1857）
6. 云南松回纹尺蛾 *Chartographa fabiolaria*（Oberthür，1884）
7. 女贞尺蛾 *Naxa sefiaria*（Guenée，1857）
8. 萝藦艳青尺蛾 *Agathia carissima*（Butler，1878）
9. 藏仿锈腰青尺蛾 *Chlorissa gelida*（Butler，1889）
10. 长纹绿尺蛾 *Comibaena argentataria*（Leech，1897）
11. 栎绿尺蛾 *Comibaena quadrinotata*（Butler，1889）
12. 肾纹绿尺蛾 *Comibaena procumbaria*（Pryer，1877）
13. 北京尺蛾 *Epipristis transiens*（Sterneck，1927）
14. 枯斑翠尺蛾 *Eucyclodes difficta*（Walker，1861）
15. 白脉青尺蛾 *Geometra albovenaria*（Bremer，1864）
16. 乌苏里青尺蛾 *Geometra ussuriensis*（Sauber，1915）
17. 直脉青尺蛾 *Geometra valida*（Felder et Rogenhofer，1875）

18. 青辐射尺蛾 *Iotaphora admirabilis*（Oberthür, 1884）
19. 黄辐射尺蛾 *Iotaphora iridicolor*（Butler, 1880）
20. 青尖尾尺蛾 *Maxates illiturata*（Walker, 1863）
21. 卫矛尺蛾 *Abraxas miranda*（Butler, 1878）
22. 丝棉木金星尺蛾 *Abraxas suspecta*（Warren, 1894）
23. 榛金星尺蛾 *Abraxas sylvota*（Scopoli, 1762）
24. 杉霜尺蛾 *Alcis angulifera*（Butler, 1878）
25. 针叶霜尺蛾 *Alcis secundaria*（Esper）
26. 黄星尺蛾 *Arichanna melanaria fraterna*（Bulter, 1878）
27. 掌尺蛾 *Amraica superans*（Butler, 1878）
28. 沙枣尺蛾 *Apocheima cinerarius*（Erschoff, 1874）
29. 大造桥虫 *Ascotis selenaria*（Denis et Schiffermüller, 1775）
30. 娴尺蛾 *Auaxa cesadaria*（Walker, 1860）
31. 焦边尺蛾 *Bizia aexaria*（Walker, 1860）
32. 油桐尺蛾 *Buzura suppressaria*（Guenée, 1857）
33. 云尺蛾 *Buzura thibetaria*（Oberthür, 1884）
34. 四川灰边白沙尺蛾 *Cabera griseolimbata apotaeniata*（Wehrli, 1939）
35. 槐尺蛾 *Chiasmia cinerearia*（Bremer et Grey, 1853）
36. 木橑尺蛾 *Culcula panterinaria*（Bremer et Grey, 1853）
37. 枞灰尺蛾 *Deileptenia ribeata*（Clerck, 1759）
38. 黄幡尺蛾 *Eilicrinia flava*（Moore, 1888）
39. 金沙尺蛾 *Euchristophia cumulata*（Christoph, 1881）
40. 缨封尺蛾 *Hydatocapnia fimbriata*（Yazaki, 1987）
41. 尘尺蛾 *Hypomecis punctinalis conferenda*（Butler, 1878）
42. 茶用克尺蛾 *Junkowskia athleta*（Oberthür, 1884）
43. 桑尺蛾 *Menophra atrilineata*（Butler, 1881）
44. 泼墨尺蛾 *Ninodes splendens*（Butler, 1878）
45. 核桃四星尺蛾 *Ophthalmitis albosignaria*（Bremer et Grey, 1853）
46. 叉尾尺蛾 *Ourapteryx brachycera*（Wehrli, ）
47. 雪尾尺蛾 *Ourapteryx nivea*（Butler, 1884）
48. 拟柿星尺蛾 *Percnia albinigerata*（Warren, 1896）
49. 柿星尺蛾 *Percnia giraffata*（Guenée, 1857）
50. 四月尺蛾 *Selenia tetralunaria*（Hufnagel, 1769）
51. 合欢庶尺蛾 *Semiothisa defixaria*（Walker, 1861）
52. 黄蝶尺蛾 *Thinopteryx crocoptera*（Koller, 1844）
53. 黑玉臂尺蛾 *Xandrames dholaria*（Moore, 1868）

（二百〇二）舟蛾科 Notodontidae

1. 黄二星舟蛾 *Euhampsonia cristata*（Butler, 1877）

2. 钩翅舟蛾 *Gangarides dharma*（Moore，1865）
3. 竹箩舟蛾 *Ceira retrofusca*（de Joannis，1907）
4. 黑带二尾舟蛾 *Cerura virula felina*（Butler，1877）
5. 茅莓蚁舟蛾 *Stauropus basalis*（Moore，1877）
6. 灰舟蛾 *Cnethodonta grisescens*（Staudinger，1887）
7. 疹灰舟蛾 *Cnethodonta pustulifer*（Oberthür，1911）
8. 斑纷舟蛾 *Fentonia baibarana*（Matsumura，1929）
9. 曲纷舟蛾 *Fentonia excurvata*（Hampson，1893）
10. 栎纷舟蛾 *Fentonia ocypete*（Bremer，1816）
11. 涟纷舟蛾 *Fentonia parabolica*（Matsumura，1925）
12. 栎枝背舟蛾 *Harpyia umbrosa*（Staudinger，1892）
13. 云舟蛾 *Neopheosia fasciafa*（Moore，1888）
14. 亚红胯舟蛾 *Syntypistis subgeneris*（Strand，1915）
15. 核桃美舟蛾 *Uropyia meticulodina*（Oberthür，1884）
16. 梨威舟蛾 *Wilemanus bidentatus*（Wileman，1911）
17. 侧带内斑舟蛾 *Peridea lativitta*（Wileman，1911）
18. 苔岩舟蛾陕甘亚种 *Rachiades lichenicolor murzini*（Schintlmeister et Fang，2001）
19. 沙舟蛾 *Shaka atrovittatus*（Bremer，1861）
20. 大半齿舟蛾 *Semidonta basalis*（Moore，1865）
21. 半齿舟蛾 *Semidonta biloba*（Oberthür，1880）
22. 白颈异齿舟蛾 *Hexafrenum leucodera*（Staudinger，1892）
23. 灰羽舟蛾 *Pterostoma griseum*（Bremer，1861）
24. 毛羽舟蛾 *Pterostoma pterostomina*（Kiriakoff，1963）
25. 槐羽舟蛾 *Pterostoma sinicum*（Moore，1877）
26. 栎掌舟蛾 *Phalera assimilis*（Bremer et Grey，1852）
27. 高粱掌舟蛾 *Phalera combusta*（Walker，1855）
28. 苹掌舟蛾 *Phalera flavescens*（Bremer et Grey，1852）
29. 刺槐掌舟蛾 *Phalera grotei*（Moore，1859）
30. 小掌舟蛾 *Phalera minor*（Magano，1916）
31. 榆掌舟蛾 *Phalera takasagoensis*（Matsumura，1919）
32. 伪奇舟蛾 *Allata laticostalis*（Hampson，1900）
33. 新奇舟蛾 *Allata sikkima*（Moore，1879）
34. 分月扇舟蛾 *Clostera anastomosis*（Linnaeus，1758）
35. 角翅舟蛾 *Gonoclostera timoniorum*（Bremer，1861）
36. 艳金舟蛾 *Spatalia doerriesi*（Graeser，1888）

(二百〇三) 裳蛾科 Erebidae

1. 茶白毒蛾 *Arctornis alba*（Bremer，1861）
2. 杉丽毒蛾 *Calliteara abietis*（Schiffermüller et Denis，1776）

3. 松丽毒蛾 *Calliteara axutha*（Collenette，1934）
4. 乌柏黄毒蛾 *Euproctis bipunctapex*（Hampson，1891）
5. 折带黄毒蛾 *Euproctis flava*（Bremer，1861）
6. 榆黄足毒蛾 *Ivela ochropoda*（Eversmann，1847）
7. 雪毒蛾 *Leucoma salisis*（Linnaeus，1758）
8. 丛毒蛾 *Locharna stigipennis*（Moore，1879）
9. 舞毒蛾 *Lymantria dispar*（Linnaeus，1758）
10. 条毒蛾 *Lymantria dissoluda*（Swinhoe，1903）
11. 古毒蛾 *Orgyia antiqua*（Linnaeus，1758）
12. 双线盗毒蛾 *Porthesia scintillans*（Walker，1856）
13. 盗毒蛾 *Porthesia similis*（Fueszly，1775）
14. 煤色滴苔蛾 *Agrisius fuliginosus*（Moore，1872）
15. 条纹艳苔蛾 *Asura strigipennis*（Herrich-Schaffer，1855）
16. 点艳苔蛾 *Asura unipuncta*（Leech，1890）
17. 猩红雪苔蛾 *Cyana coccinea*（Moore，1878）
18. 优雪苔蛾 *Cyana hamata*（Walker，1854）
19. 血红雪苔蛾 *Cyana sanguinea*（Bremer et Grey，1852）
20. 缘点土苔蛾 *Eilema costipuncta*（Leech，1890）
21. 四点苔蛾 *Lithosia quadra*（Linnaeus，1758）
22. 齿美苔蛾 *Miltochrista dentifascia*（Hampson，1894）
23. 愉美苔蛾 *Miltochrista jucunda*（Fang，1991）
24. 优美苔蛾 *Miltochrista striata*（Bremer et Grey，1852）
25. 大丽灯蛾 *Aglaomorpha histrio*（Walker，1855）
26. 红缘灯蛾 *Aloa lactinea*（Cremer，1777）
27. 豹灯蛾 *Arctia caja*（Linnaeus，1758）
28. 花布灯蛾 *Camptoloma interiorata*（Walker，1864）
29. 八点灰灯蛾 *Creatonotus transiens*（Walker，1855）
30. 伪姬白望灯蛾 *Lemyra anormala*（Daniel，1943）
31. 斜线望灯蛾 *Lemyra obliquivitta*（Moore，1879）
32. 茸望灯蛾 *Lemyra pilosa*（Rothschild，1910）
33. 点线望灯蛾 *Lemyra punctilinea*（Moore，1879）
34. 粉蝶灯蛾 *Nyctemera adversata*（Schaller，1788）
35. 肖浑黄灯蛾 *Rhyparioides amurensis*（Bremer，1861）
36. 人纹污灯蛾 *Spilarctia subcarseea*（Walker，1855）
37. 黄星雪灯蛾 *Spilosoma lubricipedum*（Linnaeus，1758）
38. 白角鹿蛾 *Amata acrospila*（Felder，1869）
39. 广鹿蛾 *Amata emma*（Butler，1876）
40. 蕾鹿蛾 *Amata germana*（Felder，1862）

41. 挂墩鹿蛾 *Amata kuatuna*（Obraztsov，1966）
42. 牧鹿蛾 *Amata pascus*（Leech，1889）
43. 清新鹿蛾 *Caeneressa diaphana*（Kollar，1844）
44. 近新鹿蛾 *Caeneressa proxima*（Obraztsov，1957）
45. 红带新鹿蛾 *Caeneressa rubrozonata*（Poujade，1886）
46. 杉微拟灯蛾 *Digama abietis*（Leech，1889）
47. 灰薄夜蛾 *Mecodina cineracea*（Butler，1879）
48. 大斑薄夜蛾 *Mecodina subcostalis*（Walker，1865）
49. 奇巧夜蛾 *Oruza mira*（Butler，1879）
50. 苎麻夜蛾 *Arcte coerula*（Guenée，1852）
51. 玫瑰巾夜蛾 *Bastilla arctotaenia*（Guenée，1852）
52. 裳夜蛾 *Catocala nupta*（Linnaeus，1767）
53. 鸱裳夜蛾 *Catocala patala*（Felder et Rogenhofer，1874）
54. 布光裳夜蛾 *Catocala butleri*（Leech，1900）
55. 光裳夜蛾 *Catocala fulminea*（Scopoli，1763）
56. 客来夜蛾 *Chrysorithrum amata*（Bremer et Grey，1853）
57. 雪耳夜蛾 *Ercheia niveostrigata*（Warren，1913）
58. 目夜蛾 *Erebus crepuscularis*（Linnaeus，1758）
59. 变色夜蛾 *Hypopyra vespertilio*（Fabricius，1787）
60. 安钮夜蛾 *Ophiusa tirhaca*（Cramer，1777）
61. 绕环夜蛾 *Spirama helicina*（Hübner，1825）
62. 环夜蛾 *Spirama retorta*（Clerck，1759）
63. 庸肖毛翅夜蛾 *Thyas juno*（Dalman，1823）
64. 大析夜蛾 *Sypnoides amplifascia*（Warren，1914）
65. 赫析夜蛾 *Sypnoides hercules*（Butler，1881）
66. 肘析夜蛾 *Sypnoides olena*（Swinhoe，1893）
67. 涂析夜蛾 *Sypnoides picta*（Butler，1877）
68. 坎桥夜蛾 *Anomis privata*（Walker，1865）
69. 超桥夜蛾 *Anomis fulvida*（Guenée 1852）
70. 中桥夜蛾 *Anomis mesogona*（Walker 1858）
71. 齿斑畸夜蛾 *Bocula quadrilineata*（Walker，1858）
72. 平嘴壶夜蛾 *Calyptra lata*（Butler，1881）
73. 鸟嘴壶夜蛾 *Oraesia excavata*（Butler，1878）
74. 肖金夜蛾 *Plusiodonta coelonota*（Kollar，1844）
75. 白线篦夜蛾 *Episparis liturata*（Fabricius，1787）
76. 苹眉夜蛾 *Pangrapta obscurata*（Butler，1879）
77. 饰眉夜蛾 *Pangrapta ornata*（Leech，1900）
78. 鳞眉夜蛾 *Pangrapta squamea*（Leech，1900）

79. 浓眉夜蛾 *Pangrapta trimantesalis*（Walker，1858）
80. 淡眉夜蛾 *Pangrapta umbrosa*（Leech，1900）
81. 点眉夜蛾 *Pangrapta vasava*（Butler，1881）
82. 苹梢鹰夜蛾 *Hypocala subsatura*（Guenée，1852）
83. 燕夜蛾 *Aventiola pusilla*（Butler，1879）
84. 张卜夜蛾 *Bomolocha rhombaris*（Guenée，1854）
85. 污卜夜蛾 *Bomolocha squalida*（Butler，1879）
86. 残夜蛾 *Colobochyla salicalis*（Denis et Schiffermüller，1775）
87. 斜线髯须夜蛾 *Hypena amica*（Butler，1878）
88. 钩白肾夜蛾 *Edessena hamada*（Felder er Rogenhofer，1874）
89. 曲线贫夜蛾 *Simplicia niphona*（Butler，1878）
90. 黑点贫夜蛾 *Simplicia rectalis*（Eversmann，1942）
91. 角镰须夜蛾 *Zanclognatha angulina*（Leech，1900）
92. 常镰须夜蛾 *Zanclognatha lilacina*（Butler，1879）
93. 印夜蛾 *Bamra albicola*（Walker，1858）

(二百〇四)尾夜蛾科 Euteliidae

1. 月殿尾夜蛾 *Anuga lunulata*（Moore，1867）
2. 折纹殿尾夜蛾 *Anuga multiplicans*（Walker，1858）
3. 漆尾夜蛾 *Eutelia geyeri*（Felder et Rogenhofer，1874）

(二百〇五)瘤蛾科 Nolidae

1. 旋夜蛾 *Eligma narcissus*（Cramer，1775）
2. 翠纹钻夜蛾 *Earias rittella*（Fabricius，1794）
3. 胡桃豹夜蛾 *Sinna extrema*（Walker，1854）
4. 暗影饰皮夜蛾 *Characoma ruficirra*（Hampson，1905）
5. 曲缘皮夜蛾 *Negritothripa hampsoni*（Wileman，1911）

(二百〇六)夜蛾科 Noctuidae

1. 银纹夜蛾 *Ctenoplusia agnata*（Staudinger，1892）
2. 海南银纹夜蛾 *Argyrogramma signata*（Fabricius，1775）
3. 黑点丫纹夜蛾 *Autographa nigrisigna*（Walker，1858）
4. 珠纹夜蛾 *Erythroplusia rutilifrons*（Walker，1858）
5. 淡银纹夜蛾 *Macdunnoughia purissima*（Butler，1878）
6. 胞短栉夜蛾 *Brevipecten consanguis*（Leech，1900）
7. 黑俚夜蛾 *Lithacodia atrata*（Butler，1881）
8. 木俚夜蛾 *Lithacodia nemorum*（Oberthür，1880）
9. 路瑙夜蛾 *Maliattha vialis*（Moore，1882）
10. 两色绮夜蛾 *Acontia bicolora*（Leech，1889）
11. 坑翅夜蛾 *Ilattia octo*（Guenée，1852）
12. 新靛夜蛾 *Belciana staudingeri*（Leech，1900）

13. 缤夜蛾 *Moma fulvicollis*（Lattin，1949）
14. 广缤夜蛾 *Moma tsushimana*（Sugi，1982）
15. 后夜蛾 *Trisuloides sericea*（Butler，1881）
16. 梨剑纹夜蛾 *Acronicta rumicis*（Linnaeus，1758）
17. 果剑纹夜蛾 *Acronicta strigosa*（Denis et Schiffermüller，1775）
18. 涤灿夜蛾 *Aucha dizyx*（Draudt，1950）
19. 紫黑杂夜蛾 *Amphipyra livida*（Denis et Schiffermüller，1775）
20. 日月明夜蛾 *Sphragifera biplaga*（Walker，1865）
21. 丹日明夜蛾 *Sphragifera sigillata*（Ménétriès，1859）
22. 选彩虎蛾 *Episteme lectrix*（Linnaeus，1764）
23. 葡萄修虎蛾 *Sarbanissa subflava*（Moore，1877）
24. 豪虎蛾 *Scrobigera amatrix*（Westwood，1848）
25. 棉铃虫 *Helicoverpa armigera*（Hübner，1809）
26. 烟青虫 *Helicoverpa assulta*（Guenée，1852）
27. 弧角散纹夜蛾 *Callpistria duplicans*（Walker，1857）
28. 散纹夜蛾 *Callpistria juventina*（Stoll，1782）
29. 交兰纹夜蛾 *Stenoloba confusa*（Leech，1889）
30. 小地老虎 *Agrotis ipsilon*（Hufnagel，1766）
31. 黄地老虎 *Agrotis segetum*（Denis et Schiffermüller，1775）
32. 大地老虎 *Agrotis tokionis*（Butler，1881）
33. 齿秀夜蛾 *Apamea cuneatoides*（Poole，1989）
34. 灰歹夜蛾 *Diarsia canescens*（Butler，1878）
35. 茶色狭翅夜蛾 *Hermonassa cecilia*（Butler，1878）
36. 狭翅夜蛾 *Hermonassa consignata*（Walker，1865）
37. 八字地老虎 *Xestia c-nigrum*（Linnaeus，1758）
38. 唳盗夜蛾 *Hadena rivularis*（Fabricius，1775）
39. 绒黏夜蛾 *Leucania velutina*（Eversmann，1856）
40. 曲线秘夜蛾 *Mythimna divergens*（Butler，1878）
41. 黏虫 *Mythimna separata*（Walker，1865）
42. 暗翅夜蛾 *Dypterygia caliginosa*（Walker，1858）
43. 甜菜夜蛾 *Spodoptera exigua*（Hübner，1808）
44. 斜纹夜蛾 *Spodoptera litura*（Fabricius，1775）
45. 小冠微夜蛾 *Lophomilia polybapta*（Butler，1879）
46. 三斑蕊夜蛾 *Cymatophoropsis trimaculata*（Bremer，1861）
47. 红尺夜蛾 *Naganoella timandra*（Alpheraky，1897）

二十四、膜翅目 Hymenoptera

(二百〇七)叶蜂科 Tenthredinidae

1. 台湾异基叶蜂 *Abeleses formosanus*（Enslin，1911）
2. 黑腹钝颊叶蜂 *Aglaostigma melanogastera*（Wei，2002）
3. 白唇平背叶蜂 *Allantus nigrocaeruleus*（Smith，1874）
4. 日本凹颚叶蜂 *Aneugmenus japonicus*（Rohwer，1910）
5. 黑胫残青叶蜂 *Athalia proxima*（Klug，1815）
6. 双叶粘叶蜂 *Caliroa bilobatina*（Wei，2002）
7. 短脉粘叶蜂 *Caliroa brevinerva*（Wei，2002）
8. 陈氏粘叶蜂 *Caliroa cheni*（Wei，2002）
9. 波粘叶蜂 *Caliroa curvata*（Wei，1997）
10. 刘氏粘叶蜂 *Caliroa liui*（Wei，2001）
11. 狭瓣粘叶蜂 *Caliroa paralella*（Wei，1998）
12. 无带大跗叶蜂 *Craesus eglabratus*（Wei，1999）
13. 麦叶蜂 *Dolerus tritici*（Chu，1949）
14. 华中真片叶蜂 *Eutomostethus centralius*（Wei，2002）
15. 三色真片叶蜂 *Eutomostethus tricolor*（Malaise，1932）
16. 暗唇钩瓣叶蜂 *Macrophya melanoclypea*（Wei，2002）
17. 黑唇宽腹叶蜂 *Macrophya melanolabria*（Wei，1998）
18. 烟翅钩瓣叶蜂 *Macrophya typhanoptera*（Wei et Nie，1999）
19. 日本侧齿叶蜂 *Neostromboceros nipponicus*（Takeuchi，1941）
20. 白唇侧齿叶蜂 *Neostromboceros tonkinensis*（Forsius，1931）
21. 凹唇平缝叶蜂 *Nesoselandria incisa*（Wei，2002）
22. 中华浅沟叶蜂 *Pseudostromboceros sinensis*（Forsius，1927）
23. 白唇角瓣叶蜂 *Senoclidea decora*（Konov，1898）
24. 中华角瓣叶蜂 *Senoclidea sinica*（Wei，1997
25. 矢斑侧跗叶蜂淡斑亚种 *Siobla fulvolobata transferra*（Wei，2002）
26. 黄缘侧跗叶蜂 *Siobla fulvomarginata*（Wei et Nie，1999）
27. 褐黄侧跗叶蜂黄腹亚种 *Siobla straminea immaculata*（Wei，2002）
28. 白基元叶蜂 *Taxonus leucocoxus*（Wei，1998）
29. 突刃槌腹叶蜂 *Tenthredo fortunii*（Kirby，1882）
30. 黄胸窝板叶蜂 *Tenthredo linjinweii*（Wei et Nie，2001）
31. 长刃槌腹叶蜂 *Tenthredo longiserrula*（Wei，2002）
32. 黄尾短角叶蜂单带亚种 *Tenthredo ussuriensis unicinctasa*（Nie et Wei，2002）
33. 台岛合叶蜂 *Tenthredopsis insularis insularis*（Takeuchi，1927）

(二百〇八)三节叶蜂科 Argidae

1. 黑尾黄腹三节叶蜂 *Arge baishanzua*（Wei，1995）

2. 日本黄腹三节叶蜂 *Arge nipponensis*（Rohwer，1910）
3. 刻颜黄腹三节叶蜂 *Arge obtusitheca*（Wei，1999）
4. 普氏黄腹三节叶蜂 *Arge przhevalskii*（Gussakovskii，1935）
5. 列斑黄腹三节叶蜂 *Arge xanthogaster*（Cameron，1876）
6. 杜鹃黑毛三节叶蜂 *Arge similis*（Vollenheven，1860）
7. 半刃黑毛三节叶蜂 *Arge szechuanica*（Malaise，1935）
8. 信阳黑毛三节叶蜂 *Arge xinyangensis*（Wei，1999）
9. 陈氏淡毛三节叶蜂 *Arge cheni*（Wei，1999）
10. 齿瓣淡毛三节叶蜂 *Arge dentipenis*（Wei，1998）
11. 灵山淡毛三节叶蜂 *Arge lingshana*（Wei，1999）
12. 秦岭淡毛三节叶蜂 *Arge qinlingia*（Wei，1998）
13. 中华淡毛三节叶蜂 *Arge sinensis*（Wei，2003）
14. 杨氏淡毛三节叶蜂 *Arge yangi*（Wei，1999）
15. 肖氏截唇三节叶蜂 *Arge xiaoweii*（Wei，1999）
16. 洪氏斑胫三节叶蜂 *Arge hongweii*（Wei，1999）
17. 脊颜红胸三节叶蜂 *Arge vulnerata*（Mocsary，1909）
18. 黑毛似三节叶蜂 *Cibdela melanomela*（Wei，1999）
19. 李氏脊颜三节叶蜂 *Sterictiphora lii*（Wei，1998）
20. 柄臀脊颜三节叶蜂 *Sterictiphora pedicella*（Wei，1998）

（二百〇九）锤角叶蜂科 Cimbicidae

1. 歧脊细锤角叶蜂 *Leptocimbex divergens*（Wei et Deng，2002）
2. 槭细锤角叶蜂 *Leptocimbex gracillenta*（Mocsary，1904）
3. 条斑细锤角叶蜂 *Leptocimbex linealis*（Wei，1999）

（二百一十）茎蜂科 Cephidae

1. 麦茎蜂 *Cephus pygmaeus*（Linnaeus，1767）
2. 梨简脉茎蜂 *Janus piri*（Okamoto et Muramatsu，1925）

（二百一十一）树蜂科 Siricidae

1. 黑顶树蜂 *Tremex apicalis*（Matsumura，1912）

（二百一十二）瘿蜂科 Cynipidae

1. 柞枝球瘿瘿蜂 *Diplolepis japonica*（Ashmead，1904）
2. 栎叶瘿蜂 *Diplolepis agama*（Hartig，1737）
3. 栗瘿蜂 *Dryocosmus kuriphilus*（Yasumatsu，1951）

（二百一十三）跳小蜂科 Encyrtidae

1. 绵蚧阔柄跳小蜂 *Metaphycus pulvinariae*（Howard，1881）

（二百一十四）广肩小蜂科 Eurytomidae

1. 刺槐种子广肩小蜂 *Bruchophagus philorobinae*（Liao，1979）
2. 刺蛾广肩小蜂 *Eurytoma monemae*（Ruschka，1918）

(二百一十五)金小蜂科 Pteromalidae

1. 蚜茧蜂金小蜂 *Asaphes vulgaris*（Walker，1835 ）
2. 蚜虫宽缘金小蜂 *Pachyneuron aphidis*（Bouche，1834）

(二百一十六)长尾小蜂科 Torymidae

1. 中华螳小蜂 *Podagrion mantis*（Ashmead，1886）

(二百一十七)赤眼蜂科 Trichogrammatidae

1. 螟黄赤眼蜂 *Trichogramma chilonis*（Ishii，1941）
2. 舟蛾赤眼蜂 *Trichogramma closterae*（Pang et Chen，1974）
3. 松毛虫赤眼蜂 *Trichogramma dendrolimi*（Matsumura，1926）
4. 玉米螟赤眼蜂 *Trichogramma ostriniae*（Pang et Chen，1974）

(二百一十八)缘腹细蜂科 Scelionidae

1. 飞蝗黑卵蜂 *Scelio uvarovi*（Ogloblin，1927）
2. 草蛉黑卵蜂 *Telenomus acrobates*（Giard，1895）
3. 杨扇舟蛾黑卵蜂 *Telenomus closterae*（Wu et Chen，1980）

(二百一十九)举腹蜂科 Aulacidae

1. 喀锤举腹蜂 *Pristaulacus karinulus*（Smith，2001）
2. 黑足举腹蜂 *Pristaulacus memnonius*（Sun et Sheng，2007）
3. 脊锤举腹蜂 *Pristaulacus porcatus*（Sun et Sheng，2007）

(二百二十)分盾细蜂科 Ceraphronidae

1. 菲岛分盾细蜂 *Ceraphron manilae*（Ashmead，1904）

(二百二十一)姬蜂科 Ichneumonidae

1. 螟虫顶姬蜂 *Acropimpla persimilis*（Ashmead，1906）
2. 游走巢姬蜂指名亚种 *Acroricnus ambulator ambulator*（Smith，1874）
3. 游走巢姬蜂中华亚种 *Acroricnus ambulator chinensis*（Uchida，1940）
4. 棕角双洼姬蜂 *Arthula brunneocornis*（Cameron，1900）
5. 东方毛沟姬蜂 *Brussinocryptus orientalis*（Uchida，1932）
6. 棉铃虫齿唇姬蜂 *Campoletis chloridaea*（Uchida，1957）
7. 稻苞虫凹眼姬蜂 *Casinaria pedunculata*（Szepligeti，1908）
8. 螟蛉悬茧姬蜂 *Charops bicolor*（Szepligeti，1906）
9. 短翅悬茧姬蜂 *Charops brachypterum*（Cameron，1897）
10. 刻条悬茧姬蜂 *Charops striatus*（Uchida，1932）
11. 朝鲜绿姬蜂 *Chlorocryptus coreanus*（Szepligeti，1916）
12. 紫绿姬蜂 *Chlorocryptus purpuratus*（Smith，1852）
13. 褐网姬蜂 *Clatha bruneola*（Sheng，2009）
14. 满点黑瘤姬蜂 *Coccygomimus aethiops*（Curtis，1828）
15. 野蚕黑瘤姬蜂 *Coccygomimus luctuosus*（Smith，1874）
16. 日本黑瘤姬蜂 *Coccygomimus nipponicus*（Uchida，1928）

17. 褐圆胸姬蜂 *Colpotrochia fusca*（Matsumura，1931）
18. 无脊驼姬蜂 *Goryphus incarinalis*（Sheng，2009）
19. 黄盾驼姬蜂 *Goryphus mesoxanthus mesoxanthus*（Brulle，1846）
20. 花胸姬蜂 *Gotra octocincta*（Ashmead，1906）
21. 细甜沟姬蜂 *Hedycryptus tenniabdominalis*（Uchida，1930）
22. 斑横沟姬蜂 *Ischnus inquisitorius maculipropoda*（Sheng，2009）
23. 黑背隆侧姬蜂 *Latibulus nigrinotum*（Uchida，1936）
24. 朝角额姬蜂中华亚种 *Listrognathus coreensis chinensis*（Kamath，1968）
25. 云南角额姬蜂 *Listrognathus yunnanensis*（He et Chen，2006）
26. 盘背菱室姬蜂 *Mesochorus discitergus*（Say，1836）
27. 甘蓝夜蛾拟瘦姬蜂 *Netelia ocellaris*（Thomson，1888）
28. 日钩姬蜂 *Nippocryptus* sp.
29. 中华齿腿姬蜂 *Pristomerus chinensis*（Ashmead，1906）
30. 火红齿胫姬蜂 *Scolobates pyrthosoma*（He et Tong，1992）
31. 黄褐齿胫姬蜂 *Scolobates testaceus*（Morley，1913）
32. 蓑瘤姬蜂索氏亚种 *Sericopimpla sagrae sauteri*（Cushman，1933）
33. 棱柄姬蜂 *Sinophorus* sp.
34. 广黑点瘤姬蜂 *Xanthopimpla punctata*（Fabricius，1781）
35. 白基多印姬蜂 *Zatypoda albicoxa*（Walker，1874）

(二百二十二)茧蜂科 Braconidae

1. 稻纵卷叶螟绒茧蜂 *Apanteles cypris*（Nixon，1965）
2. 螟甲腹茧蜂 *Chelonus munakatae*（Munakata，1912）
3. 螟蛉盘绒茧蜂 *Cotesia ruficrus*（Haliday，1834）
4. 瓢虫茧蜂 *Dinocampus coccinellae*（Schrank，1802）
5. 麦蛾柔茧蜂 *Habrobracon hebetor*（Say，1836）
6. 腰带长体茧蜂 *Macrocentrus cingulum*（Brischke，1882）
7. 斑痣悬茧蜂 *Meteorus pulchricornis*（Wesmael，1835）
8. 黄愈腹茧蜂 *Phanerotoma flava*（Ashmead，1906）

(二百二十三)青蜂科 Chrysididae

1. 上海青蜂 *Chrysis shanghaiensis*（Smith，1874）

(二百二十四)螯蜂科 Dryinidae

1. 布氏螯蜂 *Dryinus browni*（Ashmead，1905）

(二百二十五)蚁蜂科 Mutillidae

1. 蚁蜂(未定种)

(二百二十六)蚁科 Formicidae

1. 黄足厚结蚁 *Pachycondyla luteipes*（Mayr，1862）
2. 针毛收获蚁 *Messor aciculatus*（Smith，1874）
3. 铺道蚁 *Tetramorium caespitum*（Linnaeus，1758）

4. 日本弓背蚁 *Camponotus japonicus*（Mayr，1866）
5. 黄立毛蚁 *Paratrechina flavipes*（Smith，1874）

（二百二十七）胡蜂科 Vespidae

1. 镶黄蜾蠃 *Eumenes decoratus*（Smith，1852）
2. 点蜾蠃 *Eumenes pomiformis pomiformis*（Fabricius，1781）
3. 方蜾蠃 *Eumenes quadratus*（Smith，1852）
4. 四带佳盾蜾蠃 *Euodynerus quatrifasciatus*（Fabricius，1793）
5. 黄喙蜾蠃 *Rhynchium quiquecinctum*（Fabricius，1852）
6. 印度侧异腹胡蜂 *Parapolybia indica indication*（Saussure，1854）
7. 变侧异腹胡蜂 *Parapolybia varia varia*（Fabricius，1787）
8. 角马蜂 *Polistes antennalis*（Perez，1905）
9. 中华马蜂 *Polistes chinensis*（Fabricius，1793）
10. 棕马蜂 *Polistes gigas*（Kirby，1826）
11. 亚非马蜂 *Polistes hebraeus*（Fabricius，1787）
12. 日本马蜂 *Polistes japonicus*（Saussure，1858）
13. 约马蜂 *Polistes jokahamae*（Radoszkowski，1887）
14. 柑马蜂 *Polistes mandarinus*（Saussure，1853）
15. 果马蜂 *Polistes olivaceus*（de Geer，1773）
16. 陆马蜂 *Polistes rothneyi grahami*（van der Vecht，1968）
17. 和马蜂 *Polistes othneyi*（ven der Vecht，1968）
18. 斯马蜂 *Polistes snelleni*（Saussure，1862）
19. 黑盾胡蜂 *Vespa bicolor*（Fabricius，1787）
20. 黄边胡蜂 *Vespa crabro crabro*（Linnaeus，1758）
21. 金环胡蜂 *Vespa mandarinia*（Smith，1852）
22. 德国黄胡蜂 *Vespula germanica*（Fabricius，1793）
23. 北方黄胡蜂 *Vespula rufa*（Linnaeus，1758）
24. 环黄胡蜂 *Vespula orbata*（Buysson，1902）

（二百二十八）泥蜂科 Sphecidae

1. 沙泥蜂 *Ammophila* sp.
2. 角戎泥蜂 *Hoplammophila aemulans*（Kohl，1901）
3. 黑足泥蜂 *Sphex umbrosus*（Christ，1791）

（二百二十九）地蜂科 Andrenidae

1. 中地蜂 *Andrena crassipunctata*（Cockerell，1931）
2. 红足地蜂 *Andrena haemorrhoa*（Fabricius，1781）
3. 小地蜂 *Andrena parvula*（Kirby，1802）

（二百三十）隧蜂科 Halictidae

1. 尖肩淡脉隧蜂 *Lasioglossum subopacum*（Smith，1853）
2. 黄带淡脉隧蜂 *Lasioglossum calceatum*（Scopoli，1763）

3. 粗红腹蜂 *Sphecodes gibbus*（Linnaeus，1758）
4. 淡翅红腹蜂 *Sphecodes grahami*（Cockerell，1923）
5. 蓝彩带蜂 *Nomia chalybeata*（Smith，1875）
6. 齿彩带蜂 *Nomia punctulata*（Dalla Torre，1896）
7. 黄胸彩带蜂 *Nomia thoracica*（Smith，1875）

（二百三十一）分舌蜂科 Colletidae

1. 缘叶舌蜂 *Hylaeus perforatus*（Smith，1873）

（二百三十二）切叶蜂科 Megachilidae

1. 七齿黄斑蜂 *Anthidium septemspinosum*（Lepeletier，1841）
2. 黑刺胫蜂 *Lithurgus atratus*（Smith，1853）
3. 平唇切叶蜂 *Megachile conjunctiformis*（Yasumat，1938）
4. 粗切叶蜂 *Megachile sculpturalis*（Smith，1853）
5. 细切叶蜂 *Megachile spissula*（Cockerell，1911）
6. 双叶切叶蜂 *Megachile dinura*（Cockerell，1911）
7. 箭尖腹蜂 *Coelioxys brevis*（Eversmann，1852）

（二百三十三）蜜蜂科 Apidae

1. 花无垫蜂 *Amegilla florea*（Smith，1879）
2. 绿条无垫蜂 *Amegilla zonata*（Linneaus，1758）
3. 东方蜜蜂 *Apis cerana*（Fabricius，1865）
4. 意大利蜜蜂 *Apis mellifera*（Linnaeus，1758）
5. 毛附黑条蜂 *Anthophora plumipes*（Pallas，1772）
6. 黑足熊蜂 *Bombus atripes*（Smith，1852）
7. 中国毛斑蜂 *Melecta chinensis*（Cockerell，1931）
8. 中国四条蜂 *Tetralonia chinensis*（Smith，1854）
9. 黄芦蜂 *Ceratina flavipes*（Smith，1879）
10. 拟黄芦蜂 *Ceratina hieroglyphica*（Smith，1854）
11. 黄胸木蜂 *Xylocopa appendiculata*（Smith，1852）
12. 赤足木蜂 *Xylocopa rufipes*（Smith，1852）
13. 长木蜂 *Xylocopa tranquebarorum*（Swederus，1787）

附录八 河南董寨国家级自然保护区论文、论著及成果汇总表(1992—2021年)

序号	名 称	发表时间	发表刊物	文章性质	主要研究者	获奖情况
1	白冠长尾雉生态习性观察初报	1992	河南林业科技	科技论文	张承洲 张可银 张晓峰	
2	河南罗山董寨省级自然保护区鸟类保护研究概况	1994	国际野生动物保护与管理交流论文	科技论文	张可银 高正健	
3	董寨鸟类自然保护区科学考察集	1996	中国林业出版社	论著	宋朝枢 瞿文元 张可银 朱家贵	
4	河南省森林资源信息管理系统研究	2000		科技成果	阮祥锋	河南省科技进步三等奖
5	豫南国有林场后备森林资源刍议	2000	河南林业	科技论文	熊修勇	
6	豫南大别山杉木更新造林配套技术研究	2000		科技成果	阮祥锋 张可银	市科技进步二等奖
7	豫南大别山乌桕丰产栽培配套技术研究	2000		科技成果	阮祥锋	信阳市政府二等奖
8	国有林场职工个体私营经济发展浅析	2001	信阳林业科技	科技论文	熊修勇	
9	信阳森林生态旅游资源优势与开发	2001	信阳师范学院学报	科技论文	张可银	信阳市第二届自然科学优秀论文
10	白冠长尾雉濒危状况灭绝速率、原因与保护对策	2001		科技成果	阮祥锋 朱家贵	
11	白冠长尾雉无线电遥测研究初报	2001	北京师范大学学报	科技论文	张晓辉 徐基良 张正旺 张可银 朱家贵	
12	白冠长尾雉集群行为初步研究	2001	北京师范大学学报	科技论文	孙传辉 张正旺 阮祥锋 张可银 朱家贵	
13	河南信阳旅游资源可持续利用研究	2001		科技成果	张可银	市科技进步一等奖

（续）

序号	名 称	发表时间	发表刊物	文章性质	主要研究者	获奖情况
14	豫南大别山区森林野菜资源开发利用研究	2001		科技成果	熊修勇 卢文斌	河南省社会科学优秀成果一等奖
15	信阳陆生野生动物资源调查及区系研究	2001		科技成果	张可银 朱家贵	信阳市科技进步二等奖
16	白冠长尾雉冬季夜栖行为与夜栖地利用影响因子的研究	2002	北京师范大学学报	科技论文	孙传辉 张正旺 朱家贵 高振建	
17	白冠长尾雉消化系统的形态学研究	2002	北京师范大学学报	科技论文	路纪琪 朱家贵 张可银 瞿文元	
18	河南省猛禽的调查	2002	动物学杂志	科技论文	牛红星 张可银	
19	画眉的巢址选择	2003	动物学杂志	科技论文	张可银 杜志勇 熊修勇	
20	繁殖期白冠长尾雉占区雄鸟的活动区	2003	动物学报	科技论文	孙全辉 张可银 阮祥峰 朱家贵	
21	河南董寨国家级自然保护区夏候鸟资源调查	2003	河南农业大学报	科技论文	张晓峰	
22	繁殖期白冠长尾雉占区雄鸟的活动区	2003	动物学报	科技论文	孙全辉 朱家贵	
23	豫南大别山中国马褂木生长规律与栽培技术研究	2003		科技成果	阮祥锋 张可银	信阳市科技进步二等奖
24	中国马褂木实生苗生长规律研究	2004	林业实用技术	科技论文	张可银 熊修勇 卢文斌	
25	白冠长尾雉孵卵行为的无线电遥研究	2004	北京师范大学学报	科技论文	张晓辉 徐基良 张可银 朱家贵	

（续）

序号	名　称	发表时间	发表刊物	文章性质	主要研究者	获奖情况
26	河南陕西两地白冠长尾雉的集群行为	2004	动物学研究	科技论文	张晓辉 徐基良 阮祥锋	
27	白冠长尾雉雄鸟的冬季活动区域与栖息地应用研究	2005	生物多样性	科技论文	徐基良 张晓辉 阮祥锋 张可银	
28	河南董寨国家级自然保护区发冠卷尾的巢址选择	2006	动物学杂志	科技论文	高振建 杜志勇 王兴森 黄　华 王　科 杨春柏	
29	白冠长尾雉种群复壮及开发利用与研究	2006		科技成果	阮祥锋 朱家贵	省科技成果
30	白冠长尾雉越冬期栖息地选择的多尺度分析	2006	生态学报	科技论文	徐基良 张晓辉 阮祥锋 朱家贵 溪　波	
31	河南董寨自然保护区野生鼠遗传育种价值评定	2007	河南农业大学学报	科技论文	武　刚 赵卫东	
32	河南董寨国家级旅游资源可持续利用研究	2007		科技成果	阮祥锋 朱家贵	信阳市科技进步三等奖
33	董寨国家级自然保护区红脚苦恶鸟新记录	2007	野生动物	科技论文	溪　波 卢文斌	
34	河南发现叽喳柳莺	2007	动物学杂志	科技论文	溪　波 阮祥峰 张可银 朱家贵 王　科	
35	董寨自然保护区常见鹭科鸟类的种群数量调查	2008	野生动物	科技论文	溪　波 阮祥锋	
36	观鸟与鸟类环志和迁徙研究	2008	中国林业	科技论文	溪　波 朱家贵	

（续）

序号	名　称	发表时间	发表刊物	文章性质	主要研究者	获奖情况
37	笼养条件下白冠长尾雉产卵时间分布初报	2008	野生动物	科技论文	朱家贵 溪　波 阮祥锋	
38	河南省鸟类新记录——凤头鹰	2008	北京师范大学学报	科技论文	马　强 李建强 阮祥锋 朱家贵	
39	高纬度地区火炬松母树林营造良种繁育技术研究	2009	现代农业科技	科技论文	朱家贵	
40	蓝孔雀的人工孵化	2010	中国林业	科技论文	杨春柏 溪　波	
41	人工救护鸳鸯雏鸟的生长发育	2010	中国林业	科技论文	杨　勇 溪　波	
42	红头长尾山雀(*Aegithalos concinnus*)和银喉长尾山雀(*Aegithalos caudatus*)的繁殖行为与性比的研究	2010		博士论文	李建强	
43	人工圈养白冠长尾雉难产治疗方法	2011	野生动物	科技论文	溪　波 朱家贵 张可银	
44	发冠卷尾性别判定的初步研究	2011	动物学杂志	科技论文	阮祥锋 溪　波	
45	笼养朱鹮非繁殖期昼间行为活动时间分配	2011	野生动物	科技论文	阮祥锋 黄治学 朱家贵	
46	豫南杨树栽培技术要点	2011	河南林业科技推广	科技论文	祝文平	
47	罗山县杨树种植管理技术探讨	2011	绿色科技	科技论文	祝文平 黄　华	
48	河南省鸟类新记录——淡脚柳莺	2011	四川动物	科技论文	夏灿玮 林宣龙	
49	河南省鸟类新记录——日本领角鸮	2011	四川动物	科技论文	黄　希 林宣龙 夏灿玮	
50	白冠长尾雉保护中的社区影响——以董寨自然保护区为例	2012	林业资源管理	科技论文	徐基良	

（续）

序号	名　称	发表时间	发表刊物	文章性质	主要研究者	获奖情况
51	人工饲养白冠长尾雉四季饲料的配比	2012	中国畜禽种业	科技论文	溪　波 朱家贵 阮祥锋	
52	高压线路穿越河南董寨保护区影响几何	2012	中国林业	科技论文	溪　波	
53	河南信阳南湾湖鸟类调查与多样性分析	2012	湿地科学与管理	科技论文	溪　波	
54	迁地朱鹮人工繁殖雏鸟的生长发育观察	2012	中国畜禽种业	科技论文	朱家贵 黄治学 溪　波	
55	朱鹮的迁地保护与繁殖技术研究	2012		科技成果	朱家贵 等 10 人	信阳市科技进步二等奖
56	朱鹮误食玻璃吸管肌胃切开术一例报告	2012	野生动物	科技论文	黄治学 黄　涛 王　科	
57	苗圃化学除草综合控除草技术	2012	绿色科技	科技论文	黄　华	
58	朱鹮雏鸟误吞橡胶圈的病例报告	2013	中国畜牧兽医文摘	科技论文	黄治学 王　科 黄　涛	
59	朱鹮细菌性疾病的临床诊断与防治	2013	中国畜牧兽医文摘	科技论文	王　科 黄治学 刘进法	
60	董寨国家级自然保护区繁殖鸟类现状调查	2013	四川动物	科技论文	溪　波 朱家贵 张可银 杜志勇	
61	信阳市林业技术支持体系现状分析及建议	2013	河南科技	科技论文	刘进法	
62	南天竹的扦插育苗技术	2013	农业科技通讯	科技论文	刘进法	
63	南天竹栽培技术规程	2013	河南省地方标准		张可银 熊修勇	
64	岩羊在等狼回来	2014	新世纪出版社		溪　波	

（续）

序号	名 称	发表时间	发表刊物	文章性质	主要研究者	获奖情况
65	激素影响抗虫‘741’毛白杨嫩枝扦插生根正交试验	2014	中国园艺文摘	科技论文	刘进法	
66	董寨——鸟类种群的驿站	2014	中国林业	科技论文	李 辉 溪 波 潘 卓	
67	河南董寨保护区棕头鸦雀体重的季节性变化	2014	野生动物学报	科技论文	溪 波 杜志勇 朱家贵	
68	董寨——鸟类种群的驿站	2014	中国林业	科技论文	李 辉 溪 波	
69	董寨国家级自然保护区生态观鸟旅游的发展	2014	绿色科技	科技论文	王 丽 祝文平	
70	河南董寨发现白喉林莺	2015	野生动物学报	科技论文	溪 波 潘茂盛	
71	河南罗山发现彩鹮	2015	动物学杂志	科技论文	溪 波 潘茂盛 黄 涛	
72	河南董寨森林旅游环境质量评价研究	2015		科技成果	刘进法	
73	白蛾周氏啮小蜂人工繁育技术规程	2016	河南省地方标准		张可银	
74	董寨自然保护区人工巢箱招引鸟类研究	2016	安徽农业科学	科技论文	朱家贵 溪 波 杜志勇	
75	河南董寨引入朱鹮种群的人工繁殖	2016	当代畜牧	科技论文	朱家贵 黄治学 王 科	
76	河南董寨朱鹮再引入释放前的野化训练	2016	生态学杂志	科技论文	黄治学 王 科 蔡德靖 祝文平 潘小燕 刘冬平	

（续）

序号	名称	发表时间	发表刊物	文章性质	主要研究者	获奖情况
77	河南董寨野化放飞朱鹮的分布与繁殖初报	2016	生物学通报	科技论文	黄治学 朱家贵 王　科 蔡德靖 黄　涛	
78	罗山县油茶发展现状及可持续分析	2016	农业科技与信息	科技论文	熊修勇	
79	董寨林场自营经济思考	2016	花卉	科技论文	熊修勇	
80	发冠卷尾繁殖策略及其适应性研究	2016		博士论文	吕　磊	
81	河南董寨野外子一代 1 岁朱鹮配对繁殖并成功	2017	动物学杂志	科技论文	黄治学 王　科 蔡德靖 祝文平	
82	董寨朱鹮野化训练及放飞技术	2017		科技成果	朱家贵 黄治学 王　科 祝文平 熊修勇 黄　华 王　丽 蔡德靖 溪　波 潘　卓	信阳市科技进步二等奖
83	董寨国家级自然保护区闽楠分布调查和保护对策	2017	自然科学	科技论文	黄　华 潘　卓 祝文平	
84	董寨国家级自然保护区 2015 年度野生动物巡护现状	2017	甘肃畜牧兽医	科技论文	赵　勇 溪　波	
85	白冠长尾雉的骨折治疗技术	2017	中国畜禽种业	科技论文	梁　伟	
86	圈养朱鹮胫跗关节异位诊治	2017	畜禽业	科技论文	黄治学	
87	朱鹮幼雏维生素 B 缺乏症诊治研究	2017	畜禽业	科技论文	黄治学	
88	中国河南再引入朱鹮种群的繁育生态研究	2017	巴基斯坦动物学杂志	科技论文	朱家贵 王　科 蔡德靖	
89	河南董寨国家级自然保护区鸟类栖息地特点调查及保护对策	2017	安徽农业科学	科技论文	潘小艳 王　俊	

（续）

序号	名 称	发表时间	发表刊物	文章性质	主要研究者	获奖情况
90	白冠长尾雉育雏期七天管理要点	2018	中国畜禽种业	科技论文	梁 伟 祝文平	
91	白冠长尾雉人工助产技术	2018	中国畜禽种业	科技论文	魏明艳 梁 伟 李秀霞 彭 宸 李 倩	
92	河南灵山风景名胜区秋季鸟类调查	2018	绿色科技	科技论文	袁德军 朱家贵 祝文平 潘 卓 李 辉	
93	高速公路对董寨自然保护区野生动物的影响	2018	绿色科技	科技论文	溪 波 杜志勇 赵 勇	
94	仙八色鸫的董寨白云繁殖季节观察记录	2018	中国畜禽种业	科技论文	魏明艳 梁 伟 吴晓青 郭广森 祝文平	
95	河南董寨赤腹鹰孵卵节律与巢防卫行为	2018	动物学杂志	科技论文	王龙祥 马 强	
96	信阳市冰雪灾害后园林树种的选择	2018	农业科学	科技论文	熊修勇	
97	豫南主要园林植物害虫综合防治	2018	中国林业出版社	专著	熊修勇	
98	淮河源鸟类多样性监测分析	2018	甘肃畜牧兽医	科技论文	溪 波	
99	白冠长尾雉饲养废物的利用	2019	收藏	科技论文	李 倩 梁 伟 王 钳 祝文平 梁 会 陈光田	
100	白冠长尾雉笼宅配比及繁育期捡蛋要点	2019	收藏	科技论文	黄 涛 梁 伟 刘进法 李 倩 黄 超	

（续）

序号	名 称	发表时间	发表刊物	文章性质	主要研究者	获奖情况
101	斑嘴鸭的孵化、驯化及放飞技术要点	2019	中国畜禽种业	科技论文	王 丽 祝文平 黄 涛 付传霞 梁 伟	
102	白冠长尾雉孵化期前3个月的饲养管理	2019	收藏	科技论文	吴晓青 祝文平 梁 伟 魏明艳 彭 宸	
103	河南董寨国家级自然保护区鸟类多样性	2019	绿色科技	科技论文	溪 波 王 丽	
104	白冠长尾雉成雉饲养管理技术要点	2019	收藏	科技论文	祝文平 王 丽 李 倩 吴晓青	
105	董寨自然保护区招引鸟类防治马尾松毛虫实践	2019	收藏	科技论文	祝文平	
106	生物入侵机制中种间相互作用的研究进展	2019	绿色科技	科技论文	李 猛	
107	杉木实生播种育苗技术	2019	农业科学	科技论文	李秀霞 祝文平 黄 华 潘 卓 吴晓青	
108	河南董寨国家级自然保护区春兰、蕙兰分布调查及保护措施	2019	农业科学	科技论文	李秀霞 黄 华 潘 卓 肖延勇	
109	释放时间、方法及环境对朱鹮野外成功率的影响	2019	生物学通报	科技论文	蔡德靖 朱家贵 黄治学 王 科 祝文平 黄 涛	

（续）

序号	名　称	发表时间	发表刊物	文章性质	主要研究者	获奖情况
110	白冠长尾雉强化培育期内的饲料配比要点	2019	中国动物保健	科技论文	梁　伟 陈中山 杨建国 彭　宸 高振杰 龚志勇	
111	白冠长尾雉人工孵化的温度和湿度调控	2019	中国动物保健	科技论文	杨　勇 陈中山 赵　勇 吴晓青	
112	笼养条件下白冠长尾雉发情期行为观察初报	2019	畜牧兽医科技信息	科技论文	杨 勇	
113	母鸡孵化白冠长尾雉技术	2019	畜牧兽医科技信息	科技论文	王　丽 梁　伟 陈中山 肖延勇 龚志勇 彭　宸	
114	董寨国家级自然保护区 2006—2016 年鸟类环志的初步研究	2019	绿色科技	科技论文	杜志勇	
115	河南省淮河以北地区（古北界）发现饰纹姬蛙	2019	野生动物学报	科技论文	耿传宁 黄　华 刘志文 赵海鹏	
116	一种新型朱鹮过渡笼舍	2019	实用新型专利	实用新型专利	朱家贵 卢绍辉 黄治学 袁国军 王　科 梅象信 蔡德靖 祝文平 袁德军	

（续）

序号	名　称	发表时间	发表刊物	文章性质	主要研究者	获奖情况
117	一种阻止蛇及鼬科动物上树的装置	2019	实用新型专利	实用新型专利	袁国军 朱家贵 梅象信 王　科 赵　辉 黄治学 卢绍辉 蔡德靖 马俊青 罗荣军	
118	汽车驾驶技巧与节油技术分析	2020	越野世界	科技论文	熊才文	
119	董寨自然保护区紫啸鸫繁殖小记	2020	中国畜禽种业	科技论文	黄　超 王　丽 梁　伟 黄　涛 杨　勇	
120	豫南大别山区香果树实生苗培育技术	2020	农业科学	科技论文	朱家贵 杨　海 祝文平 王　科 蔡德靖 黄　涛	
121	林业病虫害绿色防控技术的示范和应用	2020	中国农业农业工程	科技论文	彭　宸 王　丽 梁　伟	
122	林业病虫害发生特点及防治措施分析	2020	中国农业农业工程	科技论文	李国良 梁　伟	
123	实施智慧林业管理模式提升森林资源管护水平	2020	中国农业农业工程	科技论文	黄　超 梁　伟	
124	河南董寨国家级自然保护区资源巡护科研监测融合管理的有效途径	2020	自然科学	科技论文	黄　华 等5人	
125	檫木实生播种育苗技术	2020	自然科学	科技论文	罗荣军	
126	白冠长尾雉笼宅受精率低的原因	2020	畜牧兽医科技信息	科技论文	彭　宸 梁　伟	

（续）

序号	名 称	发表时间	发表刊物	文章性质	主要研究者	获奖情况
127	加强森林资源管护的措施	2020	农业科学	科技论文	郭广森 梁 伟	
128	基于新条件下的森林管护模式探索	2020	农业科学	科技论文	高振华 梁 伟	
129	林木种苗高质量生产存在问题及解决措施	2020	世界热带农业信息	科技论文	卢文国 梁 伟 彭 宸	
130	赤腹鹰巢址选择和繁殖成效的影响因子分析	2020	林业科学	科技论文	王龙祥 隋金玲 马 强	
131	河南董寨国家级自然保护区发现灰头鸫	2020	动物学杂志	科技论文	石江艳 华俊钦 胡 骞 蒋 淼 赵玉泽 徐基良	
132	河南董寨发现中华仙鹟	2021	动物学杂志	科技论文	溪波 杜志勇 张俊峰 李 猛	
133	蓝喉蜂虎在董寨保护区万店保护站繁殖期观察记录	2021	畜牧兽医科技信息	科技论文	张宝国 陈中山 梁 伟	
134	经济林木嫁接技术及管理要点分析	2021	中国农业文摘农业工程	科技论文	杨小彬 梁 伟 王 钳	
135	城市园林树木的修剪技巧	2021	中国农业文摘农业工程	科技论文	陈国顺 梁 伟 王 丽 黄 超	
136	河南信阳大别山区规模造林应用技术	2021	自然科学	科技论文	龚志勇 刘进法 黄 华 潘 卓 卢文国	

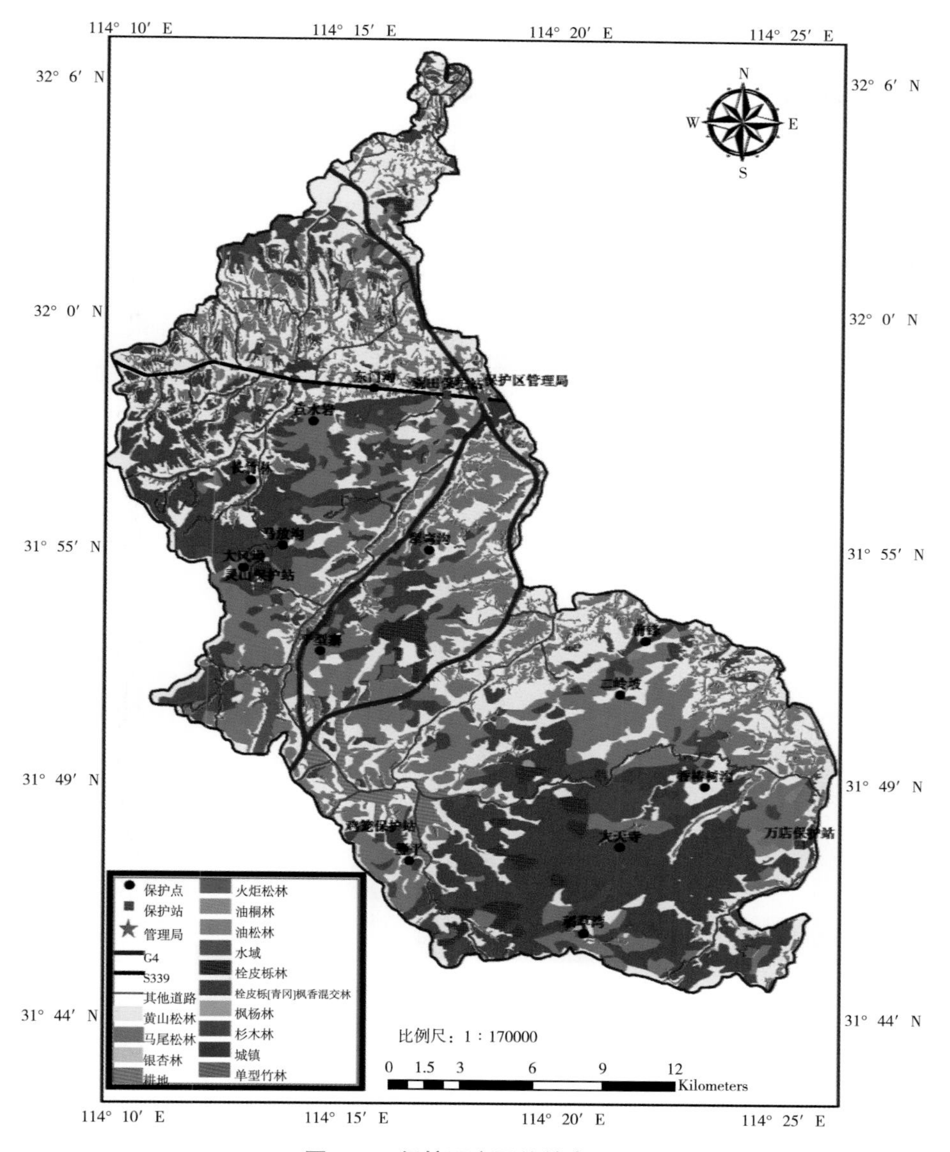

图 3–1　保护区主要植被类型图

图 5–1　红外相机记录的貉和小鹿

图 5-2 红外相机记录的野猪和黄鼬

图 5-6 鸟类调查：观测与记录

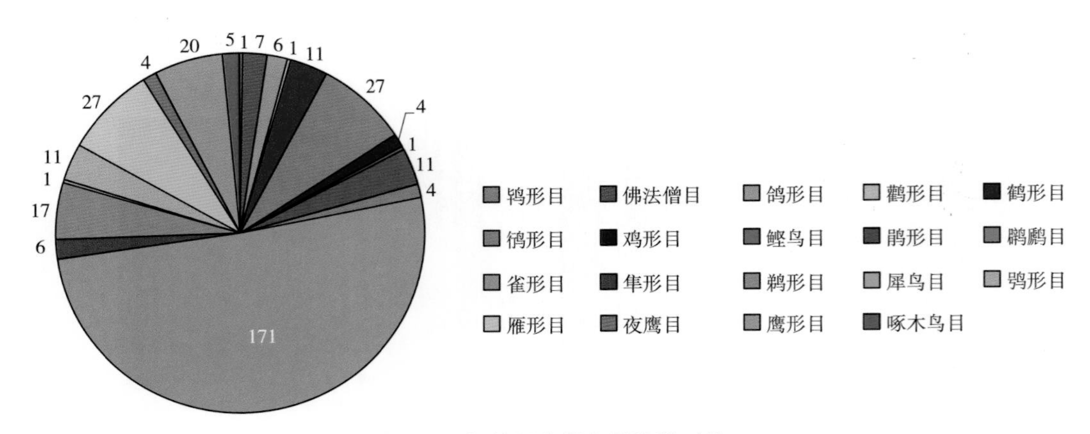

图 5-7 保护区鸟类各目种数对比

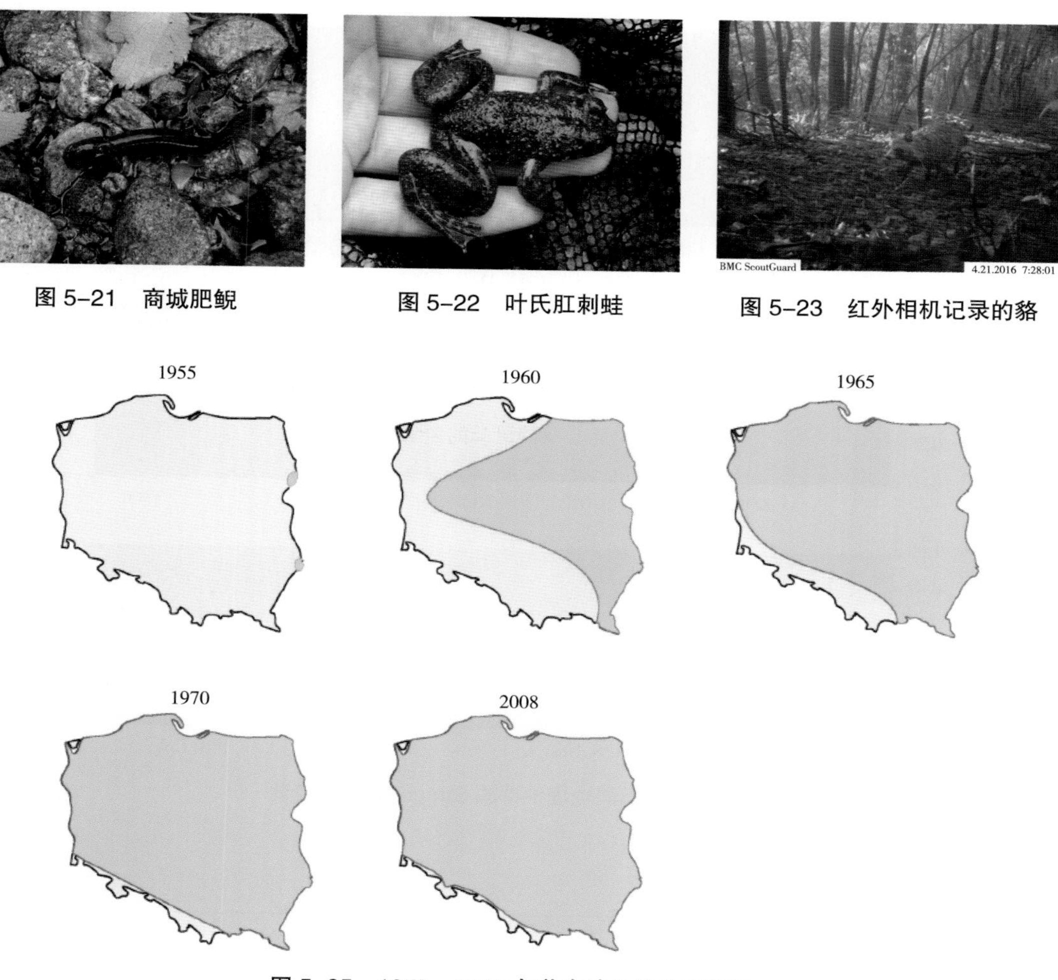

图 5-21　商城肥鲵

图 5-22　叶氏肛刺蛙

图 5-23　红外相机记录的貉

图 5-25　1955—2008 年貉在波兰的分布范围

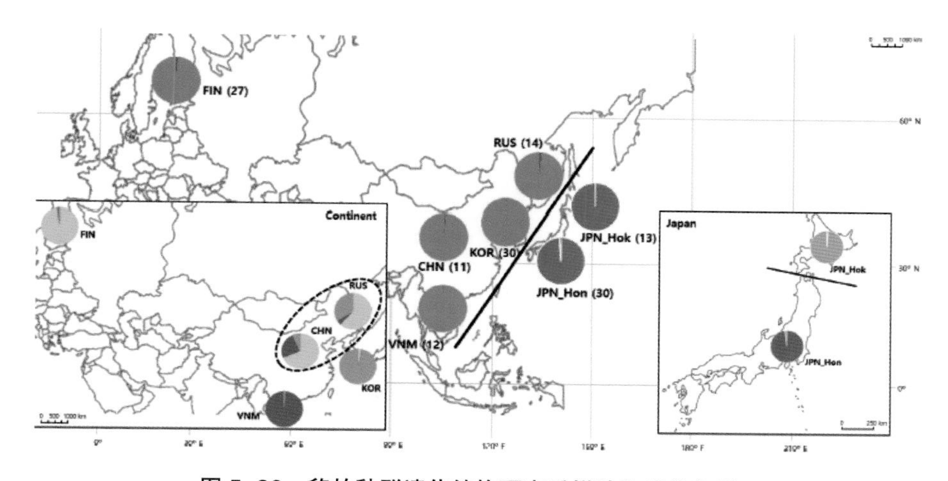

图 5-26　貉的种群遗传结构研究采样地和遗传集群

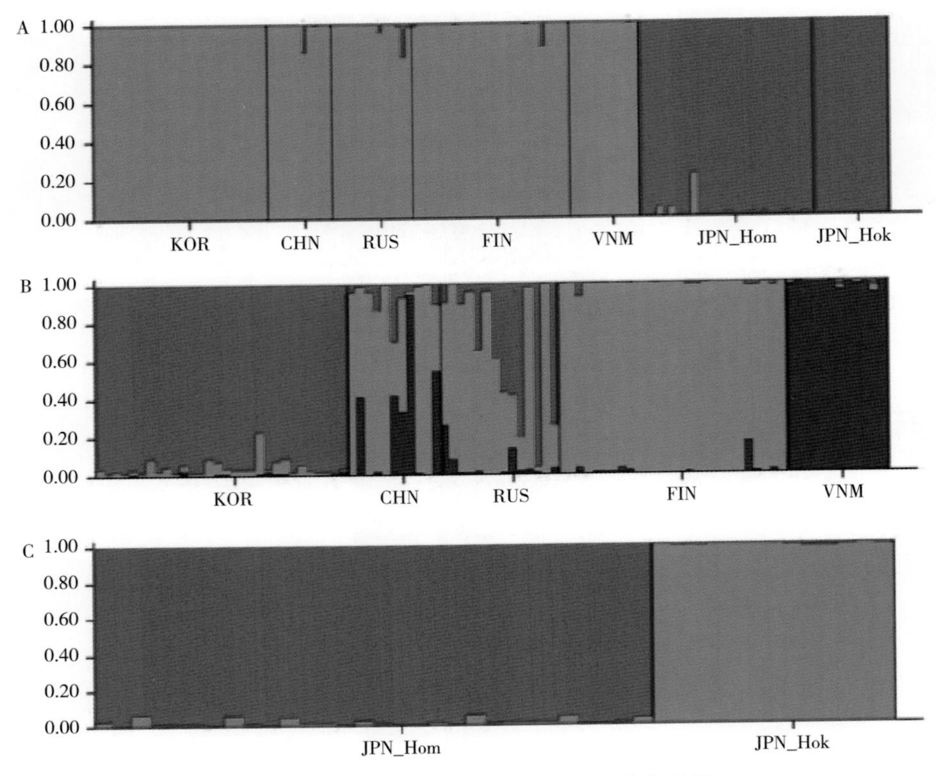

图 5-27 不同地理种群的 Structure 分析结果

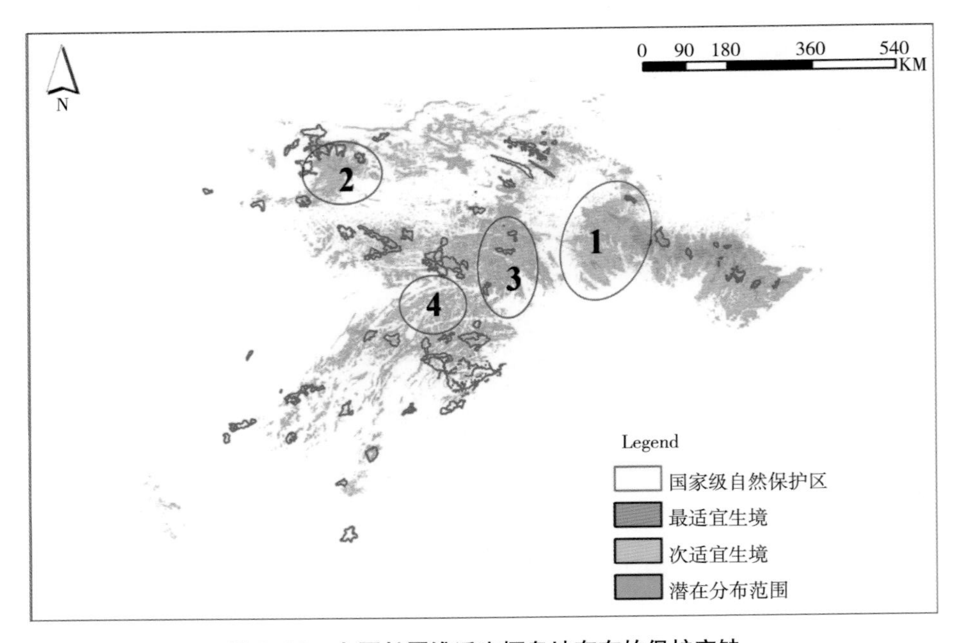

图 5-35 白冠长尾雉适宜栖息地存在的保护空缺

新鲜赤腹鹰卵

孵化1周后的赤腹鹰卵

孵化2周后的赤腹鹰卵

图 5-43 赤腹鹰卵色在孵化过程中的变化

红嘴蓝鹊破坏鹰卵

松鸦吃掉鹰卵

噪鹃叼走鹰卵

图 5-46 赤腹鹰卵被其他鸟类损坏

雌鸟照顾雏鸟

松鸦来到鹰巢

松鸦杀死雏鸟

图 5-47 松鸦杀死赤腹鹰雏鸟

图 5-48 发冠卷尾的卵和巢

图 5-49　发冠卷尾不同日龄的雏鸟

正面

侧面

图 5-50　银喉长尾山雀巢（上排）和红头长尾山雀巢（下排）的外观对比

图 5-51　红头长尾山雀卵（左）和银喉长尾山雀卵（右）

图 5-53　黄缘闭壳龟

图 5-54　乌龟

图 5–55　大鲵

图 5–56　虎纹蛙

图 5–57　叶氏肛刺蛙

2005 年，郑光美院士与学生在保护区考察合影

2007 年 5 月，保护区与北京师范大学共同举办珍稀濒危动物保护论坛交流活动

2009 年 2 月，北京林业大学研究生在保护区进行鸟类研究观察

2009 年 11 月 14 日，日本朱鹮项目调查团团长藤谷浩至率团来保护区考察 JICA 项目前期工作

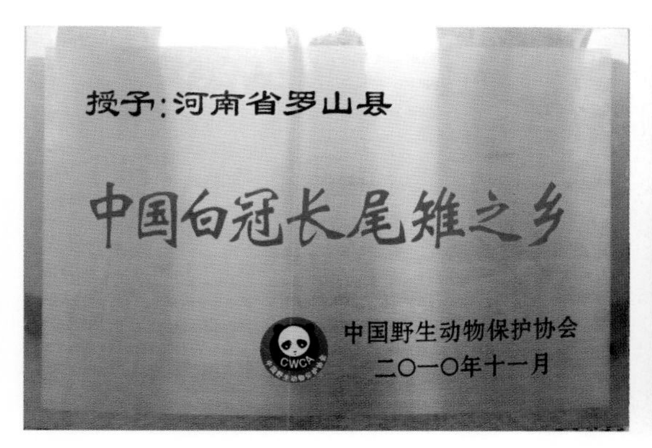

2011 年，罗山县被授予中国白冠长尾雉之乡

2012 年 3 月，日本国驻华大使馆援建董寨朱鹮野化训练大网项目签字仪式

2012 年 4 月 23 日，第 31 届爱鸟周活动

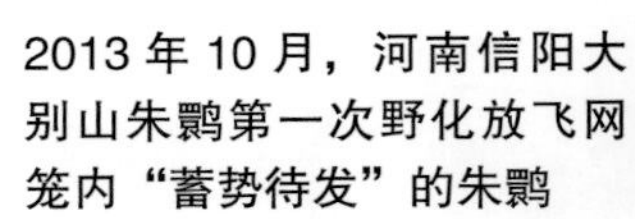
2013 年 10 月，河南信阳大别山朱鹮第一次野化放飞网笼内“蓄势待发”的朱鹮

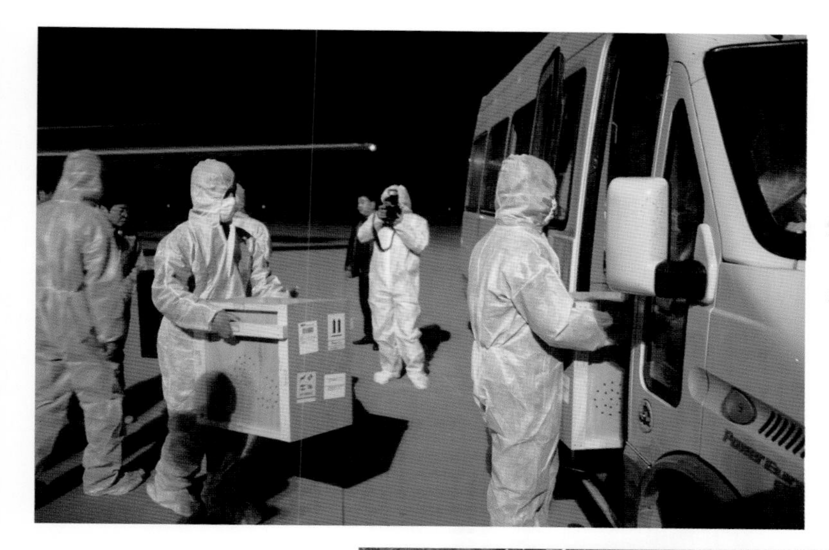

2013 年 11 月，日本返还中国的 10 只朱鹮在郑州机场被装车转运至董寨保护区

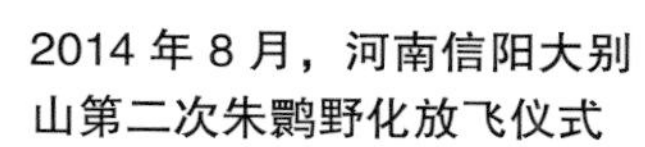

2014 年 8 月，河南信阳大别山第二次朱鹮野化放飞仪式

2015 年 10 月，郑光美院士来保护区考察并出席专家咨询委员会

2015 年 12 月，保护区与北京林业大学自然保护区学院签订大学生校外实习基地协议

2016 年 9 月，国家林业局局长张建龙来保护区调研

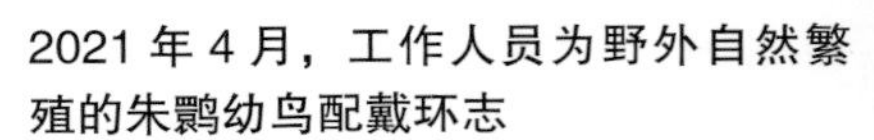

2021 年 4 月，工作人员为野外自然繁殖的朱鹮幼鸟配戴环志

教育基地建设

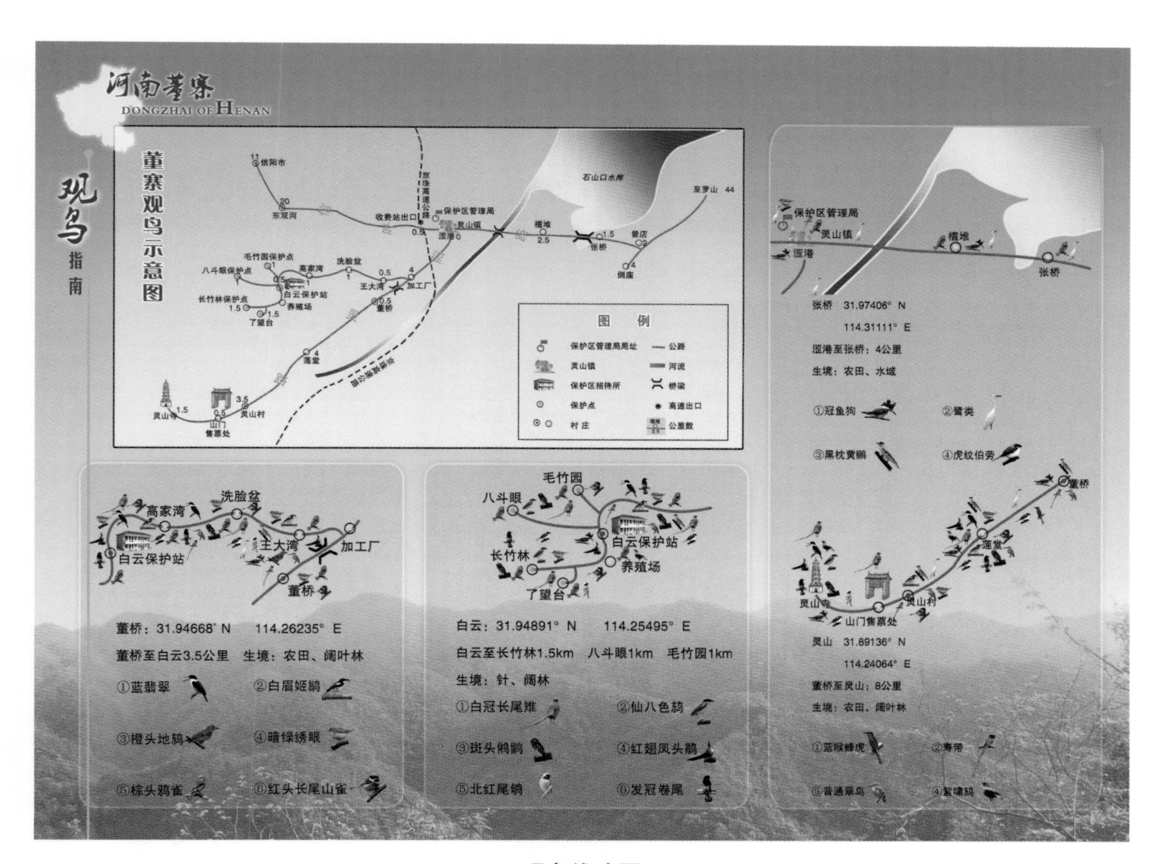

观鸟线路图

董寨自然科普馆外景

社区学校宣传

外国友人拍摄鸟类照片

野外摄影

2014 年 5 月，在朱堂乡保安小学开展自然教育活动

2015 年 4 月，武汉红旗小学在保护区开展亲子教育活动

2015 年 6 月，在灵山镇小学开展绘画比赛

白冠长尾雉

赤腹鹰（左雌鸟，右雏鸟）

赤腹鹰（雄鸟）

发冠卷尾

红头长尾山雀

仙八色鸫

鹭科鸟类乐园

银喉长尾山雀

朱鹮育雏

杜鹃花

红豆杉

蕙兰

建兰

水青树

水杉的气生根

天竺桂

香果树

香果树花

中华猕猴桃

落羽杉林

水杉林

雾中浅山